智能传感技术丛书

智能传感器系统：新兴技术及其应用

Smart Sensor Systems: Emerging Technologies and Applications

[荷兰] 杰拉德·梅杰（Gerard Meijer）
米切尔·珀提斯（Michiel Pertijs） 等著
科菲·马金瓦（Kofi Makinwa）

靖向萌 明安杰 刘丰满 庄越宸 陈海亮
王祺翔 杨卓青 苟冠鹏 梁 冰 陈 强
宋其峰 刘 煜 赫 然 梁华征 李贵才 译
明安涛 吴子华 刘祥翀 张维红

机 械 工 业 出 版 社

传感器系统不断地要求小型化、低成本、低功耗，同时又要求更高的性能和可靠性，于是一些新的传感原理和技术应运而生，而将这些新原理和技术变为成熟的产品将需要更大的努力。除了提高传感器本身的性能外，传感器外围的系统同样重要，这些系统包括与传感器相连接的电路接口、保护传感器的系统封装、保证传感器性能的校准程序等。本书正是一本从系统角度全面介绍传感器及其相关电路设计的书，详细介绍了一些典型的传感器系统，内容实用并具有一定深度，是一本具有新颖性和基础性的微型传感器领域专业书籍。

本书适合作为微机电系统（MEMS）相关专业高年级本科生和研究生的教材，以及传感器相关专业人员的参考用书。

北京市版权局著作权合同登记　图字：01-2015-0852 号。

图书在版编目（CIP）数据

智能传感器系统：新兴技术及其应用/（荷）杰拉德·梅杰（Gerard Meijer）等著；靖向萌等译．—北京：机械工业出版社，2018.3（2024.4 重印）

（智能传感技术丛书）

书名原文：Smart Sensor Systems：Emerging Technologies and Applications

ISBN 978-7-111-59412-3

Ⅰ.①智…　Ⅱ.①杰…②靖…　Ⅲ.①智能传感器　Ⅳ.①TP212.6

中国版本图书馆 CIP 数据核字（2018）第 050084 号

机械工业出版社（北京市百万庄大街 22 号　邮政编码 100037）
策划编辑：付承桂　责任编辑：朱　林
责任校对：张　薇　封面设计：马精明
责任印制：单爱军
北京虎彩文化传播有限公司印刷
2024 年 4 月第 1 版第 5 次印刷
169mm×239mm · 17 印张 · 320 千字
标准书号：ISBN 978-7-111-59412-3
定价：79.00 元

凡购本书，如有缺页、倒页、脱页，由本社发行部调换

电话服务	网络服务
服务咨询热线：010-88361066	机 工 官 网：www.cmpbook.com
读者购书热线：010-68326294	机 工 官 博：weibo.com/cmp1952
010-88379203	金 书 网：www.golden-book.com
封底无防伪标均为盗版	教育服务网：www.cmpedu.com

译 者 序

我们生活在一个智能化的时代，随着科技不断发展，越来越多的智能传感器系统正走进我们的生活，影响着我们的生活。当我们看到这些小型化的智能传感器时，常常被新的传感原理、更小的尺寸和更强大的功能所吸引，而忽略了“微系统”这个概念。作为一个传感器系统，不仅需要传感器自身灵敏度高，相应的处理电路也要量身定做，这样才能达到最佳的性能效果。长期以来，微传感器系统或者微机电系统（Micro Electro Mechanical System，MEMS）专业是分离的，专注于传感器设计和制造的人对相应的读出和处理电路不熟悉；做电路设计的人对传感器方面不够了解，而真正的传感器系统中传感器与读出电路是相辅相成、缺一不可的。本书的特色之处在于，根据 MEMS 传感器特点，从整体系统角度给读者介绍传感器及其系统的概念。

微传感器系统的领域非常广，覆盖了多个学科且相互交叉。在本书的翻译过程中，我们深深感到个人知识的局限和理解方面的不足，但是这也成为翻译本书的动力，希望让读者能够通过这本书对微传感器系统有更全面的了解、更深的认识。微传感器系统还是一个不断发展的学科，通过一本书很难覆盖整个 MEMS 领域，本书着重于介绍一些典型的 MEMS 传感器及其电路，对于其他 MEMS 传感器系统的研究和开发都具有理论和实用价值，读者可以结合具体的应用场景，设计和应用 MEMS 传感器系统。

本书是荷兰代尔夫特理工大学“智能传感器系统”课程的教材，同样适合作为 MEMS 领域高年级本科生和研究生的教材，以及传感器相关专业人员的参考用书，希望越来越多的人加入到这个朝气蓬勃的领域中来。

在本书翻译过程中，国内外很多专家、老师和学生参与了本书的翻译和校对工作，在此一并表示感谢。同时，由衷感谢机械工业出版社付承桂编辑在本书翻译期间给予的帮助，让这本书最终与读者见面。最后，感谢家人一直以来的理解和支持。

由于译者水平有限，不当之处在所难免，敬请广大读者指正。

靖向萌
2018 年初春
于北京

原书前言

本书旨在给传感器及其系统的设计人员和使用者一个参考，或者作为一个灵感启发的源泉，来激发一些新的想法。本书的主体是基于一门跨学科的课程——“智能传感器系统”课程的教材，这门课程自从1995年以来每年都在代尔夫特理工大学开设。课程的目标是给那些更大范围的、跨学科的学生和老师介绍智能传感器系统的基本原理，来发展共同的语言和科学背景，去探讨设计这些系统带来的挑战，并且增进相互之间的合作。从这个意义上来说，我们希望能够促进这个人群的持续扩大，共同加入到智能传感器系统这个激动人心的领域中来。

当今智能传感器层出不穷，这个领域的研发工作还远远没有完成。它始终被更低成本、更小尺寸、更小功耗和更高性能、更好的可靠性这些需求驱动着。另一方面，新传感原理、新技术不断涌现，仍需要巨大的努力使这些原理和技术走向成熟。通常这个过程不仅仅包含提升传感器自身的性能，而且传感器周围的系统扮演着同样重要甚至更重要的角色。这个系统包含了传感器的接口电子电路、保护传感器不受环境影响的封装，以及确保能够满足一定性能指标的校准程序。

本书聚焦在这些系统中最重要的方面，特别是聚焦在设计那些智能传感器系统。系统中传感器与电路部分结合在一个封装体内，甚至是一个芯片上，以提供更好的功能、性能和可靠性。这些传感器系统的基础知识在之前的《智能传感器系统》一书中已经介绍了，因此本书在该书的基础上补充了一些新技术、新应用，以及从系统层面更深入地探讨智能传感器的设计。

本书在开篇讨论了通过传感器与电子电路结合带来的令人激动的机会：弱传感器信号的准确处理（第1章）；自校准技术的采用（第2章）；精密仪表放大器的集成（第3章）。随后介绍了一些传感器系统，其中系统层面起着重要作用：通过测量阻抗方式感知物理和化学参量（第4章）；采用反馈和背景校准技术的低功率角速度感应（第5章）；探测DNA等生物分子的传感器系统（第6章）；以CMOS图像传感器形式的片上光学传感系统（第7章）；能够与人类神经系统交互的智能传感器（第8章）。最后，本书还描述了产生和存储能量的新兴技术，因为这对于真正实现无人传感系统非常重要（第9章）。

在撰写本书期间，我们得到了很多人的大力帮助。我们非常感谢审稿人给予的反馈和建议，他们是：代尔夫特理工大学的Reinoud Wolffenbuttel，弗劳恩霍夫微电子电路与系统研究所的Michael Kraft，不来梅大学的Michiel Vellekoop，Teledyne DALSA公司的Jan Bosiers，欧洲微电子中心的Firat Yazicioglu，以及那些同时作为审稿人的本书作者。我们非常感谢 John Wiley & Sons，Ltd. 公司，责任编辑 Richard Davies、Liz Wingett 和 Laura Bell 给予的支持、鼓励和帮助，以及出版编辑 Genna Manaog 和 Sangeetha Parthasarathy 在整个出版期间给予的帮助。此外，感谢那些允许我们使用其照片和图表的大学、研究所和公司，以使本书能够更加吸引读者。最后，感谢我们的家人：Rumiana、Hannah 和 Abi，感谢她们一如既往的爱和支持。

Gerard Meijer、Michiel Pertijs 和 Kofi Makinwa
代尔夫特，荷兰

目　录

第1章　智能传感器设计⊖

Kofi Makinwa
电子仪器实验室，代尔夫特理工大学，代尔夫特，荷兰

1.1　引言

传感器已经成为当今世界不可或缺的一部分。现代汽车中已经采用了数十种传感器，其应用范围从简单的位置传感器到多轴 MEMS 加速度计和陀螺仪。这些传感器在增强了汽车发动机的性能以及稳定性的同时，也保证了汽车发动机符合环保标准，并且提升了汽车乘用者的舒适度与安全性。另外一个例子，现代家庭中也使用了多种传感器，其范围包括简单的温度控制器到红外运动传感器以及热式流量传感器。而最能体现传感器普遍性的例子或许就是移动电话了，其已经从单一的通信设备逐步发展成为名副其实的传感器应用平台。一部典型的手机包含了多种传感器，如触摸传感器、送话器、一个或两个图像传感器、惯性传感器、磁性传感器和可以感知环境温度、压力甚至湿度的传感器。这些传感器连同 GPS（Global Positioning System，全球定位系统）定位接收器一起，一方面使得移动电话的操作更简易，同时也大大拓展了移动电话的功能用途，使其所扮演的角色已远远超过最初的手提电话功能。

如今，手机中大部分传感器与大多数用于普通消费类电子产品中的传感器一样，都是由硅材料制造的。这主要是因为硅基传感器可以利用大型半导体代工厂进行低成本的大规模量产。另一个使用硅基的原因是容易实现为传感器提供偏置或处理传感器输出信号的电路系统与传感器的单片集成或者至少同一封装集成。此外，半导体级硅是一种高纯度的材料，具有特定的物理性质，有些可以通过掺杂来调控性能，还有些可以实现纳米尺度的微细加工。

硅是一种用途广泛的材料，具有较为多样的物理性质，因此可以被用来制造很多种类的传感器[1]。例如，通过霍尔效应感测磁场，通过塞贝克效应感测温差，通过压阻效应感测机械应力，以及通过光电效应检测光的传感器。除此以外，一些无法通过硅基材料直接测得的物理量可以通过与硅兼容的材料间接感测到。例如，湿度能通过吸湿性聚合物测得[2]，同时气体浓度可以通过测量相应

⊖　本章是在本章参考文献［7］基础上扩展和更新后的版本。

的吸附性金属氧化物的电阻获得[3]。因此，尽管硅基传感器或许无法获得同类最佳的性能，但基于其小尺寸、低成本以及与电路系统易于协同集成的特点，硅基传感器更加实用并被普及推广。

传感器可为更大的系统提供信息，并基于其所提供的信息运行工作，作为大系统的一部分最能体现它们的价值。因此，由传感器提供的信息必须采用可靠且标准化的方式传输到系统的其他部分。然而，由于传感器输出的均为较弱的模拟信号，信号传输工作需要额外的电路系统来完成，所以接口电路越靠近传感器越好，以便减小信号干扰、避免信号传输损耗。当把接口电路与传感器组合在一起，即协同集成在同一封装体内时就是我们所称的智能传感器系统[4]。

除了向外界提供可靠的信号，智能传感器系统的接口电路还可被用来实现例如滤波、线性化和压缩等传统的信号处理功能。并且该电路系统还可以通过自检测和校准功能来提升传感器的稳定性（将在本书第2章中详细讨论）。传感器之间的互相融合是近年来的一种趋势，集成在同一封装体中的多种传感器输出信号经过协同处理以期获得更为可靠的信号输出。例如，将陀螺仪、加速度计和磁性传感器的输出信号进行协同处理可以获得可靠的方位预测信息，因此可以使移动设备具备室内导航功能。

本章将大致论述有关智能传感器设计的内容，特别是基于标准集成电路技术（如CMOS）的智能传感器设计。我们将给出采用上述现今最先进的制造技术进行设计的智能传感器系统的例子，比如用于测量温度、风速和磁场的传感器。尽管标准的CMOS技术限制了实际传感器的性能，但其降低了传感器的制造成本。与此同时，我们也会阐述通过充分利用协同集成接口电路，传感器系统总体性能将被显著提高。

1.2　智能传感器

智能传感器采用了系统级封装技术，该技术实现了将传感器和专用接口电路集成在了同一封装体中。该系统可能只有一颗芯片，通常智能的温度传感器、图像传感器和磁传感器是这种情况。而某些情况下，传感器与其接口电路无法通过同一制备技术实现时，将采用双芯片方案予以解决。双芯片方案的另外一个好处是，通过分别加工传感器和电路芯片，可以提高加工良率，使双芯片方案更具成本优势，这也就是为什么有时候即使能够实现单芯片集成也会采用双芯片方案。双芯片传感器的例子大多为力学传感器，例如MEMS加速度计、陀螺仪和送话器。这些传感器通常采用体硅微加工技术制备。

由于硅基芯片特别是芯片与外部的连接处较为脆弱，智能传感器必须采用某些特定的封装加以保护。合适的封装结构设计极具挑战性，因为其必须满足两个互相矛盾的要求：一方面要保证传感器与外界环境能够交互作用，另一方面还要保护传感器（包括接口电路）免受外部环境的破坏。对于温度和磁性传感器，我们可以采用近似典型集成电路封装的结构。典型封装结构也可以用于惯性传感器器件，这时候需要利用采用盖帽（capping）芯片或保护膜层来保护该器件中可移动的结构。然而通常来说，大部分传感器都需要采用定制化的封装结构，这就显著增加了其制造成本，并且经常要在传感器性能和稳健性之间采取折中的方案。

正如前文所提到的，硅基传感器未必是最优性能的方案，但是，可以通过协同集成的接口电路提高整体系统的性能，或者使传感器在最佳模态下工作，或者能够在某些非理想状态下进行补偿。要实现这个目标需要对传感器特性有较深的理解。例如，电子电路可以与 MEMS 惯性传感器结合在一起形成电 - 机反馈回路，通常来说，这样的系统回路会提升系统线性度及带宽[5]。此系统实例将会出现在本书第 5 章中，在该章中将主要阐述利用反馈和补偿电路来增强 MEMS 陀螺仪的性能。对于补偿处理，例如环境温度与封装体应力之间的交叉敏感干扰等问题，深入理解传感器特性是必要的。因此，智能传感器设计包括对整个系统的优化，以及考虑系统级设计的实际应用。

1.2.1　接口电路

为了与外部世界通信，尽管占空比调制信号或者调频信号也与微处理器相兼容，并且可在某些情况下使用，但是智能传感器的输出信号最好是数字信号。现今智能传感器设计的趋势是将传感器的输出信号尽可能早地转换成数字信号，然后在数字信号领域对其进行信号处理，例如滤波、线性化、交叉敏感补偿等信号处理。这种方法便于通过一条数字总线实现多种传感器之间的信号互连，并且充分利用了集成电路的灵活性和不断提高的数字信号处理能力的优势。我们已经注意到，在无线信号接收器设计方面也有相似的趋势，其中的模 - 数转换器已经越来越靠近天线，并且因此使用了越来越多的数字信号处理器[6]。

然而，大部分传感器输出的是幅度微小的模拟信号。特别是热电堆、霍尔元件和压阻应变计等硅基传感器的输出信号仅有微伏量级。造成这种情况的其中一个原因是硅材料本身的换能机制特性所致，另一个原因是这些传感器的尺寸较小，从而限制了其从所处的环境中获得足够的信号能量。虽然，从外界提取能量信息是传感器的理想特征，但此特征不应破坏其所应当遵守的物理过程，这就使得“透明（transparent）”接口电路的设计变得极具挑战性。应当将大量的注意力集中于电路非理想特性，例如热噪声和偏置上面来，以保证这些特性不会限制智能传感器的性能。

更深层次的设计挑战来自大部分传感器的信号带宽，包括直流电信号。由此产生的后果是“透明”接口电路的设计，特别是采用当今主流的CMOS技术，会遇到诸如信号偏移和1/*f*噪声产生的随机误差和由组件失配、电荷注入、漏电流引起的系统误差的双重挑战。

幸运的是，大部分传感器的开关速度与晶体管相比是非常慢的。因此，动态误差修正技术可以被用来修正系统误差，其本质是使得计算速度或带宽更加精确[7]。正如“动态”一词所示，这些技术会不断地减少系统误差，因此减轻了由信号偏移和1/*f*噪声引起的低频随机误差的影响。总而言之，动态误差修正技术可以被分为两类：取样-修正技术以及调制-滤波技术。

一个取样-修正技术的例子是自动调零电路（见图1.1），在此电路中放大器的输入是周期性短路的，同时其输出反馈给一个消除偏置的积分器[8]。在电路正常运行时积分器是断开的，因此积分器的输出被截止，且消除了放大器的瞬态偏置（包括1/*f*噪声）。自动调零电路的主要缺点是需要短路放大器的输入端，这一要求降低了其实用性。然而，这个缺陷可以在一种称之为“乒乓球”型配置、采用两个互相交替的自动调零放大器予以解决[9]。

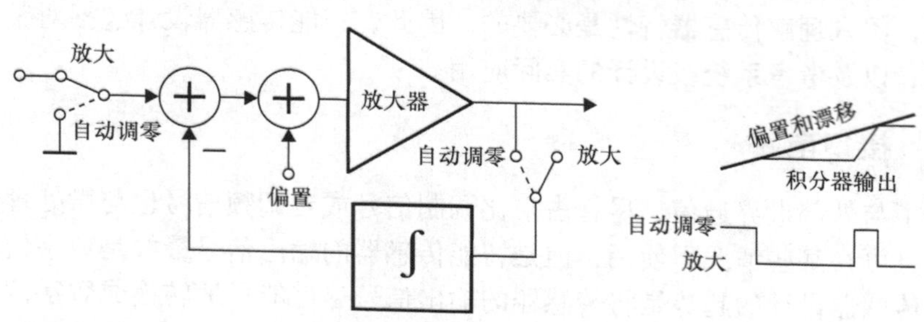

图1.1　自动调零放大器简化框图

另一种减小放大器偏置的方法称之为斩波，这是调制-滤波技术的一个实例。输入信号被调制成方波信号后放大，之后再解调成原始信号[8]。如图1.2

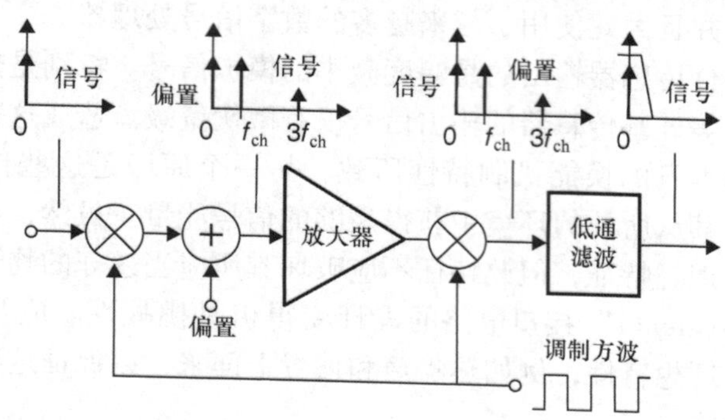

图1.2　斩波放大器简化框图

所示，电路信号运行的方式是将放大器的偏移调制（和 1/f 噪声）到斩波频率 f_{ch}，这便于通过低通（均值）滤波器促进偏移信号的消除。然而，滤波器同时也限制了放大器的可用带宽。这一缺陷可以通过采用斩波稳定放大器来避免，在此放大器中，斩波放大器主要用来提升宽波段主放大器的低频特性[10]。拥有多种斩波和自动调零放大器组合的高精度放大器电路设计将在本书第 3 章中详细讨论。

高分辨率模 - 数转换器可以通过采用一种称之为 sigma - delta（Σ - Δ）（或 delta - sigma，Δ - Σ）的调制方法获得，该电路由一个低通滤波器、一个模 - 数转换器和一个数 - 模转换器构成一个反馈回路[11]。如图 1.3 所示，当模 - 数转换器的量化误差（通常被建模成随机噪声）涉及回路的输入信号时，其将被高通滤波去除。这类回路的噪声整形特性使得 sigma - delta 调制器能够在窄带宽的条件下获得非常高的信号分辨率。在特定带宽外的量化噪声将被随后的数字低通滤波器移除（未显示在图 1.3 中）。通过综合使用 sigma - delta 调制和各种动态误差修正技术，已经实现了拥有超过 20bit 分辨率和 18bit 线性度的模 - 数转换器[12,13]。

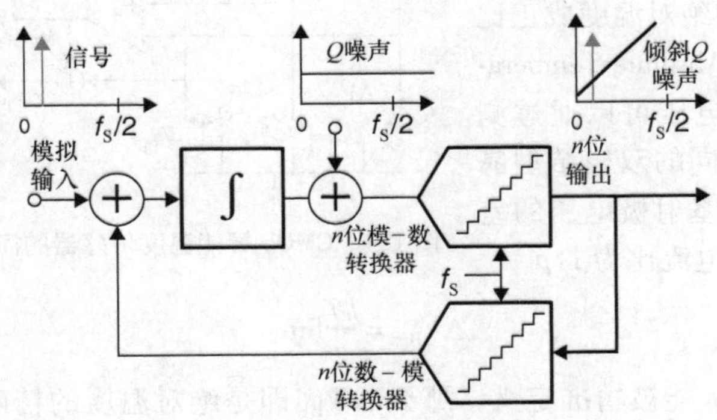

图 1.3　sigma - delta 调制器简化框图

1.2.2　校准和微调

如同所有的传感器一样，智能传感器系统的精度只能依靠一种已知的标准进行校准，经过校准后其系统误差就是已知的。而系统误差可以通过之后的微调操作予以减小。从而传感器精度的主要局限变成了器件随时间的稳定性。微调是一项十分强大的技术，其能够用来修正许多由加工制造容差和工艺参数分布所引起的误差。但是，传感器制造通常产能巨大，而相关的校准需要额外的测试设备以及占用宝贵的生产时间，因此校准和微调仅被当作最后的技术手段。以上这些内容将在后续的章节中更详细地讨论。

1.3　智能温度传感器

在本节中，我们将描述一种基于标准 CMOS 工艺的高精度温度传感器设计[14]。其传感元件是采用在所有 CMOS 工艺线可用的双极结型晶体管衬底。但是该传感器是一种寄生器件，其性能特点展现出显著的工艺相关差异性。由此导致的结果表明最终的温度传感器必须通过微调来获得 ±2℃以内的误差。

1.3.1　电路原理

双极结型晶体管的基射极电压V_{BE}可以表示为

$$V_{BE}=\frac{kT}{q}\ln\frac{I_C}{I_S} \tag{1.1}$$

式中，I_C是集电极电流；I_S是一个工艺相关的参数，通常取决于晶体管的尺寸。

如图 1.4 所示，V_{BE}与温度近似成线性函数关系，其斜率大约为 -2mV/℃。与绝对温度成正比（Proportional To Absolute Temperature，PTAP）的电压可以通过测量两个名义上相同的双极结型晶体管 $Q_{1,2}$之间的基射极电压的差值获得，其偏置电流比为 1∶p

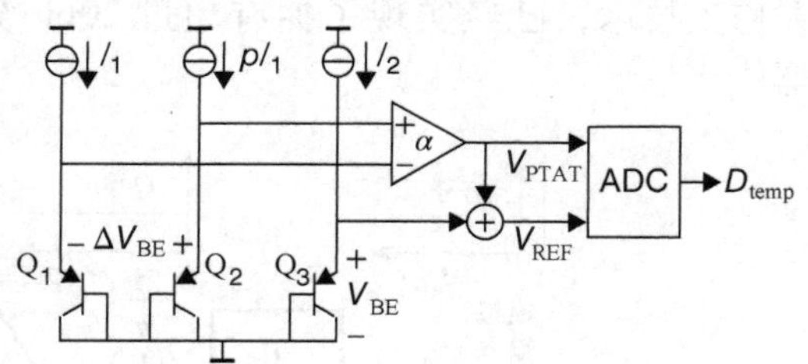

图 1.4　CMOS 智能温度传感器的简化电路原理图

$$\Delta V_{BE}=\frac{kT}{q}\ln p \tag{1.2}$$

如果电流比 p 能被精准定义，那么 ΔV_{BE} 即是绝对温度的精确函数表达式，因为其不再依赖于 I_S或任何其他取决于工艺的参数。但是，ΔV_{BE}是一个仅有大约 140μV/K($p=5$)灵敏度的小信号，这就意味着低失调接口电路在设计中是必要的。

为了数字化 ΔV_{BE}信号，需要设置一个参考电压。如图 1.4 和图 1.5 所示，一种称之为带隙参考电压 V_{REF}（~1.2V）的量可以通过结合V_{BE}与简化的 ΔV_{BE}获得。这两个电压值均可以应用于模 - 数转换器中，并且决定了依赖于温度的比例值μ：

$$\mu=\frac{\alpha\Delta V_{BE}}{V_{BE}+\alpha\Delta V_{BE}}=\frac{V_{PTAT}}{V_{REF}} \tag{1.3}$$

假设接口电路是理想的，则传感器的主要误差来源为工艺差异对V_{BE}的影响。根据本章参考文献［16］，第 7 章中的参考文献［4］和图 1.5，当V_{BE}在 0K 时的初始推测值V_{BE0}保持不变时，上述误差是影响表述V_{BE}函数斜率的唯一因素。这就意味着工艺差异的影响可以通过在室温条件下校准传感器从而被修正，然后对V_{BE}添加与绝对温度成正比的修正电压，例如图 1.4 中的电路所示微调电流 I_2。以上内容将在本书第 2 章中详细论述。

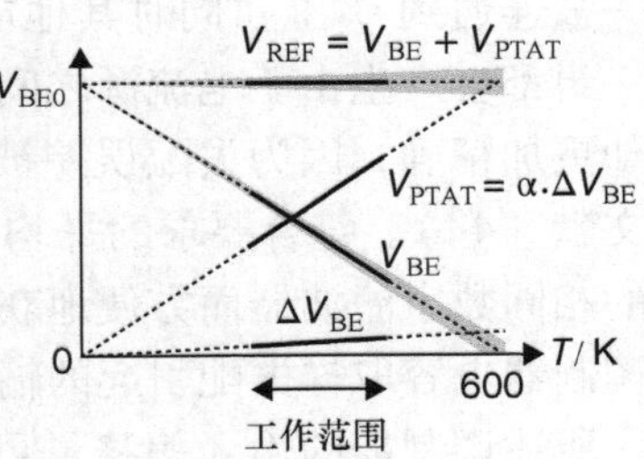

图 1.5　图 1.4 中电路所产生电压的温度相关性（阴影部分表示工艺分布的影响）

1.3.2　接口电路设计

一个简化的传感器接口电路框图如图 1.6 所示。其原理是基于一个二阶单比特位 sigma - delta 调制器，该调制器是将V_{BE}和 ΔV_{BE}信号转换为一种温度相关的比特流 bs。该调制器采用了一种电荷平衡方法，其能够根据数据流信号的瞬时值选择电路输入值为V_{BE}或 $\alpha\Delta V_{BE}$。可以看出[14,16]，其产生的数据流平均值可以恰好与式（1.3）中的μ相等。因此与图 1.4 中的方案相比，这种方法不需要产生参考电压 V_{REF}，从而简化了电路。比例系数 α（=16）是通过对在调制器输入端的电容大小适当选取而确定的。

为了获得所设定的 0.1℃误差的目标，由接口电路引起的误差都应当被减小到 0.01℃的量级。这就意味着调制器的偏置应当小于 2μV，同时偏置电流比 $p=5$ 以及比例系数 α 应该精确限制到大约 100×10^{-6}以内。由于典型 CMOS 工艺各组件平均制造公差在最理想情况下的失配仅能达到 0.1%，因此，将采用动态误差修正技术来获得上述精度。

图 1.6 展示了如何应用动态单元匹配（Dynamic Element Matching，DEM）技术来获得精确的 1∶5 偏置电流比。通过一组开关，6 个数值上相等的电流源 I_{1-6}

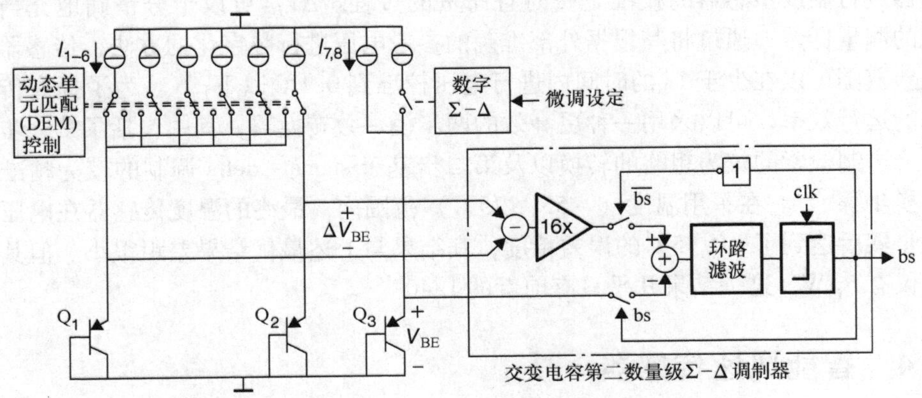

图 1.6　简化 CMOS 智能温度传感器的电路原理图

之一被连通到 Q_1 上，同时其他电流源连到 Q_2 上。这就产生了 6 组可能的连接，每一组都会产生由于电流源之间的失配而引起的 ΔV_{BE} 误差。但是，ΔV_{BE} 的平均值却更加精确，因为失配误差被抵消了（参见本章参考文献［15］与第 7 章参考文献［4］）。符合要求的平均值能够通过可以抑制 sigma - delta 调制器量化噪声的相同数字滤波器而方便地获得。另一种相似的 DEM 方法可以用来平均那些由调制器电容取样失配引起的输出误差。

所述调制器的输入偏移量可以通过在第一个积分器中应用相关双采样（一种与自动调零非常相似的技术）来减小[8,17]。由于该方法不能完全消除偏置的影响，因此整个调制器功能依然是被削弱的，但这已能保证其残留的偏置信号在 2μV 级以下。

如图 1.6 所示，利用一个 10bit 电流数 - 模转换器可以通过调整晶体管 Q_3 的偏置电流来对传感器进行微调，该转换器中带有一个一阶 sigma - delta 数字调制器，其中调制器的输出可以调整其中一个偏置电流源。该数 - 模转换器可以满足 0.01℃分辨率范围的微调。由于数 - 模转换器的数据流输出会干扰主调制器的输出，因此，数 - 模转换器的时钟与其他动态单元匹配方法一样，都与主调制器的数据流时钟一致[18]。

最终的温度传感器在经过简单的室温下微调后功耗 190μW，并且在军用温度范围（ -55 ~125℃）内达到了 ±0.1℃的误差范围。这一等级的精度代表了当今先进的 CMOS 温度传感器[19]。

1.3.3 近期研究进展

近期温度传感器研究工作的主要内容集中在简化校准步骤的同时降低器件的功耗。由于在两个传感器之间达成热平衡需要耗费数分钟，因此通过一个参考传感器进行温度传感器的校准是费时且昂贵的过程。ΔV_{BE} 可以十分精确地充当温度的测量标量，通过将其根据外部准确的参考电压进行数字化的方法，传感器的误差范围可以在少于 1s 的时间内进行电压校准到 0.1℃以下[20]。为了提高传感器的运行效率，可以采用一种更高效的两步模 - 数转换器，其中包括了第一步基于二进制检索的较为粗略的转换以及第二步基于 sigma - delta 调制的较为精准的转换步骤[21]。在军用温度（ -55~125℃）范围内，最终的温度传感器在电压校准步骤后达到了 ±0.15℃的误差精度，其结果与上述最优结果差距很小。但其功耗仅有 5μW，这一结果几乎只有前者的 1/40[14]。

1.4 智能风速传感器

在本节中，我们将主要介绍智能风速传感器的设计。这类无可移动组件的固态传感器可以用来测量风速和风向[22]。传感器充分利用了当风吹过某发热物体，该物体各部分将会呈现非均匀降温这一原理。风速和风向即可通过测量最终的温度梯度而获得。如果该物体是一块芯片，其中的电流通过电阻会产生热量，同时由风引起的温度梯度能被集成的热电堆所感测到。

1.4.1 工作原理

如图 1.7 所示，当一个加热的圆盘上方有气流经过时，它的冷却是非均匀的。图示结果显示关于热盘中心对称的任意两点的温度梯度 δT。δT 的大小与空气流速的二次方根成正比，同时其方向与空气流动的方向一致。因此，通过测量 δT 就可以同时确定风速和风向[23,24]。

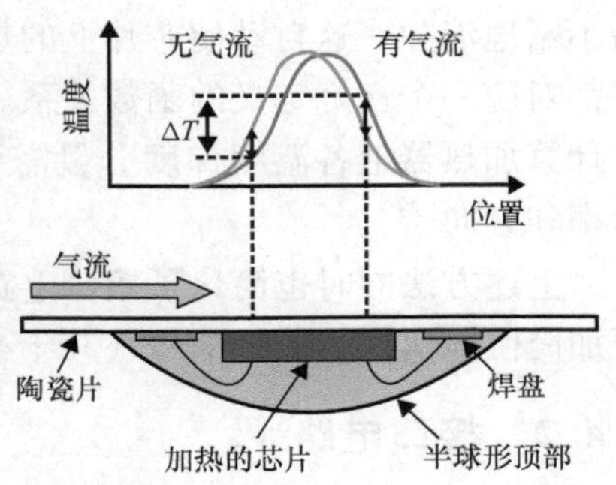

图 1.7　风速传感器的工作原理

虽然加热器和温度传感器可以较为容易地集成在一块典型的 CMOS 芯片中，但根据其必须能够感测到风引起的温度梯度的要求，标准的封装结构就不能采用了。如图 1.7 中所示，芯片被粘合到一块薄陶瓷片的下方，这样气流就从芯片的另一面上通过。这种简单而稳固的封装结构解决方案保证了传感器芯片能够与气流有良好的热接触。为了保证风速传感器仅对风的水平分量灵敏，热盘安装在一个符合空气动力特性的外壳中[23]。

如图 1.8 所示，4 个加热器和 4 个 p+/Al型热电堆集成在了一个传感器芯片中。热电堆按特定方式对由空气流动引起的温度梯度正交分量进行测量。由于硅是良好的热导体，测得的温度梯度的正交分量非常小，仅有十分之几度。从而，热电堆的输出只有微伏级。在第一代传感器中，这些输出信号通过精确的芯片外电路数字化，其数字化结果被用来计算获得风速和风向。计算结果中的误差通常分别小于5%和3°[25]。

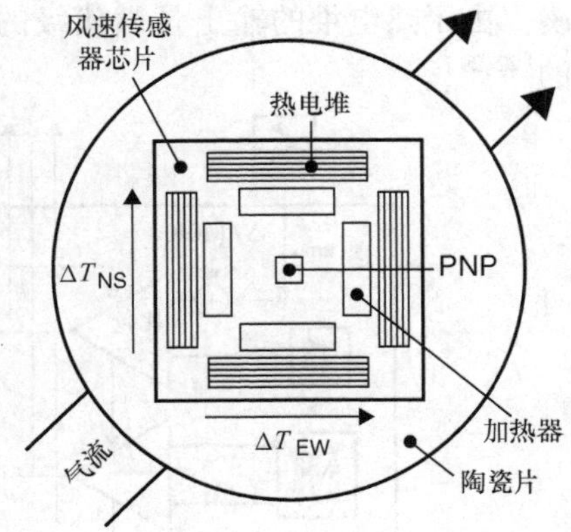

图 1.8　风速传感器的设计原理图

由于制造工艺的误差，封装好的风速传感器必须进行校准和微调。这是因为通常来说芯片无法被完全精确地放置在陶瓷片的中心位置，因此将导致热盘上的热点不会集中在传感器芯片上。其结果将出现一个与气流相关的热偏置，该偏置将比实际的气流引起的温差要大很多。通过微调 4 个加热器上损失的能量可以消除这一偏置现象，从而将热量分布集中于传感器芯片[26]。之后，风速传感器将在风洞中进行校准。校准后的结果数据将被保存在一个非挥发存储器中，以便用来消除任何残余偏置和增益误差的影响。然而，整个过程耗时较长，并且显著增加了传感器的成本。

为了避免上述问题，智能风速传感器通常以另一种模式运行：温度平衡模式[27,28]。在这种模式下，由气流引起的温度梯度将通过动态调节加热器的功耗而不断地消除。这自动使芯片上的热分布居中，从而任何一个热量偏置与气流速度都对应一个良好定义的函数关系。此外，加热器的功率无需进行手动微调。通过计算加热器上各温度梯度分量需要被“抵消”的能量之差，即可获得气流的速率和方向[29]。

上述方法同时也简化了接口电路的设计，相比于热电堆微伏级的输出信号，更加简便地实现了较大信号（几十毫瓦）的数字输出。

1.4.2 接口电路

智能风速传感器芯片的结构框图如图 1.9 所示。其中包括了 3 个 sigma - delta热量调制器，两个用来抵消芯片上温度梯度纵向 δT_{ns} 和横向 δT_{ew} 分量[22]。所获得的数据流输出 δP_{ns} 和 δP_{ew} 分别表示 δT_{ns} 和 δT_{ew} 分量上需要抵消的热功率差值。由热量调制器产生的热脉冲信号通过传感器的热量电容进行低通滤波，从而传感器本身即具备了调制器回路滤波器的功能。除此之外，对于风速传感器来说，每一个调制器仅需要一个时钟比较器来实现，这就使得其电路体系结构非常紧凑。由于热电堆的输出是微伏级的，因此比较器是通过自动调零来减小其偏置的[22,29]。

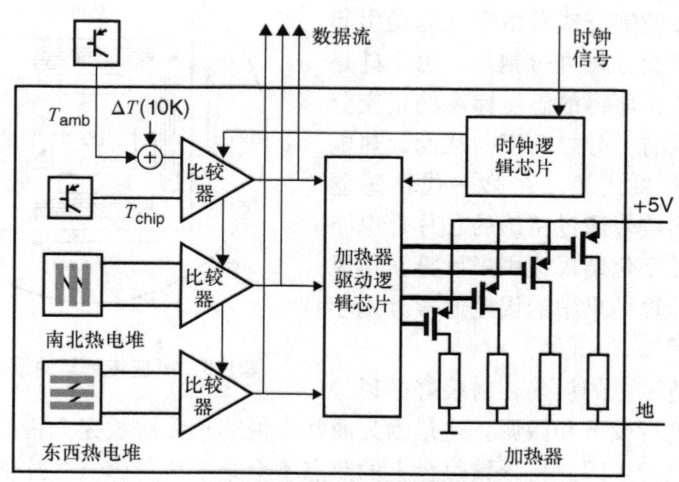

图 1.9 智能风速传感器的结构框图

第三个 sigma - delta 热量调制器使得传感器的温度保持在一个高于环境温度的恒定值（过热值 ΔT 约 10℃）。在此模式下，δP 的大小将与风速的二次方根成正比[23]。传感器芯片的温度 T_{chip} 通过位于芯片中央的 PNP 结构晶体管基底测得，同时一个外部的晶体管用来测量外部环境温度 T_{amb}（见图 1.9）。如同智能温度传感器一样，为了产生与过热温度成正比的电压，这些晶体管将会设置两个不同的集电极偏置电流。通过自动调零比较器和良好匹配的电流源，由工艺差别所造成的过热温度误差将被限制在大约 ±1℃。尽管此误差将会改变传感器的灵敏度，但其影响已经考虑在传感器校准中。

经过校准之后（具体的校准将在第 2 章中详细讨论），智能传感器将在 1 ~ 25m/s 风速范围的风洞内进行测试。计算得到的风速和方向误差分别小于 4% 和 2°，这一误差值略小于早期无片上接口电路的风速传感器[23-25]。基于紧凑的接口电路结构，这一结果的获得并未增加芯片的面积。

1.4.3　近期研究进展

现今的研究工作集中在简化传感器结构的同时减小其功率损耗。在本章参考文献［30］中，传感器以一种所谓的恒定功率模式运行，其中的过热温度值未被控制，因此去除了多余的外部温度传感器和与控制过热温度相关的回路。因此，加热器功率将被大幅减小，以至于在过热温度控制回路中已经不需要护频带来调节误差。为了在此情况下保持传感器精度，sigma - delta 热量调制器的带内量化噪声将通过一个电滤波器（积分器）和热滤波器的串联来减小。积分回路的残余偏置引起的加热器功率损耗要小得多。在本章参考文献［31］中，采用了系统级的斩波方法来减小功率损耗。最终的风速传感器的功耗仅有 25mW，是本章参考文献［22］中传感器功耗的 1/16。同时，该传感器获得了同样的精度，其在校准之后的风速和方向上的误差也分别小于 4% 和 2°。

1.5　智能霍尔传感器

在本节中，我们将介绍一种应用于导航的智能磁场传感器[32]。该传感器基于霍尔效应，其原理是当电流垂直于外磁场通过一块金属导体时，在金属导体的垂直于磁场和电流方向的两个端面之间会引起电势差。霍尔电压的大小与通过金属导体的电流和磁场的法向分量成比例（参见第 9 章参考文献［4］和本章参考文献［33］）。

1.5.1　电路原理

在 CMOS 工艺中，霍尔板通常包括一个 n 阱层，其使得传感器灵敏度大约为

100V/AT。在 1mA 的偏置电流条件下，地球磁场强度为 50μT（最大）时将获得 5μV 的霍尔电压。精确地数字化如此小的电压信号是一项极具挑战的任务。

此外，由于机械应力、掺杂和光刻工艺的误差，硅基霍尔板通常会有一定的磁场偏置（5~50mT）。尽管这一偏置比地球磁场强度要大得多，但这不会成为主要的问题，其原因是地磁传感器将通过校准步骤来抵消附近铁磁材料对其灵敏度的影响。地磁传感器最主要的问题是磁场偏置漂移，这会引起随时间变化的角度误差。

霍尔板的磁场偏置可以通过旋转电流法减小到 10μT 级，此方法使得霍尔板的偏置电流在一定空间内旋转，同时其输出信号以时间为单位进行平均[34]。这一方法也减小了磁场偏置漂移，但对于地磁传感器应用还不足够，特别是对于低成本塑料封装中出现的机械应力，此方法还无法进一步消除其影响。磁场偏置和漂移也可以通过正交耦合两个以上的霍尔板来解决[23]。本节所讲述的智能传感器系统同时采用了旋转电流技术和 4 个正交耦合霍尔板来达到可能出现的最小磁场偏置和漂移。

由于标准的集成电路封装通常包括一定数量的磁性材料，这些材料会在一定程度上扭曲传感器周围的磁场分布，因此传感器的封装结构成为了又一个挑战。为了避免这一磁场误差，研究者开发了一种特殊的、没有任何磁性材料的封装结构[35]。通过对封装结构的设计，在一块 PCB 的水平和垂直方向组装上 3 个传感器（见图 1.10），即实现了电子指南针的制作。

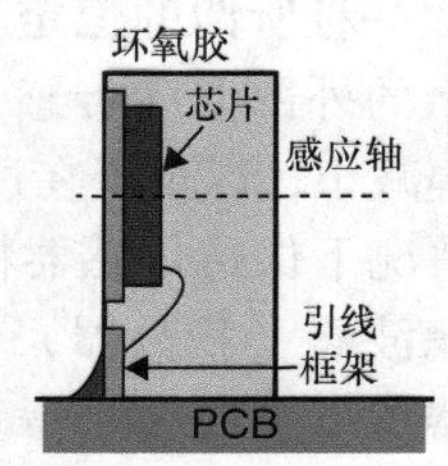

图 1.10　定制封装的智能霍尔传感器

1.5.2　接口电路

霍尔传感器的接口电路框图如图 1.11 所示。它包含一个电压 - 电流转换器（VIC），其输出通过一个一阶 sigma - delta 调制器进行数字化。通过一个双向计数器，调制器的输出信号被一个完整的旋转信号周期所平均，并且该结果通过 RS - 232/SPI/μWire 串行兼容接口向外部传输。

由于存在偏置误差，4 个霍尔板的输出信号在同一旋转电流周期内的多个相位可高达 50mV。然而，其输出平均值在零场条件下要小得多，甚至小于 50nV。因此，这就要求接口电路的相关输入偏置要小于 50nV，其线性动态范围大约在 120dB 内，这对接口电路的设计来说是非常大的挑战。

为了获得上述级别的线性度，VIC 包括了两个拥有超过 120dB 直流增益的运

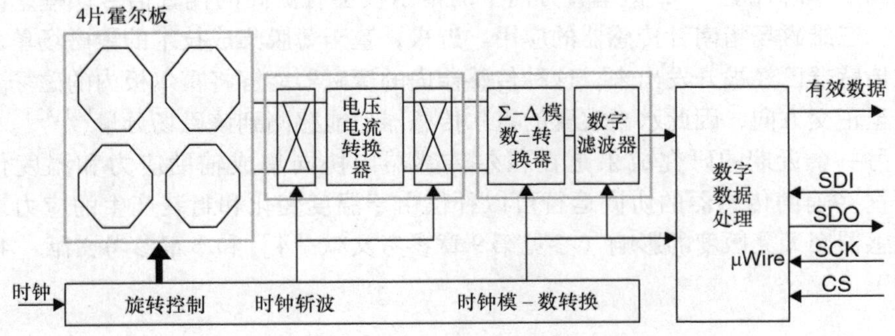

图 1.11　智能霍尔传感器的框图

算放大器（见图 1.12），其利用加载在电阻上的霍尔板输出的电压来产生输出电流信号。一种所谓的嵌入式斩波方法被用来减小输出信号偏置到期望的 50nV 水平[36]。如图 1.12 所示，VIC 首先通过一对由 12.5kHz 时钟频率信号“高速”斩波器进行信号偏置斩波。剩余的信号偏置（基于输入端斩波器的运行峰值）将通过产生一个死区来进一步减小[37]。这一步骤将通过 EnCM 信号（一个 1ms 的脉冲信号）来完成，其具体方法是在打开输出信号开关的同时，通过 EnCM 信号在每一次时钟转换后将 VIC 输出信号与一个参考电压 CMref 进行连接。为了进一步减小参考输入信号的偏置，对整个前端信号偏置都进行了 10Hz 频率左右的斩波处理，该信号处理方法是在周期性反转霍尔板偏置电流极性的同时改变调制器数据流的符号。

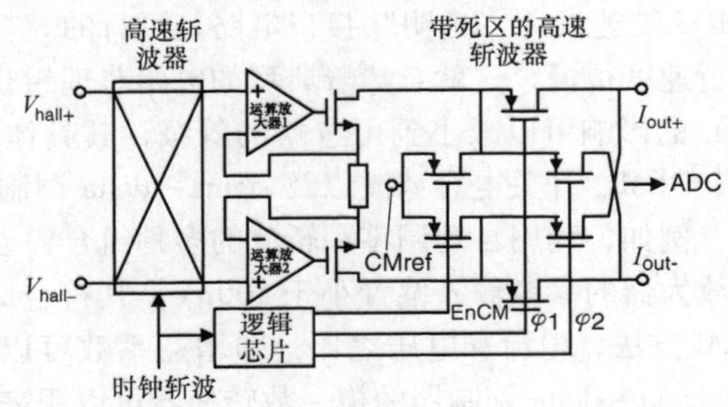

图 1.12　斩波电压—电流转换器示意图

经过以上对霍尔传感器偏置误差的处理，并且在严格的热循环可靠性测试后，传感器的磁场偏置仅有 4μT，偏置温度系数只有 8nT/K 并且偏置信号漂移也小于 0.25μT[38]。在导航应用中，这一偏置信号漂移所对应的角度误差小于 0.5°。这代表了迄今为止 CMOS 霍尔传感器的最佳偏置性能。

1.5.3　近期研究进展

标准的（水平）霍尔传感器仅对芯片表面的磁场有感应。三维磁场指南针需要三个互相正交的传感器芯片。一种可选的方案是水平与垂直方向的霍尔板组合在同一单芯片上[40]，但垂直方向上的霍尔板会有更高的偏置信号误差，因此不适合三维磁场指南针传感器的应用。近来，基于薄膜集成技术的聚磁场单芯片三维传感器已经被开发出来。这种传感器内的聚磁器能够将霍尔板内的磁场分量弯曲至正交方向，因此水平放置的霍尔传感器也能感测到该磁场分量[41,42]。

另一个近期的研究成果是在霍尔传感器内协同集成辅助应力和温度传感器。这些辅助传感器的协同运行可以补偿由于温度变化和封装产生的应力对霍尔传感器交叉灵敏度的影响（参见第 9 章参考文献［4］和本章参考文献［43］、［44］）。

1.6 本章小结

至少对于上述集成式温度、风速和磁性的集成传感器的设计来说，以标准 CMOS 工艺设计“透明”接口电路是可行的。与电子电路相比，大部分传感器的运行速度很慢，这就意味着典型的电路非理想状态（如偏置、增益误差和 $1/f$ 噪声）的影响可以减小到可忽略的等级，其具体方法主要通过例如自动调零、斩波、DEM、开关电容滤波以及 sigma – delta 调制等动态误差修正技术。

例如，利用自动调零和斩波的多种组合，当输入信号电压为几伏时，可以实现放大器的参考输入偏置小于 100nV，其符合 24bit 直流动态范围。另外，通过 DEM 方法，电流和电压之比，即增益系数可以精确定义到 100×10^{-6} 以上。基于 sigma – delta 调制器的模 – 数转换器可以用来灵活地平衡带宽分辨率，其能够在几十赫兹带宽的条件下获得 22bit 的信号分辨率。还需提到的一点是，采样滤波器中频率响应的缺口（notches）可以用来完全抑制由斩波和 DEM 产生的残余交流成分。

有了这些精度，我们可以用来做些什么呢？可以基于这些传感机制开发出新颖的传感器，来检测那些极其微小、甚至是以前无法探测出来的信号。其中过一个实例就是基于明确的体硅热扩散率的温度传感器开发，其能够检测到传感器芯片上热脉冲扩散引起的很小的温度变化[39]。在现有的智能传感器中，精度可以与其他性能标准进行折中，如芯片面积和功耗。例如，由于 DEM 减轻了组件不匹配的影响，所以可以容忍较大的初始失配，这意味着可以使用较小的组件。类似地，由于斩波抑制 $1/f$ 噪声，所以在较低的功耗下可以获得所需的信噪比。

智能传感器系统的设计需要面临相关的工程挑战，即采用精度和成本较低的器件设计出高精度、高可靠性的传感器系统。基于多种多样的感测原理，各种封装方法和电路技术可以被用来实现上述的传感器系统。以上所述的动态传感器技术已经在解决上述挑战中展现了它的巨大价值，并将毫无疑问地被我们不断利用，以期能更进一步地掌握智能传感器系统设计的精髓。

参考文献

[1] S. Middelhoek and S. Audet, *Silicon Sensors*, London: Academic Press, 1989.

[2] Z. Tan, R. Daamen, A. Humbert, Y.V. Ponomarev, Y. Chae, and M.A.P. Pertijs, "A 1.2-V 8.3-nJ CMOS humidity sensor for RFID applications," *Journal of Solid-State Circuits*, vol. 48, no. 10, pp. 2469–2477, October 2013.

[3] M. Graf, U. Frey, S. Taschini, and A. Hierlemann, "Micro hot plate-based sensor array system for the detection of environmentally relevant gases," *Analytical Chemistry*, vol. 78, no. 19, pp. 6801–6808, 2006.

[4] G.C.M. Meijer, Ed. *Smart Sensor Systems*. John Wiley & Sons Ltd, 2008.

[5] N. Yazdi, F. Ayazi, and K. Najafi, "Micromachined inertial sensors," Proc. IEEE, vol. 86, no. 8, pp. 1640–1659, August 1998.

[6] P.G.R. Costa, L.J. Breems, K.A.A. Makinwa, R. Roovers, and J.H. Huijsing "A 118 dB dynamic range continuous-time IF-to-baseband sigma-delta modulator for AM/FM/IBOC radio receivers," *Journal of Solid-State Circuits*, vol. 42, pp. 1076–1089, May 2007.

[7] K.A.A. Makinwa, M.A.P. Pertijs, J.C. van der Meer, and J.H. Huijsing, "Smart sensor design: the art of compensation and cancellation," **Plenary**, *Proc. ESSCIRC*, pp. 76–82, September 2007.

[8] C.C. Enz and G.C. Temes, "Circuit techniques for reducing the effects of op-amp imperfections: autozeroing, correlated double sampling and chopper stabilization," Proc. IEEE, vol. 84, no. 11, 1584–1614, November 1996.

[9] C.G. Yu and Randall L. Geiger. "An automatic offset compensation scheme with ping-pong control for CMOS operational amplifiers." *Journal of Solid-State Circuits*, vol. 29, no. 5, pp. 601–610, May 1994.

[10] Q. Fan, J.H. Huijsing, and K.A.A. Makinwa, "A 21 nV/$\sqrt{\text{Hz}}$ chopper-stabilized multipath current-feedback instrumentation amplifier with 2 μV offset," *Journal of Solid-State Circuits*, vol. 47, no. 2, pp. 464–475, February 2012.

[11] R. Schreier and G.C. Temes. *Understanding Delta-sigma Data Converters*. vol. 74. Piscataway, NJ: IEEE Press, 2005.

[12] V. Quiquempoix, P. Deval, A. Barreto, G. Bellini, J. Markus, J. Silva, and G. Temes, "A low-power 22-bit incremental ADC," *Journal of Solid-State Circuits*, vol. 41, pp. 1562–1571, July 2006.

[13] Y.C. Chae, K. Souri, and K.A.A. Makinwa, "A 6.3 μW 20bit incremental zoom-ADC with 6 ppm INL and 1 μV offset," *Journal of Solid-State Circuits*, vol. 48, pp. 3019–3027, December 2013.

[14] M.A.P. Pertijs, K.A.A. Makinwa, and J.H. Huijsing, "A CMOS temperature sensor with a 3σ inaccuracy of ±0.1°C from −55°C to 125°C," *Journal of Solid-State Circuits*, vol. 40, pp. 2805–2815, December 2005.

[15] G.C.M. Meijer, G. Wang, and F. Fruett, "Temperature sensors and voltage references implemented in CMOS technology," *IEEE Sensors Journal*, vol. 1, no. 3, pp. 225–234, October 2001.

[16] M.A.P. Pertijs and J.H. Huijsing, *Precision Temperature Sensors in CMOS Technology*. Dordrecht, The Netherlands: Springer, 2006.

[17] C. Hagleitner, D. Lange, A. Hierlemann, O. Brand, and H. Baltes, "CMOS single-chip gas detection system comprising capacitive, calorimetric and mass-sensitive microsensors," *IEEE Journal of Solid-State Circuits*, vol. 37, pp. 1867–1878, 2002.

[18] M.A.P. Pertijs and J.H. Huijsing, "A sigma-delta modulator with bitstream-controlled dynamic element matching", Proc. ESSCIRC 2004, pp. 187–190, September 21–23, 2004.

[19] K.A.A. Makinwa, "Smart Temperature Sensor Survey", [Online]. Available: http://ei.ewi.tudelft.nl/docs/TSensor_survey.xls.

[20] M.A.P. Pertijs, A.L. Aita, K.A.A. Makinwa, and J.H. Huijsing, "Low-cost calibration techniques for smart temperature sensors," *IEEE Sensors Journal*, vol. 10, no. 6, pp. 1098–1105, June 2010.

[21] K. Souri, Y. Chae, and K.A.A. Makinwa, "A CMOS temperature sensor with a voltage-calibrated inaccuracy of ±0.15°C (3s) From −55 to 125°C," *Journal of Solid-State Circuits*, vol. 47, no. 12, pp. 292–301, January 2013.

[22] K.A.A. Makinwa and J.H. Huijsing, "A smart CMOS wind sensor," Digest of Technical Papers ISSCC 2002, pp. 432–479, February 2002.

[23] B.W. van Oudheusden and J. H. Huijsing, "An electronic wind meter based on a silicon flow sensor," *Sensors and Actuators A*, 21–23 (1990), pp. 420–424.

[24] B.W. van Oudheusden, "Silicon thermal flow sensor with a two-dimensional direction sensitivity," *Measurement Science and Technology*, vol. 1, no. 7, pp. 565–575, July 1990.

[25] Mierij Meteo B.V., Datasheet: Solid state wind sensor MMW 005, http://www.mierijmeteo.nl/.

[26] S.P. Matova, K.A.A. Makinwa, and J.H. Huijsing, "Compensation of packaging asymmetry in a 2-D wind sensor," *IEEE Sensors Journal*, vol. 3, no. 6, pp. 761–765, December 2003.

[27] T.S.J. Lammerink, N.R. Tas, G.J.M. Krijnen, and M. Elwenspoek, "A new class of thermal flow sensors using $\Delta T = 0$ as a control signal," *Proceedings of MEMS 2000*, pp. 525–530, January 2000.

[28] K.A.A. Makinwa and J.H. Huijsing, "A wind sensor interface using thermal sigma-delta modulation," Proceedings of Eurosensors XIV, pp. 24–252, September 2000.

[29] K.A.A. Makinwa and J.H. Huijsing, "A smart wind sensor using thermal sigma-delta modulation techniques," *Sensors and Actuators A*, vol. 97–98, pp. 15–20, April 2002.

[30] J. Wu, Y. Chae, C. Van Vroonhoven, and K.A.A. Makinwa, "A 50 mW CMOS wind sensor with ±4% speed and ±2° direction error," *Digest ISSCC*, pp. 106–108, February 2011.

[31] J. Wu, C.P.L. van Vroonhoven, Y. Chae, and K.A.A. Makinwa, "A 25 mW smart CMOS sensor for wind and temperature measurement," *Proceedings of IEEE Sensors Conference*, pp. 1261–1264, October 2011.

[32] J.C. van de Meer, F.R. Riedijk, E. van Kampen, K.A.A. Makinwa, and J.H. Huijsing, "A fully integrated CMOS Hall sensor with a 3.65 μT 3σ offset for compass applications," *Digest of Technical Papers ISSCC* 2005, pp. 246–247, February 2005.

[33] R.S. Popovic. *Hall Effect Devices*. CRC Press, 2010.

[34] P. Munter, *Spinning-Current Method for Offset Reduction in Silicon Hall Plates*, Delft University Press, 1992.

[35] J.C. v.d. Meer, K.A.A. Makinwa, and J.H. Huijsing, "A low-cost epoxy package for compass applications," *Proceedings of IEEE Sensors 2005*, pp. 65–68, October 2005.

[36] A. Bakker, K. Thiele, and J.H. Huijsing, "A CMOS nested-chopper instrumentation amplifier with 100-nV offset," *IEEE Journal of Solid-State Circuits*, vol. 35, pp. 1877–1883, December 2000.

[37] C. Menolfi and Q.Huang, "A 200 nV 6.5 nV/$\sqrt{}$Hz noise PSD 5.6 kHz chopper instrumentation amplifier," *Digest of Technical Papers ISSCC* 2000, pp. 362–363, February 2000.

[38] Xensor Integration B.V., Datasheet: Compass sensor XEN1200, http://www.xensor.nl/.

[39] C.P.L. van Vroonhoven, and K.A.A. Makinwa, "Thermal diffusivity sensing: a new temperature sensing paradigm," *Proceedings of CICC*, September 2011.

[40] J. Pascal, L. Hebrard, V. Frick, J. P. Blonde, J. Felblinger, and J. Oster, "3D Hall probe in standard CMOS technology for magnetic field monitoring in MRI environment," *Proceedings of European Magnetic Sensors and Actuators Conference (EMSA '08)*, 2008.

[41] R. Popovic, P. Drljaca, and P. Kejik, "CMOS magnetic sensors with integrated ferromagnetic parts," *Sensors and Actuators A*, pp. 94–99, 2006.

[42] C. Schott, R. Racz, A. Manco, and N. Simonne, CMOS single-chip electronic compass with microcontroller. *Journal of Solid-State Circuits*, vol. 42, pp. 2923–2933, 2007.

[43] U. Ausserlechner, M. Motz, and M. Holliber, "Compensation of the piezo-Hall effect in integrated Hall sensors on (100)-Si," *IEEE Sensors Journal*, vol. 7, no. 11, pp. 1475–1482, 2007.

[44] S. Huber, C. Schott, and O. Paul, "Package stress monitor to compensate for the piezo-hall effect in CMOS Hall sensors," *Proceedings of IEEE Sensors*, pp. 1–4, October 2012.

第 2 章　智能传感器的校准与自校准

Michiel Pertijs
电子仪器实验室，代尔夫特理工大学，代尔夫特，荷兰

2.1　引言

智能传感器可以提取所感兴趣的（被测量对象）非电学物理量信号，并且将这种信号转换成可被识别的电学信号输出。为了实现这种功能，研究人员在设计时将传感元件和相关的接口电路集成在同一芯片上或同一个封装体中。传感元件将测量到的非电学信号转换为电信号，随后接口电路对其做进一步处理，将其转换为外部检测系统或控制系统可直接识别的标准接口电路信号。在这些处理步骤中产生的误差会影响到系统整体的工作性能和数据的可靠性。因此，确定这些误差的大小是非常重要的。确定误差具体数值的过程通常被称为校准，这也是本章的主题。

校准对智能传感器的制造商和用户都至关重要。制造商需要在最小的成本下优化校准程序来确保所期望的精度。用户至少需要对这些程序有一个基本了解，才能够正确地理解包括有效期在内的各种传感器的规格，并且能够在需要重新校准时对传感器做出评估。

越是智能的有标准接口的即插即用型传感器，用户需要考虑的校准相关的问题越少。传统的（非智能的）传感器，用户通常需要从制造商处获得校准系数，才能够识别出传感器的输出信号。与此相反，如今使用的智能传感器的校准系数通常被编程植入传感器内部，并且为用户提供已经校准过的正确的输出信号。虽然使用此类传感器更加简单方便，但这会降低用户对校准的重要性和校准系数的局限性的认知。

本章第一部分，介绍了校准的一些基本要素，探讨了智能传感器校准的一些特性，该部分将以一款智能温度传感器为例展开阐述。在本章第二部分，将探讨制造自校准智能传感器的可行性。通过该部分内容的研究可以表明，完全的自校准是不太可能实现的，但是使用额外的协同集成的传感器或激励器可以大量减少所需的校准工作。该部分内容以智能磁场传感器和智能风速传感器两个例子来具体阐述。最后，以本章内容概述和未来发展趋势的展望结尾。

2.2 智能传感器的校准

2.2.1 校准术语

在许多测量和仪器系统中，需要使用已知客观精度的传感器来测量大量的感兴趣的目标参数。例如，用体温计测量身体温度的期望误差在 ±0.1℃以内。为了验证给定的温度计的精度，可以把它的读数和一种更精确的温度计比较。也可以用另一种方法，将温度计浸没入冰水或沸水中，观察它是否正确地指示 0℃或 100℃。这些流程都是基本的校准流程[1,2]。

国际标准化组织（International Organization for Standardization，ISO）对校准的定义如下[3]：

校准是在一组规定条件下的操作，第一步是确定由测量标准提供的量值与相应实际测量示值之间的关系，测量标准提供的量值与相应实际测量示值都具有测量不确定度；第二步则是用这些信息来确定所获得的测量值与指示值之间的关系。

这些测量标准是由国家标准实验室制定的，例如美国国家标准与技术研究所（National Institute of Standards and Technology，NIST）、英国国家物理实验室（National Physical Laboratory，NPL）、德国联邦技术物理研究所（Physikalish - Technische Bundesanstalt，PTB）和荷兰计量研究院 VSL。这些实验室已经发行了所谓的主要参考标准，定义了测量一个给定的物理量可获得的最高水平的精确度。例如，为了温度测量，这些主要参考标准特别设计了铂电阻温度计，目的在于确定国际温标（ITS - 90）所设定的温度标准点[4]。这些标准点是上面所提到的冰水和沸水的专业等价参数。例如，水的三相点定义为 0.01℃或者 273.16K。

一级参考标准用于校准在标准实验室中发现的二极参考标准。反过来，这些标准又用于校准测量仪器和传感器的精确度确定的工作标准。一个完整的校准流程是使用各种提高精确度的工具，比较被校准的传感器或设备，以达到一个国际标准。校准流程的存在使得传感器或仪器的读数具有可追溯性[3]：

可追溯性表征的是测量结果的性质，测量结果可以凭借完整的校准链条关联到校准的每个步骤，每一步都存在着测量的不确定性。

对于传统的（非智能）传感器，校准结果通常被用户用于修正传感器所获得的测量结果[3]：

修正是为了对测量结果的系统性影响所做的改进。

根据这些定义，不论是校准或者修正都不涉及调整传感器或设备的误差。这可能有些令人困惑，因为校准一词在字面意思上经常被这样理解。在本书中，我们将遵循 ISO 标准定义的术语取代通用的用法[3]：

调整是指在测量系统中实施的一系列操作，将需要测量的目标量匹配到规定的指标。

典型的调整有偏置调整和增益调整。在调整之后，常常需要进行再校准来确保已经调整后的测量系统、传感器和设备的性能能够达到使用规格。

传统传感器通常在校准之后不进行调整。反而，用户负责修正测量结果至合适的量值。而智能传感器至少可以减轻用户在这方面工作的部分负担，这是智能传感器一个独特的性质，更多的细节将在本章后续部分详述。在某种程度上，智能传感器在内部存储了需要的修正数据，甚至在传感器内部完成了修正，因此智能传感器所有的校准和修正步骤用户都一目了然。智能传感器在校准之后必须要包含在某些形式上的调整，尽管这些轻微的调整只针对接口电路，并不涉及传感器元件，例如存储偏移或增益修正系数。

2.2.2　校准有效性的局限

校准过程不可能涵盖传感器在使用过程中可能出现的所有情况，意识到这点是非常重要的。事实上，使用条件不可能完全与校准条件相一致。因此，校准条件下获得的精度不一定是传感器在实际应用中所需要的精度。首先，基于一个事实，校准过程不可能覆盖传感器应用于测量的所有使用范围，校准必定受限于有限数量的测量点。通常，在这些固定的点之间使用插值法是相对安全准确的。然而，如采用外推法则危险系数较高。

在应用过程中传感器的精度不同于在校准过程中的精度的第二个原因是在使用过程中的操作条件不一定和校准过程中相同。在理想情况下，传感器应该只对被测变量敏感，但在实际中，传感器也对其他量表现出某种程度的交叉灵敏度，例如工作温度、湿度、电源电压、机械应力、干扰等。这样的交叉灵敏度会影响传感器输出量值的精确度。

最后，传感器在校准后的精度也会由于老化而降低。老化速率通常与使用频率、机械磨损、暴露在灰尘中、温度或湿度的变化等因素相关。但是即使传感器被保存在密封环境，老化仍会发生[1]。传感器制造商通常对传感器样品进行加速老化实验，来评估精确度的降低速率。这样的实验可能包括将一组传感器放置在大量温度循环系统中，或将它们长时间暴露在高温度或高湿度环境中。基于这些实验结果，传感器的技术规格说明书的精度增加了额外的预留量，连同传感器的有效期或者随着时间推移可预期的老化程度都被包含在精确度说明书中。无论如何，需要在使用一段时间后对传感器进行重新校准。

2.2.3 智能传感器校准的特性

根据2.2.1节给出的定义，校准流程提供关于传感器精度的信息。这些信息通常以校准报告的形式给出，写明了在校准条件下传感器的测量输出值以及相关的测量不确定性。这种报告为用户提供了一种解释传感器读数与国际标准的方法。

例如热敏电阻的校准，热敏电阻是一种电阻值随温度变化的传感器[4]，校准过程通常包含将热敏电阻放置在目标温度范围内的明确的温度值，并且测量在这些温度下的电阻。实际温度是用一个准确的可追溯的参考温度计来测量的，温度计被小心地保持在与热敏电阻相同的温度中，例如将两者都浸在均匀分布的液体中。基于一系列温度（具有不确定性）和被测量电阻值的结果列表（同样具有不确定性），传感器的温度和电阻值的关系可以用一个方程式来描述。这种方程式的参数有时被称为校准系数。这些信息都会写入报告中，用户基于这份报告能够通过测得的电阻值计算出相对应的温度。

智能传感器使用起来往往略有不同。不同于传统传感器依靠用户来解释输出信号并参照校准报告对数据进行修正，智能传感器在理想情况下可以提供一个用户易于理解的数据信号[5]。换句话说，将传感器直接输出量（热敏电阻的阻值）转换成目标被测变量的值（温度）应该在智能传感器内部进行，并且该步骤由传感器的接口电路执行。这意味着智能传感器校准结果必须采取与传统传感器不同的处理方式，它们以某种形式存储在传感器内部，而不是直接交给传感器用户。

2.2.4 传感器中校准数据的存储

有多种方式可以将校准数据存储在智能传感器中。第一种方法是使用校准报告电子等效法：被称为传感器电子数据表（Transducer Electronic DataSheet，TEDS）。根据IEEE 1451智能传感器标准，这些数据表将存储在传感器内部的非易失性存储器中（见图2.1）[6,7]。用户即使需要用TEDS中保存的传感器校准数

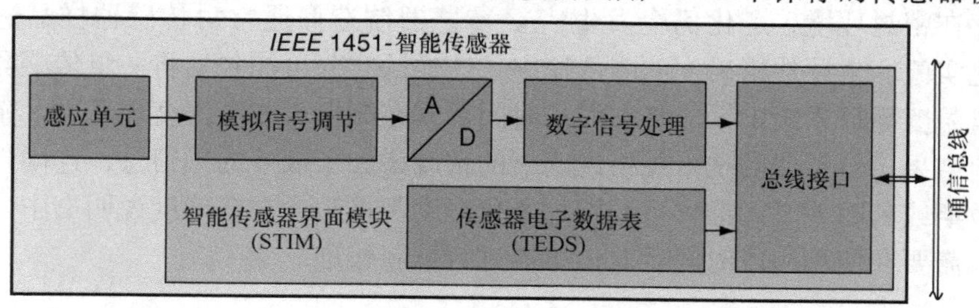

图2.1 内建传感器电子数据表（TEDS）的智能传感器框图

据做后置处理，也不必将传感器和它们的校准数据集成在一起。校准数据通过获得传感器读数的同一个接口从传感器自身获得。这样使智能传感器更容易替换或再校准，因此，就不需要分别更新相关联的校准数据。特别是在多个传感器集成的系统中，这是一个非常重要的改进，减少了因为使用错误的校准数据而产生的传感器误读数的风险。

第二种在智能传感器中存储校准数据的方法要更进一步：不仅仅将数据存储在传感器非易失性存储器中，而且在传感器内部对数据进行了修正[8]。因此，传感器变成真正的即插即用：不再需要后处理。内部的修正可以用多种方法实现，例如通过数字化处理校准数据的传感器读数，或者在模拟情况下对数据进行修正（见图 2.2）。后者通常需要一种相对简单的偏移调整或增益调整，这通常称为“微调”（trimming）。

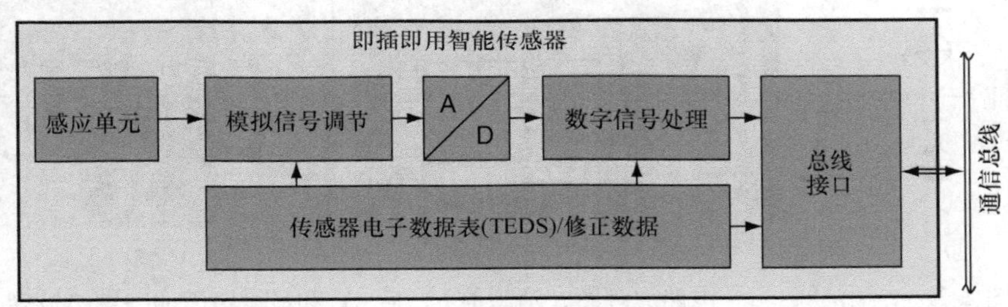

图 2.2　基于校准数据的自修正智能传感器框图

传统的进行模拟调整的方法是激光微调，一种被频繁地使用在高精度模拟集成电路（如低失调放大器或带隙基准）中的技术，也被用在智能传感器模拟读数电路中。这种技术使用激光束斑削减电阻值达到微调的目的。通常，电阻决定电路的偏移和增益，因此可以通过激光束进行微调。通过使用这种微调技术可以使容差降低到 0.01%[9]。

激光微调是在封装之前进行的，这意味着任何因为封装而引起的误差不能通过激光微调纠正。在封装之后应用的一项微调技术是多晶硅电阻器，依靠通过它们的电流脉冲值进行调节[10]。通过这些脉冲引起局部加热而导致电阻值的减少是永久性的，因此在应用中使用了一个永久调整电阻的电路传递函数。

运用 CMOS 技术可以轻松实现高品质的开关和数字电路，运用 CMOS 技术设计的传感器进行调整或微调时，通常靠对非易失性存储器编程控制来驱动模拟开关或数字修正电路。这样的数字非易失性存储器可以是可擦除的，也可以是不可擦除的。可擦除非易失性存储器可应用在传感器有效期内需要进行再校准的情况。

两种最常见的数字不可擦除非易失性存储器技术是齐纳消除和熔丝。

1）齐纳消除（Zener zapping）（见图 2.3）将齐纳二极管从最初的开路转变为短路。通过程控脉冲使二极管工作在雪崩模式，从而破坏了原来的连接并且建立了一个可靠的金属连接[11]。将二极管带入雪崩模式需要相应高的写入电压（>6V）。必须特别小心地处理这些电压，以避免其他结点被击穿。

• 熔丝（Fusible links）由金属或多晶硅连接组成，能够被通过的大电流造成物理结构被破坏[12]。最初的短路状态会被转换成开路。相比于齐纳消除，使用熔丝的一个优势是可以使用低于大多数 CMOS 管击穿电压的低电压脉冲（<7V）。然而熔丝连接可能没有齐纳消除可靠，因为金属再生长可能会（部分地）修复连接。这种连接也可以用激光束切断而破坏[12]。这样处理简化了电路，但是这种操作的缺点是在封装后不能进行。

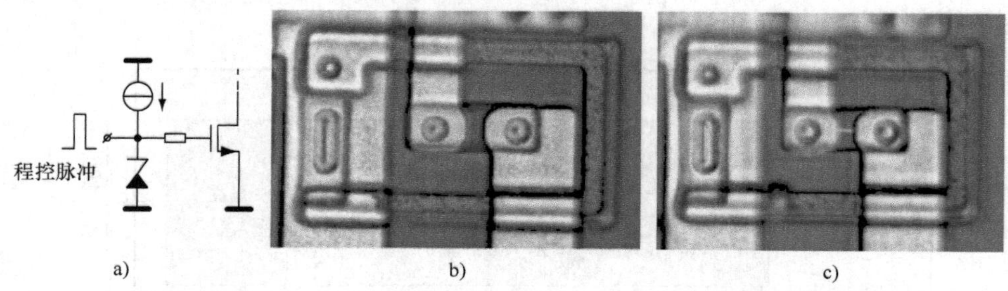

图 2.3　齐纳消除：a）电路原理图，消除前 b）后 c）和显微镜下的齐纳二极管

最好擦除的非易失性存储器是基于浮栅技术的设计[13]：通过一个额外的浮动多晶硅栅极存储电荷，从而改变晶体管的门限电压以选通栅极和对应的沟道。EPROM（Electrically Programmable Read - Only Memory，电可编程只读存储器）的工作过程是，将热电子从漏极注入到浮动栅极，从而产生了高电压以选择要导通的栅极。将芯片暴露在紫外线中电荷会被释放。在 EEPROM（电可擦除 PROM）或者闪存 EPROM 中，浮动栅极上电荷在通过薄薄的氧化层隧穿的方式被去除。

2.2.5　生产过程中的校准

在智能传感器的生产过程中，有几种方法可以包括校准和调节步骤。大多数智能传感器通过标准的集成电路生产流程生产，通过另外增加前道或后道工艺制作传感器元件。这意味着许多生产步骤是利用晶圆级批量工艺。在许多情况下，在晶圆切片后，只有单个传感器的封装是非批量生产制作工艺。

为了发挥批量生产的优势，校准和调整必须在晶圆级进行，换句话说，要在划片和封装之前进行。在某些情况下，同一片晶圆上的所有的传感器可能会同时暴露于相同的严格定义的校准条件下。例如智能温度传感器的校准使用一个温度稳定的晶片卡盘[14]。这种并行方法的优点是创造校准条件的相关时间和费用成本被许多传感器分摊了。另一方面，这种方法一个主要的缺点是由划片和封装产生的额外的误差没有考虑在内。例如，许多智能温度传感器当它们被封装进塑料管壳中时，会表现出一个被称为封装偏移的现象。当校准和调整在晶圆级进行时，封装偏移会降低封装后传感器的精度[15-17]。

在许多情况下，校准和调整在生产线的最后进行，即在封装后进行，因为封装是传感器正常工作所必需的。这种情况下晶圆级并行处理模式的成本效益消失，这种方法可以纠正包括封装导致偏移在内的个体误差。适宜匹配的非易失性存储器技术的范围被限制于那些不需要直接进入芯片的情况。

批量处理的一个可能后果是同一个批次生产的传感器会有相似的误差。如图2.4a所示，如果一个批次样品的平均误差相比于批次内误差的变化是有明显差异的，进行批次校准是一个可选项。这个操作包括从同一批次产品（封装前或者后）中校准一部分有限的样品来估计这一批次的平均误差。基于这次评估，同样的修正会被运用到这一批次的所有传感器中（见图2.4b）。这项技术的意义在于显著地节约成本，因为需要实际经受校准过程的传感器数目会大大减少。

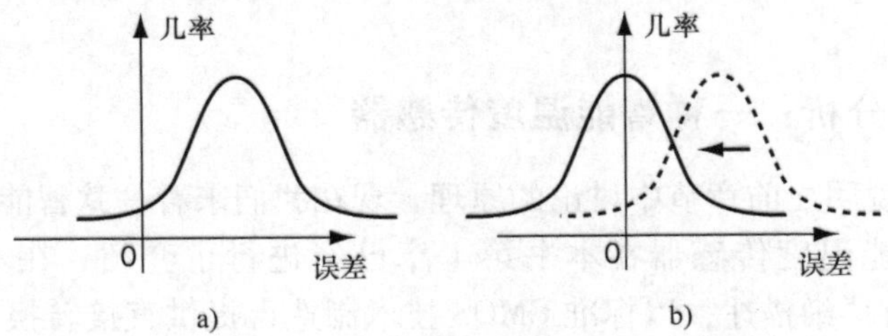

图2.4　批量校准前a）后b）误差分布

如果对每个传感器进行调校的成本是显著的，例如因为相关生产时间，或者为了实现非易失性存储器所需要进行的集成电路工艺的延伸，那么对传感器进行分类将会是个有吸引力的替代处理方式。分类意味着传感器不是被调校，而是被分类进入基于各种校准步骤的精度箱中（见图2.5）。例如，传感器有大误差的进入低精度箱中，传感器有小误差的进入高精度箱中。这种方法是否经济适用，取决于生产过程中误差的分类是否与市场需求的

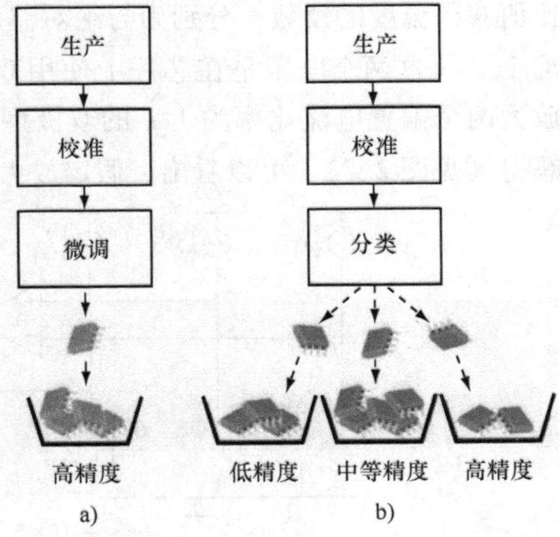

图2.5　基于微调a）和分类b）工艺的生产流程

各种不同精度等级相匹配。

2.2.6　智能传感器校准的机遇

在智能传感器中，传感器和它的电子读数设备被集成在单一芯片或单一封装中。这样的组合创造了超越单纯的发挥集成密度的优势之外的其他机会[5,18]。微小、灵敏的传感器信号能够在传感器本身内部（locally）进行放大和数字化处理，使得在寄生现象存在时更容易读出传感器的数据，并且在有干扰的情况下信息传递不会衰减。此外，由于实际上传感器和它的读出电子系统距离非常近，可以为采用新型的读数方法提供便利。

正如之前章节有关校准的阐述，局部信号处理的重大优势是传感器读数的修正能够在本身内部（locally）进行。更好的处理方法是一些传感器可以进行自测试，当传感器不在校准数据有效的状态、它修正的读数因此也不在精度规格范围之中时，可以给予用户警告提醒。此举能为用户提供传感器需要被替换或者重新校准的提示。最后一个方法是使传感器进行（部分）自校准，更多详情会在2.3节介绍。

2.2.7　案例分析：一种智能温度传感器

为了举例说明之前章节中讨论的原理，现在我们来看一款智能温度传感器的校准。这款智能温度传感器在本书第1章已经进行了介绍，在本章参考文献［14，19］中有详细描述，以标准CMOS技术制造，提供直接转换为摄氏温度读数的数字输出。为了结构的完整性，首先，简要介绍概述它的工作原理。

图2.6所示为智能温度传感器简化的电路框图。它通过数字化以下两个电压的比值获得温度的读数，分别为与绝对温度成正比的 V_{PTAT} 和与温度无关的电压基准 V_{REF}。这两个电压是在芯片上使用双极型晶体管生成的[14]。电压 V_{PTAT} 通过放大两个偏置电流比率为 $1:p$ 的双极型晶体管 $Q_{1,2}$ 的基极发射极电压差 ΔV_{BE} 来获得（见图2.7）。可以看出，假定放大和偏置值可以准确地实现[14]，在制造

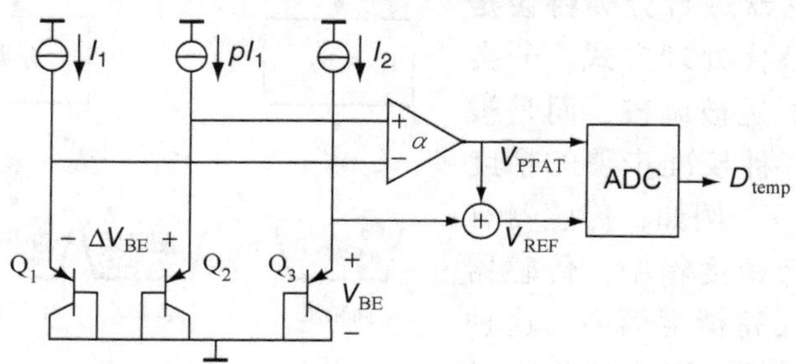

图2.6　智能温度传感器的电路框图[19]

公差允许的范围内电压基本不漂移。为了获得这些性能，正如本书第 1 章中所讨论的那样，精密电路技术（如动态失调电压补偿回路和动态元件匹配）被运用在本例的电路设计中。基准电压 V_{REF} 是通过附加 V_{PTAT} 到第三个晶体管 Q_3 的基极发射极电压 V_{BE} 形成的。负温度相关的 V_{BE} 通过正温度相关的 V_{PTAT} 来补偿，使得基准电压在理论上与温度无关（见图 2.7）。与 V_{PTAT} 相比较，V_{BE}、V_{REF} 有相当大的制造公差。因此，这款温度传感器需要被微调以获得不超过 ±2℃的测量精度。为了获得微调所需要的信息，传感器在生产过程中进行校准。

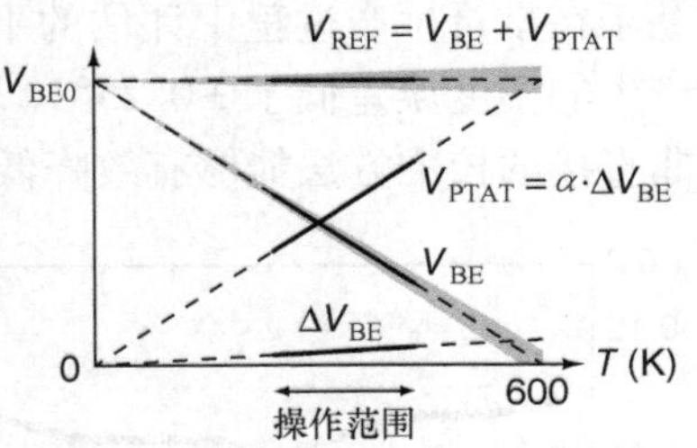

图 2.7 在图 2.6 中所示的电压的温度依赖性（阴影区域表示生产公差）

智能温度传感器通常通过与已知精度可追溯的参考温度计进行比较来进行校准[4,14]。为了降低生产成本，通常只在一个典型温度进行校准。在晶圆级或封装后都能进行校准。

当在晶圆级校准时，一个完整的晶圆可能包含上千个传感器，晶圆整体的温度被稳定在一定范围内，采用许多安装在硅片夹上的参考温度计（例如热敏电阻或者铂电阻）来进行测量。随后晶圆探测器跨过整片晶圆，与每个传感器芯片的结合焊盘相接触。它通常进行一些电气测试，从芯片得到温度读数，然后微调芯片以调整读数。使整个晶圆温度保持稳定的时间成本可能是十分显著的，但是它被许多传感器平均分摊了。

晶圆级校准的一个重要局限性是后续的切片和封装可能会引入温度误差，这些误差主要是由机械应力产生[15]。当芯片被封装在没有缓解应力的覆盖层的塑料制品中时，封装偏移（shift）可能会产生额外 ±0.5℃的温度变化。因此，如果要高精度和低成本封装结合在一起，那么校准和微调需要在封装后进行。

在封装后进行校准需要每个封装好的传感器在与参考温度计相同的温度下进行。典型方法是两者通过热传导媒介进行良好的热接触，例如水浴法或金属块法。这个过程需要一定的稳定时间，因为传感器不可能一进入校准程序就达到所需要的温度。为了使误差在 ±0.1℃内，这段时间（几分钟）将比电测试（少于 1s）需要的时间长很多，因为热传导的时间常数要考虑在其中。与晶圆级校准案例不同，此处昂贵的稳定时间成本是与单一传感器相关的，或者说至少与一起进行温度稳定的少量传感器相关，因此这一步决定了整体的生产成本。

图 2.8a 显示了 20 个智能温度传感器样品的温度误差，这些样本分别与铂温度计进行校准和微调。封装后，这些校准操作在室温下进行。产生的温度误差是较小的：在整个军用温度范围 −55 ~ 125℃[19,20]内，所有传感器误差均低于 ±0.1℃。然而，这种高精度是以消耗高昂的校准时间成本获得的。

图 2.8b 显示了在批量校准的案例中产生的温度误差：所有传感器微调的标准基于在批量生产过程中评估的平均误差进行（见图 2.4）。微调后在军用范围内产生的温度误差低于 ±0.25℃。在中等精度可以接受的应用中，这种方法和其他非直接的校准方法能够有效降低生产成本[21]。

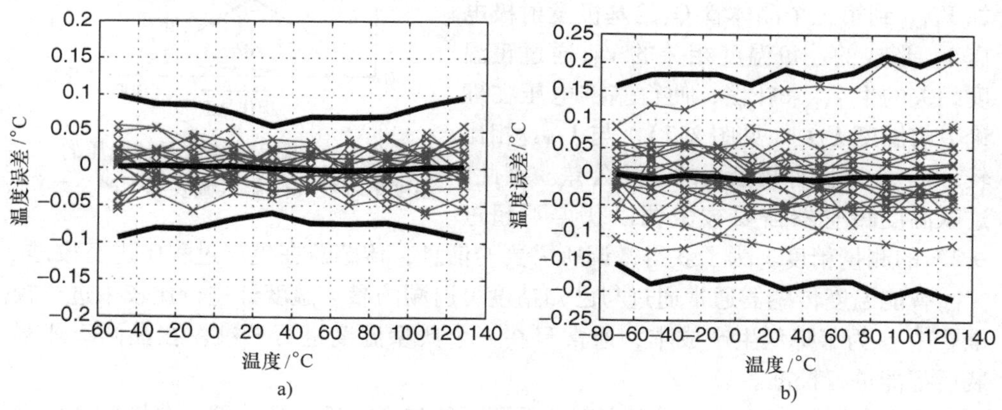

图 2.8　经过 a）单个校准和 b）批量校准（20 个样本，粗线显示 3σ 限制）后的温度误差

2.3　自校准

2.3.1　自校准的局限性

考虑到智能传感器提供了集成智能化模块的便利，自校准智能传感器是否能制造，将成为研究热点。毫无疑问，参考 2.2.1 节给出的校准定义，完全的自校准是不可能实现的：毕竟，合适的校准建立在传感器读数和国际标准的关系上，没有外部参考与传感器比较，这种关系无法建立。然而，我们将术语自校准延伸一些，一些有趣的构造可能得以实现，其中的局部校准由传感器自身进行，例如通过协同集成激励器校准传感器元件。这样的自校准技术是本节的主题。虽然不能完全代替真实的校准，但它们可以减少校准点的数目以获得给定的精度水平，或者延长校准之间的时间间隔。

2.3.2　通过结合多个传感器的自校准

结合多个传感器的输出有时更有可能获得更精确的测量结果。在本节中将讨论基于这个原理的 3 个技术：交叉灵敏度补偿、差分传感和后台校准。

交叉灵敏度补偿——交叉灵敏度补偿的原理在图 2.9 中已明确说明，主传感器（传感器 1）不仅对目标被测变量 X 敏感，而且也影响变量 C。一个附加的传感器被用于检测变量 C 以用于修正对 C 变量敏感的主传感器的输出量。

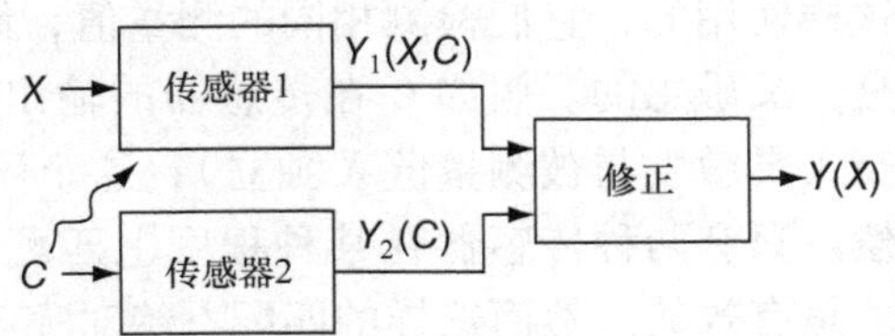

图 2.9　通过感测干扰量 C 的附加传感器实现传感器交叉灵敏度补偿

这种方法的有效性取决于第一个主传感器对 C 的交叉灵敏度重复性如何。例如，如果交叉敏感度随时间剧烈变化，获得的改进可能是非常有限的。在传感器有定义明确的交叉敏感度的情况下，额外传感器的增加可能会大幅度地提升整体性能。

这种方法的一个例子，使用共集成温度传感器对温度交叉敏感的压力传感器进行修正。基于这个原理设计的 CMOS 智能压力传感器在文章参考文献［22］中有详细介绍。在这个设计中，微机械压阻式压力传感器和基于双极型晶体管的温度传感器与读出电子设备共集成在单一 CMOS 芯片中。在校准过程中，压力传感器的温度非线性相关的偏移和灵敏度被存储在片上查找表上。在操作过程中，基于测量得到的温度信息用来调节压力传感器的读数。因此，压力传感器的温度系数从 $1315\times10^{-6}/℃$减少到 $86\times10^{-6}/℃$。

基于霍尔效应的磁场传感器也受到温度交叉灵敏度的影响。然而，它们也对传感器芯片外露的塑料封装所产生的机械应力敏感[23]。虽然由这样的应力引起的误差能够被生产校准补偿，然而应力漂移引起的误差则不能补偿。例如，在传感器的有效使用期内，这样的漂移可能由封装中吸收的水分引起。在本章参考文献［24］中，一款集成的磁场传感器被描述成一个霍尔传感器与温度传感器和压力传感器的组合，用来补偿这样的应力漂移。所有 3 个传感器的输出都是数字化的，漂移的应力是由在产品校准过程中进行的测量并且存储在芯片 EEPROM 上的应力值与最初的应力相比较而获得的。测得的磁通密度用来补偿漂移。因此，磁场灵敏度的漂移从几个百分点减少到低于 ±0.5%。在此说明，对霍尔传感器另一种自校准方法将在 2.3.4 节中详细讨论。

交叉灵敏度补偿方法的一个变通是在自校准电化学气体传感器中的应用，在本章参考文章［25］中有具体阐述。电化学气体传感器是用来测量氧气和一氧化碳等气体浓度的，它们的催化表面积对漂移非常敏感。由于导致灵敏度和响应时间的漂移变化，它们通常需要每隔几周就要进行重新校准。这个问题可以通过传感器工作期间测量的感测电极的电阻抗获得表面积来减轻。这些间接测量的表面积能够用来修正传感器读数。因此，初始漂移引起的 50% 的大误差已经减少到低于 10%。

差分传感——图 2.10a 显示了一种交叉灵敏度补偿的替代方法：两个传感器

是这样使用的，它们检测相同的测量值，但信号符号相反。两个传感器对于量 C 都是交叉敏感的。假如 C 在传感器的输出引入一个额外的误差（也就是说，假如交叉灵敏度与被测量值 X 独立），这个误差能够通过提取输出值间的差值而被补偿。只有两种传感器在某种程度上匹配，并且以同等程度接触变量 C 时，补偿才是有效的。然而这样的匹配不绝对完美，但是常常对所有交叉灵敏度都减少一个量级是可行的。差分传感的附加优势是它也补偿传感器的偏移和偶数阶非线性度，某种程度上再次增加了性能的匹配度。

一个经典的例子是在图 2.10a 中所示电阻式传感器（例如应变式传感器），在图 2.10b 中是用惠斯顿电桥合并表示的对温度的交叉灵敏度的补偿。4 个电阻 R_1 ~ R_4 都对被测量值 X 敏感（例如应力）：随着 X 值得增加，电阻 R_1 和 R_4 增加，电阻 R_2 和 R_3 减小。因此，X 的改变会引起电桥的不平衡，导致差分输出电压 V_{out} 的改变。假设所有电阻都等同地受干扰量 C 交叉敏感的影响，相对而言，干扰量 C（如温度）的改变不会改变电桥平衡，因此不会影响 V_{out}。

例如，这个技术已经应用在集成压敏传感器上，用来补偿对温度的交叉灵敏度。传感器的微机械薄膜暴露在压力差下，所产生的偏移由集成在薄膜上的压敏电阻测量[26]。它们的响应信号所需要的差值是靠使用不同方向的电阻获得的（例如薄膜边缘的垂直与平行方向）。另一个较新使用差分传感来补偿微机械加速度计的温度交叉灵敏度的例子，在本章参考文献［27］中可以找到。

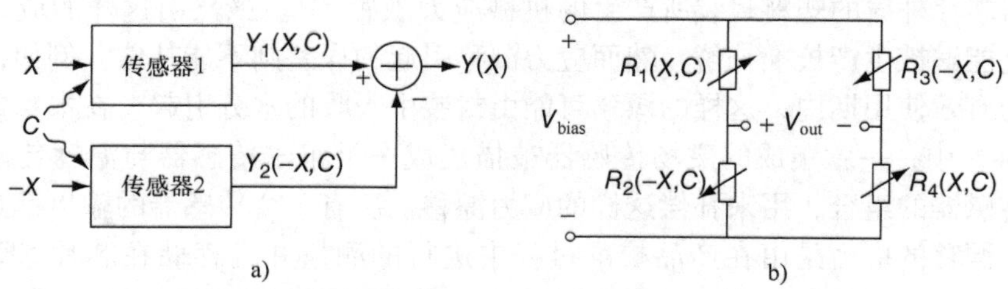

图 2.10　a）将两个完全相同的传感器暴露在相反符号的被测量中进行交叉灵敏度补偿；b）在惠斯顿电桥中实现这一原理的补偿

当然，并不是所有种类的传感器都能像检测 X 引起相反信号那样进行补偿。在某些不可能实现的情况下，可以屏蔽传感器中的一个以避免其接触测量值作为替代方案。正如图 2.11 中举例所示，传感器的输出会成为只有干扰量 C 的函数，然而主传感器仍然是 X 和 C 的函数。同样可以通过两个传感器输出之差获得补偿。

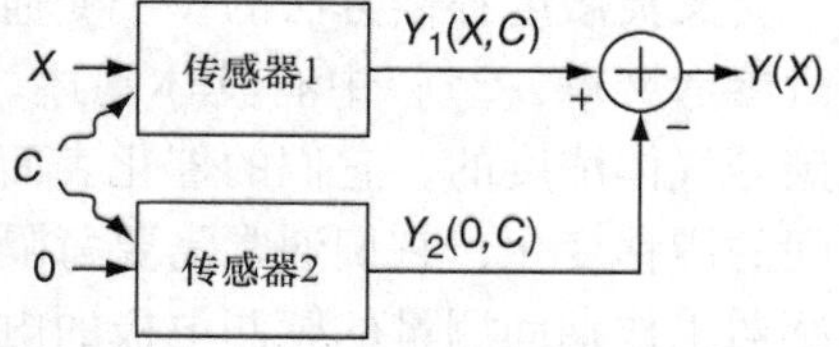

图 2.11　通过两个完全相同的传感器进行交叉灵敏度补偿，其中只有一个暴露在被测对象中

例如，这种补偿原理已经用来减少表面声波（Surface Aconstic Wave，SAW）传感器对温度的交叉灵敏度[28]。SAW 传感器能够被用来测量载气中气态化合物的浓度。这些化合物改变了在 SAW 器件上的化学敏感层中的声速。该变化作为压电声激励器和传感器之间的传播延迟的变化被检测到。如果激励器和传感器被合并入一个延迟线振荡器，气体浓度的改变能够通过振荡器频率的改变被检测到。遗憾的是，声波速率也是温度相关的函数。一阶温度补偿能够依靠使用两个 SAW 器件来获得：一个化学敏感器件和一个没有化学敏感层的参考器件。假设两者都以同样的方式与温度相关联，靠测量传播延时的差值或者振荡频率的差值从而消除对温度的依赖性。请注意，对于 SAW 传感器（温度稳定）的可选择的另一种自校准方法将在 2.3.7 节中讨论。

后台校准——最后一个方法如图 2.12 所示，可以用多个传感器组合的方法来提高系统性能和减少校准需求。在此，两个传感器都受到同一变量的影响，但是它们本质上有较大的性能差异。例如，一个可能比另一个更精确，但同时速度可能更慢。在那个例子中，速度慢但精确度高的传感器能用来在后台校准速度快的精确度低的传感器。这需要快速传感器的低频输出内容与慢速传感器的低频输出内容相比较。根据这个比较，快速传感器的响应所需要的修正能够推导得出。因此，两个传感器的组合产生了一个快速而精确的测量系统。

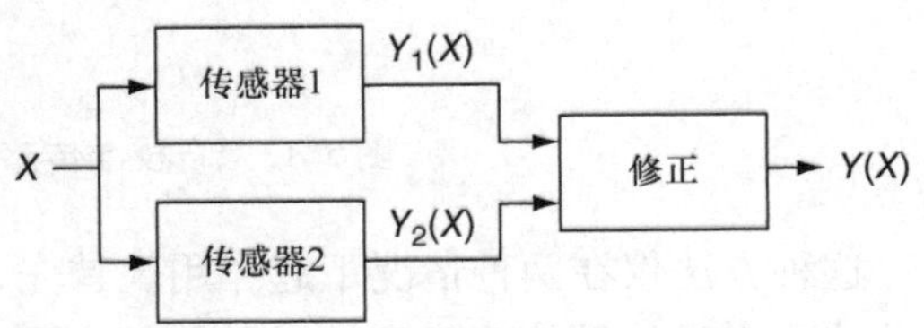

图 2.12　融合两种不同的传感器提升性能

这种方法的一个例子是利用约翰逊噪声温度计的电阻温度探测器（Resistive Temperature Detector，RTD）的后台校准[29]。RTD 提供了一个快速测量温度的方法，但却受限于漂移，特别是当它们被应用在恶劣环境中时。相对而言，约翰逊噪声温度计对漂移的影响不敏感，因为它们测量温度的方法基于第一原则：电阻的噪声和绝度温度成比例的事实[30]。约翰逊噪声温度计相对而言反应速度较慢，因为噪声功率需要较长的测量时间来进行精确评估。当使用 RTD 进行后台校准时，响应速度慢不再成为问题，因为实时温度信息是 RTD 提供的。约翰逊噪声温度计仅仅校准被 RTD 测量的平均温度来修正温漂。实际上，单个电阻能够同时被用作 RTD 和约翰逊噪声温度计的一个敏感元件[29]。

2.3.3　自校准传感激励器

如图 2.13 所示为一种自校准方法，它接近理论上说的在一个智能传感器内部集成传统校准的设置。这个图显示了一个被称为“传感激励器”的一个例子：传感器和激励器的组合。激励器生成一个校准信号 X_{REF}，被增加到传感器输入

端的外部被测量值 X_{EXT} 上。在传感器的输出端，参考信号的响应 Y_{REF} 被分离出来并且与被期望运用到激励器上的信号产生的响应相比较。基于比较结果，传感器对外部信号的响应 Y_{EXT} 用来修正由传感器引起的误差。

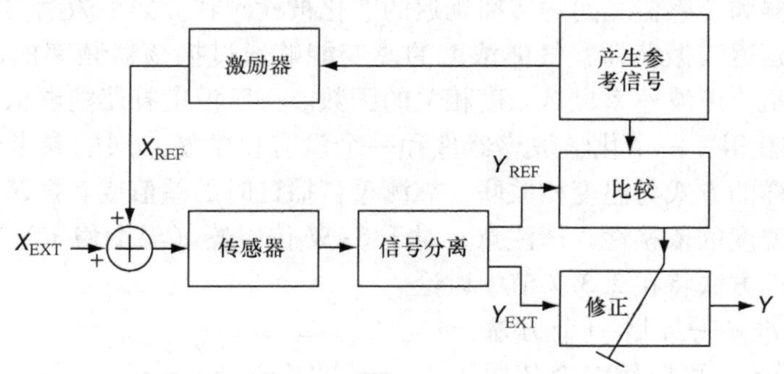

图 2.13　自校准传感激励器框图

这种方法仅在两种情况下起作用。首先，需要一个精准的激励器，由于系统的总体可实现的最佳精确度与激励器精度紧密相关。因此，从实现目标的角度，这种方法实现一个精准的激励器比实现一个精准的传感器更有意义。其次，它可以区分传感器对激励器产生的校准信号的响应和传感器对外在被测量值的响应。这个是可以实现的，例如，与外部被测量量相比，通过调制校准信号使其占用频谱的不同部分，并且能够靠滤波或同步检测来进行信号分离。

有时，激励信号能够间接产生。例如，在一个自校准惯性传感器中，激励器不大可能产生加速或旋转。反而，它可能运用一个（静电的）力在传感器的质量检测上，这个力与外部加速度和旋转产生的力相似。这种最新的例子能在本章参考文献［31］中找到，该文献中描述了一个受地球自转偏向力影响的陀螺仪，其所受的地球自转偏向力被模仿用于旋转激励的应用设备产生设备的驱动和检测模式。

2.3.4　案例分析：一种智能磁场传感器

本节描述了一个用来测量磁场的自校准传感激励器的例子。图 2.14 中所示具体描述了基于霍尔效应的基本原理：当电流 I_{BIAS} 通过暴露在外部磁场中的盘形导体或者半导体材料时，电压跨过横断面产生电流流动[23]。这被称为霍尔电压

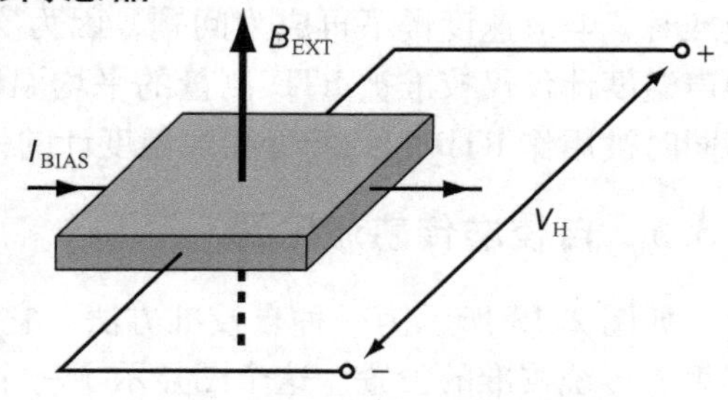

图 2.14　霍尔传感器基本原理

V_H，与 I_{BIAS} 和磁通密度 B_{EXT} 成正比，因此能够被用来检测磁通密度。然而霍尔传感器的灵敏度不太好定义，例如温度对其的影响较大。补偿交叉灵敏度的一个方法是共集成一个温度传感器（见 2.3.2 节），例如，它能被用来调节温度依赖的 I_{BIAS}，以获得与温度无关的总体灵敏度[23,24]。

图 2.15a 展示了另外一种有吸引力的方法，能够在理论上消除霍尔传感器的任何误差：由一个线圈围绕在霍尔传感器周围制成一个磁场传感激励器[32-34]。参考电流 I_{REF} 通过线圈会产生一个磁场 B_{REF}，并且附加到外部磁场中，因此，测量的霍尔电压结果与两个磁场的和成正比。如果在此时调制或者脉冲驱动参考电流，就能够分离参考磁场和外部磁场的响应，依据图 2.13，我们就能够构建一个自校准磁场传感激励器。实验结果（见图 2.15b）显示这种方式确实能够实现：用了自校准后，灵敏度不再由霍尔板决定，而是由线圈决定，最终结果是对温度的交叉灵敏度从 0.18%/K 减少到少于 0.01%/K。

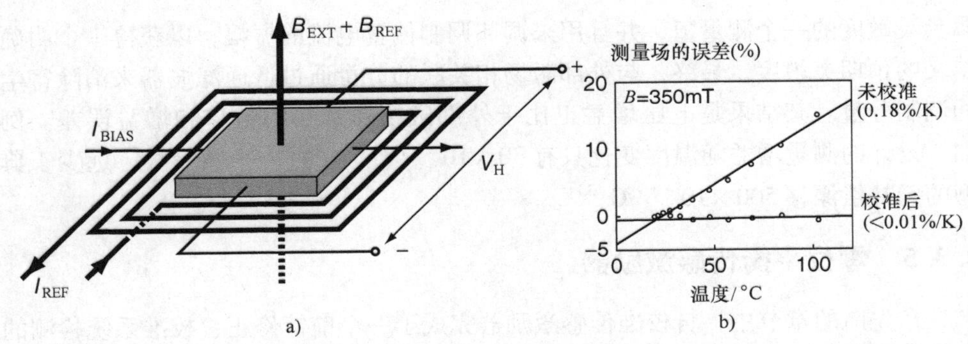

图 2.15　a）霍尔板和线圈组成传感激励器；b）有、无自校准情况下的温度交叉灵敏度测量结果

本章参考文献［33］中描述采用这一原理在自校准霍尔传感器中对电流测量更近了一步。图 2.16 所示为 CMOS 芯片的原理图。在这个设计中，霍尔板由方波调制电流产生偏置。因此，在霍尔金属盘中电流的方向被周期性地翻转。这就是本章参考文献［23］中所说的旋转电流原理的运用，使得霍尔金属盘产生偏置，并且区别开放大器 A 与霍尔金属盘对磁场的响应。作为偏置电流调制的结果，后者会在霍尔电压中产生一个调制分量，而偏置会产生直流分量。采用适合的解调方案，这两个分量可以分开。

集成线圈的偏置电流也是方波调制的，调制频率的一半用于传感器偏置的调制。因此，霍尔金属盘能够将由线圈产生的参考磁场 B_{REF} 的响应从系统偏置的外部磁场 B_{EXT} 的响应中区别开。相应放大的霍尔电压的 3 个分量被 3 个解调器检测。偏移分量 V_{OFFSET} 被反馈到放大器 A。这个负反馈回路防止放大器的输出由于偏移而产生太大的增益而超过目标信号。对应参考磁场，分量 V_{REF} 是霍尔金

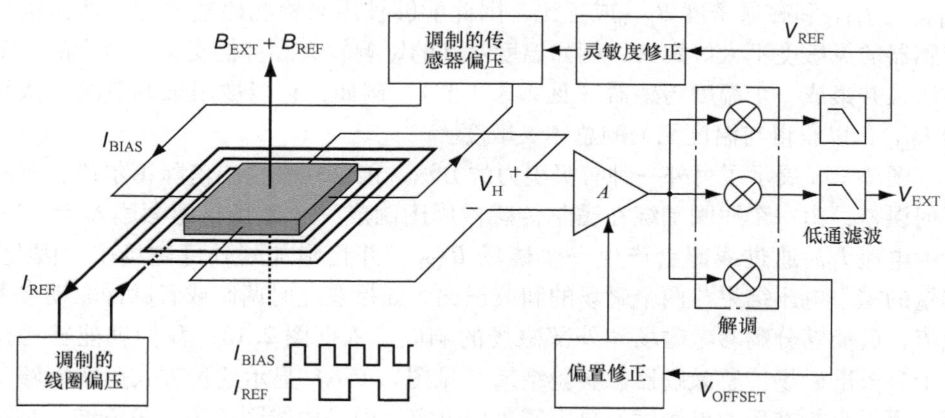

图 2.16　自校准偏置和灵敏度偏差的霍尔传感激励器框图

属盘灵敏度的一个测量值，并且用来调节调制偏置电流的振幅，以获得一个明确定义的预期灵敏度。最终，与外部磁场相关联的分量通过低通滤波器来消除寄生的调制分量。其结果是电压增益正比于外部磁场非常小的偏移和增益误差。例如，设计的测量增益随温度变化只有 30×10^{-6}/℃，超过一个数量级，远少于典型的无补偿漂移 500×10^{-6}/℃[33]。

2.3.5　零位平衡传感激励器

在先前的章节中，自校准传感激励器完成了一个前馈修正：校准系统检测的误差被用来修正传感器读数。在一个反馈回路中包含一个传感器和一个激励器也是有可能的。图 2.17 显示了这样一个系统。在这个系统中，增益为 A 的放大器驱动激励器，以使传感器的输入为零。这就是为什么这结构被称为零位平衡系统。

假设放大器增益 A 足够高，而且反馈环路是稳定的，激励器的输出 X_{ACT} 将和外部的被测量值 X_{EXT} 数值相等。假设激励器的转移因子 E 是稳定值，它的输入，也就是全部的输出 Y，将会成为 X_{EXT} 一个很好的测量值：

$$Y=\frac{S\cdot A}{1+S\cdot A\cdot E}X_{EXT}\cong\frac{1}{E}X_{EXT}\quad(S\cdot A\cdot E\gg1)\tag{2.1}$$

就如图 2.13 显示的自校准系统，系统的全部精确度不再由传感器决定，而是由激励器决定。因此，如果精确的激励器能够为传感激励器提供所需要的量，则零位平衡法尤其有效。

图 2.17 所示的反馈方法与图 2.13 中所示的前馈方法在传感器的运行上有很大的不同。在前馈方法中，传感器的输入值是被测变量和校准信号的叠加。为了

能够在传感器的输出量中分离这些信号，通常必须以一种线性方法加工它们。与此相反，在反馈方法中，传感器的输入值被反馈回路减少到零。这意味着传感器的增益误差和非线性度将不再有任何影响。此外，带宽能够被扩大到超过传感器带宽。这是以与反馈环路相关的潜在的稳定性为代价的。

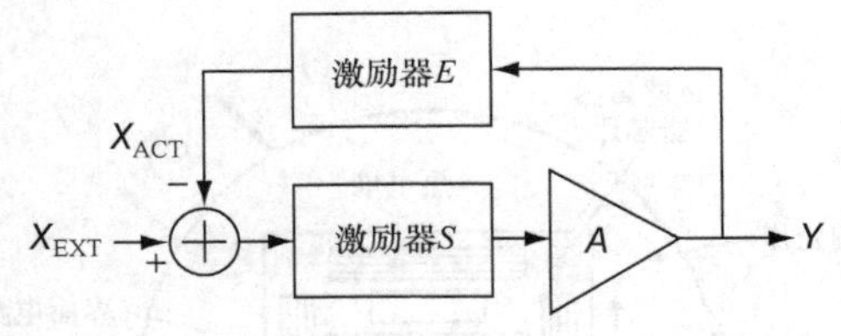

图 2.17　零位平衡传感激励器框图

零位平衡被广泛地应用在惯性传感器中，例如在加速器和陀螺仪中，该方法通常作为力反馈的参照[35]。标准的加速度计采用检测悬挂在衬底弹簧上质量块的方式。物体的加速度导致检测质量块的偏移，例如电容式或压阻式检测。相反，在力反馈的情况下，靠反馈回路检测偏移和施加恢复力给质量块，质量块能保持在原位，例如采用静电驱动的方式实现。因此，加速度计对机械弹簧常量的变化和位移传感器的灵敏度不敏感。此外，它的带宽能够扩大到超过机械结构的带宽。如果力反馈靠 delta - sigma 调制器结构实施，会形成一个机电 delta - sigma 调制器，直接获得数字输出[35,36]。本书第 5 章引入一个在陀螺仪中使用的力反馈的先进型号，以及阐述怎样才能实现比开环结构更宽的带宽。

零位平衡的另一个应用可以在热方均根—直流转换器中找到[37]。为了测量电输入信号方均根的真实值，热方均根—直流转换器测量与信号在电阻中耗散的功率有关的上升温度。通常，电阻安装在热隔离结构中，其作用比如在芯片中的微机械薄膜以获得大量的温度上升。本章参考文献［37］中所示的转换器使用了两个这样的薄膜，每个包含一个多晶硅电阻和一个双极型晶体管作为温度传感器使用。在一个薄膜中的电阻被输入信号驱动，而另一个薄膜被反馈放大器驱动。同样地，放大器靠双极型晶体管的检测来保持两个薄膜的温度相等。在放大器输出端的直流电压等价于输入信号的方均根值。系统的传输函数独立于晶体管温度传感器的函数，提供了两个双极型晶体管匹配的条件。

2.3.6　案例分析：一种智能风速传感器

本节描述一个零位平衡的传感激励器的范例：一种智能风速传感器[38,39]。这个传感器在本书第 1 章中已经介绍。它的操作原理图在图 2.18a 中简要概括。它包含一个 CMOS 芯片，被键合在一个薄陶瓷片中，保护芯片远离气流的直接接触。芯片包含 4 个加热器，4 个热电堆和接口电路。通过加热芯片，将在圆盘表面产生一个过热点。气流不会均匀冷却圆盘，而会使过热的点远离圆盘中心，并且致使芯片中产生温度差。这个变量通过热电堆测量，并且它们的输出、流速和流动方向均可以由此获得。

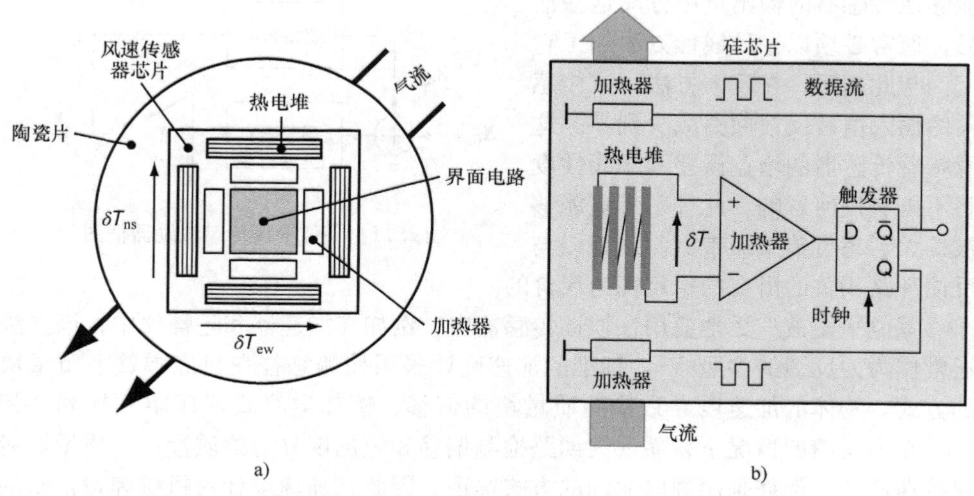

图 2. 18　a）智能风速传感器原理图；b）其中一种 sigma - delta 热调制器框图

加热器和热电堆被包含在反馈回路中是为了使温度差为零，而不会使得气流产生温度差。在这种被称为温度平衡的模式中，加热器没有被均匀驱动是为了促使热电堆的输出为零。风速和方向可以从加热器不对称的功率耗散中计算得出。

图 2. 18b 说明了南北方向的非对称性是如何通过使用一个定时反馈回路直接地被数字化的，称作热 sigma - delta 调制器。一个完全相同的调制器（未在图中标示）被用在了东西方向。在这些调制器中，热电偶使用比较器读出数据，而不是使用放大器。这些比较器检测热电堆电压信号，以确定芯片南北方向哪个方向更热。然后，比较器的输出通过一个时钟触发器转化为位序列（1′s 和 2′s），以及这串比特流和它的反相驱动加热器。因此，加热器周期性地完全开或者关，取决于它们是芯片热的一边还是冷的一边。因为系统计时速率超过典型的流动引起的温度变化速率，加热器将提供平均功率差来消除流动引起的温度梯度。还可以在反馈环路中集成一个电子积分器以获得更强有力的平均热脉冲（或者在 sigma - delta 术语中的高阶噪声整形）[40]。关于风速的信息就能够轻易地靠通过比特流中一阶分量的比例（the fraction of 1′s）而获得。

就像在一个连续的零位平衡环路中，热 sigma - delta 调制器的灵敏度完全由激励器决定（加热器），而不是由传感器（热电堆）决定。这使得智能风传感器对热电堆的灵敏度的生产公差不灵敏。零位平衡方法的一个更重要的优势是，它能自动抵消由传感器封装的热不对称性引起的温度梯度。在第一代风传感器中没有使用零位平衡，这些梯度必须靠手动消除。在智能风传感器中，这些昂贵的过程不再需要：传感器能够被自动校准，并且修正可以在比特流的数字后处理中实施。经过此步骤，在风速分别在 1m/s 和 25m/s 时，风速和方向各自的误差能够被减少到 ±5% 和 ±3°以内。因此，自校准的形式被应用到传感器中并没有消除校准需求，但此举大大简化了校准和修正流程，显著地降低了传感器的生产成本。

2.3.7 其他自校准方法

当然基于合适的激励器的有效性，对实现自校准传感激励器的许多其他方法可以展开展望。两种方法将要在这节讨论：自动调零和稳定化。

自动调零—如果激励器可以通过调制传感器的输入能够被实现的话，独立校准偏移误差的系统就能实现。这个概念如图 2.19 所示。在本例中，激励器在被测量的值域起到了开关或复用器的作用，并且防止传感器在自动调零时接触到被测量对象。因此，缺少一个输入信号的情况下，传感器的响应 $Y(0)$ 可以被测量并且与后续的测量值相减。这种类似于自动调零和斩波的技术，通常用于消除在电子电路中的偏移误差[41]。如果调制进行得足够快，它也能够被用来消除传感器可能产生的任何低频噪声，例如闪烁噪声。

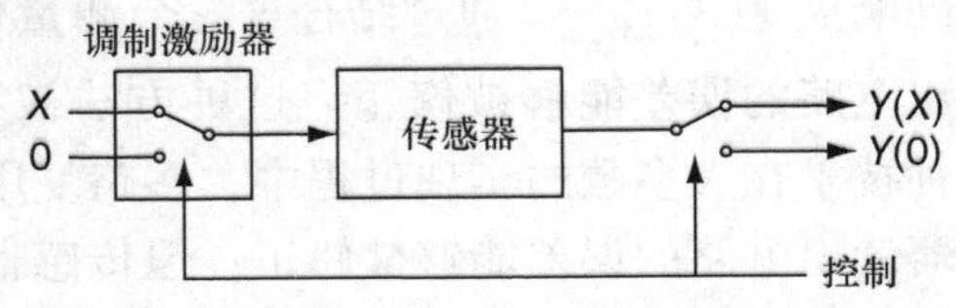

图 2.19 使用自动归零消除偏置误差的智能传感器

这个技术对于给定的传感器的适用性取决于热动平衡激励器的可行性。这样一个激励器的经典例子是光斩波器：开槽转盘放置在光学探测器前面，开槽转盘周期性遮挡入射光。使用 MEMS 技术，可以以静电致动梳状驱动器的形式实现这种微机械加工的等效装置，这个驱动器带动薄膜在集成的光敏二极管上移动，来实现入射光的交替传输通过和阻挡[42]。因此，目标信号能够从光敏二极管和其读出电路的低频噪声中分离出来。

同样对于磁场传感器，一个调制激励器也可以以一个环状铁磁材料包围传感器的形式实现[43]。这种材料通常作为磁屏蔽以防止外部磁场到达传感器，因此传感器的偏移能够被测量。当铁磁材料被驱动到磁饱和，靠传送足够大的电流通过围绕圆环的线圈，它的磁导率下降，并且失去它的保护能力，以允许传感器测量外部磁场。

即使是一个明确的激励器无法有效调制输入信号，自动调零技术有时仍然可以使用。例如在本章参考文献［44］中描述的自校准电容式指纹传感器，本质上是人类用户将他或她的手指放在传感器上作为传感器的“激励器”的。这种指纹传感器通过像素阵列捕获手指的地形（就是指纹的形状），每个像素点测量在探测器上传感器金属极板和手指按的传感器顶端之间的小电容。黏附在传感器顶部表面的污垢影响电容，因此降低了所捕获的指纹图像的质量。为了减轻这个问题的影响，当没有手指在传感器上时，自校准方案将被启用。每个像素点都装备有可编程电容，在自校准时进行调节，使所有像素点的输出信号相等。因此，任何受污垢影响的电容均被可编程电容补偿，并且将不会导致在后来捕获的指纹图案中出现明显的图像。

三信号自动校准—对于线性系统，如果能够产生合适的参考输入 X_{REF}，自动调零技术便能够被延伸来修正偏移和增益误差。然后，系统将完成 3 个连续的测量值：传感器对物理输入 X 的响应 $Y(X)$，无输入时的响应 $Y(0)$，对参考输入的响应 $Y(X_{REF})$。通过结合这三个测量值，附加的和加倍后的传感器和它的读出电路的误差能够被修正。这种方法被称为三信号自动校准技术[45]。然而，这种技术在大多数的实现过程中，多路复用技术发生在电学域中，这就意味着传感器读出电路的误差能够被修正，但传感器自身的传输函数的误差不能被修正。但是，如果可以获取到合适的激励器，能够实施多路技术和非电域产生被测对象的参考输入，那么在原则上，三信号方法也能修正由传感器引入的偏移和增益误差。

稳定化—激励器有时也被用来为传感器运行产生一个稳定的环境，从而提高它的精确度和减少校准需求。在图 2.20 中具体阐释了这项原理。一个对参数 C 交叉敏感的传感器放置在一个环境中，这个环境中参数 C 在反馈环路中被一个额外的传感器和激励器控制。这个反馈回路与零位平衡传感激励器中的回路相似（见图 2.17），除了目标参量不必调节到零，而是要调制到某一适当的值 C_{stab}。外部的量 C 的变化将靠反馈回路的增益来抑制，因此，主传感器的输出 Y_1 对 C 的交叉灵敏度将被这样一个等效于同一环路增益的因素有效地降低。顺带地，反馈放大器 A 的输出 Y_2 可以作为 C 的量度，当然这个测量量也是我们需要的。

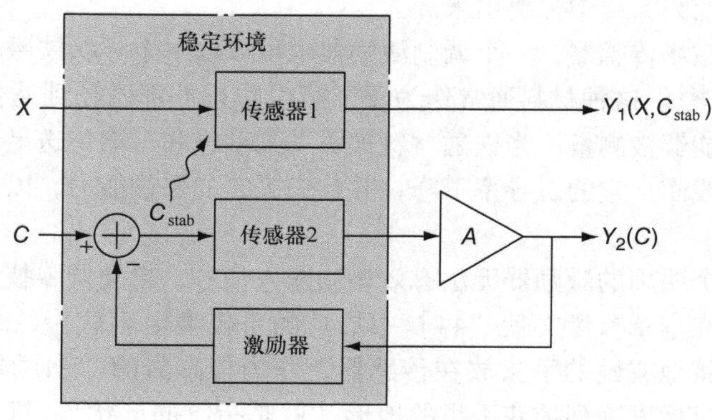

图 2.20　通过反馈回路中的附加传感器和激励器的方法来创建一个稳定的传感器工作环境

这种技术的一个例子是使用加热器和温度传感器来稳定传感器的温度。通常选择超过传感器使用环境温度的温度范围，主要是因为在芯片上进行有效冷却很难实现。因此，维持温度稳定的微型加热炉得以制作实现，使得传感器在其内部可以工作在预先设定好的固定温度下。这样一个恒温传感器与环境温度的变化隔离，减少了校准过程中需要对这些变化对交叉敏感性的影响或者如何补偿进行考虑。注意，这样一个过大的传感器框图与图 2.20 中所示的传感器略有不同，因为加热器没有产生附加到环境温度中的温度。相反，它通过微型加热炉与外界环境之间的热电阻产生了一个热通量，以决定微型加热炉内部的温度。

例如，温度稳定化技术能够用来减少声表面波（SAW）气体传感器对温度的交叉灵敏度[46,47]。正如在 2.3.2 节中讨论的那样，交叉灵敏度的一阶补偿可以通过使用与温度相关的没有化学敏感层的 SAW 器件去抵消带敏感层的 SAW 器件来实现。但是，因为这些器件之间不能完美匹配，残余的温度相关性仍然保留了下来，这可以通过稳定 SAW 器件的温度来消除。这个设计在本章参考文献[46] 中有详细描述，通过使用集成的智能温度传感器和铝加热器来实现。这些器件被密封在热接触良好的 SAW 器件中，封装结构保证了器件与环境的热隔离效果。这个温度传感器和加热器被集成在一个控制回路，可编程的温度范围在 40～120℃内，来稳定 SAW 传感器的温度在设置点误差控制在 ±0.01℃内。因此，SAW 传感器可以工作在使它的灵敏度和响应时间最佳的温度上，并且不会受到环境温度变化的影响。

2.4　总结和未来趋势

2.4.1　总结

简言之，校准是确立传感器精度的过程。一个正确的校准程序确保了传感器的读数符合国际标准，并在需要时进行读数修正。理想的智能传感器在内部执行修正，以提供便于转换的输出信号。因此，校准和修正数据被存储在传感器的非易失性存储器中，例如，以传感器电子数据表的形式（TEDS）。然而与校准有关的费用是智能传感器生产成本的重要组成部分，有时可以通过一些技术来降低，例如晶圆级校准、批量校准或者分类等。

自校准是一个术语，定义为使用一整套技术、通过增加传感器的智能性来提高其精度。例如，自校准的第一种形式是附加传感器的共集成，来补偿交叉灵敏度。如果一个精确的激励器能够制造出来，用来在芯片中产生一个参考信号，比如可以用来校准传感器的灵敏度。从而，是由激励器而不是传感器来决定总体的精度。有一个例子是零位平衡结构，在反馈环路中使用激励器使得传感器的输入为零。这种方法的一个重要优点是，传感器灵敏度和线性度的误差被环路增益减弱。一个调制的激励器能够用来周期性屏蔽输入信号，以测试和减去它的偏移误差和低频噪声。最后，激励器合并到带有额外传感器的反馈回路，可以用来为传感器的运行创造稳定的环境。因此，传感器运行的最佳条件能够得以实现，并使传感器远离环境变化的影响。然而，因为可追溯性的需求，这样一个自校准的技术不能替代真的校准过程，但它们可以减少所需要的校准点的数目，并且延长校准的时间间隔。

2.4.2 未来趋势

校准在仪表和测量领域是必需的。虽然它相对而言是诞生较早的学科，却绝不是静态不变的。减少成本的持续驱动力和对高性能需求的不断增加，导致了校准过程朝着更高效、更有效的方向发展。

过去引起了广泛关注并且在未来仍将受到持续关注的一个挑战是，在智能传感器市场越来越全球化的情况下，继续保持传感器性能的可追溯性和一致性。在现代测量系统中，传感器来源于全球的各大制造商。尽管如此，我们仍期望它们的规格是一致的，并且能遵循通用的国际标准。此外，当几个智能传感器必须一起工作在一个系统中时，标准化的接口、通信协议和校准数据格式是极其重要的。因此，例如在 IEEE 1451 背景下，这样的标准在未来仍旧期望受到持续的关注。

智能传感器在未来会比现在有更大的应用空间。在一些应用中，例如体域网、环境监测、建筑结构、健康监测和汽车传感器系统中大量传感器将被应用，在一些案例中将会是无线的和自主的。在这样的应用中，传统的保持校准数据与传感器分离的方法不再是可靠的解决方案，也不再是经济的和具有可行性。传感器将更加模块化，以便在必要时能够轻松互换或者整体进行更换。

在未来，考虑到在成本降低和性能提升方面的潜能，自校准技术被期望发挥更重要的作用。一个重要的挑战是开发更好的自校准方案。到目前为止由于或多或少较显而易见的方法已经被研发，这就需要大量的原始创造性和发散性思维。也许，可以从自然界中汲取灵感，考虑一些自然传感器系统不可思议的能力，例如我们人类自身的感官。

参考文献

[1] Morris, A.S. (1991). *Measurement & Calibration for Quality Assurance*, Prentice Hall, New York.

[2] Morris, A.S. (2001). *Measurement and Instrumentation Principles*, Butterworth-Heinemann, Oxford.

[3] ISO (2007). *International vocabulary of metrology – Basic and general concepts and associated terms (VIM)*, ISO/IEC Guide 99, online: http://www.iso.org/sites/JCGM/VIM-JCGM200.htm.

[4] Nicholas, J.V. and D.R. White (1994). *Traceable Temperatures*, Wiley, New York.

[5] Huijsing, J.H. *et al.* (1994). Developments in integrated smart sensors, *Sensors and Actuators A*, **43**, 276–288.

[6] IEEE (2007). *IEEE Standard 1451.0: IEEE Standard for a Smart Transducer Interface for Sensors and Actuators*, IEEE, New Jersey.

[7] Cummins, T. *et al.* (1998). An IEEE 1451 standard transducer interface chip with 12-b ADC, Two 12-b DAC's, 10-kB Flash EEPROM, and 8-b Microcontroller, *IEEE Journal of Solid-State Circuits*, **33**, 2112–2120.

[8] Van der Horn, G. (1997). *Integrated smart sensor calibration*, Ph.D. Thesis, Delft University of Technology.

[9] Elshabini-Riad, A. and I.A. Bhutta (1993). Lightly trimming the hybrids, *IEEE Circuits and Devices Magazine*, **9**, 30–34.

[10] Babcock, J.A., D.W. Feldbaumer, and V.M. Mercier (1993). Polysilicon resistor trimming for packaged integrated circuits. In *Proc. IEDM*, 247–250.

[11] Erdi, G. (1975). A precision trim technique for monolithic analog circuits, *IEEE Journal of Solid-State Circuits*, **SC-10**, 412–416.

[12] Rincón-Mora, G.A. (2002). *Voltage References*, IEEE Press/Wiley, New York.

[13] Murray, A.F. and L.W. Buchan (1998). A user's guide to non-volatile, on-chip analogue memory, *IEE Electronics & Communication Engineering Journal*, **10**, 53–63.

[14] Pertijs, M.A.P. and J.H. Huijsing (2006). *Precision Temperature Sensors in CMOS Technology*, Springer, Dordrecht.

[15] Fruett, F. and G.C.M. Meijer (2002). *The Piezojunction Effect in Silicon Integrated Circuits and Sensors*, Springer, Dordrecht.

[16] Creemer, J.F. *et al.* (2001). The piezojunction effect in silicon sensors and circuits and its relation to piezoresistance, *IEEE Sensors Journal*, **1**, 98–108.

[17] Meijer, G.C.M., G. Wang, and F. Fruett (2001). Temperature sensors and voltage references implemented in CMOS technology, *IEEE Sensors Journal*, **1**, 225–234.

[18] Häberli, A. (1997). *Compensation and Calibration of IC Microsensors*, Ph.D. Thesis, Swiss Federal Institute of Technology.

[19] Pertijs, M.A.P. *et al.* (2005). A CMOS smart temperature sensor with a 3σ inaccuracy of ±0.1°C from −55°C to 125°C, *IEEE Journal of Solid-State Circuits*, **40**, 2805–2815.

[20] Aita, A.L. *et al.* (2012). A low-power CMOS smart temperature sensor with a batch-calibrated inaccuracy of ±0.25°C (±3σ) from −70° to 130°C, *IEEE Sensors Journal*, **13**, 1840–1848.

[21] Pertijs, M.A.P., *et al.* (2010). Low-cost calibration techniques for smart temperature sensors, *IEEE Sensors Journal*, **10**, 1098–1105.

[22] Machul, O. *et al.* (1997). A smart pressure transducer with on-chip readout, calibration and non-linear temperature compensation based on spline-functions. In *Digest of Technical Papers ISSCC*, 198–199.

[23] Kajik, P. and R. Popovic (2008). Integrated Hall magnetic sensors. In *Smart Sensor Systems*, Wiley, New York.

[24] Ausserlechner, U., M. Motz, and M. Holliber (2007). Compensation of the Piezo-Hall effect in integrated Hall sensors on (100)-Si, *IEEE Sensors Journal*, **7**, 1475–1482.

[25] Makadmini, L. and M. Horn (1997). Self-calibrating electrochemical gassensor. In *Digest of Transducers*, 299–302.

[26] Ishihara, T. *et al.* (1987). CMOS Integrated silicon pressure sensor, *IEEE Journal of Solid-State Circuits*, **SC-22**, 151–156.

[27] Trusov, A. *et al.* (2013). Silicon accelerometer with differential frequency modulation and continuous self-calibration. In *Proc. Int. Conf. on Micro Electro Mechanical Systems (MEMS)*, 29–32.

[28] Drafts, B. (2000). Acoustic wave technology sensors, *Sensors*, online: www.sensorsmag.com /sensors.

[29] Eryurek, E. and G. Lenz (1998). Temperature transmitter with on-line calibration using Johnson noise, US Patent 5,746,511.

[30] Michalski, L. *et al.* (2001). *Temperature Measurement*, Wiley, New York.

[31] Casinovi, G. *et al.* (2012). Electrostatic self-calibration of vibratory gyroscopes. In *Proc. Int. Conf. on Micro Electro Mechanical Systems (MEMS)*, 559–562.

[32] Simon, P.L.C., P.H.S. de Vries, and S. Middelhoek (1996). Autocalibration of silicon Hall devices, *Sensors and Actuators A*, **52**, 203–207.

[33] Pastre, M. *et al.* (2007). A Hall sensor analog front end for current measurement with continuous gain calibration, *IEEE Sensors Journal*, **7**, 860–867.

[34] Badaroglu, M. *et al.* (2008). Calibration of integrated CMOS Hall sensors using coil-on-chip in ATE environment. In *Proc. Design, Automation and Test in Europe*, 873–878.

[35] Lemkin, M. and B.E. Boser (1999). A three-axis micromachined accelerometer with a CMOS position-sense interface and digital offset-trim electronics, *IEEE Journal of Solid-State Circuits*, **34**, 456–468.

[36] Petkov, V. and B.E. Boser (2005). A fourth-order ΣΔ interface for micromachined intertial sensors, *IEEE Journal of Solid-State Circuits*, **40**, 1602–1609.

[37] Klaassen, E.H, R.J. Reay, and G.T.A. Kovacs (1996). Diode-based thermal r.m.s. converter with on-chip circuitry fabricated using CMOS technology, *Sensors and Actuators A*, **52**, 33–40.

[38] Makinwa, K.A.A. and J.H. Huijsing (2002). A smart wind sensor using thermal sigma-delta modulation techniques, *Sensors and Actuators A*, **97–98**, 15–20.

[39] Makinwa, K.A.A. and J.H. Huijsing (2002). A smart CMOS wind sensor. In *Digest of Technical Papers ISSCC*, 432–433.

[40] Wu, J. *et al.* (2011). A 50 mW CMOS wind sensor with ±4% speed and ±2° direction error. In *Digest of Technical Papers ISSCC*, 106–107.

[41] Enz, C. C. and G. C. Temes (1996). Circuit techniques for reducing the effects of op-amp imperfections: autozeroing, correlated double sampling, and chopper stabilization, *Proceedings of the IEEE*, **84**, 1584–1614.

[42] Wolffenbuttel, R.F. and G. de Graaf (1995). Noise performance and chopper frequency in integrated micromachined chopper-detectors in silicon, *IEEE Transactions on Instrumentation and Measurement*, **44**, 451–453.

[43] Popovic, R.S. and J.A. Flanagan (1997). Sensor microsystems, *Microelectronics and Reliability*, **37**, 1401–1409.

[44] Morimura, H. *et al.* (2002). A pixel-level automatic calibration circuit scheme for capacitive fingerprint sensor LSIs, *IEEE Journal of Solid-State Circuits*, **37**, 1300–1306.

[45] Meijer, G.C.M. (2008). Interface electronics and measurement techniques for smart sensor systems, in *Smart Sensor Systems*, Wiley, New York, 23–54.

[46] Meer, P.R. van der, *et al.* (1998). A temperature-controlled smart surface-acoustic-wave gas sensor, *Sensors and Actuators A*, **71**, 27–34.

[47] Meijer, G.C.M. (2008). Smart temperature sensors and temperature-sensor systems. In *Smart Sensor Systems*, Wiley, New York.

第 3 章　精密仪表放大器

Johan Huijsing
电子仪器实验室，代尔夫特理工大学，代尔夫特，荷兰

3.1　引言

本章将简要讨论如何在采用互补金属氧化物半导体（CMOS）工艺的运算和仪表放大器中获得低偏置、低噪声以及高精度的相关技术。这些技术对于传感器较小输出电压的精确放大率至关重要。自动调零和斩波方法都会在本章中具体论述，无论是独立使用还是互相组合使用，其目的都是为了使偏置电压低于 1μV。频率补偿技术也将在本章中论述，其将导致斩波稳零放大器中多通道结构的连续一阶频率衰减特性。因此，这些放大器可以在标准反馈网络中进行组合使用。

同时实现精确的电压增益 A_V，低输入偏置电压 V_{os}和高共模抑制比（Common - Mode Rejection Ratio，CMRR）是不太容易的。能够同时实现低偏置电压和高共模抑制比的最佳放大器类型是运算放大器（OpAmp，OA）。但是运算放大器的增益难以被精确定义，其增益值通常过高，以至于需要利用运算放大器周围的反馈电路来产生精确的结果[1]。这一电路结构如图 3.1 所示。

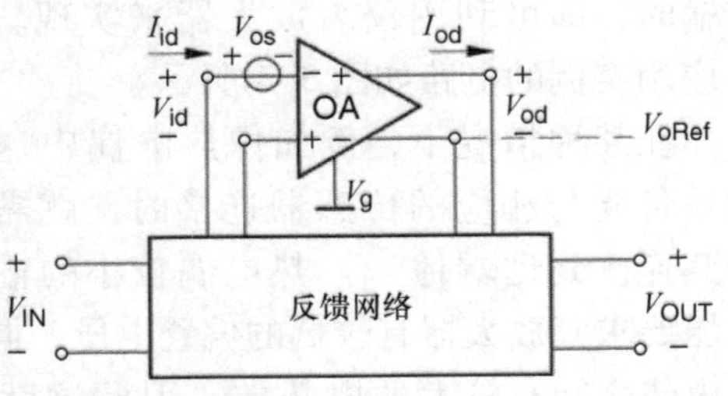

图 3.1　反馈网络的运算放大器（$V_{id}=0$，$I_{id}=0$，CMRR = 高）

反馈网络连接了共模输入电压和共模输出电压，因而可能破坏共模抑制比，具体细节将在 3.3 节中详细讨论。如此一来，我们需要寻找其他方法来同时获得精确电压增益、低偏置电压和高共模抑制比。

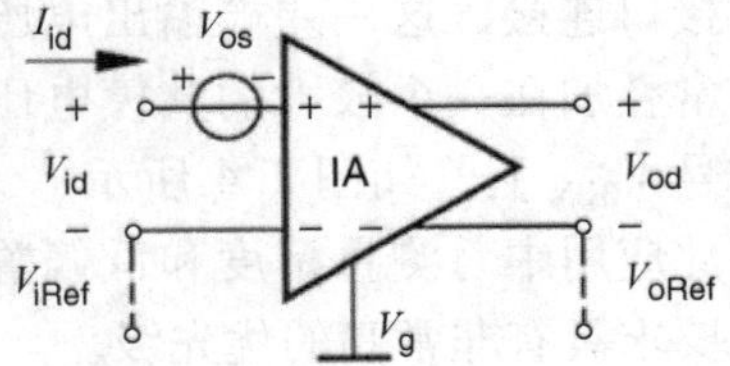

图 3.2　仪表放大器（$V_{id}\neq 0$，$I_{id}=0$，$V_{od}=A_V V_{id}$，CMRR = 高）

理想情况下，精确电压增益、低偏置电压 V_{os}和高共模抑制比可以在仪表放大器（InstAmps，IA）中同时获得。但仪表放大器比运算放大器要难实现得多。一种标志性的仪表放大器电路结构如图 3.2 所示。

本章中的各节将具体讨论以下方面的仪表放大器设计：

- 仪表放大器的应用（3.2 节）；
- 三运放仪表放大器（3.3 节）；
- 电流反馈仪表放大器（3.4 节）；
- 自动调零运算放大器和仪表放大器（3.5 节）；
- 斩波运算放大器和仪表放大器（3.6 节）；
- 斩波稳零运算放大器和仪表放大器（3.7 节）；
- 斩波稳零及自动调零协同运算放大器和仪表放大器（3.8 节）。

3.2 仪表放大器的应用

所有的仪表放大器应用都必须同时拥有精确的电压增益和高共模抑制比。第一种常见的应用实例就是用来克服接地回路。接地回路通常出现在当我们想要在以地电势 V_{sRef} 和目标电势 V_{oRef} 之间进行电压信号传输时，即可利用仪表放大器来实现。这一应用实例的电路如图 3.3 所示。

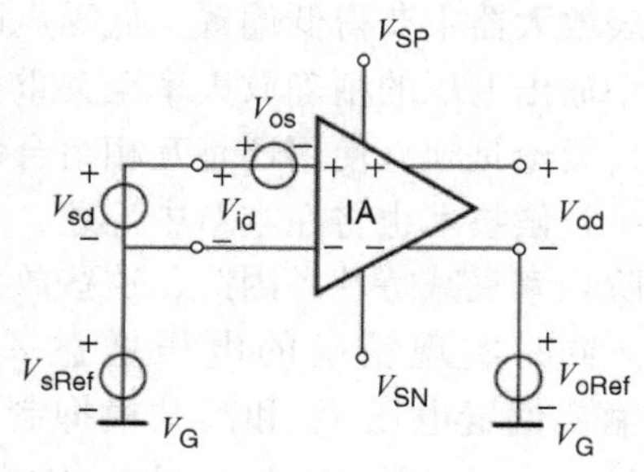

图 3.3　仪表放大器连接 V_{sRef} 和 V_{oRef} 之间的共模电压

在某种情况下，例如像热电偶中这样的设备要与相应的传感器连接时，就需要将其连接到远端地[2]。热电偶较小的输出电压要求其放大器有较低的偏置电压，同时远端地电势相对于感测仪表放大器的地电势之间有较大的电势差，因此这就需要仪表放大器有一个较高的共模抑制比。

第二种常见的应用是给传感器电桥的小差模输出电压 V_{Bd} 提供接口连接，这一差模输出电压通常叠加在一个较大的共模电压信号 V_{BCM} 上，如图 3.4 所示[3]。在此应用中对测量精度和低偏置的要求具有非常高的优先级。

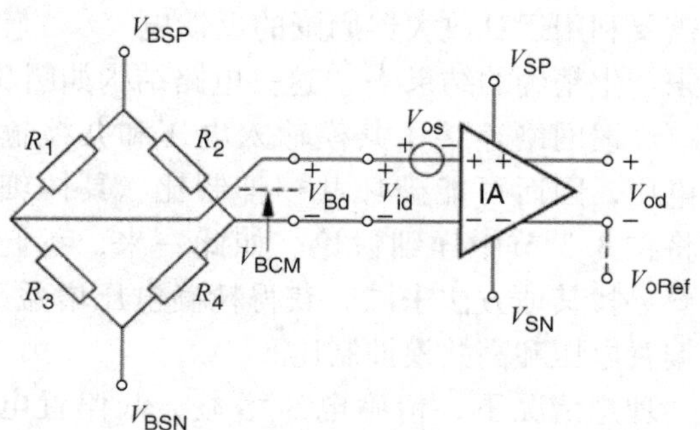

图 3.4　仪表放大器连接传感器电桥的读出

第三种应用实例是监测电池供电系统供电线路上电流感测电阻 R_s 两端的电压 V_{Rsd}，例如移动电话和笔记本电脑（见图 3.5）[4]。对电源管理和电池寿命的要求使得这项应用迅速获得了更多的关注。

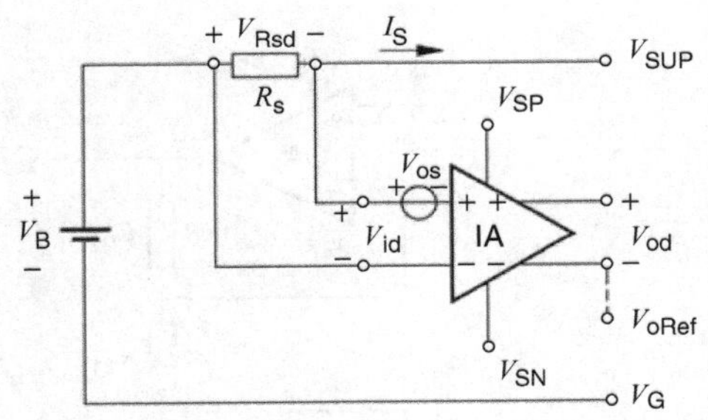

图 3.5　仪表放大器连接电流感测电阻

考虑到为了能使电流检测应用同时较精确地测量较高和较低的电源电流，且在较高电流条件下电流感测电阻上损耗的功耗不能过多，这就要求电流检测应用必须拥有较宽的动态测量范围。这就意味着在此应用中需要采用压降较小的低阻值感测电阻器。因此，在高共模输入电压条件下仪表放大器或"电流感测"放大器必须要满足较低的偏置电压。共模输入电压的范围甚至会远远超过电源电压，在某些其他情况下，其输入电压需要同时包括电源上的电压值。以上这些因素使得仪表放大器的设计变得十分复杂。

最后一种仪表放大器的应用实例是感测人类皮肤电极上的电压差异，这是为了能够测量获得一个人的心电图、脑电图或者肌电图（见图 3.6）[5,6]。这些差分电压值的范围从 100μV ~ 1mV，其表示了由电源控制仪器所引起的共模电压范围在 10 ~ 100V 变化。在此应用中，主要关心的性能参数是放大器的高共模抑制比和安全性（例如进入仪表放大器的漏电较小）。

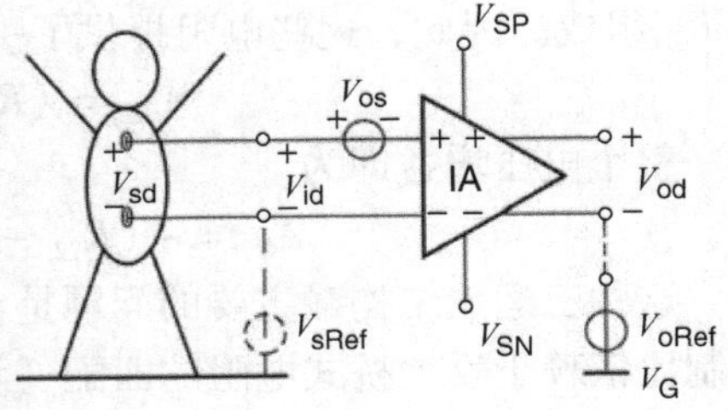

图 3.6　仪表放大器连接医疗电极

3.3　三运放仪表放大器

对于仪表放大器来说，其最常用的设计方法是三运算放大器结构，如图 3.7 所示[1]。

实际的仪表放大器包含一个运算放大器，同时还包含了由桥式电阻 R_{11}、R_{12}、R_{13} 和 R_{14} 组成的反馈网络。如果达到电桥平衡状态，则差分信号的增益可以表示为

$$A_d = -R_{12}/R_{11} \approx -R_{14}/R_{13} \tag{3.1}$$

为了获得较高的输入阻抗，缓冲放大器 OA_2 和 OA_3 需要被放置在桥式电阻之前。这些放大器被连接到一个无反向增益结构上，该结构由 3 个电阻 R_{21}、R_{22}

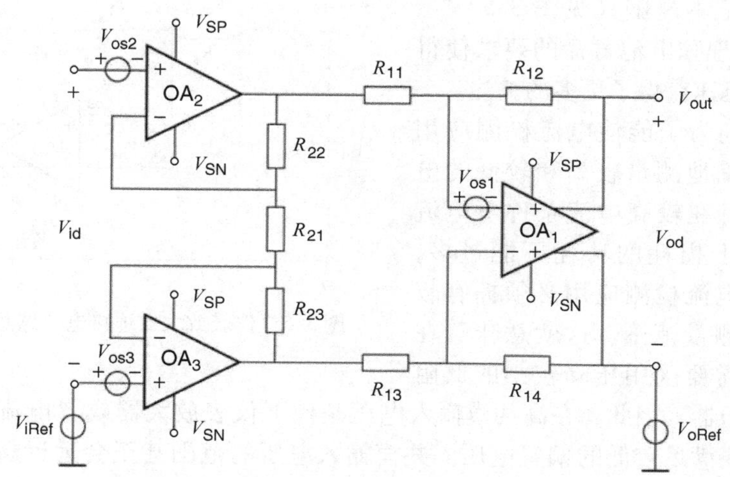

图 3.7 有桥式电阻反馈和输入缓冲放大器的三运放仪表放大器

和 R_{23} 组成。因此，这些电阻提供了一个额外增益：

$$A_{d2} = (R_{22} + R_{23}) / R_{21} \tag{3.2}$$

整个电压增益即为

$$A_V = -(R_{22} + R_{23}) R_{12} / (R_{11} R_{21}) \tag{3.3}$$

这种三运放结构最主要的问题是会限制共模抑制比。在此电路结构中，共模抑制比依赖于反馈桥式电阻的匹配（详见本章参考文献［1］）：

$$\text{CMRR} = (R/\Delta R) A_V \tag{3.4}$$

式（3.4）中，$\Delta R/R$ 是指在平衡状态下桥式电阻中某电阻与其理想值之间的相对误差。例如，对于电阻 R_{11}，其相对误差等于

$$\Delta R_{11}/R_{11} = R_{11} - R_{14}/(R_{12} R_{13}) \tag{3.5}$$

0.1% 的相对误差对于传感器芯片上的电阻器来说是一个匹配良好的典型值，因此可将共模抑制比限制在 $1000A_v$。

三运放电路结构的另一个缺点是共模输入信号的范围无法扩展到电源电压上。由于缓冲放大器 OA_2 和 OA_3 的输出端反馈连接到其输入端，从而导致了这一缺陷。但是，当在这些放大器的正输入节点引入一定的电平偏移，例如，通过一个源极或射极跟随器，可以获得某一电源上的电压信号[7]。然而，这也将增加信号噪声和偏置电压。

3.4 电流反馈仪表放大器

获得高共模抑制比的最佳途径是将差分输入信号 V_{id} 转换为一种不受共模电

压 V_{iCM} 影响的信号类型。这种信号可以是变压器中的电磁信号或者是发光二极管与光敏二极管之间的光信号。但在电学信号范围内，如果我们能使电流信号基本不受共模电压信号的影响，通常还是利用电流信号来获得高共模抑制比。对于集成电路来说，采用电流信号更有优势。电流反馈仪表放大器即利用了这一原理。该放大器将差分输入电压信号 V_{id} 转换为电流信号，然后将此电流信号与由输出电压 V_o 中的反馈部分 V_{fb} 转换而来的电流信号进行比较[8]。图 3.8 展示了上述的电路原理。

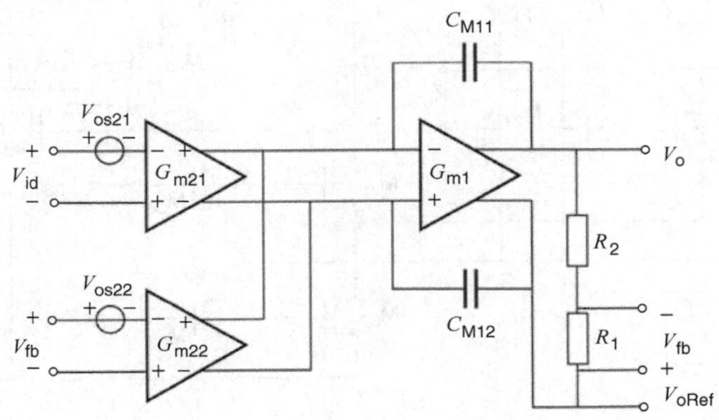

图 3.8 电流反馈仪表放大器

第一个电压－电流转换器 G_{m21} 将差分输入电压 V_{id} 转换为第一电流，同理，第二个电压－电流转换器 G_{m22} 将反馈输出信号 V_{fb} 转换为第二电流。两个电流信号经过一个驱动输出电压的控制放大器 G_{m1}，进行减法和比较操作。电阻分压器 R_2、R_1 决定了输出电压 V_o 反馈部分 V_{fb} 的系数。因此，整个放大器的增益可以表示为

$$A_V = (G_{m21}/G_{m22})(R_2 + R_1)/R_1 \tag{3.6}$$

通常想要获得精确的跨导比例 G_{m21}/G_{m22} 是比较困难的，除非我们将其设置为两者相等。在此条件下的放大器增益可简化为

$$A_V = (R_2 + R_1)/R_1 \text{（当 } G_{m21} = G_{m22} \text{ 时）} \tag{3.7}$$

共模抑制比已不再由反馈参数匹配得出，其值现在仅取决于跨导系数 G_m 和较小的寄生电导。因此，获得比三运放仪表放大器大得多的共模抑制比是可以实现的。

为了保证反馈回路的稳定性，仪表放大器利用电容 C_{M11} 和 C_{M12} 进行密勒补偿。

一个电流反馈仪表放大器的简单晶体管级电路实例如图 3.9 所示。

输入和反馈 VI 变换器要尽可能简单。如果需要的话，可以通过减弱输入和

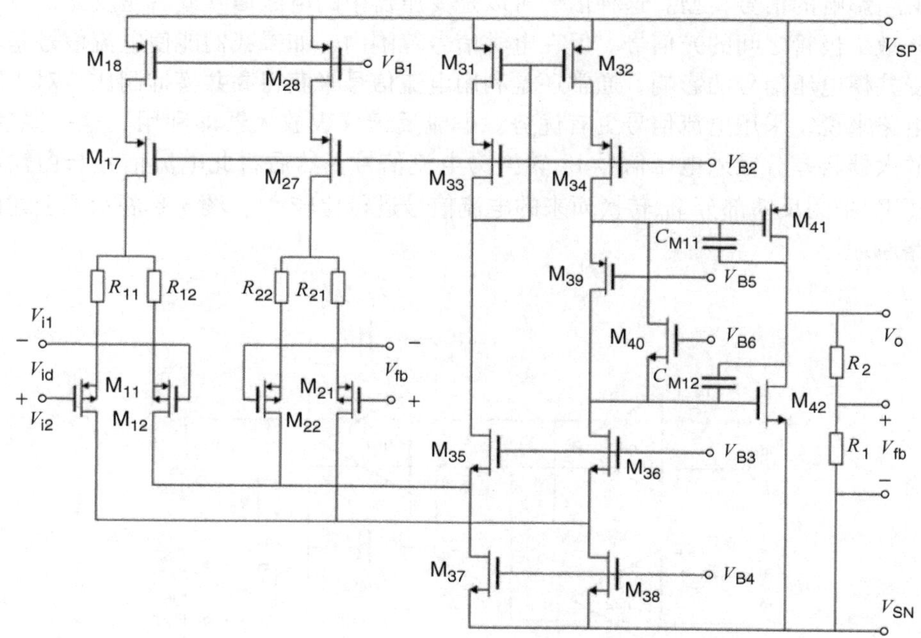

图 3.9 电流反馈仪表放大器的简单晶体管级电路

反馈 VI 变换器来增加差分输入电压的范围。并且，上述两种变换器的固有线性度很差，跨导特性也不够好。然而，由于仅有 VI 变换器之间的传输函数失配才会影响到输出电压，因此完整的全局线性特性和增益精度依然是可以实现的。输入共模电压的范围可以包含负端电源电压 V_{SN}。这就使得输出电压 V_o 能以 V_{SN} 作为参考电压。以镜像电流源为负载的折叠式共源共栅为输入信号。通过由 M_{39}、M_{40} 以及合适的偏置电压 V_{B5} 和 V_{B6} 组成的 class - AB 网络，推挽式输出晶体管被偏置在 class - AB 类型（详见本章参考文献［1］中的图 9.4.6）。

一种典型的电流反馈仪表放大器电路如图 3.10 所示。从图中可以看出，仪表放大器内有两级跨导（G_m）：一级输入跨导 G_{mi} 和一级反馈跨导 G_{mfb}。

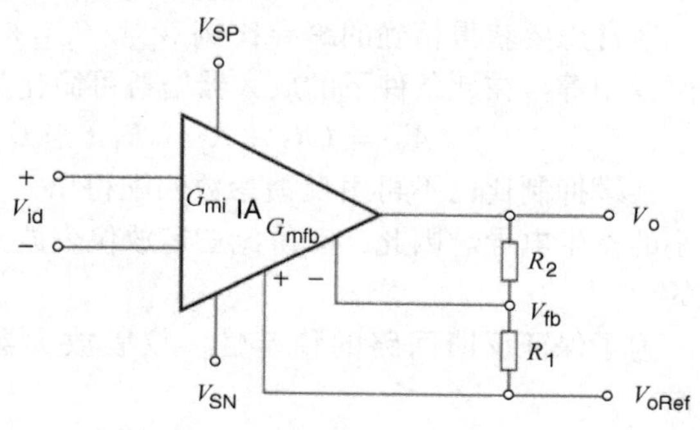

图 3.10 电流反馈仪表放大器电路

有趣的是，输出信号与输入信号一样也有较高的共模抑制比。这就意味着我们可以将输出参考电压 V_{oRef} 终端连接到任意电压上。这一实例如图

3.11 所示。测量电阻 R_M 上的电压和通过该电阻的电流不受 V_{oRef} 影响。因此，我们在 V_{oRef} 终端获得了一个由电压控制的电流源。整个图 3.11 的电路结构展示了一种精确的多用途 VI 变换器，其跨导为 $1/R_M$，从而 $I_o = V_{id}/R_M$。

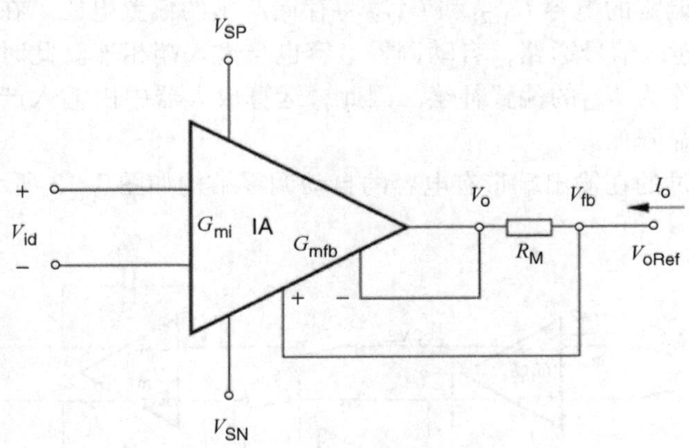

图 3.11　有电流反馈仪表放大器的通用 VI 变换器

3.5　自动调零运算放大器和仪表放大器

在 3.2 节中，我们已经举出了几种需要低偏置信号的仪表放大器应用实例。自动调零和斩波技术是获得低偏置信号的主要方法[9]。在本节中，我们从自动调零开始介绍。

首先，我们将自动调零方法应用于运算放大器以减小其信号偏置。在多种实现自动调零的途径中，我们先验证简单的方法，即在输入端采用转换电容，如图 3.12 所示。

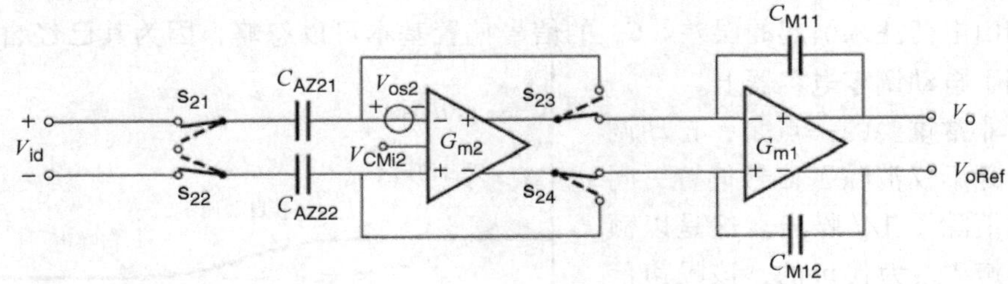

图 3.12　转换电容自动调零运算放大器

该运算放大器包括一个可自动调零且带有共模信号控制的输入级放大器

G_{m2}，还有一个带有密勒补偿的输出级放大器 G_{m1}。

该自动调零电路有两种工作状态。在状态 1 中，正向通路断路，输出级放大器 G_{m2} 作为反馈，因此该状态下的信号偏置出现在输入级。当输入端均被短路时，用于自动调零的电容 C_{AZ21} 和 C_{AZ22} 将存储产生的偏置电压。在状态 2 中，放大器 G_{m2} 重新连入信号通路，自动调零电容也与输入端相连。此时存储在电容中的偏置电压将作为 G_{m2} 的偏置补偿。因此，运算放大器中由输入产生的信号偏置在状态 2 中明显降低。

一种改进过的在输出端带有电容的自动调零结构如图 3. 13 所示。

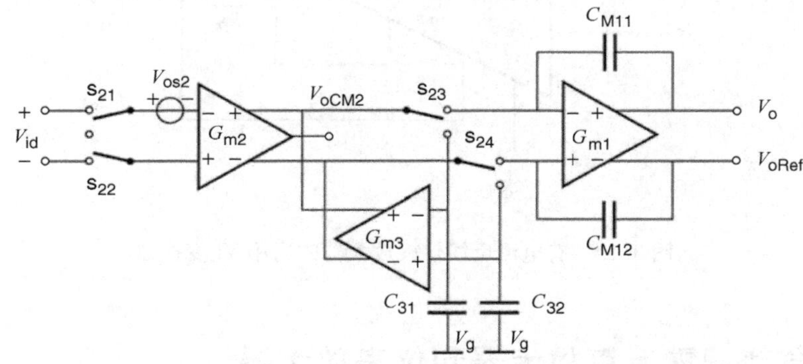

图 3. 13 有存储电容 C_{31} 和 C_{32} 的自动调零运算放大器（校正放大器 $G_{m3} \cdot V_{os} \approx 20\mu V$）

当通过开关 S_{21} 和 S_{22} 将输入端短路并且开关 S_{23} 和 S_{24} 在自动调零位置，G_{m2} 的输出电流在其输出端对电容 C_{31} 和 C_{32} 进行充电直到校正放大器 G_{m3} 对输出电流进行补偿为止。这样一来，G_{m2} 的输出端共模电压即可在输出端被调控。

这种结构的优点是电容器能够比前述的例子存储更大的电压值。想要获得这一优点需要将放大器 G_{m3} 的跨导设置得比 G_{m2} 小，从而被放大的输入偏置电压能被加载在自动调零电容器两端。因此，可通过更小的电容器得到相同的 kT/C 噪声和由电荷注入引起的误差。G_{m3} 的信号偏置基本可以忽略，因为其已经自行加载到了自动调零电容器上。

非常重要的一点是，自动调零步骤不仅消除了信号偏置，同时也消除了 $1/f$ 噪声。这是以额外噪声 V_{naz} 为代价的，该噪声信号由带宽为 f_{BW} 的局部自动调零反馈回路产生[9]，其频率范围在 $2f_{AZ}$ 以下，如图 3. 14 所示。协同

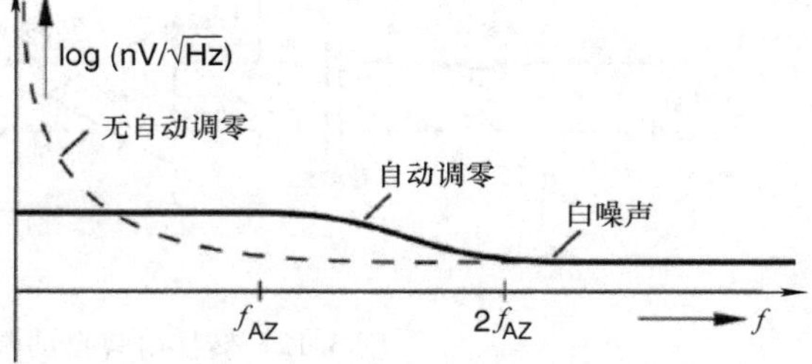

图 3. 14 有或无自动调零情况下的噪声密度

自动调零和斩波方法可以降低这一额外增加的噪声信号，从而通过信号调制将其从直流信号中移除[10,11]。

$$V_{naz} = V_n(\text{white})(f_{BW}/f_{AZ})^{1/2} \tag{3.8}$$

但问题是自动调零运算放大器无法进行连续时间的信号传递：信号通路通常要周期性断开来进行自动调零步骤。这就意味着输出信号将会出现一段斜坡，其信号曲线结果由于时钟频率的关系而成阶梯状。此外，信号噪声需要乘以系数 $\sqrt{2}$，因为放大器仅有效利用了一半的时间。为了克服上述出现的问题，研究者已经提出了 Ping - Pong 自动调零原理，其电路结构如图 3.15 所示[12]。

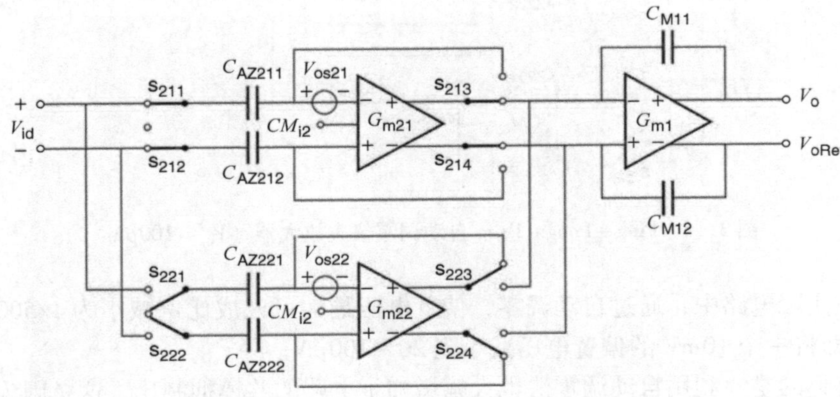

图 3.15　Ping - Pong 自动调零运算放大器（$V_{os} \approx 100\mu V$）

在图 3.15 中，两个自动调零输入级放大器 G_{m21} 和 G_{m22} 交替连接到输入级和输出级之间，这样一来就可以获得时间连续的信号传递解决方案。未连接到输入级和输出级之间的放大器即有时间对自身进行调零操作。这就使得运算放大器可以广泛地应用于连续时间反馈的电路结构中。

我们可以将 Ping - Pong 原理拓展到 Ping - Pong - Pang 结构，从而获得实用的电流反馈仪表放大器拓扑结构，其电路结构如图 3.16 所示[13]。

在图 3.16 中，运用了 3 个自动调零输入级放大器 G_{m213}、G_{m223} 和 G_{m233}。与上述原理类似，其中两个输入级放大器连接到输出级 G_{m1} 的同时另一个输入级处于自动调零模式。利用这一方法，我们即可获得输出信号时间连续的仪表放大器，并且其信号偏置电压和 $1/f$ 噪声均通过自动调零被显著减小。

信号偏置电压的减小幅度通常被电容器和开关中的寄生电容所限制。当输入端的开关由自动调零模式转变为传输模式，或者从传输模式转换为自动调零模式时，接地的寄生电容即被充电或放电。在此过程中的任何非平衡态都会改变存储在自动调零电容器上的偏置电压值。将放大器的偏置电压存储在如图 3.13 中的中间节点上会更好。

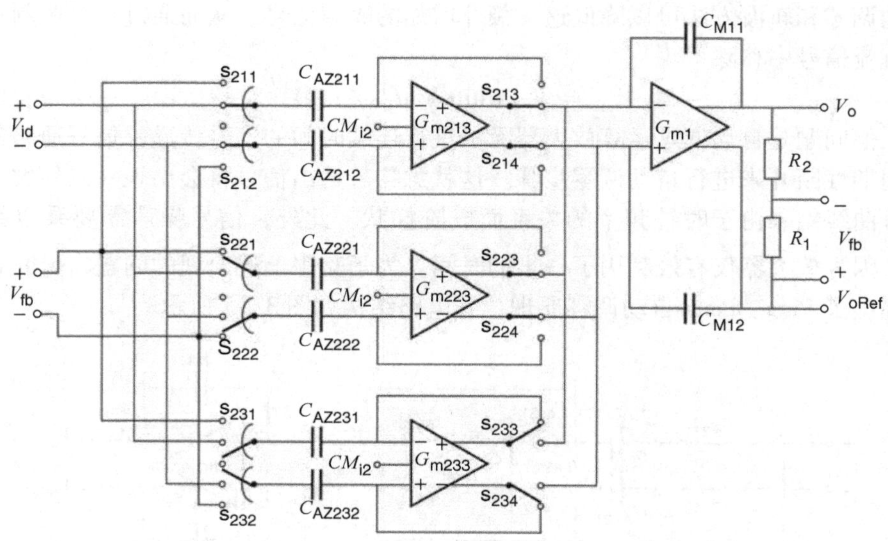

图 3.16 Ping－Pong－Pang 自动调零仪表放大器（$V_{os}=100\mu V$）

在实际电路中，通过自动调零，偏置电压最大可以成比例减小为 1/500～1/100，即将一个 10mV 的偏置电压减小到 20～100μV。

有趣的是，利用自动调零法也大幅增加了电路的共模抑制比，这是因为有限的共模抑制比等效于共模信号的偏置电压，该电压可通过自动调零功能予以减小。

3.6 斩波运算放大器和仪表放大器

在讨论斩波仪表放大器之前，我们将着眼于斩波运算放大器，其电路结构如图 3.17 所示。

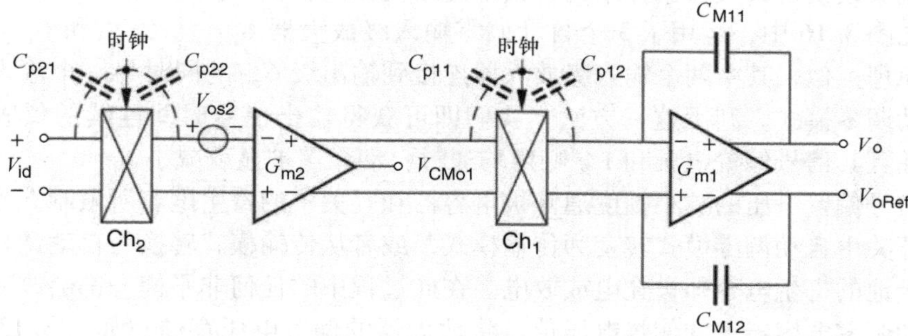

图 3.17 连续时间信号转移的斩波运算放大器（$V_{os}\approx 10\mu V$，$V_{rip}\approx 10mV$）

斩波器 Ch_1 和 Ch_2 交替变换流经输入级放大器 G_{m2} 信号的极性。这就意味着输入电压 V_{id} 将会在输出端以时间连续的电流形式出现。但输入端偏置电压 V_{os2} 会以方波电流信号的形式叠加在输出端，如图 3.18 所示。

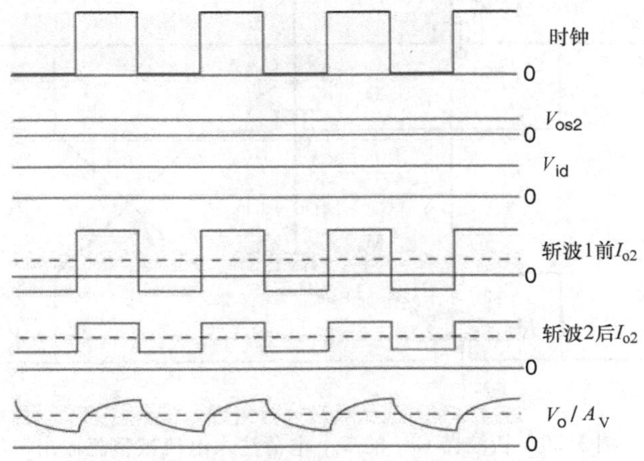

图 3.18 斩波放大器中电压和电流随时间的变化函数

如果运算放大器运用于反馈系统中，其输入信号将包括残留的偏置电压，且该偏置电压顶端出现经过低通滤波后的方波波纹。

输入端的噪声频谱中，偏置信号和 $1/f$ 噪声如图 3.19 所示均转化为了时钟频率 f_{cl}。

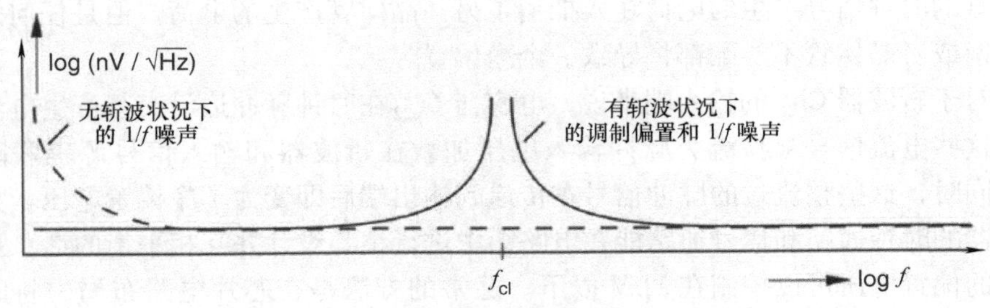

图 3.19 有斩波器和无斩波器的放大器的噪声密度

残留的偏置信号主要有两个来源。第一个是由斩波器时钟序列中非等占空比引起的。若我们假设 10mV 的输入电压中有 6σ 的电压偏置，并且该信号非等占空比为 10^{-4}，最终的偏置电压为 1μV。第二个残留偏置信号来源是斩波器中寄生电容失衡所引起的，寄生电容如图 3.20 所示。

假设斩波器 Ch_1（在输入级和输出级之间）仅在晶体管 M_1 周围有两个电容器 C_{p11} 和 C_{p12}。C_{p12} 在斩波器 Ch_1 的输出端交替产生正负电流脉冲，同时这一电

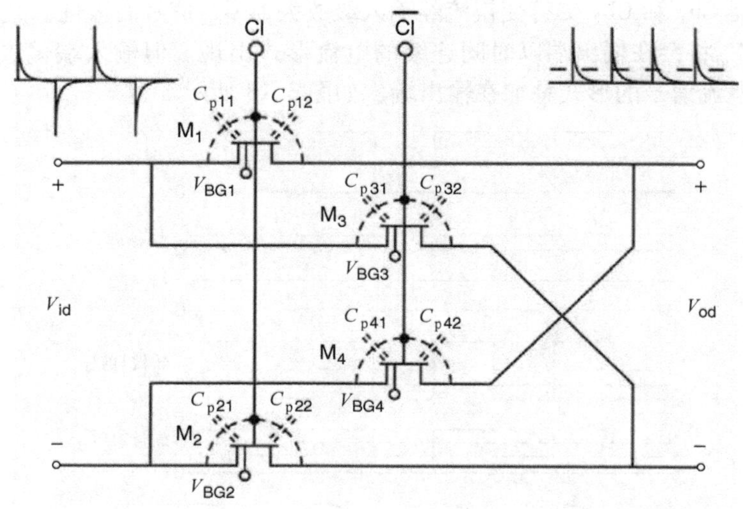

图 3.20　斩波器 Ch_1 的 C_{p11} 电荷注入电流被整流输出

流脉冲不会产生偏置信号。然而，电容器 C_{p11} 在斩波器 Ch_1 的输入端产生相似的交替电流脉冲，当这些脉冲电流信号在向输出端传递过程中，其将通过 Ch_1 进行整流。

经过整流的脉冲电流可看作平均直流信号，当该直流信号作为输入信号时会产生残余偏置电压。幸运的是，在此情况下斩波器达到了平衡状态。因此，某一晶体管的时钟信号产生的电荷注入抵消了另一晶体管产生的电荷。但是任何的版图失衡或者晶体管不匹配都将导致一个净偏置。

对于斩波器 Ch_2 的输入端来说，电容器 C_{p22} 在时钟脉冲边沿交替产生电流脉冲。这些电流信号被整流为脉冲输入电压加载在斩波器和输入信号源串联阻抗上。同时，这些整流过的脉冲信号在传递到输出端后即变为了净偏置电压。如果斩波器的时钟通路和信号通路能在电路图中进行精心设计并互相平衡的话，那么实际的偏置电压可以控制在 1μV 以下。通常的方法是在芯片电路布局中将时钟线设计为同轴线。

为了同时获取较低的偏置信号、噪声和波纹，我们发现有两个自相矛盾的影响因素。一方面，若时钟频率越高，则输出端信号波纹越小且残留 $1/f$ 噪声越低。另一方面，我们发现非等占空比会引起更大的残留信号偏置以及在较高时钟频率下会出现电荷注入现象。为了缓解这一矛盾现象，如图 3.21 所示，在所谓的嵌套斩波结构中[15]，使用两个斩波器与原先的斩波器串联，从而形成新的电路结构。其中，设置嵌套内的斩波器 Ch_{211} 和 Ch_{11} 频率比 $1/f$ 噪声的转角频率高 10 倍来抑制 $1/f$ 噪声和信号波纹，同时设置嵌套外的斩波器 Ch_{221} 和 Ch_{12} 的频率

比 $1/f$ 噪声频率为 1/10 来消除由 Ch_{211} 和 Ch_{11} 的电荷注入引起的残留信号偏置。利用这一电路结构，偏置电压可以降低至 0.1μV[15]。但是由于原始信号偏置的存在，依然会有一个较小的（约 100μV）输入端滤波信号波纹出现在 Cl_H 上，同样的一个由 Ch_{11} 电荷注入引起的更小的信号波纹会出现在 Cl_L 上。

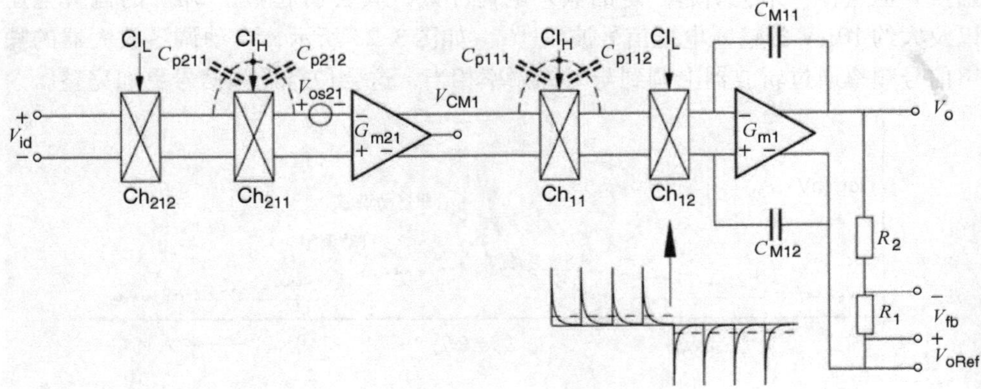

图 3.21 实现 $1/f$ 噪声、波纹和电压偏置折中的嵌套斩波运算放大器
（$V_{os}\approx 0.1\mu V$，$V_{rip}\approx 100\mu V$）

另一种减小信号波纹的方法是将 Ping - Pong 型的自动调零放大器与斩波放大器组合，这样一来可以获得低波纹连续时间的信号传输效果[10]，其电路结构如图 3.22 所示。

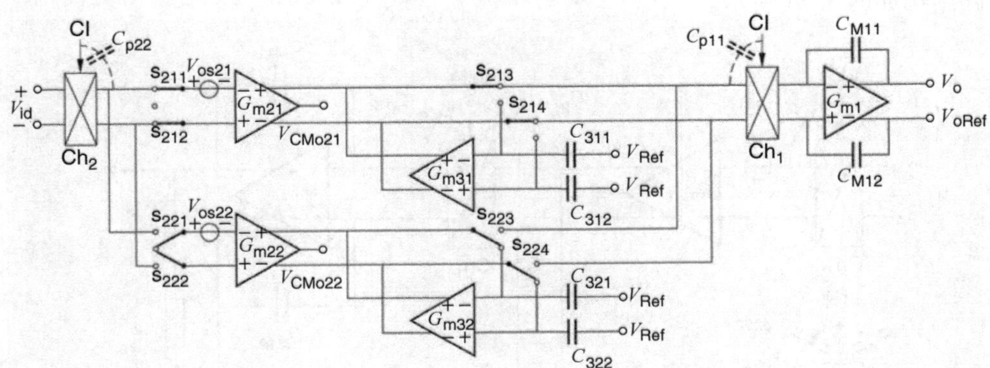

图 3.22 带 Ping - Pong 型自动调零输入级的运算斩波放大器中的噪声

斩波器 Ch_1 和 Ch_2 通过两个完整的 Ping - Pong 型自动调零放大器 G_{m21} 和 G_{m22} 对信号进行交替的正负极转换。通过开关 S_{211} 和 S_{213}、S_{222} 和 S_{224} 分别对放大器 G_{m21} 和 G_{m22} 回路进行通断操作，使得整个时钟循环电路按顺序处于信号传输

或者自动调零模式。

电容器 C_{311} 和 C_{322} 分别用来存储自动调零修正电压。跨导放大器 G_{m31} 和 G_{m32} 分别用来校准放大器 G_{m21} 和 G_{m22} 的偏置电压。自动调零开关 S_{213} 和 S_{224} 可以使 G_{m21} 和 G_{m22} 的输出在自动调零电容中存储的电压或输出级上的输入偏置电压之间切换。但这样一来会引起一定的额外电荷注入，其会引起一个 3μV 的偏置电压以及大约 10μV 的输入电压信号波纹[10]。如图 3.23 所示，自动调零放大器的噪声信号频率通过斩波器上调到与时钟频率相当，这会使得低频信号更加完整。

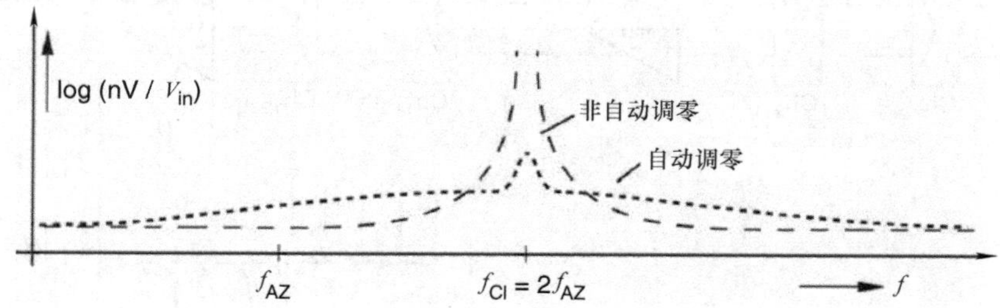

图 3.23　有 Ping - Pong 型自动调零输入级的运算斩波放大器中的噪声

连续时间 Ping - Pong 型电路结构的优点是简化了信号的频率补偿机制，仅通过一组密勒补偿电容器来限制信号偏置。

如果我们利用两级输入放大器 G_{m21} 和 G_{m22}，并且每一级放大器分别由斩波器 Ch_{21} 和 Ch_{22} 来驱动，那么就可以获得一个具有斩波效应的仪表放大器。该电路结构如图 3.24 所示。

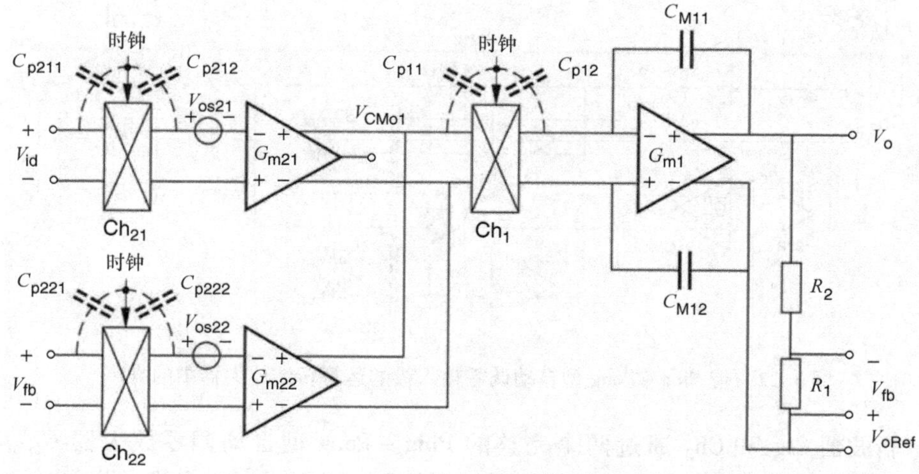

图 3.24　斩波仪表放大器（$V_{os} \approx 20\mu V$，$V_{rip} \approx 20mV$）

其增益为

$$A_V = [(R_1 + R_2)/R_2](G_{m21}/G_{m22}) \tag{3.9}$$

该仪表放大器的精确度完全取决于 G_{m21} 和 G_{m22} 的匹配性。即使差分对处于弱反型区，且有匹配良好的尾电流，我们也可以不采用微调获得优于 1% 的精度值。

通过对低于时钟频率的信号进行斩波处理，信号的共模抑制比大幅度增加，其值可以轻易地增加 60dB。但这一增长是有限的，首先是因为斩波器时钟序列占空比存在误差，其次是因为斩波器中需要根据共模电压来调制电荷注入的脉冲信号，这一信号调制往往是不平衡的。最终的信号偏置电压可以控制在 20μV 以下，输入信号波纹低于 20mV。若在两输入级平行的斩波运算放大器中，上述两个值将大约扩大为原来的两倍。

为了进一步减小偏置电压和信号波纹，如图 3.25 所示，我们也将在具有斩波功能的仪表放大器中使用嵌套式斩波原理[15]。因此，上述方法可以使得斩波器中的信号波纹和 1/*f* 噪声以及残留偏置电压之间获得更好的折中（见图 3.23），在获得偏置电压在 0.2μV 左右的同时，残留波纹电压控制在 200μV 上下。

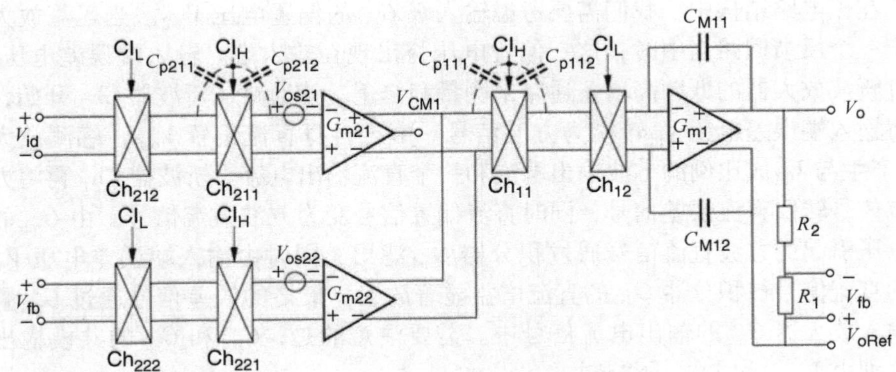

图 3.25　更好地实现 1/*f* 噪声、波纹和电压偏置折中的嵌套斩波仪表放大器（$V_{os} \approx 0.2\mu V$，$V_{rip} \approx 200\mu V$）

3.7　斩波稳零运算放大器和仪表放大器

斩波放大器中存在的输出信号波纹也需要我们想办法去减小。斩波稳零放大器就是最佳的解决方法之一。基本的斩波稳零运算放大器的原理如图 3.26 所示。

基本的运放电路由两级放大器 G_{m1} 和 G_{m2} 组成。输出级 G_{m1} 由电容 C_{M11} 和

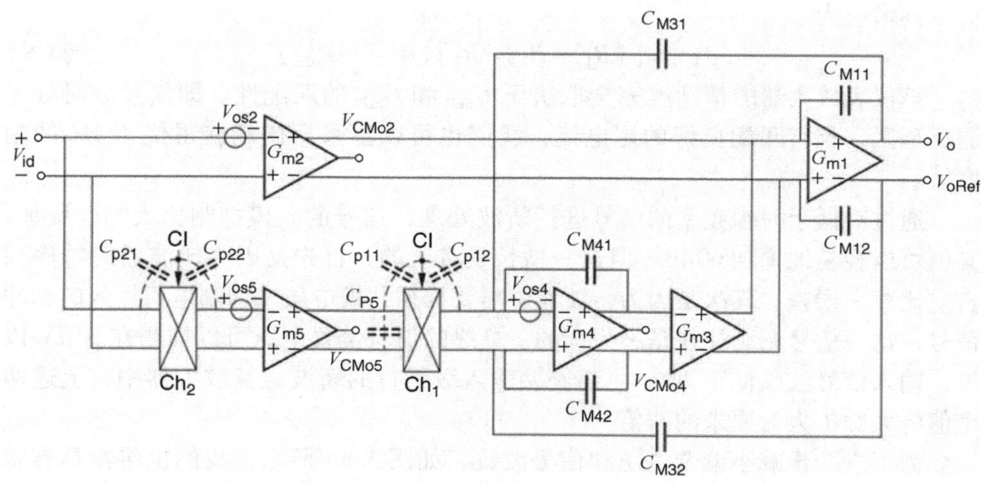

图 3.26 有多路径混合嵌套密勒补偿的斩波稳零运算放大器（$V_{os}\approx10\mu V$，$V_{rip}\approx100\mu V$）

C_{M12}进行密勒补偿。输入级 G_{m2}形成了“高频”信号通路。G_{m2}上的输出端共模电压信号由电压源 V_{CMo2}控制。

在该电路结构中，我们需要考虑输入级 G_{m2}的偏置电压 V_{os2}。当运算放大器置于一个反馈回路当中时，这一偏置电压将出现在输入端。输入端误差电压 V_{id}通过斩波放大器的低频高增益通路来测量和修正。该通路从斩波器 Ch_2 开始，首先将输入端误差电压 V_{id}转换为方波信号。由于自身直流偏置 V_{os5}，感测放大器 G_{m5}产生与 V_{id}成比例的方波输出电流和一个直流输出电流。斩波器 Ch_1 再将方波直流信号转回直流误差信号，同时直流偏置信号变为方波直流信号。由 G_{m5}的偏置电压引起的方波直流信号通过积分器 G_{m4}滤出，同时由输入端误差电压 V_{id}引起的直流信号被积分器 G_{m4}的直流增益显著放大。最终的误差信号通过 G_{m3}叠加到输入放大器 G_{m2}的输出电流信号中。需要注意的是，G_{m4}和 G_{m5}的共模输出电压分别由 V_{CMo4}和 V_{CMo5}所控制。

现在我们已经获得了一个双通路放大器：一经过 G_{m2}高频低增益通路和一经过 G_{m5}、G_{m4}和 G_{m3}的低频高增益通路。偏置信号仅能在此情况下被减小，即高增益通路比低增益通路拥有更大的增益。

斩波稳零中存在的一个长久问题是在信号增益通路中有两个极点，这会导致一个二阶 6dB 的上移，如图 3.27 所示。当电路中的反馈系数较大时（如高闭合回路增益情况下），这一现象会使得电路不稳定。

上述问题可以利用本章参考文献［16，1］中提到的混合嵌套原理予以解决。比如我们可以将最终输出端与积分器 G_{m4}的输入端用两个混合嵌套密勒补偿电容 C_{M31}和 C_{M32}连接起来。

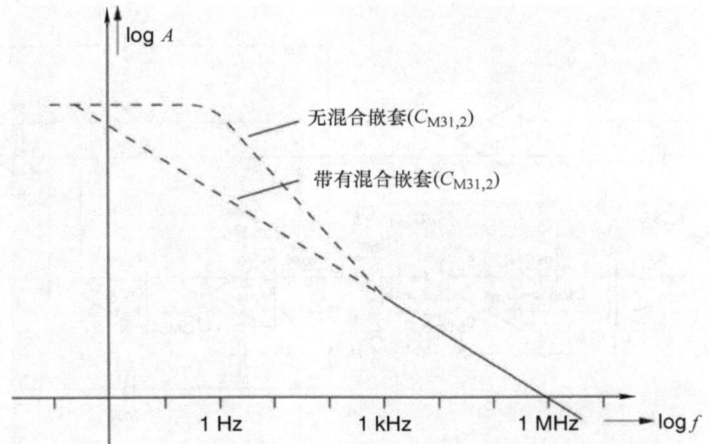

图 3.27　有和无混合嵌套密勒补偿电容 C_{M31}、C_{M32} 的斩波稳零放大器振幅特性

如果我们将两级密勒补偿高频放大器通路与四级混合嵌套密勒回路的带宽设置成同一值，那么整个电路的频率特性从超低频信号到运算放大器的单位增益带宽都将变为连续直线型。因此我们设定 $G_{m2}/C_{M11,12} = G_{m5}/C_{M31,32}$。显示为一个典型的单极点频率衰减，如图 3.27 所示。

信号的低频特性以及整个放大器中的残留偏置电压都取决于经过斩波处理的高增益通路。这就意味着我们必须妥善平衡斩波器 Ch_1 和 Ch_2 中的寄生电容 C_{p11} 和 C_{p22} 以及它们在电路中的整体布局。同时斩波器时钟序列的非等占空比也会引起残留偏置电压。如果时钟信号的非等占空比中的不对称值为 10^{-4}，那么斩波放大器中的 6σ 偏置电压就有 10mV，残余偏置电压达到 1μV。

还有一个偏置电压的来源需要我们关注，即存在于 G_{m5} 输出电压与积分器 G_{m4} 的偏置电压 V_{os4} 之间的寄生电容 C_{p5}。斩波器 Ch_3 将此偏置电压在 C_{p5} 反复进行斩波处理，同时在积分器的输入端将相关电流脉冲转换为直流电流信号 I_{p5}：

$$I_{p5} = 4\, V_{os4}\, C_{p5}\, f_{cl} \tag{3.10}$$

这一出现在积分器输入端的电流信号无法从斩波感测放大器的输出直流电流中区分出来，因此会引起一个等效输入偏置电压：

$$V_{osi} = I_{p5}/ G_{m5} = 4V_{os4}\, C_{p5}\, f_{cl}/G_{m5} \tag{3.11}$$

我们可以通过调整 C_{p5} 的值到大约 0.1pF，此时该偏置电压会小于 1μV。我们也可以通过对积分放大器采用斩波稳零处理来进一步减小这一信号偏置成分。

利用斩波放大器已可将 10mV 左右的方波输入信号波纹减小为原值的 1/100，而利用斩波稳零放大器可将该信号波纹减小为 50μV 左右的三角波信号。如果我们想要进一步减小信号波纹，可以对斩波放大器进行自动调零处理[17]，如图 3.28 所示。

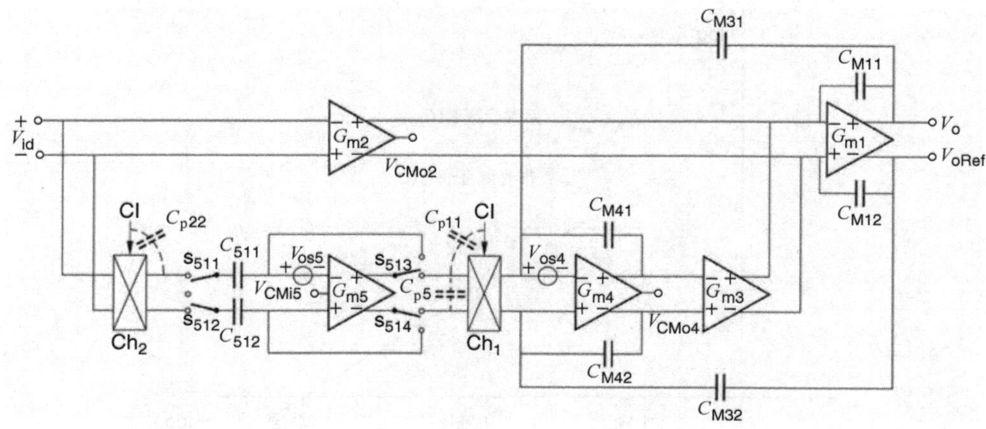

图 3.28　有自动调零 G_{m5} 的斩波稳零运算放大器（$G_{m5}\cdot V_{os}\approx1\mu V$，$V_{rip}\approx1\mu V$）

如图所示我们将斩波稳零放大器进行自动调零操作，以此方法可以将信号波纹进一步减小到 1μV 级。该放大器的噪声频谱如图 3.29 所示。

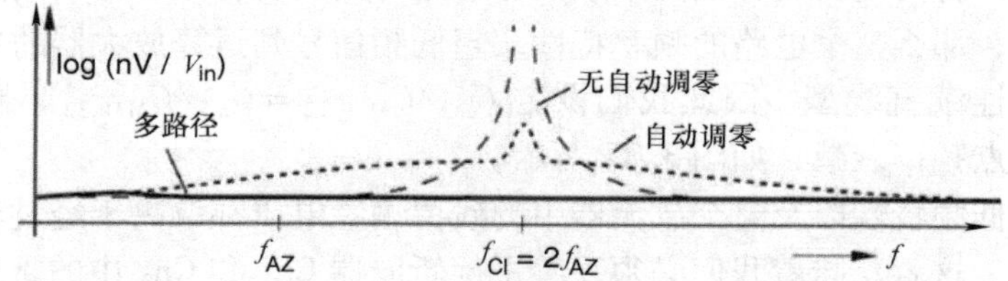

图 3.29　有和无自动调零的斩波稳零多路径仪表放大器的噪声密度

另一个值得关注的减小信号波纹的方法是在对信号积分后进行采样和保持处理[18]，其原理如图 3.30 所示。

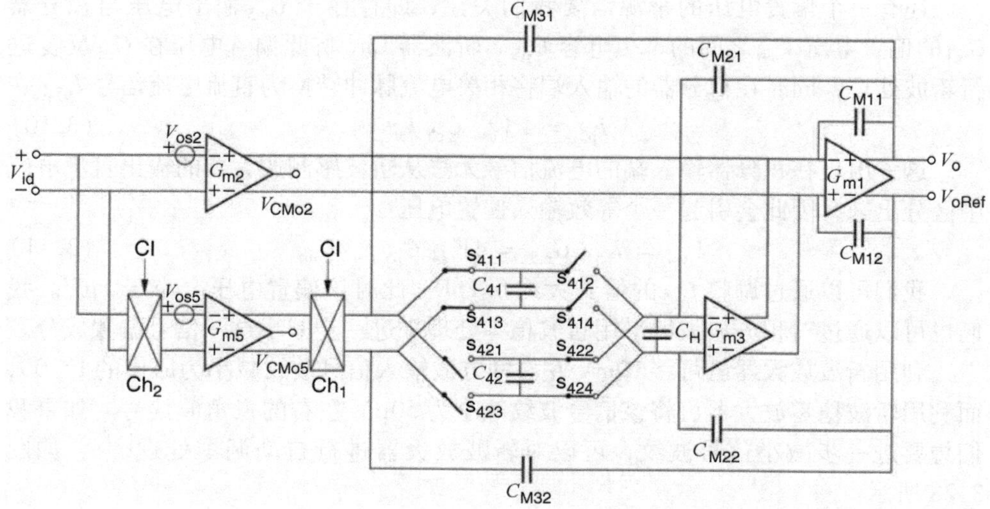

图 3.30　包括无源积分器采样保持处理的斩波稳零运算放大器（$V_{os}\approx3\mu V$，$V_{rip}\approx20\mu V$）

该电路利用两个无源积分器和 C_{41}、C_{42}、C_H 连接起来组成 Ping – Pong 采样保持电路。该电路设计方案简洁并且在信号波纹电压大约为 20μV 的同时，其偏置电压为 3μV。

接下来，上述这些电路结构都可以集成到一个仪表放大器中。为了达到这一目的，斩波稳零运算放大器必须转换为一个电流反馈仪表放大器结构，其电路结构如图 3.31 所示。

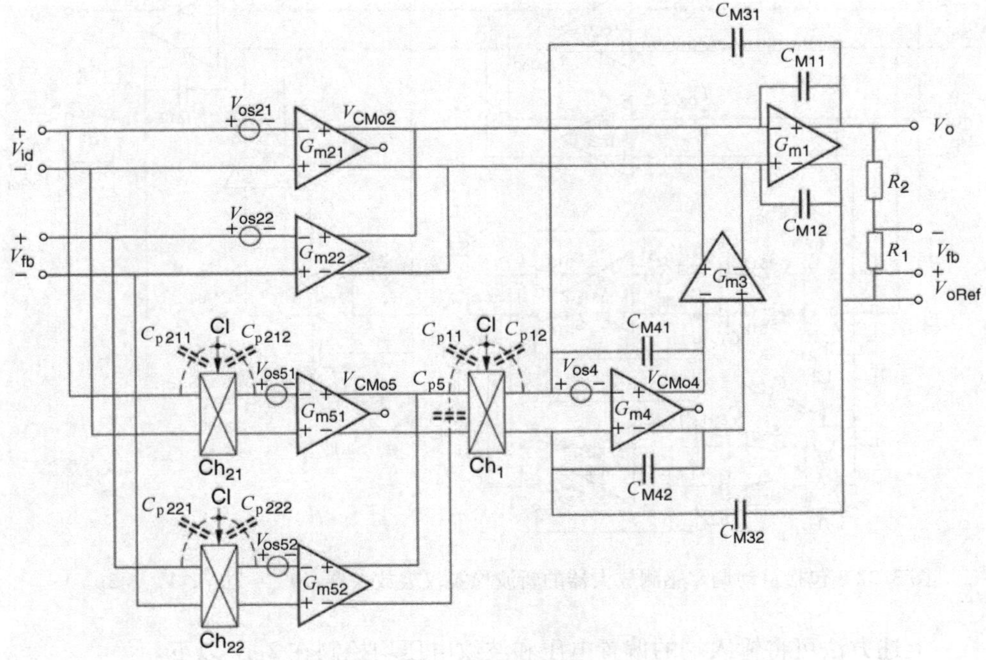

图 3.31 有多路径混合嵌套密勒补偿的斩波稳零仪表放大器（$V_{os}\approx 20\mu V$，$V_{rip}\approx 200\mu V$）

仪表放大器有一高频通路通过 G_{m21} 和 G_{m22}，以及一个低频高增益通路通过 G_{m51} 和 G_{m52}。后者不仅决定了偏置电压和共模抑制比的大小，而且设定了在低频下的信号增益精确度。

该低频增益 A_{VL} 可表示为

$$A_{VL} = (G_{m51}/G_{m52})[R_2/(R_1+R_2)] \tag{3.12}$$

高频增益可表示为

$$A_{VH} = (G_{m21}/G_{m22})[R_1/(R_1+R_2)] \tag{3.13}$$

经过上述电路设置，信号偏置电压和波纹电压分别为 20μV 和 200μV 左右。因为在此电路结构中的高频和低频通路中有两个平行的输入级，所以偏置电压和波纹电压比运算放大器例子中的值要大 2 倍左右。同时信号噪声比运放电路大

$\sqrt{2}$倍。

如果我们想要再减小偏置电压和波纹电压，那么斩波放大器可以类比运放电路中的例子进行自动调零处理[4]。其最终的电路框图如图 3.32 所示。

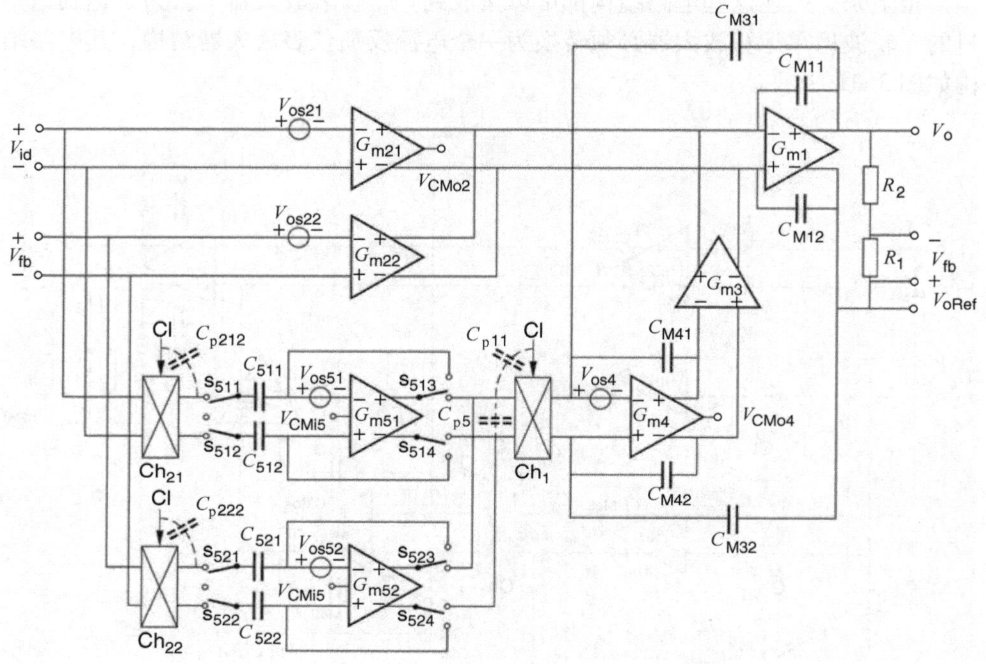

图 3.32　包括自动调零感测放大器的斩波稳零仪表放大器（$V_{os} \approx 2\mu V$，$V_{rip} \approx 2\mu V$）

上述方法可将输入端的偏置电压和波纹电压均控制在 2μV 以下。

3.8　斩波稳零及自动调零协同运算放大器和仪表放大器

拥有平稳信号波形的连续时间斩波放大器是获得低偏置信号的最佳解决方案。然而，斩波器时钟序列中信号占空比即使有 0.01% 的不对称也会被 CMOS 放大器的一级输入端大约 10mV 的初始 6σ 偏置电压所加倍放大，从而使得限制残留偏置电压在 1μV 左右变得较为困难。此外，斩波放大器的主要缺陷是由斩波所诱发的方波波纹信号，其在输入端通常约等于 10mV 的初始 6σ 偏置电压。因此，输入端放大器的波纹信号和偏置电压必须进一步予以减小。

接下来可以进一步提高性能的是斩波稳零放大器[19]，其结合了斩波稳零放大器的低偏置特性和整个放大器的全斩波特性，电路结构如图 3.33 所示。

如果一个放大器拥有高回路增益，那么除了其输入偏置电压，差分输入电压

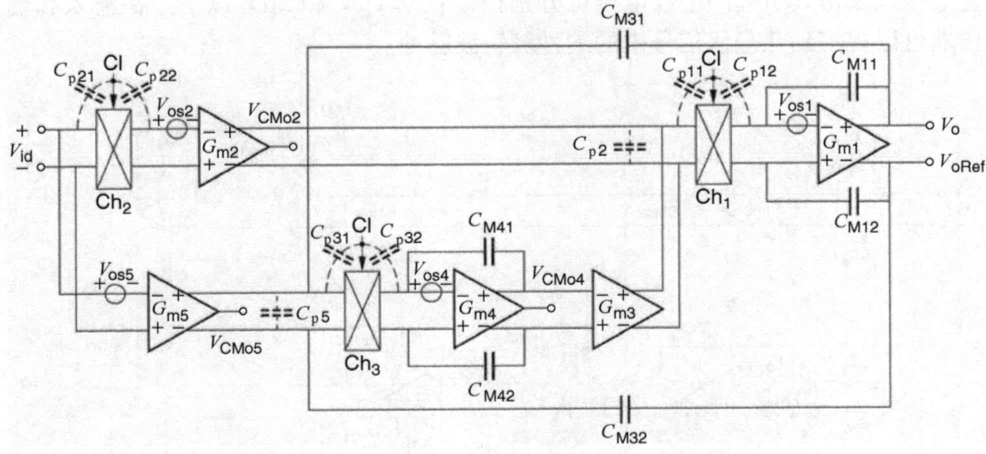

图 3.33　有多路径混合嵌套密勒补偿的斩波稳零运算放大器（$V_{os}\approx 1\mu V$，$V_{rip}\approx 50\mu V$）

将为零。这就意味着图 3.33 中的斩波稳零放大器电路中的斩波器 Ch_2 从右边看进去电压为 V_{os2}。因此，放大器左边看进去输入端的方波电压也为 V_{os2}。这就使得我们可以直接将校准放大器 G_{m5} 连接到输入端而不用额外的斩波器。斩波稳零回路已经在前述章节中讨论过（见图 3.26）。但在这节将要讨论的电路结构中依然有许多与之前电路的不同之处。

主放大器的第一级决定了在低频情况下的噪声大小，同时修正回路决定了时钟频率中的波纹电压。从而，混合嵌套电容 C_{M31} 和 C_{M32} 不再被连接到积分器的输入端，但为了保持包含 Ch_1 的回路中有连续负反馈，混合嵌套电容将被连接到斩波器 Ch_3 的输入端[16]。

这就意味着感测放大器输出端的寄生电容 C_{p5} 将随着与 C_{M31} 和 C_{M32} 的串联而增加。为了避免与积分器电压 V_{os4} 结合的寄生电容的额外偏置电压，要么降低偏置电压 V_{os4}，要么将混合嵌套电容 C_{M31} 和 C_{M32} 通过折叠式共源共栅结构连接到 G_{m5} 的输出端。另外，斩波器 Ch_1 前的寄生电容 C_{p2} 将根据输出级放大器 G_{m2} 的偏置电压 V_{os1} 进行充放电。这会引起通过密勒补偿电容 C_{M11} 和 C_{M12} 输出端的脉冲信号，其大小为 $V_{os1}C_{p2}/C_{M1}$，其中 $C_{M1}=C_{M11}C_{M12}/(C_{M11}+C_{M12})$ 因此，需要限制 G_{m2} 和 G_{m3} 输出端的寄生电容 C_{p2} 不能过大。

放大器 G_{m5} 上的偏置电压会在积分器的输出端形成三角波纹信号，同时在 Ch_1 的输出端还会出现锯齿状波纹信号。若感测放大器 G_{m5} 上的偏置电压通过类似于图 3.28 中的斩波稳零放大器进行自动调零设置，则波纹信号即可去除。为了进一步减小由积分放大器 G_{m4} 上的耦合电容引起的偏置电压，也可以通过额外回路对其进行自动调零操作[19]。该电路特性如图 3.34 所示。利用上述方法，偏置电压以及由其引起的波纹电压可分别控制在 0.1μV 和 2μV 以下。在输入和输出端可以观察到几毫伏信号中的纳秒级斩波脉冲。

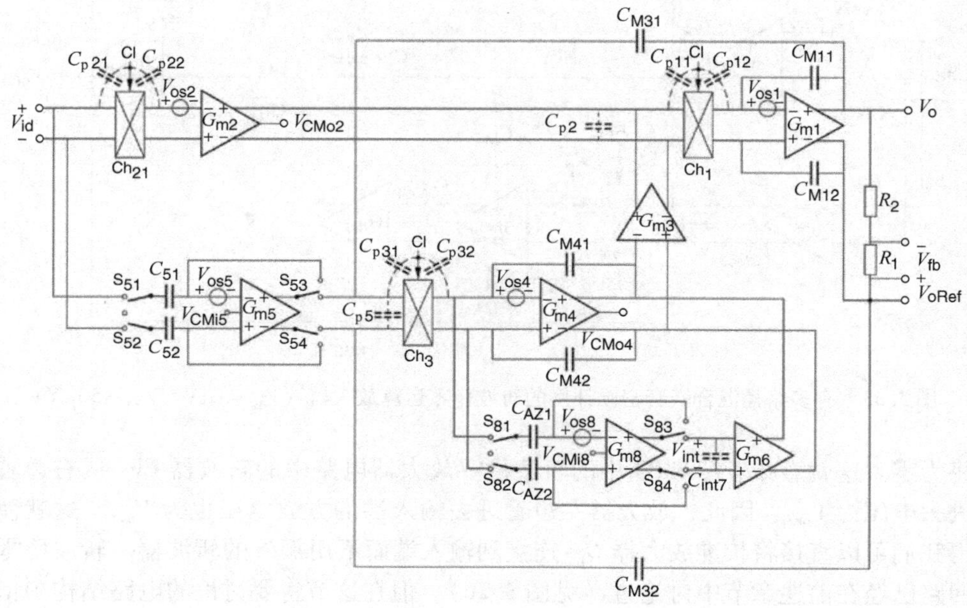

图 3.34 有多路径混合嵌套密勒补偿和自动调零 G_{m5} 和 G_{m4} 的斩波稳零运算放大器（$V_{os}\approx 0.1\mu V$，$V_{rip}\approx 1\mu V$）

如图 3.35 所示，当高频和低频通路翻倍时，即出现了具有斩波稳零功能的仪表放大器。与 3.7 节中的斩波稳零仪表放大器相比，该斩波放大器电路中的增益不是由修正回路中的 G_{m51} 和 G_{m52} 之比来决定的，而是协同反馈网络中的主放大器 G_{m21} 和 G_{m22} 之比决定的。

$$A_V = G_{m21}(R_1 + R_2)/G_{m22}R_1 \tag{3.14}$$

该增益不由感测放大器 G_{m51} 和 G_{m52} 跨导的比值来决定的原因是其影响被主放大器周围的斩波器转移到了时钟频率上。G_{m52} 所感测到的是由 G_{m21} 和 G_{m22} 的偏置电压所引起的回路波纹信号。G_{m52} 的输出电流通过 Ch_3 进行整流，然后通过 G_{m4} 放大，再由 G_{m3} 耦合到 G_{m21} 和 G_{m22} 的输出端，这是为了对由主斩波通路的偏置引起的波纹电压进行信号补偿。G_{m52} 输入端与信号有关的反馈由 G_{m51} 输入端与信号有关的部分进行信号补偿得到。因此信号不会干扰偏置电压补偿回路。校准放大器 G_{m51} 和 G_{m52} 的偏置电压信号会由斩波器 Ch_3 转换为方波信号。积分器不会放大这些方波信号，反而会将其减小为三角波信号。在输入端，该信号将通过斩波器 Ch_{21}。这就意味着该信号的形状在双时钟频率下变为了较小的锯齿状。

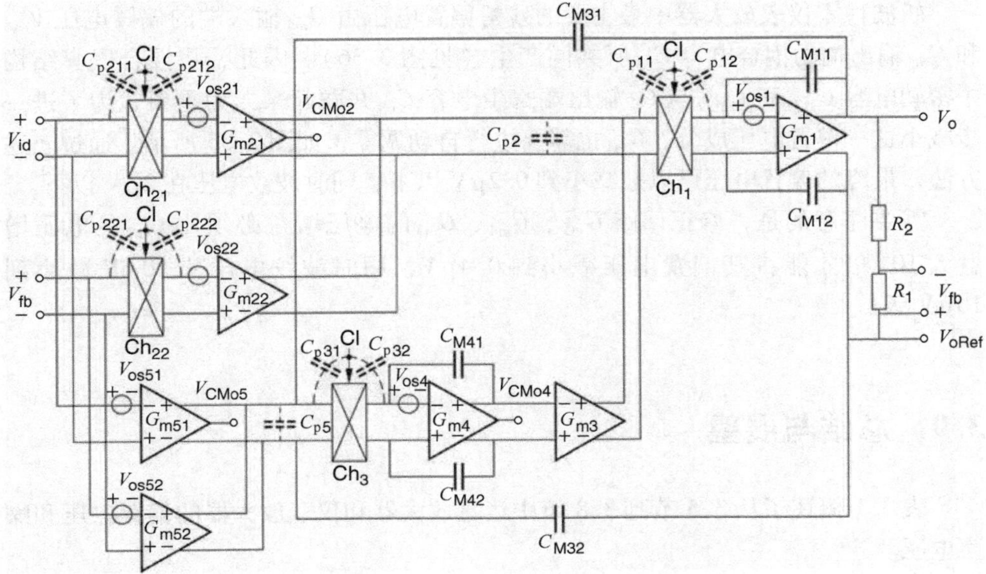

图 3.35　有多路径混合嵌套密勒补偿的斩波稳零仪表放大器（$V_{os}\approx 2\mu V$，$V_{rip}\approx 200\mu V$）

下一步减小锯齿状波纹的方法就是在 G_{m51} 和 G_{m52} 感测级进行自动调零设置[20]。其电路如图 3.36 所示。

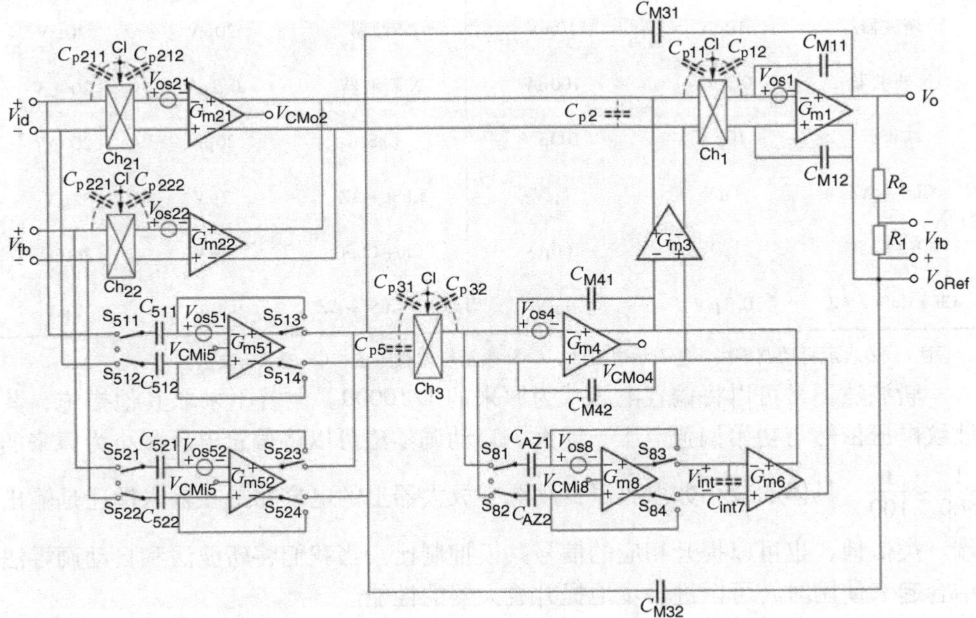

图 3.36　包括多路混合嵌套弥勒补偿和自动调零放大器 G_{m21} 和 G_{m22} 的斩波稳零仪表放大器电路（$V_{os}=0.2\mu V$，$V_{rip}\approx 2\mu V$）

斩波稳零仪表放大器中最主要的残留偏置电压由 G_{m4} 输入端的偏置电压 V_{os4} 和 G_{m5} 输出端的耦合电容 C_{p5} 所共同产生（见图 3.36）。因此，将混合嵌套结构中密勒电容 C_{M31} 和 C_{M32} 与 G_5 输出端寄生电容 C_{p5} 并联起来尤为重要。为了进一步减小这一偏置电压成分，G_{m4} 也需要进行自动调零，如图 3.36 所示。通过上述方法，最终的偏置电压可以被减小到 0.2μV 以下，同时波纹电压在 2μV 以下。

需要注意的是，修正回路 G_{m5}、G_{m4}、G_{m3} 的电压增益必须比 G_{m2} 的电压增益大 10^4 倍才能将其偏置电压减小到 0.4μV，同时波纹电压从 10mV 减小到 10μV 级。

3.9 总结与展望

表 3.1 概述了从 3.5 节到 3.8 节中运算放大器和仪表放大器的偏置电压和噪声电压。

表 3.1 所能够获得的偏置电压 V_{os} 和波纹电压 V_{rip} 汇总

运算放大器	V_{os}	V_{rip}	仪表放大器	V_{os}	V_{rip}
AZ	20 ~ 100μV		AZ	20 ~ 100μV	
斩波器	10μV	10mV	斩波器	20μV	20mV
N 斩波器	0.1μV	100μV	N 斩波器	0.2μV	200μV
ChSt	10μV	100μV	ChSt	20μV	200μV
ChSt + AZ	1μV	1μV	ChSt + AZ	2μV	2μV
Ch + ChSt	1μV	100μV	Ch + ChSt	2μV	200μV
Ch + ChSt + AZ	0.1μV	1μV	Ch + ChSt + AZ	0.2μV	2μV

注：AZ 表示自动调零法，N 表示嵌套法，ChSt 表示斩波稳零法，Ch 表示斩波法。

斩波法通常可以将偏置电压减为原来的 1/10000。但若不采取其他措施，其波纹电压依然与初始偏置电压一样大。自动调零法可以将偏置电压减小为原来的 $\frac{1}{500} \sim \frac{1}{100}$，具体的减小数取决于自动调零放大器上的电容器是在输入端还是输出端。类似地，也可以提升相应的信号共模抑制比。当我们将斩波法和自动调零法结合起来使用时，可以进一步地提升放大器的性能。

在精密仪表放大器研究领域，未来的工作包括进一步提升电路的增益精度，在许多情况下，一旦采用本章所述的偏置电压消除方法，电路的增益精度会被削弱。增大输入端的共模电压范围对电源电路来说也是值得关注的。最后，由于在许多情况下仪表放大器的输出是模 - 数转换器的输入信号，所以进一步探索在模 - 数转换器的前端嵌入具备仪表放大器功能器件的可行性也是十分有趣的。这将使得模 - 数转换器可以直接与采用仪表放大器的传感器相连接从而读取其中的信号。本章中所讨论众多技术细节可以在这一研究领域发挥作用。

参考文献

[1] J.H. Huijsing, *Operational Amplifiers, Theory and Design*, Kluwer Academic Publishers, Dordrecht, The Netherlands, 2001.

[2] C. Menolfi and Q. Huang, “A fully integrated, untrimmed CMOS instrumentation amplifier with submicrovolt offset,” *IEEE Journal of Solid-State Circuits*, vol. 34, no. 3, pp. 415–420, March 1999.

[3] R. Wu, K.A.A. Makinwa, and J.H. Huijsing, “A chopper current-feedback instrumentation amplifier with 1 mHz 1/f noise corner and an AC-coupled ripple reduction loop,” *IEEE Journal of Solid-State Circuits*, vol. 44, no. 12, pp. 3232–3243, December 2009.

[4] J.F. Witte, J.H. Huijsing, and K.A.A. Makinwa, “A current-feedback instrumentation amplifier with 5 μV offset for bidirectional high-side current-sensing,” *IEEE Journal of Solid-State Circuits*, vol. 43, no. 12, pp. 2769–2775, December 2008.

[5] T. Denison *et al.*, “A 2 μW 100 nV/$\sqrt{}$Hz chopper stabilized instrumentation amplifier for chronic measurement of neural field potentials,” *IEEE Journal of Solid-State Circuits*, vol. 42, no. 12, pp. 2934–2945, Dec. 2007.

[6] Q. Fan *et al.*, “A 1.8 μW 60 nV/$\sqrt{}$Hz Capacitively-Coupled Chopper Instrumentation Amplifier in 65 nm CMOS for Wireless Sensor Nodes,” *IEEE Journal of Solid-State Circuits*, vol. 46, no. 7, pp. 1534–1543, July 2011.

[7] G. Brisebois, “New instrumentation amplifiers maximize output swing on low voltage supplies”, Linear Technology Design Note 323, online: www.linear.com.

[8] B. van den Dool and J. Huijsing, “Indirect current-feedback instrumentation amplifier with a common-mode input range that includes the negative rail”, *IEEE Journal of Solid-State Circuits*, vol. 28, no.7, July 1993, pp.743–749.

[9] C. Enz and G. Temes, “Circuit techniques for reducing the effect of OpAmp imperfections: Autozeroing, correlated double sampling and Chopper Stabilization”, *Proceedings of the IEEE*, vol. 84, no. 11, November 1996.

[10] A.T.K. Tang, “A 3 μV-offset operational amplifier with 20 nV/$\sqrt{}$Hz input noise PSD at DC employing both chopping and autozeroing,” in *Dig. Technical Papers ISSCC*, February 2002, pp. 386–387.

[11] M.A.P. Pertijs and W.J. Kindt, “A 140 dB-CMRR current-feedback instrumentation amplifier employing ping-pong auto-zeroing and chopping,” *IEEE Journal of Solid-State Circuits*, vol. 45, no. 10, pp. 2044–2056, October 2010.

[12] I.E. Opris and G.T.A. Kovacs, “A rail-to-rail ping-pong OpAmp”, *IEEE Journal of Solid-State Circuits*, vol. 31, no. 9, pp.1320–1324, September 1996.

[13] S. Sakunia, F. Witte, M. Pertijs and K. Makinwa, “A ping-pong-pang current-feedback instrumentation amplifier with 0.04% gain error,” in *Dig. Symposium on VLSI Circuits*, pp. 60–61, June 2011.

[14] C. Enz, E. Vittoz, and F. Krummenacher, “A CMOS chopper amplifier”, *IEEE Journal of Solid-State Circuits*, vol. 22, no.3, pp. 708–715, June 1987.

[15] A. Bakker, K. Thiele, and J. Huijsing, "A CMOS nested chopper instrumentation amplifier with 100 nV offset", *IEEE Solid-State Circuits*, vol. 35, no.12, December 2000.
[16] J. Huijsing, J. Fonderie, and B. Shahi, "Frequency stabilization of chopper-stabilized amplifiers", US patent Nr. 7,209,000, April 24, 2007.
[17] J. F. Witte, K. Makinwa, and J. Huijsing, "A CMOS chopper offset-stabilized OpAmp", *2006 European Solid–State Circuits Conference, Proceedings*, pp. 360–363.
[18] R. Burt and J. Zhang, "A micropower chopper-stabilized operational amplifier using a SC notch filter with synchronous integration inside the continuous-time signal path", *IEEE Journal of Solid-State Circuits*, vol. 41, no.12, pp. 2729–2736, December 2006.
[19] J. Huijsing and J. Fonderie, "Chopper chopper-stabilized operational amplifiers and methods", US patent Nr. 6,734,723, May 11, 2004.
[20] J. Huijsing and B. Shahi, "Chopper chopper-stabilized instrumentation and operational amplifiers", US patent Nr. 7,132,883, November 7, 2006.

第 4 章　专用阻抗传感器系统

Gerard Meijer[1,4], Xiujun Li[2], Blagoy Iliev[3], Gheorghe Pop[3], Zu - Yao Chang[1], Stoyan Nihtianov[1,4], Zhichao Tan[1], Ali Heidari[5] 和 Michiel Pertijs[1]

1 电子仪器实验室，代尔夫特理工大学，代尔夫特，荷兰

2 电子仪器实验室，Exalon 公司，代尔夫特，荷兰及 Sensytech 公司，代尔夫特，荷兰

3 Martil 仪器公司，海洛，荷兰

4 SensArt 公司，代尔夫特，荷兰

5 圭兰大学，雷士特，伊朗

4.1 引言

阻抗传感器可以通过一系列能够测量物体材料和结构电性能的电极来定义。一旦获得这些特性材料和结构的电性能，阻抗传感器测量出的数据特征主要取决于这些材料和结构的物理特性，另外还有一部分数据特征取决于电极本身的特性。实际应用中的传感器电特性可以通过等效电路中的无源器件来实现。对于上述传感器系统的设计者而言，其挑战在于设计出的传感器系统仅对需要测量的量敏感而对其他无关参量具有"免疫力"。在本章中，我们将考虑把阻抗传感器置于某一特定测量环境中，并且该传感器所测得量将至少由一个电阻形式或电抗形式的参数来表示。阻抗传感器具有非常广泛的应用。例如，它们可以被用来测量下述参量：

1）力学参量，例如位移、速度和加速度，这些参量可以通过电容感应[1-3]或者电阻式传感器来测量（本书第 5 章）。在本章中这种传感器将作为阻抗传感器的一部分。

2）物理参量，例如相对湿度，可以通过电容式传感器测量。

3）食品中微生物的化学活性，其可以通过阻抗中特定的电阻或电容进行选择性测量[4,5]。

4）土壤中的含水量，可以通过限定阻抗/导纳中的电容来测量[6,7]。

5）血液黏度，其可在有机体内被阻抗传感器监测，具体方法是测量带有特殊频率激励信号的电阻抗参数[8,9]。

在所有这些传感器中，传感元件中特定的电学参数可被需要测量的物理或者

化学参量信号所调制。可以注意到在某些传感器应用中，被表征材料的电学参数都是由被测量量进行相应调制，例如在第一个例子中，电极结构的几何形状即被进行了相应的微调。通过对电极结构的优化以期对所期望获得的信号有最佳的感测度，同时隔离可能的信号串扰和互相干涉。

为了测量阻抗分量，至少需要两个以上的电极。一个交流或直流激励信号（电压或电流）由一对电极所提供并且最终的电流或者电压信号在传感器终端测得。通常选择正弦信号作为激励信号。利用正弦信号的优势是在线性时不变系统中，电路中所有最终的电流和电压信号也是正弦的，因此就可以在信号处理中使用傅里叶变换㊀。这就使得可以十分简单地将信号用两个参量：振幅和相位来表述。在这种情况下，阻抗是一个复数电压和复数电流之间的复数比 $Z(\mathrm{j}\omega)$，其幅度与相位是与频率相关的。阻抗的实部对应其电阻部分，同时虚部称之为电抗部分。

最简单的形式是一个阻抗传感器仅有两个电极来执行所有的功能（见图 4.1a 和 4.1b）。通过单次测量即可获得信号的两个参数：振幅和相位。因此，通过单次测量，可以同时获得阻抗的电抗部分和电阻部分。为了提高测量精度，矢量阻抗分析仪用来测量一定频率范围内的电抗和电阻部分。为了减少阻抗与外部相连的天线和多路复用器的寄生影响，通常采用四电极（两端口）电路结构（见图 4.1c 和 d）。这些测量值通常由二端口法获得[1]。

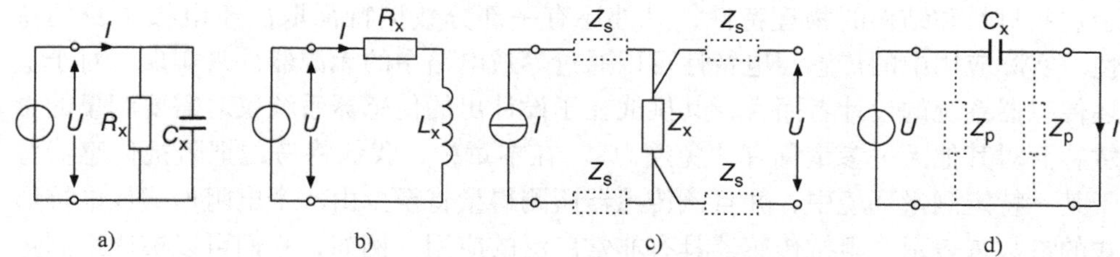

图 4.1　图 a 和 b 是具有两个端子的单端口模型，单一阻抗测量可以通过测得的两个参数得到。c 和 d 是双端口模型由于互连线寄生阻抗 Z_s 和 Z_p 影响而无法使用。图 c 适合低欧姆传感器阻抗；图 d 适合高欧姆传感器阻抗，比如电容式传感器 C_x 用来表征阻抗传感器在自然环境中的性质。

通常情况下，实际传感器的阻抗要比用双参数模型表示的更加复杂。传感器可以利用一个包含大量元件的等效集总元件模型来模拟（见图 4.2）。这些元件的值可以利用在不同适当频率下的实验测量值来决定。

㊀ 通常这种情况下，电路中只含有不依赖于电压的无源组件。例如：电阻、电容、电感、变压器等。

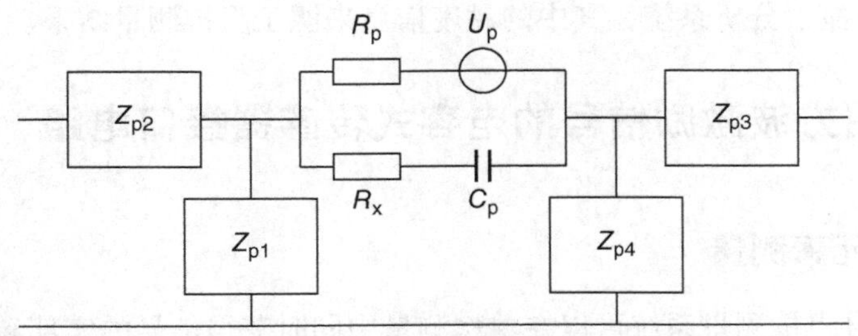

图 4.2　具有两个单元以上的阻抗网络

也可以选择其他波形信号来替代正弦激励信号，例如方波信号。本章中我们将介绍这些非正弦信号的特殊功能和限制。当采用非正弦激励信号时，拉普拉斯变换将被用来简化电路信号分析。阻抗将被定义为拉普拉斯变换电压和电流的比值 $Z(s)$。优良的传感器系统设计通常从材料和结构的物理性状评估和表征开始。在初始设计阶段，通常采用矢量阻抗分析仪对自然环境下的阻抗传感器进行表征。利用这种方法，可以在较宽的频率范围内测量阻抗值[10]。将合适的集总元件模型的特性与实验结果相匹配，可以获得特定的阻抗参数。可以将这种带有一系列电极的“测量仪器”简单假设为现成的传感器系统。遗憾的是，通常这一假设无法实现，因为这种系统成本太高，重量太大并且不适合在工业中使用。

为了开发更简便、更高效的仪器，需要寻找或者研发出一种特殊的传感器测量技术。通常情况下，当设计一款传感器系统时，主要的问题并非来自于传感器中电路信号，而是所获得的物理参量信号。例如，在没有进行初步研究的情况下，人们通常会认为在利用昂贵的仪器、宽带宽的前提下测量电学阻抗，会得到足够的信息，并且认为这就是最优的设计方案。然而很明显的是，想要完整解释得到的巨量信息并不容易，甚至有时是不可能的，并且想要找到这些信息的相关细节都是非常困难的。此外，这些电极以及相关的连接有可能对实际需要的传感器测量任务来说并不适合，从而降低了测量数据的利用价值。以上这些使得传感器设计工作无异于在干草堆中寻找一枚缝衣针，况且还不保证缝衣针确实存在。

在本章中，我们将介绍针对特殊应用的一系列阻抗传感器设计实例。通过这些实例的学习，我们可以同时评估存在的物理问题和相关的传感器电路设计问题，从而提出实用的解决方案。并将这些方案通过实验在物理层面和传感器电路层面进行全面评估。

所涉及的相关应用实例如下：

1）采用方波激励信号的电容式传感器接口电路；

2）牛奶中微生物的检测；

3）土壤含水量的检测；

4）一种血液分析系统，其中的黏度信息来源于阻抗测量结果。

4.2 采用方波激励信号的电容式传感器接口电路

4.2.1 单元素测量

正弦信号阻抗测量系统可以在单次测量中同时获得信号的实部和虚部。当仅测量阻抗中的某一类参数（例如，电阻、电容或者电感）时，可以简化测量步骤。利用方波激励信号取代正弦信号可以达到简化的目的。

在最近的几十年中，利用方波激励信号甚至仅用简单的电子器件，单一传感器元素的测量精度可以非常高[11-15]。例如，在本章参考文献［15］的集成电路中，一种称之为通用传感器接口（Universal Transducer Interface，UTI）的电路能够在较低和中等速度下准确测量电容、电阻和电阻电桥。该芯片中的电压－周期转换器（Voltage to Period Converter，VPC）包括了一个张弛振荡器（见图4.3a），其基本原理与4.2.2节中将要讨论的简单电路有某些相似之处。包含低

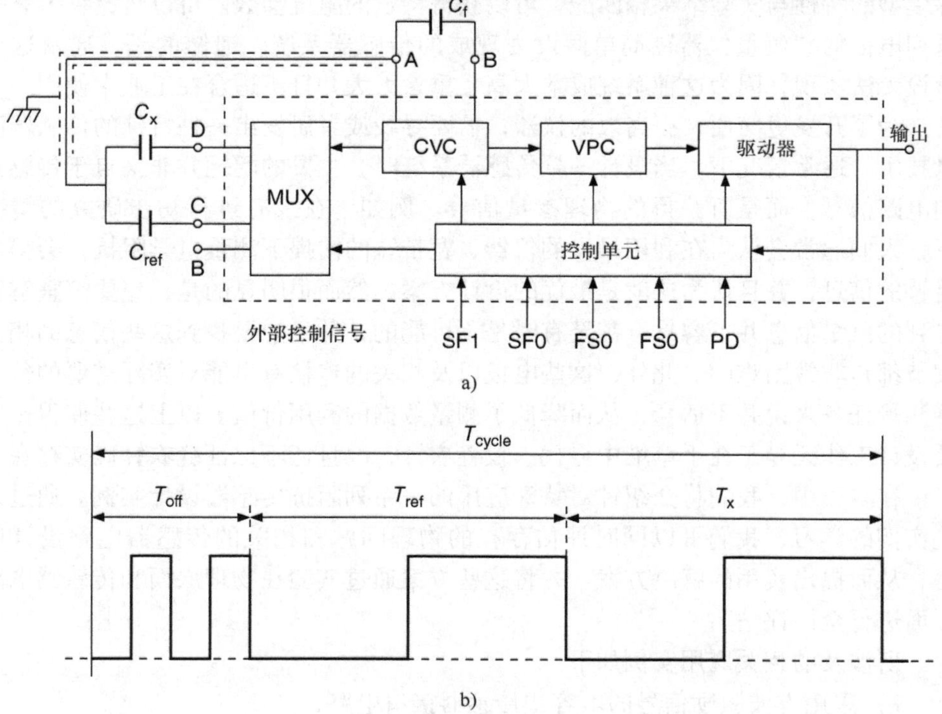

图4.3 a）通用传感器接口系统的原理框图，b）UTI芯片的周期调制输出信号

注：每个时间间隔包含了由多路复用器选择的传感元件的信息并连接到输入的时间

噪声放大器的电容式传感器前端限定电路称之为电容 - 电压转换器（Capacitance to Voltage Converter，CVC）。此外，前端电路包括了一个多路复用器，其可以用来选取众多电容中的一个进行测量。在通用传感器接口芯片中连接到放大器（CVC）反馈回路中的电容 C_f 也集成到了芯片上。一种采用了外部反馈电容的改良电路将在 4.2.3 节中介绍。

在该接口电路中，采用了很多先进的测量技术，例如自动标定技术、高级斩波技术、二端口测量技术和同步检波技术[1]。在最快的工作模式下，信号收集时间总计大约 10ms[16]。更多有关该接口电路的性能、特点和应用细节，读者可以参见本章参考文献［1，17］。

在接下来的内容中，我们将看到特定应用的接口电路设计以及基本原理相同的其他应用是如何在通用传感器接口中发挥作用的。利用这些传感器接口电路设计方法可以获得高能效、高速、高分辨率以及排除寄生电容信号干扰的高性能传感器系统。

4.2.2 基于周期调制的高能效接口电路

本节中所讨论的高能效接口电路已经在无线传感器中获得应用，例如该传感器已经采用了片上电容感应元件。

在无线传感器中，由于能量供应有限，因此追求最小化能耗是至关重要的（见本书第 9 章）。首先，当在没有参量需要测量的时段内可以将传感器系统设置在睡眠模式以节约能量。接下来再来减小每次测量所消耗的能量。为了比较不同传感器接口电路的能效，Pertijs 和 Tan[18,19] 提出了一种优值（Figure of Merit，FOM）的概念，这个概念通常用于模 - 数转换器中，量化了接口电路的能量损耗 P 以及相关的有效位数（Effective Number of Bit，ENOB）和每次测量所需的时间，具体公式为

$$\mathrm{FOM}=\frac{\mathrm{PT_{meas}}}{2^{\mathrm{ENOB}}}=\frac{\mathrm{E_{meas}}}{2^{\mathrm{ENOB}}} \tag{4.1}$$

其中 $\mathrm{E_{meas}}$ 是每次测量所需的能量。这一优值表达了在每次转换所需的能量的前提下传感器接口电路的能效。

如图 4.3 中的电路，第一步可以通过省略前端放大器的方法来减小电路的能耗。在特殊的相对湿度（Relative Humidity，RH）传感器[18,20] 应用中，上述方法是可行的，因为该传感器中片上感应元件的寄生电容值较低。进一步减小能耗的方法是重新设计传感器中调制器（电荷 - 周期转换器）的电路结构。为了说明这一电路结构，我们将简要讨论该调制器的基本原理（见图 4.4）㊀。

㊀ 电路原理的具体描述见本章参考文献［7］。

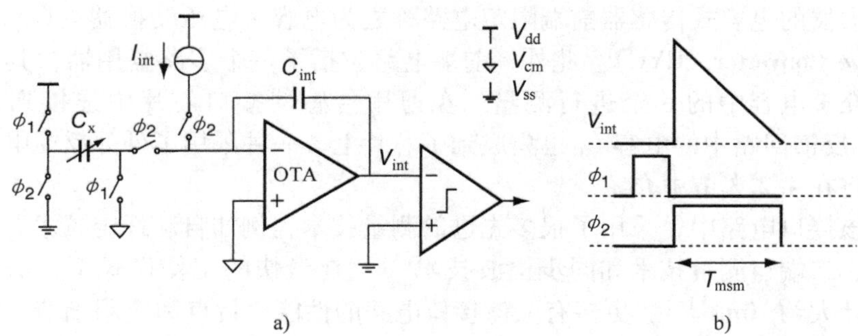

图 4.4　a）基于周期调制器的电容式传感器接口工作原理，
b）时间调制的积分器输出信号 V_{int} 和一些控制信号

在处于双相非叠加时钟信号中的某一相位 ϕ_1 上时，传感器电容 C_x 连接在电源电压 V_{dd} 和中间电源的共模参考电源 V_{cm} 之间。在随后的相位 ϕ_2 上，C_x 连接在 V_{ss} 和偏压也为 V_{cm} 的有源积分器虚拟地之间。这样一来，电荷量 $V_{dd}C_x$ 转移到了积分电容 C_{int} 上，从而使得积分器的输出电压 V_{int} 升高。恒定积分电流 I_{int} 将电荷从 C_{int} 上移出，因此 V_{int} 回到初始大小。积分器输出端的比较器会检测到这一变化。从 ϕ_2 的开始时刻到 V_{int} 回到初始大小时的时间间隔 T_{msm} 即与 C_x 成正比：

$$T_{msm} = \frac{V_{dd}}{I_{int}} C_x \tag{4.2}$$

这一时间间隔因此可以用来测量 C_x 的值，同时该间隔可以按照更快的参考时钟周期来计算从而进行数字化处理。这一数字化过程可以用简单的方法来处理，例如通过一个带有微控制器的计数器来产生与 C_x 成比例的数字输出[17]。值得注意的是，由于信号以电荷形式和时域形式出现，因此在这一类型的调制器中我们并未考虑电压波形的精度。基于各种各样的电路非理想特性，例如比较器延迟、电源电压误差、开关电荷注入、电路元件产生的误差和对环境温度的依赖性，T_{msm} 和 C_x 之间的关系会被失调电压和增益误差所影响。虽然这些非理想因素（例如比较器延迟）可以通过增加能耗的代价来缓解，但是现今的设计更偏向利用简单、节能的模块，同时利用自校准来消除误差[1]。一种更有效的减小能耗的方法是在积分器中采用级联套筒式跨导运算放大器（OTA），该运算放大器与早前的贫电流运算放大器截然不同[1]。仅当输出信号的摆幅可限制在运算放大器的伸缩范围内时，这一方法才可以在电路设计中实现。如图 4.4 所示，跨导运算放大器的输出摆幅与 C_x 和 C_{int} 之比成比例，这也意味着可以通过增加 C_{int} 值来减小输出摆幅。然而，想要达到这一效果所付出的代价是增大芯片的尺寸。除此以外，我们可以利用如图 4.5 中的负反馈回路来控制 C_x 和 C_{int} 之间的电荷转移，这一方法可以限制跨导运算放大器输出端的信号摆动幅度（参看本章参考文献［17］）。

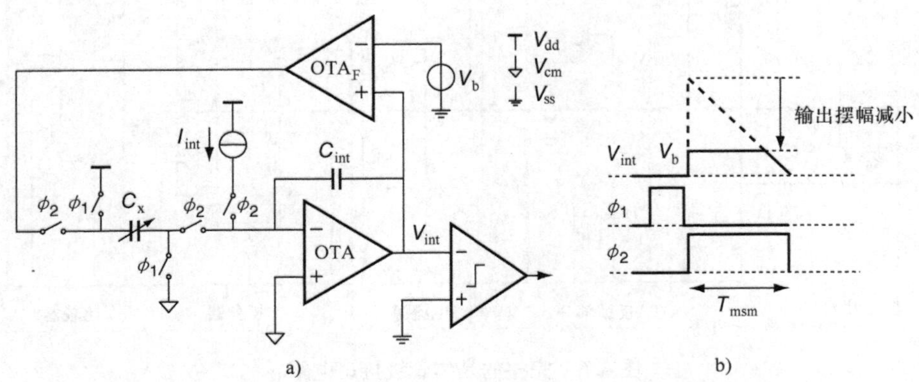

图 4.5　a）使用负反馈回路限制 OTA 的输出摆动幅度
b）时间调制的积分器输出信号 V_{int} 和一些控制信号

接下来我们将介绍这一负反馈回路的工作原理。不同于在相 ϕ_2 中将 C_x 直接转换为 V_{ss}，该回路由一个 OTA_F 放大器的输出驱动，该放大器依靠一适当的电流运行，该电流值通常小于主跨导运算放大器的电流。一旦 OTA_F 放大器检测到 V_{int} 超过了 V_b 的最大值时，其将限制电流 I_{int} 增加，从而保持 V_{int} 恒定。这一情况将持续到 C_x 上的驱动电压达到 V_{ss}，之后 V_{int} 将降低到比较器的阈值电压大小。依然需要注意的是，在此类型的调制器电路中我们还是未考虑信号的波形，但考虑了电荷损耗的影响。由于在整个电路运行过程中没有电荷丢失，因此从 C_x 转移到积分器上的整个电荷数量不受反馈回路的影响。所以，电容－时间转换如式 (4.2) 所示依然保持不变。

这一方法保证了利用伸缩跨导运算放大器时无需大容量电容 C_{int}。然而，采用这一方法所要承受的代价是损失了处理寄生电容的能力：周期调制器可能无法通过振荡来去除传感器电容周围出现的大容量寄生电容，同时负反馈回路也可能出现不稳定的情况。本章参考文献［21，22］讨论了上述两者之间的折中问题。本章中我们所讨论的电路模型将可处理比 C_x 大 5 倍的寄生电容。图 4.6 展示了一种完整的晶体管级接口电路。

实验结果表明该接口电路采用 6.8pF 的传感器电容在 7.6ms 的测量时间内获得了 15bit 分辨率和 12bit 线性度，同时在 3.3V 的电源电压下产生了 64μA 电流。这相当于每次测量消耗了 1.6μJ 能量以及 FOM 仅有 49pJ/step。这一接口电路的能效比先前基于周期调制的电路要好很多。

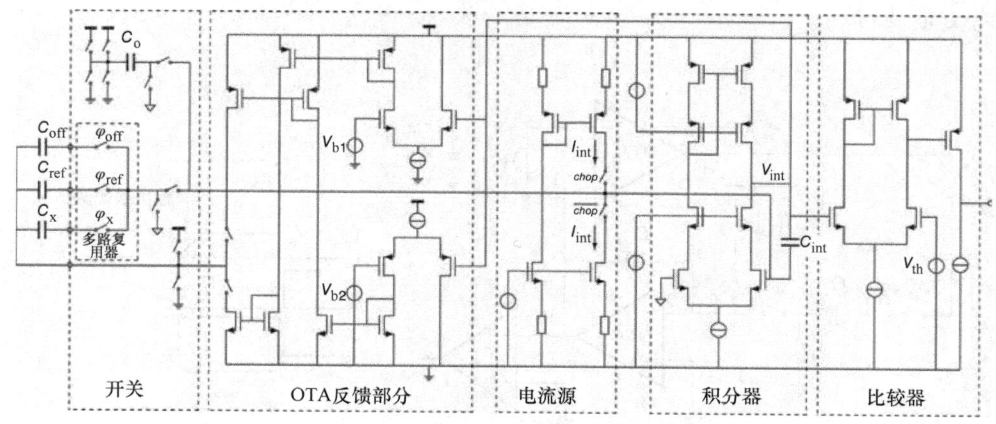

图 4.6　完整的晶体管级接口电路

4.2.3　电容式传感器的高速高分辨测量

电容式传感器的机械控制系统通常在其前端部分带有驱动器，其反馈电路部分有传感器，因此其可用来测量位置、速度或者加速度这些参量。

为了维持系统的稳定性，这些传感器的信号收集时间比机械驱动器的时间常数要短得多。即使数据收集时间少于 1ms，依然要求有较高的信号分辨率。当功耗已经是非主要问题时，实现超高速的高分辨率传感器系统是可行的。在类似于图 4.3 的某一实验装置中[23]，前端采用高性能现成元件，利用该前端测量电容，其在 200μs 的时间内测得电容值为 2.2pF，并且误差小于 10^{-4}。

基于相同的原理，Heidary 开发了一种用于柔性接口的集成电路原型，其可用来测量广泛的电容值且测量时间也有多种选择[24]。这种接口电路与图 4.3 有着许多相似之处。然而，该电路结构通过优化前端电路噪声从而提升了其整个电路的噪声性能。此外在该电路中，电容 - 电压转换器（CVC）中的反馈电容与终端用户连接，因此利用传感器芯片外的电容可以优化电路的动态测量范围，从而可以将传感器的分辨率提升 1 ~10 倍。该接口电路适合 220pF 的电容式传感器。测量时间可以设置为较宽的范围，从 50ms ~100μs，对应于数据收集速率从 20 样本/s 到 10000 样本/s。对于较慢的测量时间来说，测量精度会非常高。例如，当测量时间为 10s，测量某一 1pF 以内的电容时，其平均值的分辨率高达 0.5aF，同时测量 10pF 以内的电容，并且寄生电容达到 680pF，测得的非线性误差小于 5×10^{-5}。另一方面，对于数据收集速度为 10000 样本/s 的超高速测量，每次测量依然获得了 13bit 的分辨率。上述传感器测量特性均是在一块 $3mm^2$ 的硅基芯片上获得的，同时其能耗为 5mW。

最后一项要点是，在本章参考文献［25］中 Xia 等人提出了一种采用类似于放大技术的电容—数字转换器。这一技术消除了电容式传感器的失调电压从而使整个传感器的动态范围均可根据需要来改变其电容值。并且其宣称该传感器的功耗小于 15mW。利用该传感器，仅需 20μs 的转换时间，可以获得 17bit 分辨率和 2.2pJ/step 的优值，从而展现了电容式传感器在高速高分辨率应用中的巨大潜力。

4.2.4　接地电容测量：前馈有源保护

在众多传感器系统中，传感元件通常是外部元件，其采用屏蔽线与终端用户所连接。传感器接口电路（例如前面几节所描述的结构）已被用来设计悬浮电容式传感器元件，这就意味着带有终端的该元件不再接地。利用这种二端口测量技术[1]，这些元件可以通过接口电路读取，同时这种接口电路可以消除接地产生的寄生电容，其基本原理如图 4.1d 所示。

然而，基于安全或者是操作限制的原因，需要将某一传感元件中的一个终端接地。例如当利用电容式传感器来测量某一接地金属容器中的液体导电性时，就需要采取上述措施。当在上述情况中采用高阻抗传感元件时，例如电容式传感器，寄生天线电容会与传感元件并联，从而引起巨大的误差并降低传感器的可靠性。对于这种传感器而言，一种通用的降低寄生电容影响的方式是应用有源屏蔽法（见图 4.7）[27]。在图 4.7 中，C_{p1} 和 C_{p2} 分别代表了同轴电缆的核心导体与其屏蔽体之间以及屏蔽体与地之间的电容。有源屏蔽放大器会感测到屏蔽线上的电势能并且将这一电压复制到屏蔽体和保护电极上。有源保护和有源屏蔽都是广为人知的技术，其在许多其他类型的阻抗传感器中都有应用（实例可参见 4.5.3 节）。

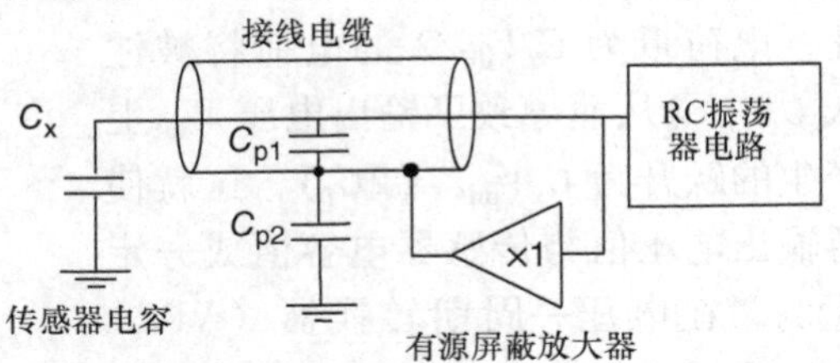

图 4.7　有源屏蔽降低电缆电容的影响
（经 Institute of Physics 许可转载）

上述技术的主要问题在于缓冲放大器的使用，因为其采用了正反馈结构会导致稳定性问题[26]。我们将向读者展示：当使用带有方波激励信号的电容式传感器时，通常不需要对感应元件的电压进行测量，因为最终该电压与激励信号等效。预先知道这一点后，可以利用前馈有源保护而非反馈回路。这一技术防止了非稳定性问题的发生并且对于提高精确度而言，提供了更多的设计自由度。然而，需要认识到的一点是，前馈有源保护的成功应用是有局限性的，即我们需要事先知晓屏蔽线上的信号精确度到底如何。

图 4.8a 展示了一种前端电路，该电路采用了前馈有源保护来将传感器的电容 C_x 精确转换为电压信号 V_{out}[28]。这种前端电路作为电容—电压转换器（CVC）应用在基于周期调制的测量系统中，如图 4.3 所示。为了理解该电路的工作原理，我们首先假设天线上的电容 C_{p1} 和 C_{p2} 均为零，运算放大器 A_1 和开关都是理想的。在时间间隔 T_1 期间（见图 4.8b），S_1 处于开状态，从而 V_{out} 为 $V_{dd}/2$。同时，通过 S_3，传感器电容 C_x 上电极（A 节点）接地。在时间间隔 T_2 期间，C_x 连接到放大器的负输入端。因此，电荷量为 $C_xV_{dd}/2$ 的电荷将被注入 C_f 中，从而导致了输出电压 V_{out} 上产生的跃升为 $C_xV_{dd}/(2C_f)$，这就使得输出电压值与传感器电容值成一定比例。在电压—周期转换器（VPC）中（见图 4.3），这一输出电压通过采样电容进行采样，然后利用与图 4.4 中相似的电路结构将其转换到时域中。类似的，对于时间间隔 T_3 和 T_4，产生了反转输出电压 V_{out}（见图 4.8b）。这是通过利用开关 S_3 和 S_4 产生控制信号 φ_3 和 φ_4 的不同数值来获得的。信号反转产生了斩波效应，这也帮助减小了放大器中失调电压、低频噪声和信号干扰的影响。在时间间隔 $T_5 \sim T_8$ 中，这一过程按照相反的顺序进行。这使得斩波效应更加有效。

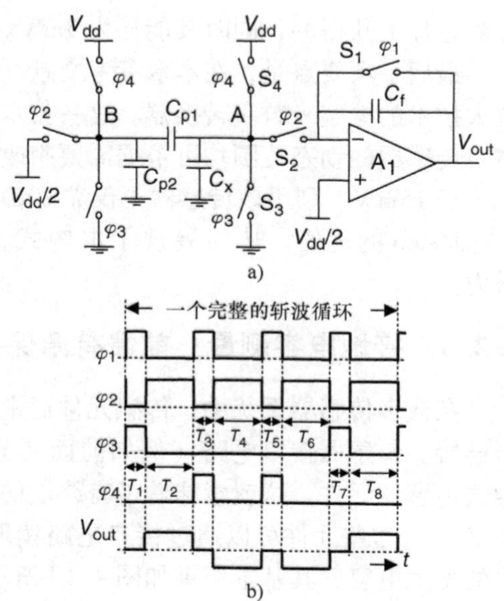

图 4.8 a）具有前馈有源保护和斩波的电容－电压转换器 b）一些有关信号（© IOP Publishing，经 IOP Publishing 许可转载，保留所有权利）

到目前为止，上述电路与图 4.3 中通用传感器接口电路的振荡器相同。为了理解有源前馈方法的实现原理，我们需要考虑一些小的细节：在图 4.8a 的设置中，节点 A 上的电压会有 3 个值：0V，V_{dd}，$V_{dd}/2$。预先知道了这一点后，不使用反馈，我们可以将相同的电压值加载在被屏蔽的导体上，如图 4.8a 上的 B 点所示。这会减小 C_{p1} 上的电压值，同时也减小了其电容的总体影响。此外，对于 C_{p2} 来说没有任何影响。最后需要注意的是，由于在开关操作中会出现较小的时间差，因此会产生相应的瞬时效应。这是因为输出电压 V_{out} 是在时间间隔的末尾被采样，并且这一时间间隔相对来说很长以至于瞬态效应已经消失。因为使用了前馈方法，所以天线上的寄生电容的影响可以被消除并且不产生任何不稳定的问题。

完整的接口电路已经可以利用标准的 0.7μmCMOS 技术来设计，并且以集成电路的形式实现。实验结果显示，若传感器中电容为 10pF，长达 30m 且寄生电容为 3nF 的屏蔽连接天线可以在小于 0.3pF 的绝对误差下进行处理（见图 4.9）。对于 30m 的天线测得的接口非线性仅有 3×10^{-4}。这样的话，利用 40ms 的测量时间，我们可以获得 16bit 分辨率。

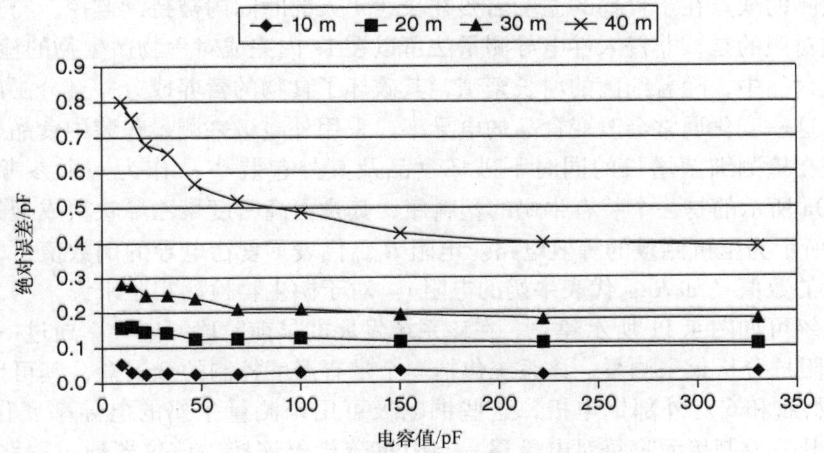

图 4.9　对 4 个长度不同的电缆，测量的绝对误差与输入电容 C_x 的关系（经 Institute of Physics 许可转载）

4.3　专用测量系统：微生物检测

4.3.1　新陈代谢引起的电导改变特性

在前面的章节中我们主要关注了将电容作为被测量的传感器，所测得的电容包括了电阻和电容的寄生成分。在其他类型的传感器中，例如在电导传感器中将电导或电阻作为被测量量，其也包括了电阻和电容的寄生成分。由于需要对电极进行绝缘从而产生了这些寄生效应。例如，在某些电导传感器中，电极的绝缘用来防止腐蚀，同时在其他传感器中电极绝缘避免了安全风险。在本节所要讨论的例子中，通过对电极的绝缘来测量密封食品的电导，因此可以在不打开食物容器的情况下检测该食物是否无菌。

市场上销售的超高温（UTH）㊀无菌牛奶依然会产生变质，其原因是在经过

㊀ UTH 是在超高温下处理。在极短的时间内完成，目的不仅是杀灭微生物，还有孢子。

高温处理后残留在牛奶中的细菌孢子会继续生长扩散。此外，在高温杀菌之后的处理中牛奶会被植物细菌细胞或孢子所污染从而产生变质。当采用传统的无菌测试技术时，后处理中掺杂进的细菌等污染物的浓度较低，因此需要对大量的牛奶进行测试。本章参考文献［29，30］描述了采用一种热检测方法进行无菌测试。该热检测方法的主要优势在于可以发现许多各种不同的微生物。但另一方面，这种热检测的缺点在于食物的温度需要在长达 4 天的时间内被持续监控。与热检测法形成对照的是，非侵入性电导测量法可以在 1s 内完成对食物微生物的检测㊀。

在食品中，随着细菌的增长繁殖，其破坏了食物的营养成分并且分泌出代谢产物。这一变化通常会改变食品的电导率。采用外电极来测量包装中食品电导可以保证在检测细菌增长的同时不破坏食品及其外包装[4]。作为一个参考实例，图 4.10a 所示的是一个装有牛奶的塑料瓶，其是由高密度聚乙烯吹塑成型的。图 4.10b 所示为阻抗测量的等效电路。电阻 R_{food} 代表了食物电导的倒数值，即需要被测量的数值（如 R_{milk} 代表牛奶的电阻）。对于微生物检测实验来说，一个无菌检测系统可如图 4.11 所示建立。在该系统发展的早前阶段，电导率通过一台 HP 4192A 阻抗分析仪来测量。该系统包括一个带有温度控制的金属盒，其可以容纳 6 个塑料瓶和 6 对外部铜电极，这些铜电极可用来测量牛奶的电导率变化。HP 3488A 开关控制单元将每对电极逐一与阻抗分析仪连接。该仪器通过一张 HPIB 卡在 LabVIEW 编程环境下由计算机进行控制。所有的实验均在频率范围 1～5MHz

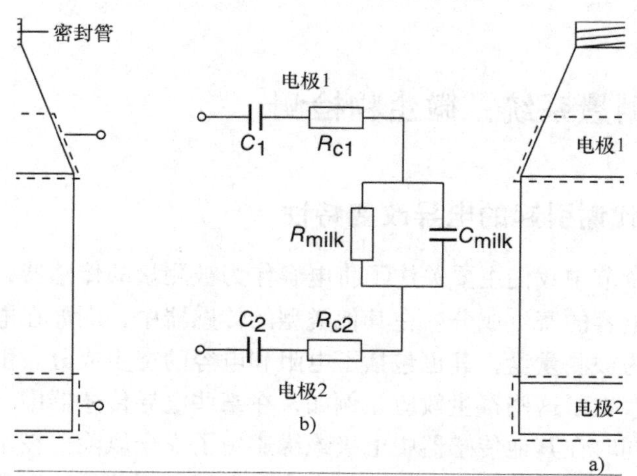

图 4.10　a）非破性无菌检测时的具有两个外电极的塑料瓶　b）测量阻抗的等效电路

㊀ 需要注意的是只有孢子和细菌生长一段时间后才可能。因此，刚完成包装时，完成检测是不可能的。

之间进行，这一频率范围对于消除塑料瓶电容 $C_{1,2}$ 来说已够大，同时该频率范围对于忽略牛奶电容 C_{milk} 来说也足够小。其中的一个塑料瓶将作为参考瓶子。在每次实验开始时，其他瓶子的电导率均较参考瓶设置为零。图 4.12 展示了测量获得的牛奶在被注入沙门氏菌 ATCC 13311 和大肠杆菌 ATCC 11775 后电阻的变化 ΔR_{food}。水平刻度表示在细菌注入后的时间按小时变化。并非所有的细菌均会引起电阻的变化。例如，粘质沙雷氏菌 ATCC 13880 不会引起电阻的任何变化。

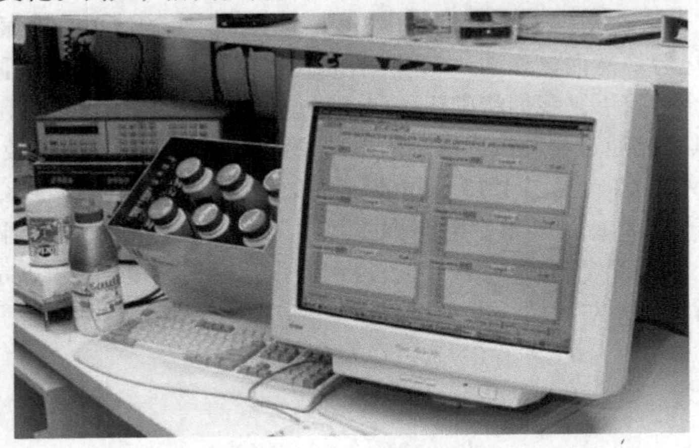

图 4.11 在塑料瓶中进行超高频牛奶非侵入性电导率测量的微生物实验系统（每个瓶子配有一对外部电极）

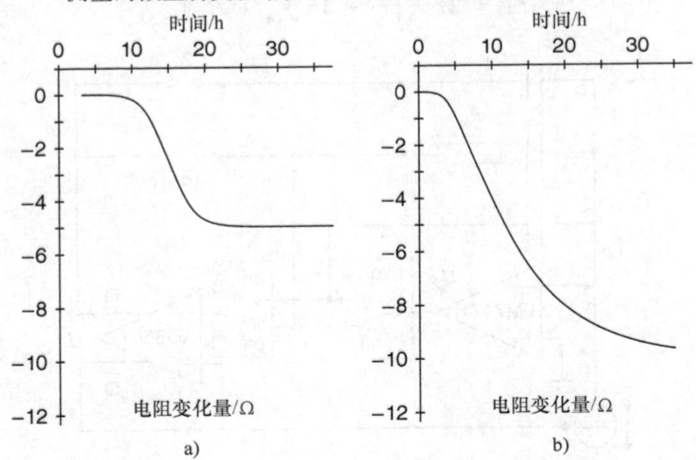

图 4.12 注入（a）沙门氏菌 ATCC 13311 和（b）大肠杆菌 11775 后在 UHF 牛奶中的电阻变化

尽管可以检测到由蜡状芽孢杆菌（菌株 ATCC 11778 和 MN0089）和枯草芽孢杆菌（MN0226）的萌发和孢子生长所引起的电阻变化，但其变动幅度很微小。上述测量结果显示一个有效的微生物检测传感器系统可以利用矢量阻抗分析仪来实现。然而，这种测量方法有其限制，即作为一般用途的传感器系统来说该方法太过复杂和昂贵。在下一节中，我们将展示如何通过简单的测量电路来实现食物电导率的测量。

4.3.2 张弛振荡器阻抗测量

对于5MHz左右的频率来说，阻抗测量等效电路（见图4.10b）可以简化为一个电阻 R_x 和一个电容 C_x 的串联。如4.2节中所讨论的简单张弛振荡器可用来测量一个单电容。然而，如图4.13所示的改进电路，该电路结构可被改为4种电路中的一个。接下来我们将阐明如何通过这种电路来同时测量电阻和电容部分 R_x 和 C_x，其还能通过自动校准来消除电路中的偏置电压和尺度参数所引起的影响。运算放大器 U_2（见图4.13）作为一个线性放大器工作在线性区域。比较器 U_1 的输出信号或高或低。整个电路如张弛振荡器一般在某一周期调制方波信号下工作[17]。利用4个开关1~4，可获得4种张弛振荡器电路结构 Conf1 ~ Conf4，如图4.14所示。相对周期长度 T_i（$i=1, \cdots, 4$）分别等于[31]：

$$T_1 = 2\left(\frac{C_1 U_1}{I} + 2t_d\right)^{\ominus} \tag{4.3}$$

$$T_2 = 2\left(\frac{C_x U_1}{I} + 2t_d\right) \tag{4.4}$$

$$T_3 = 2\left(\frac{C_1 U_1}{I} - 2R_x C_x + 2t_d\right) \tag{4.5}$$

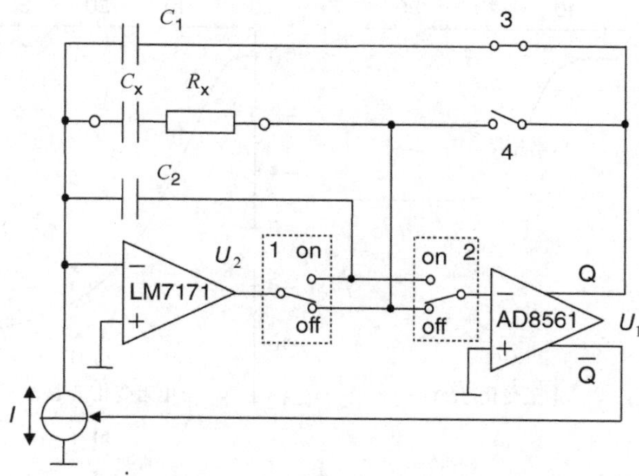

图4.13 通过自动校准测量 R_x 和 C_x 偏置电压和尺度参数的张弛振荡器

⊖ 原文为 $T_1 = 2\left(\frac{C_1 U_1}{I} - 2t_d\right)$，有误。

$$T_4 = 4t_d \tag{4.6}$$

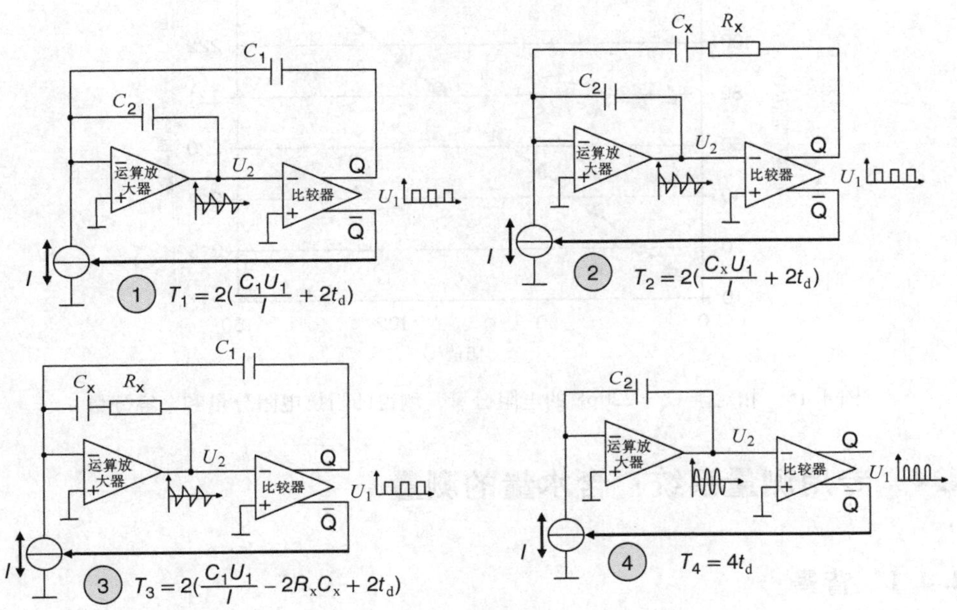

图 4.14 在图 4.13 电路中不同的位置放置了开关得到的 4 种结构

上述电路结构 1 和 4 可用来确定比较器的时间延迟 t_d 以及 R_x 和 C_x 未连接情况下的倍乘转移系数。在电路结构 2 和 3 中，R_x 和 C_x 以不同的方式相连接，从而获得了两个不同的方程（4.4）和（4.5）。根据测得的 R_x 和 C_x 4 个周期 $T_1 \sim T_4$ 可得

$$C_x = C_1 \frac{T_2 - T_4}{T_1 - T_4} \tag{4.7}$$

$$R_x = \frac{(T_1 - T_3)}{4} \frac{1}{C_x} = \frac{1}{4C_1} \frac{(T_1 - T_3)(T_1 - T_4)}{(T_2 - T_4)} \tag{4.8}$$

为了验证接口电路的性能，数据测量通过分立器件来完成，所获得的测量值均在测得的牛奶瓶电容和电阻值范围之内。对于电路结构 2 和 3 而言，其频率达到了 5.5MHz，电路 4 的频率达到了 34MHz。图 4.15 所示为相较于在 220pF 不变电容下的电阻值而言所测得的 R_x 和 C_x 若干数值。更多的电路细节可参见本章参考文献［31］。

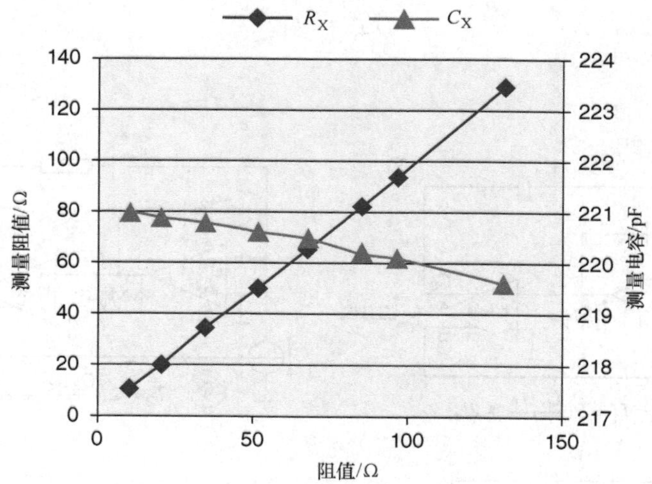

图 4.15 相对于 $C_x = 220\text{pF}$ 的电阻分量，测得的阻抗电阻分量和电容分量

4.4 专用测量系统：含水量的测量

4.4.1 背景

另一个阻抗传感器系统的应用是测量农产品和园艺产品中的含水量。在农业和园艺行业中，人们广泛利用人工土壤代替自然土壤来种植相应的农产品。为了优化农产品的生长过程，其水分和营养含量需要经过精确地控制。为了避免环境问题和降低生产成本，必须防止施肥和用水过度。一些基于电导测量方法的已知技术已被用来确定农产品的含水量和营养浓度[6]。营养浓度和含水量是通过测得的电导率和电容值来分别计算获得的。为了实现上述电导率和电容的测量，需要将较长的杆状电极对（见图 4.16）放入人工土壤中。依据水和营养液的含量及水温，人工土壤中的电导率可以增加到 2S/m。通常利用 10MHz 以上的正弦信号来提取测量值中的电容成分。然而，当电导率 σ 过高时（$\sigma \geq 0.3\text{S/m}$），在测量过程中同时使用长

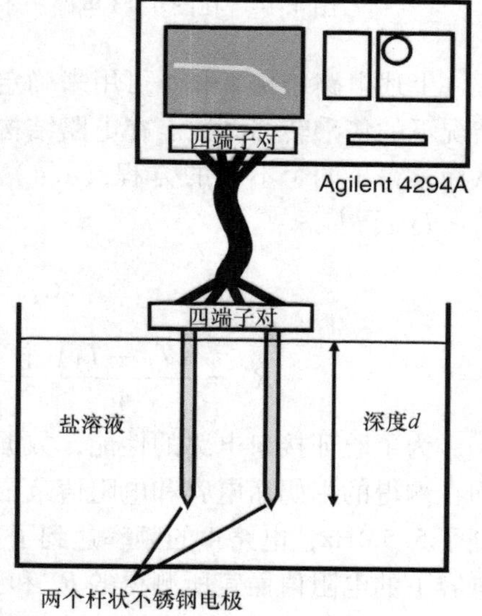

图 4.16 用传统测量装置测试：为了方便和可靠测试；人工土壤已替换为咸水

电极对和高信号频率会引起传感器相应的物理层问题，从而会使得精确测得电容值变得较为困难。本章参考文献［7］表明，这些问题主要是其会产生趋肤效应、邻近效应和寄生电感。为了减小这些非理想效应的影响，研究者开发了一种特殊电极结构的探针。接下来我们就将讨论利用这些特殊电极，可以精确测得水电导率达到 2S/m 的电容导纳部分。

4.4.2　电容值与含水量的关系

某一材料介电常数 ε 的复数形式可以写为

$$\varepsilon = \varepsilon' - \mathrm{j}\varepsilon'' \tag{4.9}$$

介电常数的实数部分 ε' 与电场的极化能力有关，虚数部分 ε'' 与能量损耗相关。从电学角度来看，盐溶液中两个电极之间的导纳可以等效为一导体 G 与一电容 C 并联（见图 4.17a），其可表示为

$$G = \omega\varepsilon'' \frac{1}{K} \tag{4.10}$$

$$C = \varepsilon' \frac{1}{K} \tag{4.11}$$

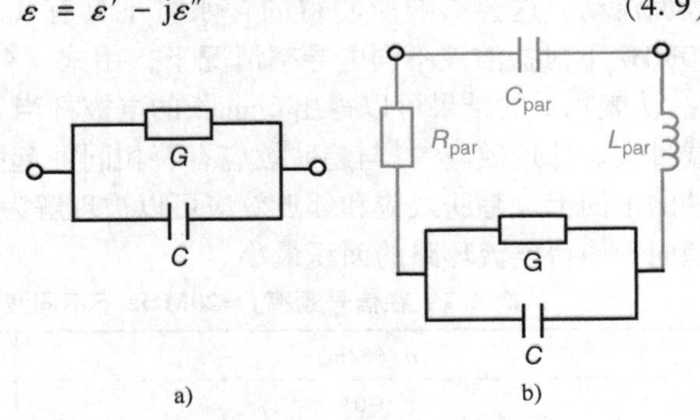

图 4.17　电气模型：（a）对于盐溶液和（b）在盐溶液中的杆状电极，当忽略极化效应时

在上面的方程中，ω 是角频率，K 是所谓的单位常数，其值为所测得的电极与电极平面之间的距离。对于空气来说，$\varepsilon' \approx \varepsilon_0 = 8.854 \times 10^{-12}\mathrm{F/m}$，其中 ε_0 是真空介电常数。对于不同类型的土壤，ε' 可达 $14\varepsilon_0$。对于水来说，其介电常数 $\varepsilon'_{\mathrm{water}}$ 可高达 $80\varepsilon_0$。高介电常数使得含水量的检测变得较为容易，其值可以量化为特定的相对水分含量 θ。在所进行的测量中，我们推断出人工土壤的含水量通过电容 C 测得，即所测得的电导的一部分。相对水分含量是利用线性差值法对 0% 含水量的电容（C_{air}）和 100% 含水量的电容（C_{water}）进行计算，计算公式如下：

$$\theta = \frac{C - C_{\mathrm{air}}}{C_{\mathrm{water}} - C_{\mathrm{air}}} \tag{4.12}$$

式中

$$C_{\mathrm{water}} = \varepsilon'_{\mathrm{water}} \frac{1}{K} \tag{4.13}$$

4.4.3　趋肤效应和邻近效应

为了测量高并联电导中的电容成分，信号频率应该尽可能高。然而，在高信

号频率下，会突然出现许多非理想的物理效应，例如由电流回路面积所引起的串联电感 L_{par}、寄生电容 C_{par} 和趋肤效应以及邻近效应。趋肤效应的现象是在高频情况下，大部分电流沿着导体的表面传导[33,34]。趋肤深度 δ，当其振幅衰减到 e^{-1}（37%）时为

$$\delta = \sqrt{\frac{2}{\omega\mu\sigma}} \tag{4.14}$$

式中，$\omega = 2\pi f$；σ 是导体的电导率；μ 是导体的磁导率。趋肤效应也会发生在盐溶液中。如图 4.15 中所示的测量装置就会导致在两电极之间的电流仅沿着液体表面流动，这会影响所测得的含水量不具有代表性。表 4.1 列出了在频率 $f=$ 20MHz 下对盐溶液不同电导率情况下，用式（4.14）计算得到的趋肤深度的值 δ。从表 4.1 的结果可以得出 6cm 长的电极杆当 $\sigma \geqslant 0.94$ S/m 时，杆末端信号衰减过大。邻近效应[34]与趋肤效应有着相同的起因，但其主要发生在垂直于电极轴的平面上。趋肤效应和邻近效应可以被理解为同一现象，即在高频情况下，会趋向于使得电流环路的面积最小。

表 4.1　在信号频率 f = 20MHz 下不同液体电导率的趋肤深度 δ

σ/(S/m)	δ/cm
0.05	50
0.26	22
1.05	11
2.0	8

寄生电感 L_{par} 和电容 C_{par}（见图 4.17b）的影响可以通过合适的电路设计和校正来减小。为了减小趋肤效应和邻近效应的影响，与串联电感一样，设计了一种带有小尺寸电极的特殊探针[6,7]（见图 4.18）。电极长度所减小的尺寸远低于趋肤深度 δ，从而导致了在整个电极长度中更均匀的电流分布。而且，寄生电感也被显著减小了。该电极（见图 4.18）有一段 10mm 长度部分被固定在一直径为 7mm 的绝缘杆表面。电极连接到 Agilent 4294A 高精度阻抗分析仪上，其由 1mm 厚的同轴电缆所组成。电缆的电容将从测得的电容中减去。为了测得比

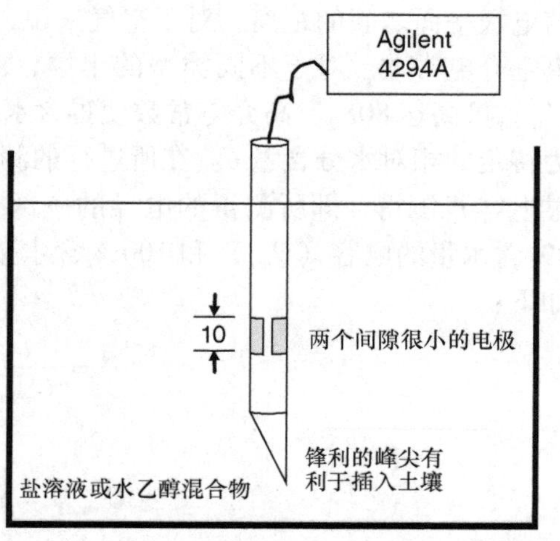

图 4.18　具有小尺寸电极对的原型探针

电极在局部环境下更广的数据范围，探针可分布在众多电极对的整个长度上。

在图4.16和图4.18的小探针设置条件下同时进行测量实验[6,7]。为了简化测试，在图4.16的设置中含水量变化所引起的阻抗变化影响将通过改变探针在不同盐浓度水中的插入深度来近似。正弦激励信号的频率设置为20MHz。

其结果显示近似60%的含水量将水的电导率从0.05S/m增加到1S/m，并且导致了所测得的电容部分误差超过了10%。这一误差显著增加了导电性。对于盐浓度大于1S/m电导率的水溶液来说，通过长杆状电极无法获得可靠的电容测量值。

对于采用图4.18所示的设置来进行测量实验来说，含水量变化所引起的阻抗变化影响将通过测量水-酒精混合溶液的浓度变化来近似。实验结果显示随着含水量的减小，电容值成线性减小。除此以外，还使用这一探针进行了不同盐浓度溶液的含水量测量实验。实验结果如表4.2所示，即使水中盐浓度的增加使得溶液电导率达到2S/m，其对于电容值的测量也几乎没有任何影响。

表4.2　在23.6℃下采用小尺寸电极对测得的特定溶液电导率的电容 C

σ/(S/m)	C/pF
0.06	13.1
0.27	13.0
0.95	13.1
2.06	13.2

在园艺生产中，含水量通常大于50%，从而水的电导率>0.5S/m。从而可获得的结论是，长杆状电极不再适用于园艺生产中的含水量测量应用，而可以在小的局部环境中进行含水量测量的串联小电极能获得更好的测量结果。

4.4.4　测定含水量的专用接口电路系统

前述的测量结果是由一台实验室用的高精度Agilent 4294A阻抗分析仪来完成的。为了能够在未来的工业环境下进行相应的测量，研究者已经开发出了适用于含水量测量的专用探针接口电路，其电路结构如图4.18所示。该探针可测量的含水量范围为10%～90%，电导率范围如表4.2所示，电容 C_x 和并联电阻 R_x 的变化范围分别为1～30pF和22Ω～1kΩ。

图4.19所示为一自主研发的接口电路结构。其应用概念与通常的RLC测量仪器相类似。其应用原理是测量未知阻抗 Z_x 两端的电压 U_{Zx} 以及流过的电流 I_Z。为了不影响放大器的直流偏压，阻抗 Z_x 通过耦合电容 C_{c1} 和 C_{c2} 与接口电路隔离。对于我们所要进行的测量应用，Z_x 可以利用一个等效电容 C_x 和一个并联导体 G_x 来近似（见图4.17a）。电流 I_Z 通过一 $I-U$ 转换器来测量，该转换器包括运算放大器 OA_2 和反馈电阻 R_i。如果放大器的输入电流可忽略，那么 $I_Z = U_{Ri}/R_i$。单位增益缓冲放大器 B_1 ～B_3 可保证测量时避免多路复用器和导线上寄生电

容的影响。多路复用器将按顺序选择经过仪表放大器（IA）的电压 U_{Zx} 和 U_{Ri}。放大器的输出电压与增益相位检测器（型号 AD8302）的输入端相连。

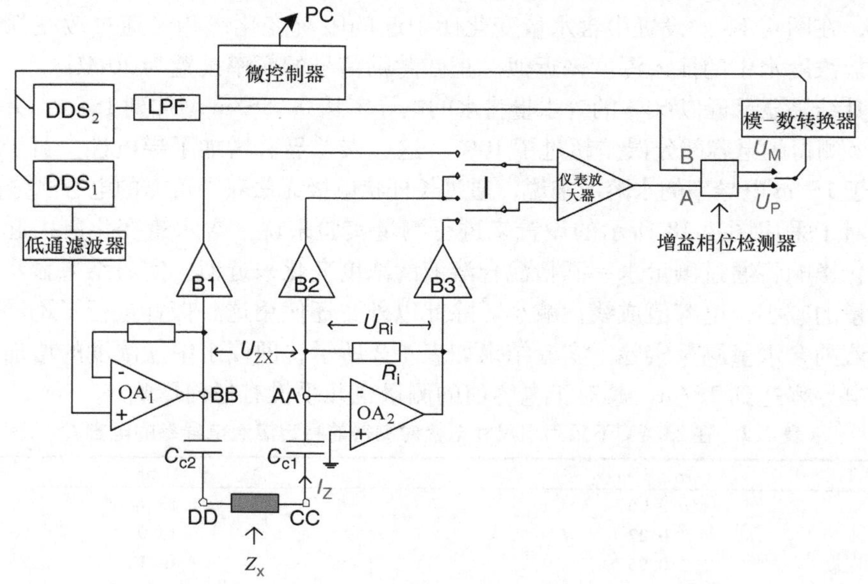

图 4.19　测量接口框图

两个直接数字合成（Direct Digital Synthesizer，DDS）芯片（型号 AD9951）DDS_1 和 DDS_2 通过一个微控制器来产生 20MHz 的正弦信号。DDS_1 的输出信号由一低通滤波器（LPF）来清除，同时在需要测量的未知 Z_x 两端提供激励电压，而 DDS_2 的滤波输出信号提供增益相位检测器的参考信号（输入 B）。利用双 DDS 芯片而不是单一芯片对于应用提出的校准算法是十分重要的，这一内容将在本节接下来的内容中进行介绍。增益相位检测器 AD8302 将提供两个直流输出电压，分别代表了在节点 A 上相对于输入 B 的输入信号大小和相位。

电压 U_{Zx} 的测量中所出现的两个直流输出电压 $U_{M,Zx}$ 和 $U_{P,Zx}$ 可分别表示为

$$U_{M,Zx} = U_{slpM}\lg\left(\frac{\hat{U}_{DDS2}}{A_{IA}\hat{U}_{Zx}}\right) \tag{4.15}$$

和

$$U_{P,Zx} = U_{slpP}(\varphi_{DDS2} - \varphi_{Zx}) \tag{4.16}$$

式中，U_{slpM} 和 U_{slpP} 是本章参考文献［35］中所述的电压斜率和相位斜率，其单位分别为 V/decade 和 V/degree；$\hat{U}_{DDS2}$ 和 φ_{DDS2} 分别是 DDS_2 输出信号的振幅和相位；φ_{Zx} 是 U_{Zx} 的相位；A_{IA} 是仪表放大器的增益。电阻 R_i 两端的电压 U_{Ri} 也可采用类似的方法进行测量，其也可通过测量增益相位检测器的直流输出电压 $U_{M,Ri}$

和 $U_{P,Ri}$ 来获得。

由式（4.15）和式（4.16）以及电压 $U_{M,Ri}$ 和 $U_{P,Ri}$ 的类似方程，未知阻抗 Z_m 的振幅和相位可由以下方程建立：

$$|Z_m| = R_i\, 10^{\frac{1}{U_{slpM}}(U_{M,Ri}-U_{M,Zx})} \tag{4.17}$$

和

$$\varphi_m = \frac{1}{U_{slpP}}(U_{P,Ri} - U_{P,Zx}) \tag{4.18}$$

增益相位检测器 AD8302 的直流输出电压通过一台 16bit 模 - 数转换器（ADS8325）进行采样。采样数据通过微控制器传送到计算机上，阻抗 $|Z_m|$ 和相位 φ_m 即可分别通过式（4.17）和式（4.18）进行计算。

增益相位检测器 AD8302 有增益和相位误差。由于这些误差的影响无法被 $Z = U/I$ 的比率测量所消除，因此需要通过其他手段来对误差进行补偿。为了补偿增益误差，双 DDS 芯片通过编程来产生不同振幅的信号。在校正过程中，DDS_1（U_{DDS1}）的输出信号直接连接到增益相位检测器 AD8302 的输入端 A 上。对于不同的振幅比 U_{DDS2}/U_{DDS1} 进行重复测量，其测量结果以线性最小二次方拟合的方式来获得增益相位检测器的增益斜率精确值 U_{slpM}。类似的校正方法也适用于相位输出信号的校正。

除了对增益相位检测器 AD8302 进行校正，还可利用开路/短路进行信号补偿，其主要是补偿测量电路中寄生串并联阻抗的影响。依据阻抗的大小，通过校正和补偿技术，测量中的误差显著减小。测量实验通过利用现有的接口电路系统在已校正过的分离器件上进行。结果显示当测量一个容量为 33pF 的电容 C_x 时，22Ω 的低并联电阻 R_x 在电容 C_x 的测量中所引起的误差总计小于 1pF（3%）。当测量 1kΩ 的并联电阻 R_x 时，其误差小于 1.1%。最终，水 - 酒精混合溶液的测量实验显示该接口电路系统适用于相对误差 1.5% 以下的含水量测量。

对于应用在含水量检测的专用传感器系统的例子研究显示，从物理原因角度为什么必须在更高频率下进行测量是十分必要的，同时也展示了这些更高的频率如何产生新的相关的物理问题，比如趋肤效应和邻近效应，以及寄生电感。此外，对于电路设计者来说也面临着挑战，即设计者们如何通过校正和补偿技术来提高电路的精确度。

4.5　专用测量系统：血液阻抗表征测量系统

4.5.1　血液及其电路模型的特征

这一节内容将主要关注血液中的阻抗测量以及介绍应用于血液和心脏病的有

机体内实时诊断系统。这一系统的主要功能是可通过测量阻抗值来监测有机体内血液的流变（流体力学）特性特别是纯血的黏度。研究表明，在这个系统中，其测量频率较含水量的测量频率要低很多，从而降低了系统设计的难度。然而，血液相对于盐溶液来说是复杂得多的流体媒介，这就带来了全新的挑战，解决有机体内的传感器应用所面临的挑战难度比含水量的测量要更大。

为了理解满足该传感器系统的主要条件，我们将简要介绍血液流动的主要功能和其主要的电学特性。血液主要是由血浆和红细胞组成的乳浊液（见图 4.20）。当血液在有机体内循环时，其具备 3 个基本功能：运输、调节和保护。

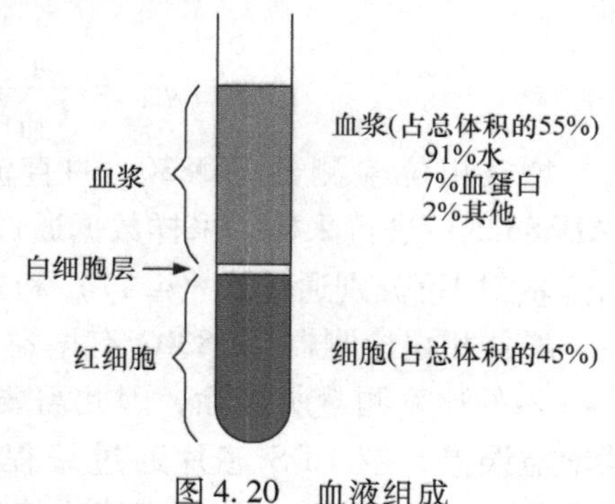

图 4.20　血液组成

1）将氧气从肺部运输到各体内组织（动脉循环）；在体内运输营养、激素和酶（动脉循环）；以及将最终产生的废物排出体内（静脉循环）。

2）调节体温，通过控制流动到皮肤的血液与外界进行热量交换；作为缓冲液来调节 pH 值。

3）通过循环白细胞、蛋白质和抗体形成对炎症的免疫系统从而防止有害物质对人体的侵入。此外，血液中还包括一定量的凝血素来防止出血，以及一定量的血液溶解酶来防止血液凝结。

纯血（天然血液）黏度有较为明显的临床相关性。血黏度本质上会抵抗血液流动，这就使得当血液流过血管时血浆蛋白和血细胞之间产生互相摩擦。红细胞（RBC）作为血液中的主要细胞成分对于整个血液的黏度有着显著的影响。在低剪切力条件下，血细胞产生聚集，使得血液黏度急剧上升（见图 4.21），同时在高剪切力条件下，血细胞扩散变形，沿着血液流动的方向排列。除了红细胞之外，血液的黏度也受温度以及细胞变形的影响[36,37]。若液体的黏度随着流动而变化，例如血液，可称之为“非牛顿流体”。

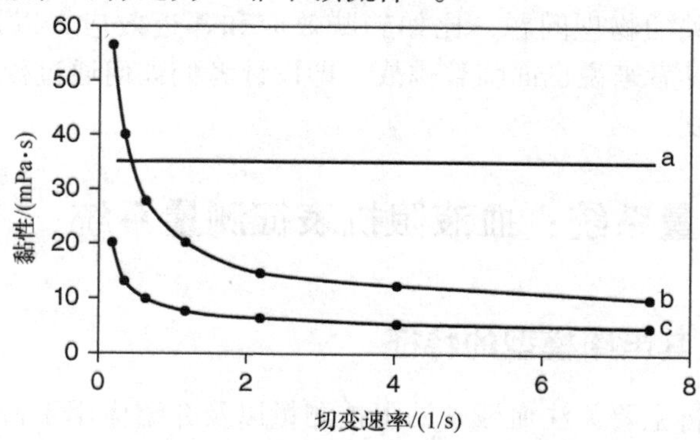

图 4.21　黏度与切变速率（曲线“a”是理论的，代表牛顿流体，曲线“b”和“c”分别显示在 46% 和 31% 的血细胞比容血液测量值）

在低切变速率下若血液黏度增加则意味着红细胞聚集，有引起血栓的风险。此外，不断增加的红细胞也预示着体内出现了炎症，因为炎症蛋白的出现，血液会变得更加黏稠[8,38]。因此，获得血液黏度数据对于检测血栓和炎症有一定的帮助。

因此可以看出血液的电学特性与其黏度有着较强的关联性[39]。例如，血液黏度和电阻抗随着切变速率的降低和血细胞比容的增加而同时增加。血细胞比容是红细胞在整个血液体积中的相对体积浓度。血液流动（流变）系数和电学参数直接的关系较为复杂。因此，利用电学参数来衡量血液的流变特性需要对这两者之间相互作用的原理有深刻的理解。B. Iliev[9] 的博士论文对这一问题进行了详细的研究，以下我们将简单概括其主要内容。

红细胞类似于两面凹下去的圆盘，其直径为 7μm，厚度为 2μm。几乎整个红细胞的重量由血红蛋白组成，血红蛋白被一层薄细胞膜（血浆膜）所包裹[40,41]。血红蛋白本身是一种球状蛋白质。其有与氧气结合的能力，因此将氧气从肺部运输到体内各组织成为了红细胞的主要功能。然而细胞膜具有电惰性。由于膜非常薄从而会导致较高的特征薄膜电容，其值为 $0.8\mu F/cm^2$ 至 $1\mu F/cm^2$[42]。

在低频条件下，血液阻抗可以通过红细胞周围的血浆电阻来表征。红细胞本身的电阻较低。然而，红细胞较低的阻值并未有助于在低频条件下电流的传导，这是因为具有绝缘特性的细胞膜。在更高的频率条件下，细胞壁的电阻抗将减小，从而降低了血液的阻抗。当进一步增加频率时，血液阻抗将继续减小到某一值，即是血浆和红细胞细胞内液电阻的混合值。

上述电学特性可以通过三元“宏模型”来进行建模，如图 4.22a 所示。在这一模型中，R_p 代表了血浆电阻的宏观影响，C_m 是细胞壁电容以及 R_i 是血红蛋白电阻。在本章参考文献［43］中，研究者发现在非常高的频率下，其他影响（例如水的电容）也会改变血液的阻抗。在低频条件下（$f<20kHz$），当采用电极来测量血液阻抗时，所谓的极化阻抗 Z_e 也需要考虑进去（见图 4.22b）[43]。这些极化阻抗相当复杂，从而使得阻抗测量变得极其困难。幸运的是，极化现象仅在低频范围内对测量有影响。对于中频范围的间接黏度测量可以忽略极化现象，因此图 4.22 所示的三元模型是有效的。由于血液具有非牛顿流体特性，因此三元模型中的电阻和电容值均与切变速率有关。从而阻抗测量应该与心跳的 T 波同步。而且，在有机体内的测量系统中，测量结果仅对瞬态切变速率有效，因此要求数据测量速度要尽可能快。

在下一节中我们将首先介绍有机体内血液分析系统的技术细节。然后，在 4.5.3 节中，我们将讨论电学参数与流变（流动）特性的关系、同时切变速率、血液流动和黏度的关系也将进行更加详细的论述。

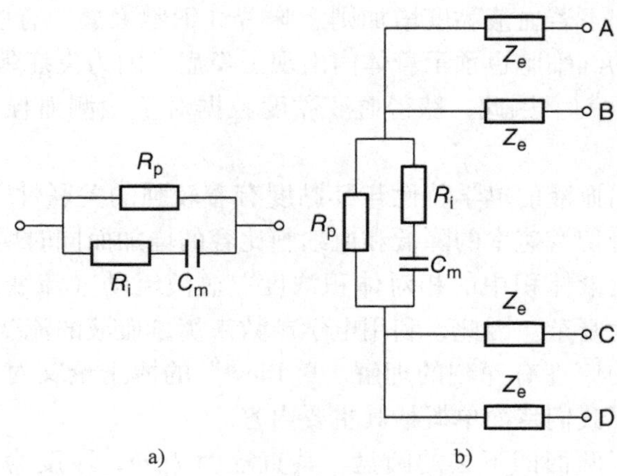

图 4.22 a）血液的三元模型 b）血液的电模型以及 4 个电极的极化阻抗

4.5.2 有机体内血液分析系统

HemoCard Vision®是一种血液分析系统（见图 4.23），包括中枢静脉导管、接口电路、处理软件和一台计算机。图 4.24 所示为测量过程中的计算机显示屏截图。

图 4.23 HemoCard Vision®血液分析系统：该系统的电子部分和中枢静脉导管（经 Martil Instruments B. V 许可转载）

基于直接测量和/或额外数据的后处理，该系统可以导出一系列的结果，包括：

1）血细胞比容（红细胞的相对体积浓度），由血浆电阻 R_p 导出；

2）血液黏度，由细胞壁电容 C_m 导出；

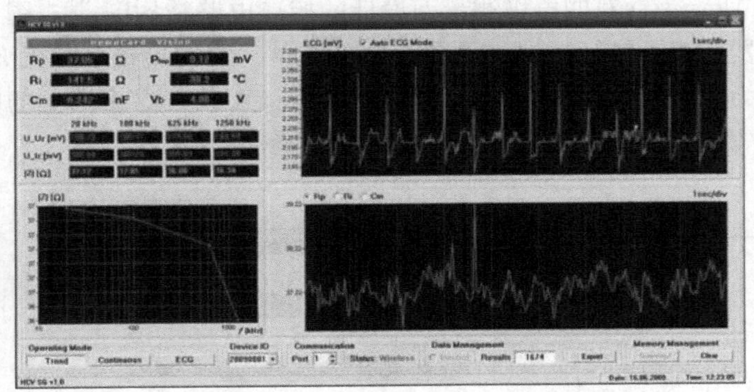

图 4.24 HemoCard Vision 血液分析系统：数据绘制在计算机屏幕上（经 Martil Instruments B. V 许可转载）

3）心脏的心电图；

4）核心体温。

在本章参考文献［43］中，研究者们提出了一种在中频频率下（$20kHz < f < 2MHz$）的阻抗测量方法，该方法运用简单的双电极来进行阻抗测量，其效果与更为复杂的四电极测量效果相当。

用实验室中的体外实验模拟上述情况是可行的，问题的关键在于检查电极的工作状况和及时清理。遗憾的是，对于有机体内的测量环境来说要想监测电极的工作状况并不是那么容易。当测量实验持续较长一段时间后，生物分子层（见图 4.25）的不断生长使得接触阻抗急剧上升。为了解决这一问题，在导管的尖端处涂覆上一层肝素，这是一种具有抗凝特性的材料，其可以有效地阻止生物分子层的生长（见图 4.25）[9]。为了减小生物分子层残余和其他会产生污染的杂质的影响而提高测量稳定性，四电极测量比双电极测量更好㊀。

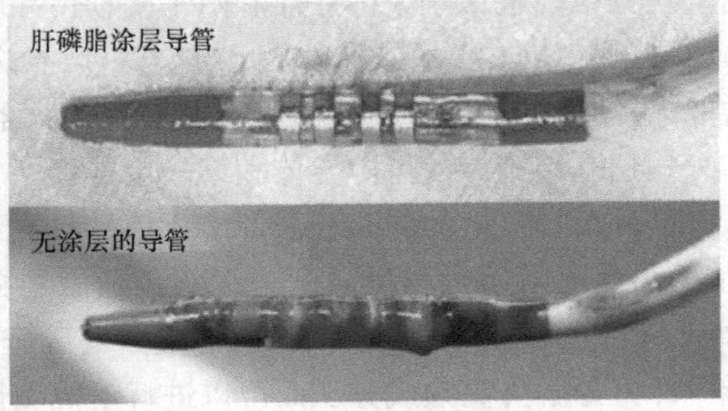

图 4.25 植入 5 天的肝素涂层的导管和无涂层的导管（经 Martil Instruments B. V 许可转载）

㊀ 四电极测量结果更好可以理解为基本上两端口（四线）[1] 此单端口（双线）测量更好。

图4.26所示为针对四电极测量而设计的接口电路结构图[9]。图中右上部分所示的传感器代表了导管顶端（见图4.25）的4个环状电极。阻抗 Z_b 是需要被测量的量。为了获得 Z_b，需要同时测得两个量：加载在内终端上的电压和流过 Z_b 的电流，该电流与流过同轴电缆1的电流相等。

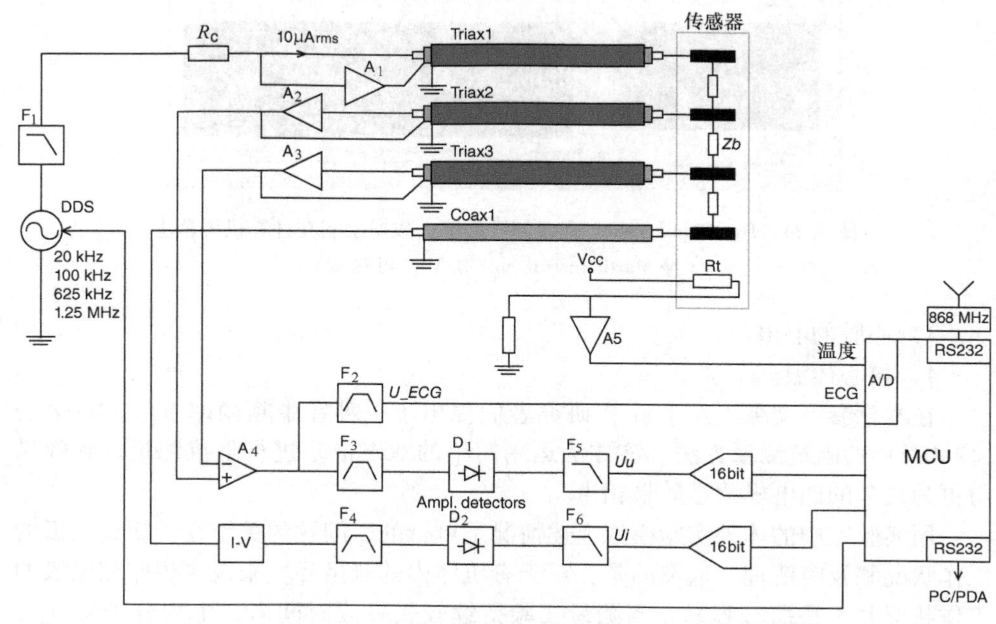

图4.26　HemoCard Vision®血液分析系统的接口电路框图
（经 Martil Instruments B. V 许可转载）

同轴三柱器1，2和3（见图4.26）是非常薄的同轴电缆，其用来连接环形传感器和接口电路。这些电缆包括一个内导体和两个同轴传导屏蔽层。内导体连接到环形电极上。中间的导体（第一层屏蔽层）用来对信号进行主动防护，同时连接到单位增益放大器 A_1、A_2 和 A_3 的输出端，这些放大器将作为高输入阻抗的缓冲放大器。采用这一结构，使得内导体和第一层屏蔽层之间的寄生电容效应被显著削弱了。外部屏蔽层接地的同时还需要防止信号散发到周围环境中。电阻 R_t 作为导管尖端的热敏电阻用来测量温度。正弦激励信号由一台数字信号发生器DDS和滤波器 F_1 产生。经过缓冲的 A_2 和 A_3 差分电压通过 A_4 放大。滤波器 F_2 和 F_3 将信号一部分分解为高频成分从而可以进行阻抗测量，另外一部分作为低频成分用于心电图测量。

滤波器 F_3（用于阻抗测量）的输出信号由振幅检测器 F_5 处理，其输出信号经过低通滤波后变为直流电压，继而由一台16bit的模－数转换器再将直流电压信号转换为数字信号。

激励电流信号通过 I – V 转换器变为电压信号，该信号有较低的输入阻抗。该电压信号经过滤波后的振幅经由一附加的 16bit 模 – 数转换器变为数字信号。上述测量实验分别在 3 种频率下进行：100kHz、625kHz 和 1.25MHz。仅通过振幅而非相位信号就可以计算参数 R_p、C_m 和 R_i 的值㊀。微控制器负责数字信号处理以及提供 RS232 输出接口（见图 4.27）。更多的细节读者可以参考本章参考文献［9］。

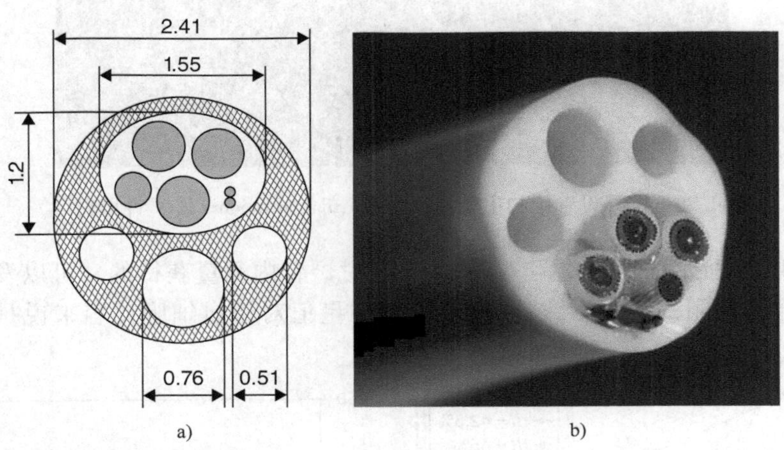

图 4.27　a）导管截面图（尺寸为 mm）　b）照片（经 Martil Instraments B. V 许可转载）

4.5.3　实验结果

对于初始测试来说，体外测量的设置方法已较为成熟。体外测量设置包括一个已将导管放入其中的主管筒（见图 4.28），一台内嵌超声波流量计的离心泵以及一台用来控制温度的热交换器。主管筒及其设置优化到 0.1 ~1L/min 流速的工作状态，以便于低剪切力条件可在雷诺数 Re < 100 的情况下获得。主管筒（左侧）入口处的圆锥体可防止射流的形成。切变速率随着流量成比例变化。利用流体力学分析套件（Fluid Dynamics Analysis Package，FIDAP）进行流动仿真确保了在导管内各处正确的切变速率。切变速率的变化范围从 $0.2s^{-1}$ 到 $2s^{-1}$。在此流动条件下可以发现，出现的血细胞聚集现象相当于在体内右心房血液流动的最低剪切力条件下进行体内血液测量（参看本节最后的备注）。

㊀ 相位误差远远大于增益误差，并且因为一层薄生物层出现在电极和极化阻抗上，两者都表现类似一个相位单元（非理想电容）。因此这里只用了阻抗的模量部分。

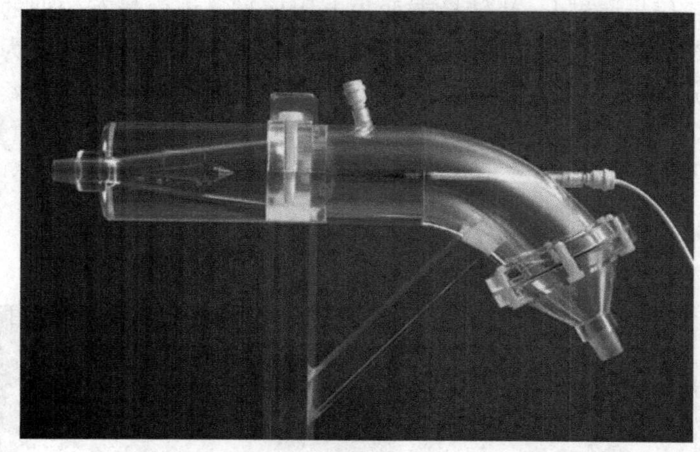

图 4.28 体外设置中的主管筒（经 Martil Instruments B. V 许可转载）

图 4.29 所示的血浆电阻 R_p 的值是通过试管内测量获得的。可以发现若考虑特殊血浆电阻的温度系数，那么 R_p 的测量值对于血细胞比容来说是十分精确的。

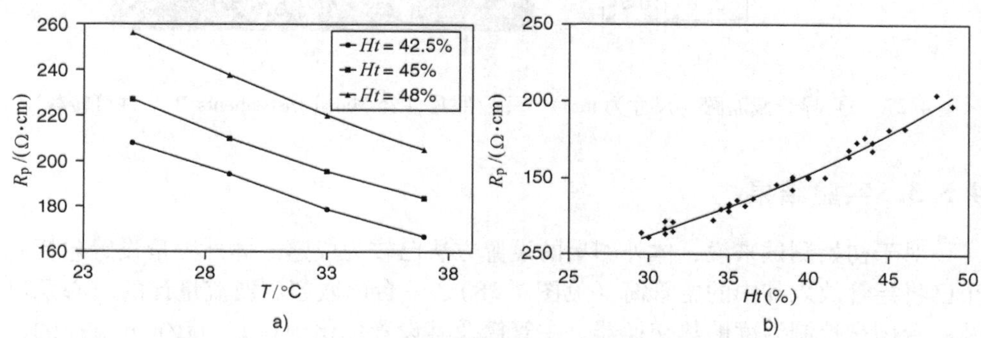

图 4.29 体外设置测量电阻 R_p

a）切变速率为 $1s^{-1}$ 时 R_p 与 T 的关系　b）37℃时 R_p 与 Ht 的最小二乘拟合曲线

（经 Martil Instruments B. V 许可转载）

图 4.30 所示为测得的血液黏度与电容 C_m 的值。黏度 η 通过 Contraves LS30 黏度计对纯血样品在合适的切变速率下测量获得。其最小二乘拟合曲线可以表示为

$$C_m = \alpha \ln \frac{\eta}{\eta_0} + \beta \tag{4.19}$$

或

$$\eta = \eta_0 e^{\frac{1}{\alpha}(C_m - \beta)} \tag{4.20}$$

式中，$\alpha = 0.1544 \text{nF/cm}$；$\beta = -0.1025 \text{nF/cm}$；$\eta_0 = 1$ mPa. s。对于进一步的实验结果，读者可以参考本章参考文献［9］。HemoCard Vision®的血液分析系统已成功应用在特殊的先导研究中，其被用来监测某种治疗后人体干细胞移植（HSCT）的受体。在这一应用实例中，该系统持续记录人体体温、心跳速率、血细胞比容和纯血黏度，同时利用方程式（4.20）计算测得的血液黏度[9]。遗憾的是，由于该实验研究在特定环境下的各种限制和不稳定性，其实验结果太过复杂而无法在本书中进行讨论。若想进一步了解这一研究，有兴趣的读者可以参考本章参考文献［9］。

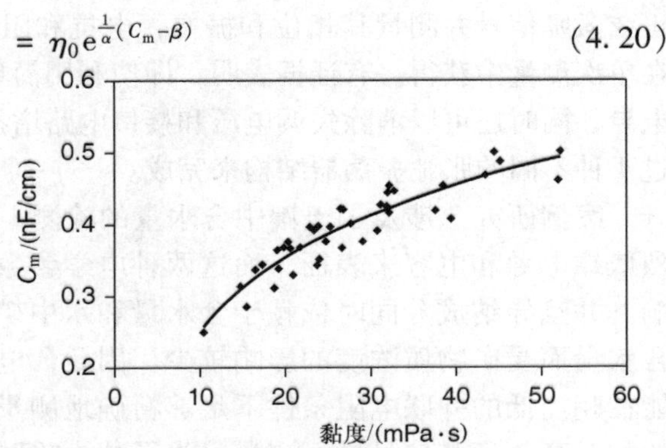

图 4.30 电容 C_m 与纯血黏度和最小二乘拟合曲线（经 Martil Instruments B. V 许可转载）

4.6 本章小结

材料的物理和化学特性以及结构特征可由阻抗传感器测得的电学特性所得出。因为这些特性很容易被许多其他参数所互相干扰，因此这些传感器系统的设计需要对测量条件和真实环境进行精心建模和表征。在本章中，各类实例研究表明了如何充分理解设计中产生的主要问题，并通过专用测量技术和设计方法来解决这些问题。这些案例研究包括：

案例研究 1 主要涉及了传感器元件的电学特性可以通过对单一电学量（例如电容或电阻）的测量来表征。这些传感器元件可应用于例如力敏传感器来测量位置、位移、速度和加速度，或者应用于其他物理传感器来测量相对湿度。单一元件的电阻或电容可以利用简单电路的方波激励信号来进行测量。除了使用简单外，该传感器的接口电路还拥有吸引人的特性，比如低能耗和高精度。还有证据表明寄生物理效应会引起精确度和稳定性的问题。这些问题通常利用合适的测量技术（例如二端口方法、快速放电法或动态屏蔽法）来缓解或消除。

案例研究 2 涉及了包装食品中细菌生长的检测，以及超高温无菌牛奶的特殊测试方法。牛奶的电学特性可以简单地通过电导和电容来表征。细菌生长会影响电导参数。在合适的频率范围内，电容参数可被忽略，从而简化了测量中出现的问题。在包装食品的非破坏性测量实例中，包装外壳会引起串联电容效应。通过正弦激励信号并测量其相位和振幅，电抗和阻抗参数（例如电容或电阻）可以在单次测量中获得。有证据表明，即使利用简单的张弛振荡器也可以测量电容和电导，同时还可以消除失调电压和接口电路增益参数的影响。这一测量案例可通过 4 种不同的张弛振荡器结构来完成。

案例研究 3 涉及了土壤中含水量的检测。在这一应用领域中液态水需要强烈依靠电导和电容来表征，而这两种电学参数又受到多种物理和化学效应的影响。并且导纳成分同时依赖于含水量和水中矿物质浓度，电容成分主要依赖于含水量而受矿物质浓度的影响较少。因此，电容值是含水量的优良指标。为了能在相当低的并联电阻条件下足够精确地测量电容值，通常会采用超过 20MHz 的相对高频正弦信号进行测量。为了减小趋肤效应和邻近效应的影响，使用了较小的测量探针进行参数测量。这样一来，若矿物质含量很高，能用来进行含水量检测的土壤量就较少。为了能够使得测量范围可以覆盖更大的土壤量，我们采用了一组传感器来进行测量实验。同时也讨论了传感器接口电路的原型。利用这一接口电路，在并联电阻仅有 22Ω 的条件下测得 33pF 的电容误差仅有 1pF（3%）。

案例研究 4 涉及了人类血液中的阻抗测量。血液中的成分较为复杂，因为其是导体材料（血浆）和带有绝缘壁和导体成分的血细胞混合乳浊液。由于红细胞会产生聚集（聚合），血液是一种非牛顿流体，这就意味着其黏度依赖于切变速率。利用在多种特定频率下的测量方法，可以测得血液的电容和电阻，从而可以推导出例如血液黏度和血细胞比容（红细胞的体积浓度）这些主要的血液参数。在有机体内测量案例中，这些测量方法应用在了测量部分心率周期中，并且将 T 波与心率周期同步。本章也展示了体外测量的实验结果。针对有机体内血液测试的初步研究已经能够在有限的条件下成功实现。

参考文献

[1] G.C.M. Meijer, “Interface electronics and measurement techniques for smart sensor systems,” in *Smart Sensor Systems*: John Wiley & Sons, Ltd, 2008, pp. 23–54.

[2] X. Li and G.C.M. Meijer, “Capacitive sensors,” in *Smart Sensor Systems*: John Wiley & Sons, Ltd, 2008, pp. 225–248.

[3] L.K. Baxter, *Capacitive Sensors*. New York: IEEE Press, 1997.

[4] S.N. Nihtianov and G.C.M. Meijer, “Non-destructive on-line sterility testing of long-shelf-life aseptically packaged food products by impedance measurements,” in *IEEE AUTOTESTCON’99*, 1999, pp. 243–249.

[5] M. de Nijs, S.N. Nihtianov, M. van der Most, M.D. Northolt, and G.C.M. Meijer, “Indirect conductivity measurement for non-destructive sterility testing of UHT milk,” Private Communication, 1998.

[6] M.A. Hilhorst, *Dielectric Characterisation of Soil*. PhD Wageningen, The Netherlands: IMAG-DGO Wageningen, "*Dielectric Characterisation of Soil*". PhD thesis, University Wageningen, The Netherlands, 1998.

[7] Z.-y. Chang, B.P. Iliev, J.F. de Groot, and G.C.M. Meijer, "Extending the limits of a capacitive soil-water-content measurement," *Instrumentation and Measurement, IEEE Transactions on*, vol. 56, pp. 2240–2244, 2007.

[8] G. Pop, D. Duncker, M. Gardien, P. Vranckx, S. Versluis, D. Hassan, and C.J. Slager, "The clinical significance of whole blood viscosity in (cardio)vascular medicine," *Netherlands Heart Journal*, vol. 10, p. 5, 2002.

[9] B. P. Iliev, "*In vivo* blood analysis system" PhD thesis, Delft University of Technology, Delft, The Netherlands, 2012.

[10] Agilent Technologies, *Impedance Measurement Handbook*, 2009.

[11] P. Bruschi, N. Nizza, and M. Piotto, "A current-mode, dual slope, integrated capacitance-to-pulse duration converter," *Solid-State Circuits, IEEE Journal of*, vol. 42, pp. 1884–1891, 2007.

[12] J.H.L. Lu, M. Inerowicz, J. Sanghoon, K. Jong-Kee, and J. Byunghoo, "A low-power, wide-dynamic-range semi-digital universal sensor readout circuit using pulsewidth modulation," *Sensors Journal, IEEE*, vol. 11, pp. 1134–1144, 2011.

[13] A. Flammini, D. Marioli, and A. Taroni, "A low-cost interface to high-value resistive sensors varying over a wide range," *Instrumentation and Measurement, IEEE Transactions on*, vol. 53, pp. 1052–1056, 2004.

[14] A. Depari, A.D. Marcellis, G. Ferri, and A. Flammini, "A complementary metal oxide semiconductor – integrable conditioning circuit for resistive chemical sensor management," *Measurement Science and Technology*, vol. 22, p. 124001, 2011.

[15] F.M.L. van der Goes, "*Low-cost smart sensor interfacing*," PhD thesis, Delft University of Technology, Delft, The Netherlands, 1996, p. 177.

[16] Smartec, "*Universal Transducer Interface UTI*," 2006 [On-line]. Available: http://www.smartec.nl/pdf/DSUTI.pdf.

[17] G.C.M. Meijer and X. Li, "Universal asynchronous sensor interfaces," in *Smart Sensor Systems*: John Wiley & Sons, Ltd, 2008, pp. 279–311.

[18] M.A.P. Pertijs and Z. Tan, "Energy-efficient capacitive sensor interfaces" in: A. H. M. van Roermund, A. Baschirotto, and M. Steyaert, Eds., *Nyquist AD Converters, Sensor Interfaces, and Robustness: Advances in Analog Circuit Design, 2012*, Springer, Dordrecht, The Netherlands, 2012.

[19] T. Zhichao, R. Daamen, A. Humbert, K. Souri, C. Youngcheol, Y.V. Ponomarev, and M.A.P. Pertijs, "A 1.8 V 11 μW CMOS smart humidity sensor for RFID sensing applications," in *Solid State Circuits Conference (A-SSCC), 2011 IEEE Asian*, 2011, pp. 105–108.

[20] Z. Tan, Y. Chae, R. Daamen, A. Humbert, Y.V. Ponomarev, and M.A.P. Pertijs, "A 1.2 V 8.3 nJ energy-efficient CMOS humidity sensor for RFID applications," in *Symposium on VLSI Circuits*, Honolulu, U.S., 2012, pp. 24–25.

[21] A. Heidary and G.C.M. Meijer, "Features and design constraints for an optimized SC front-end circuit for capacitive sensors with a wide dynamic range," *Solid-State Circuits, IEEE Journal of*, vol. 43, pp. 1609–1616, 2008.

[22] Z. Tan, S. Heidary, G.C.M. Meijer, and M.A.P. Pertijs, "An energy-efficient 15-bit capacitive-sensor interface based on period modulation," *Solid-State Circuits, IEEE Journal of*, vol. 47, pp. 1703–1711, 2012.

[23] M. Gasulla, L. Xiujun, and G.C.M. Meijer, "The noise performance of a high-speed capacitive-sensor interface based on a relaxation oscillator and a fast counter," *Instrumentation and Measurement, IEEE Transactions on*, vol. 54, pp. 1934–1940, 2005.

[24] A. Heidary, "*A low-cost universal integrated interface for capacitive sensors*." PhD thesis, Delft University of Technology, Delft, The Netherlands, 2010, p. 149.

[25] S. Xia, K. Makinwa, and S. Nihtianov, "A capacitance-to-digital converter for displacement sensing with 17b resolution and 20 μs conversion time," in *Solid-State Circuits Conference Digest of Technical Papers (ISSCC), 2012 IEEE International*, 2012, pp. 198–200.

[26] F. Reverter, X. Li, and G.C.M. Meijer, "Stability and accuracy of active shielding for grounded capacitive sensors," *IOP Measurement Science and Technology*, vol. 17, p. 5, 2006.

[27] S.M. Huang, A.L. Stott, R.G. Green, and M.S. Beck, "Electronic transducers for industrial measurement of low value capacitances," *Journal of Physics E: Scientific Instruments*, vol. 21, 1988.

[28] F. Reverter, X. Li, and G.C.M. Meijer, "A novel interface circuit for grounded capacitive sensors with feedforward- based active shielding," *Measurement. Science and Technology*, vol. 19, p. 025202, 2008.

[29] G.C.M. Meijer, "Smart temperature sensors and temperature-sensor systems," in *Smart Sensor Systems*: John Wiley & Sons, Ltd, 2008, pp. 185–223.

[30] G.C.M. Meijer, "Thermal detection of micro-organisms with smart temperature sensors," in *Thermal Sensors*: IOP, 1994, pp. 236–242.

[31] S.N. Nihtianov, G.P. Shterev, B. Iliev, and G.C.M. Meijer, "An interface circuit for R-C impedance sensors with a relaxation oscillator," *Instrumentation and Measurement, IEEE Transactions on*, vol. 50, p. 1563, 2001.

[32] T. Flaschke and H.-R. Tränkler, "Dielectric soil water content measurements independent of soil" in *Instrumentation and Measurement Technology Conference, 1999. IMTC/99. Conference Proceedings. IEEE*, 1999.

[33] C.R. Paul, *Introduction to Electromagnetic Compatibility*. Hoboken NJ: Wiley, 1992.

[34] B. Danker, *Fundamentals of Electromagnetic Compatibility*. Hoboken NJ: BICON Laboratories, 2004.

[35] Analog Devices, "*RF/IF Gain and Phase Detector AD 8302*," 2002. Available: http://www.analog.com/en/rfif-components/detectors/ad8302/products/product.html.

[36] S. Chien, J. Dormandy, E. Ernst, and A. Matrai, *Clinical Hemorheology*. Dordrecht, The Netherlands: Martinus Nijhoff Publishers, 1987.

[37] G.B. Thurston, "Viscoelasticity of human blood," *Biophysical Journal*, vol. 12, p. 13, 1972.

[38] C. Gorman and A. Park, "The secret killer," *TIME*, vol. 24, February 2004.

[39] G.A. Pop, Z.-y. Chang, C.J. Slager, B.-J. Kooij, E.D. van Deel, L. Moraru, J. Quak, G.C. Meijer, and D.J. Duncker, "Catheter-based impedance measurements in the right atrium for continuously monitoring hematocrit and estimating blood viscosity changes; an in vivo feasibility study in swine," *Biosensors and Bioelectronics*, vol. 19, pp. 1685–1693, 2004.

[40] L.A. Geddes and L.E. Baker, *Principles of Applied Biomedical Instrumentation*: Wiley, 1989.

[41] J.D. Bronzino, *The Biomedical Engineering Handbook*: CRC Press, 1995.

[42] L.C. Stoner and F.M. Kregenow, "A single-cell technique for the measurement of membrane potential, membrane conductance, and the efflux of rapidly penetrating solutes in amphiuma erythrocytes," *Journal of General Physiology*, vol. 76, p. 23, 1980.

[43] Z.-y. Chang, G.A.M. Pop, and G.C.M. Meijer, "A comparison of two- and four-electrode techniques to characterize blood impedance for the frequency range of 100 Hz to 100 MHz," *Biomedical Engineering, IEEE Transactions on*, vol. 55, pp. 1247–1249, 2008.

第 5 章　低功耗振动式陀螺仪读出电路

Chinwuba Ezekwe[1] 和 Bernhard Boser[2]
1 罗伯特 博世公司，帕罗奥多，加利福尼亚，美国
2 伯克利传感器与执行器中心，加州大学，伯克利，美国

5.1　引言

低成本的微电子机械系统（MEMS）陀螺仪在汽车和消费类领域应用广泛。具体例子包括相机、游戏机中的图像稳定模组，以及在具有挑战性的地形上改进车辆操控。在许多这样的应用中，对于功耗有非常严格的要求。为了继续拓展新的应用领域，必须将当前器件的功耗降低一个数量级。

陀螺仪通过测量施加于振动或旋转质量上的科里奥利力来推测角速度值。基于陀螺仪常规的设计和输入，这个陀螺仪的输出信号非常小，因此需要超低噪声的信号读取电路。这个低噪声的需求直接导致过大的功率损耗。

本章将介绍一种采用模式匹配技术的机械信号放大解决方案。电子电路连续地感测机械敏感元件的谐振频率，并对其进行电调谐以使输出信号最大化。一种新型的可靠的反馈控制器用于精确地控制陀螺仪的比例因子和带宽，并同时可在无用的寄生谐振出现时保证稳定工作。

5.2　节能的科里奥利传感技术

在振动式陀螺仪基本工作原理简短介绍后，这一部分探究改善读出接口电路功效的因素，并且把模式匹配视为一种潜在的方法，可以比传统振动式陀螺仪确定的功率损耗降低几个数量级。

5.2.1　振动式陀螺仪简介

图 5.1 说明了振动式陀螺仪的基本工作原理。质量块通过弹簧悬挂在一个框架内，同时沿着驱动轴处于稳定的振荡模式中。通过驱动和感应轴线形成平面中框架的旋转，然后沿着感应轴，产生了一个与驱动速率和角速度成比例的科里奥利加速度。如果我们把驱动的振动模式表示成 $x_d = x_{d0}\cos(\omega_d t)$，$x_{d0}$ 和 ω_d 分别是驱动振动的振幅和角频率。这样科里奥利（科氏）加速度归因于角速度 Ω，可

表示为

$$\begin{aligned} a_c &= 2\Omega x_d \\ &= -2\underbrace{\Omega\omega_d x_{d0}}_{a_{c0}}\sin(\omega_d t) \end{aligned} \tag{5.1}$$

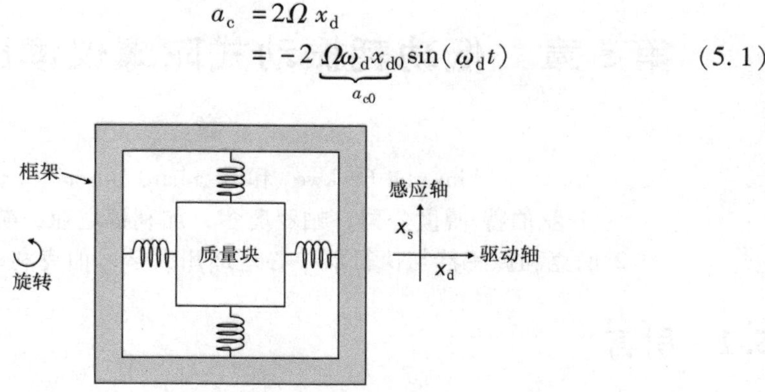

图 5.1　振荡式陀螺仪的运行原理

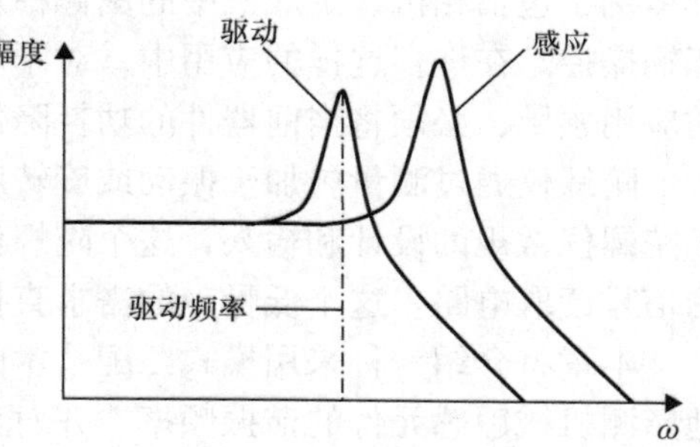

图 5.2　振荡式陀螺仪的频率特性

a_{c0}是振动科氏加速度的振幅。角速度Ω可以由科氏加速度a_c推导出。

相对于一阶系统来说，一个振动陀螺仪的每个轴都是一个二阶系统。真空封装导致处于高度欠阻尼谐振模式。沿着驱动轴线的谐振模式称为驱动模式，沿着检测轴线的谐振模式称为检测模式。这两种谐振频率通常故意设为不匹配。图 5.2 是沿着驱动和检测轴线的频率响应示意图。驱动振动通常发生在谐振频率处，有利于驱动模式下品质因子的放大。因此，科氏加速度也是在驱动谐振的中心。

5.2.2　电子接口电路

图 5.3 给出了一个带有给出最终输出信号的电路接口的广义陀螺仪模型。振荡器在驱动谐振频率下建立了上述驱动振荡，而且由科氏读出器接口电路检测并放大科氏加速度。解调器从最终输出的科氏加速度中解调出角速度信号，并且低通滤波器从最终输出中去除期望频带之外的失真和其他不需要的信号。

真空封装可以实现的高品质因子极大缓解了对振荡器的功率需求。解调器和低通滤波器是整体接口电路功耗的主要来源，因为它们处理已经放大的信号，所以没有噪声的限制。作为主要的功耗来源，使得读出接口电路可以以极高的精度检测科氏加速度。许多应用需要数字输出，在模 - 数转换中需要了额外的功耗。因此，读出接口电路是显著降低整个电子接口功耗的关键。

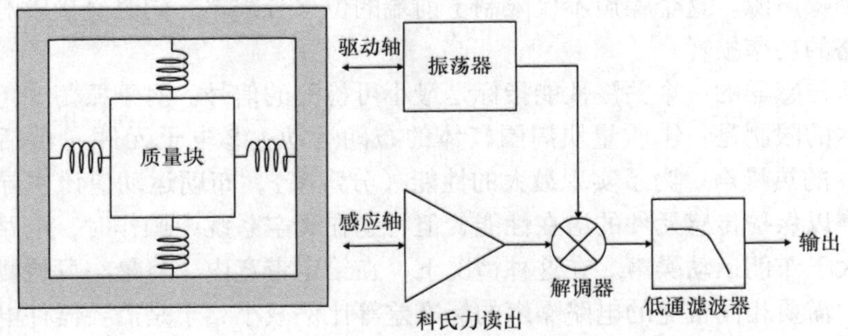

图 5.3　带有最终电路接口电路的陀螺仪简化模型

5.2.3　接口读出电路

接口读出电路通过检测科氏加速度引起的沿着检测轴线的质量块的运动间接地检测科氏加速度。这个所诱导的运动是振荡的，它的公式可表示为 $x_s = x_{s0}\sin(\omega_d t + \phi_s)$，这里的 x_{s0} 是运动的振幅，ϕ_s 是驱动频率下感应轴响应的相位延迟。通过测量检测质量块和固定电极之间的电容来检测质量块的运动。电容随着质量块的位移而变化，因此是一个很好表示位移的指标。电容感测对于低成本惯性传感器是有吸引力的，因为它与大多数制造工艺兼容，并且电容接口电路可以容易地用于力驱动。电容通常使用横向的梳齿得到，主要为了达到最大的位移和电容的灵敏度，而且利于整个感应单元的灵敏度最大化。

图 5.4 显示了最基本的读出接口电路示意图，包括感应单元和位置感应前端放大器。感应单元由 4 个同时兼具驱动和检测方向的梁的悬架构成。实际上，能够使驱动和检测模式独立优化的许多更复杂的解决方案是首选的[1,2]。前端放大器将质量块和固定电极之间的微分电容转化为电压或电流。不幸的是，放大器的输出总是被电子噪声干扰，这个电子噪声可以在模型中等效成在放大器的输入端

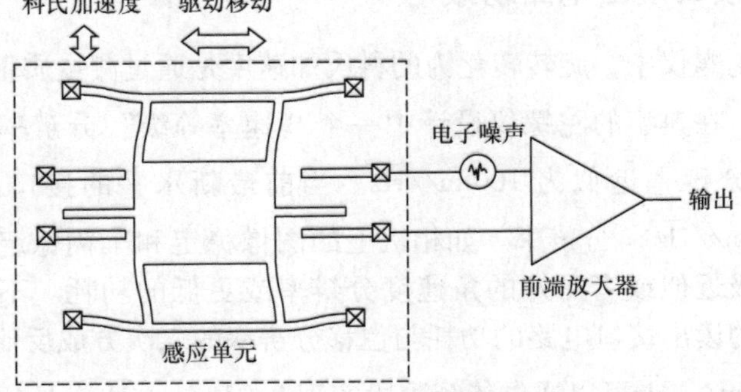

图 5.4　基本的科氏读出接口电路（省略驱动细节）

串联一个噪声源。这个噪声不仅限制了前端的位移分辨率，同时直接影响了整个接口电路的功率损耗。

任何传感器的一个关键性能指标是最小可检测的信号。对于振荡式陀螺仪而言，基本的限制是：①质量块周围气体的布朗运动；②电子元件（包括读出接口电路）的热噪声。为了实现最大的性能（分辨率），布朗运动应该主导系统的本底噪声以保护传感元件的潜在性能，但特别在真空系统中操作时，电路噪声往往远远大于布朗运动噪声。在这种情况下，在给定带宽内，将最小可检测信号降低一半，需要相同带宽的电路噪声的标准差等比例减小，于是需要器件电流变为原耗。因此，改善角速度分辨率而不增加功耗是一个重大的挑战。

然而，由于制造公差，驱动和检测的微弹簧是不完全正交的，一些驱动振动直接影响到感应轴，产生了很大的不期望的感应轴的振荡运动，与期望的科氏加速度引起的运动发生正交。振荡电路的解调信号中通常有大量的相互混合的相位噪声，我们称之为正交误差，可以提高除设定的前端以外的整个接口的本底噪声。幸运的是，大部分的正交误差可以使用特殊的正交调零电极进行调零[3]。残余误差可以通过在解调过程中选用适合的相位解调信号来去除，因为残余误差与期望信号之间正交。实现高度的误差消除需要一个精确设定的正交误差和通常提取出来解调信号的驱动振荡之间的相位关系。所以确保相位关系定义明确是读出接口电路的第二个重大挑战。

由于驱动梳齿之间的对准失调，也有来自驱动力引入到感应轴的科氏偏移。这个误差可以通过真空封装来减小，因为增加的品质因子使得更小的驱动力得以使用，这样可以使得更小的驱动力反馈到感应轴上[4]。

其他的挑战包括获得一个足够宽的信号带宽，保证全部的增益（比例因子）能够在制造公差和环境的变化中维持稳定。宽的带宽是必要的，特别是在诸如车辆稳定性控制等控制领域中，必须要配备这种带最小相位延迟的传感器。

5.2.4 提高接口读出电路功效

在振荡式陀螺仪中，旋转转化为的科氏加速度是通过测量质量块随之发生的运动检测到的。在典型的陀螺仪设计中一个“速率等级”分辨率 $0.1°/s/\sqrt{Hz}$ 转化为一个位移分辨率近似为 $100fm/\sqrt{Hz}$。当前最新水平的接口电路需要消耗 30mW 达到 $60fm/\sqrt{Hz}$[2] 分辨率。如相机上的图像稳定和车辆稳定性控制的应用需要一个数量级近似或者更好的角速度分辨率或更低的功耗。不幸的是，一阶时，限制噪声的读出接口电路的功耗与位移分辨率的二次方成反比。因此，通过简单的解析 $10fm/\sqrt{Hz}$ 可以通过传统手段实现 $0.01°/s/\sqrt{Hz}$，所需 1W 的功率使得这种本底噪声在目标应用中不切实际。本质上来说，必须提高读出接口功率效率，以便在功率有限的应用中使用高分辨率角速度传感器。被动地增加信噪比需要增加敏感元件的角速度到感应的运动灵敏度（$\Delta x_{s0}/\Delta\Omega$），以便同样的角速度产生一个更大的感应运动幅度。

角速度到感应运动灵敏度被表示为两个因素的乘积：

$$\frac{\Delta x_{s0}}{\Delta\Omega}=\left(\frac{\Delta a_{c0}}{\Delta\Omega}\right)\left(\frac{\Delta x_{s0}}{\Delta a_{c0}}\right) \tag{5.2}$$

基于以上讨论，我们建议去利用由感应谐振提供的自由机械放大，可以极大缓解噪声的要求，因此大幅度减少了读出接口电路的功率损耗。

5.2.5　利用感应谐振

匹配驱动和检测模式，或者所谓的模式匹配，是通过检测模式品质因子以及因此放宽的前端噪声需求来增加检测位移，但也会带来几个问题，其中主要的就是由于非常高的品质因子造成的极其窄范围的敏感带宽，同时，由于制造公差和环境变化引起而抬高的增益变化和相位不确定性。带宽可表示为

$$f_{BW}=\frac{f_s}{2Q_s} \tag{5.3}$$

式中，f_s 和 Q_s 是感应谐振的频率和品质因子。通过模式匹配，感应谐振的频率与驱动频率相等。驱动频率和检测模式的品质因子通常分别近似是 15kHz 和 1000，导致带宽近似为 7.5Hz，与之形成鲜明对比的是汽车和消费者应用的需求是 50Hz。7.5Hz 的 3 - dB㊀的带宽格外不好控制，主要由于通常情况下品质因子随环境大范围变化。品质因子的变化也导致了增益的变化。图 5.5 说明了这个问题。始终不变有限的精确度以及任何实际模式匹配方案的带宽也会造成少量残余频率的失配。尤其考虑到过程和环境变化的残余失配，靠近感应谐振的突然相变导致大量相位的不确定性，这样加剧了排斥正交误差。图 5.6 说明了这个问题。由于这些困难，许多陀螺仪实施避免模式匹配，同时改为远离感应谐振工作，从而以灵敏度为代价获得更大的带宽和更好的确定的增益和相位[4,6]。一个实际的利用感应谐振的读出接口电路必须克服这些在某种程度上由于模式匹配引起的问题，无论干涉陀螺仪性能还是否认模式匹配的功率优势。

反馈被广泛地用于电子产品以获得精密的性能，例如来自非精密元件的精确的增益。反馈也已在传感器上使用以改善带宽、动态范围、线性关系和漂移[7,8]。尤其在带匹配模式的高 Q 值振动陀螺仪中，反馈是可以确保正常运行的必要条件。图 5.7 展示了封闭在一个力反馈环内感应元件。一个补偿器和一个力传感器加在基本的开环接口电路上以建立一个闭环接口。基于前端检测的运动，补偿器

㊀ 原文为 3 - dB，译者认为应为 - 3dB——译者注

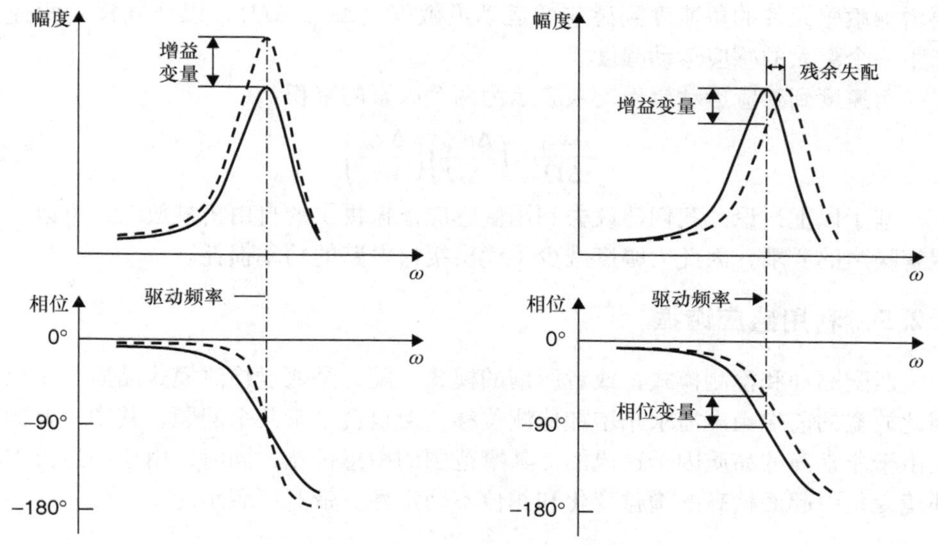

图 5.5　增益（比例因子）随品质因子变化　　图 5.6　增益和相位随残余失配的变化

产生了一个科氏力的估算值，力传感器在检测质量上以相反极性施加，以使感测运动无效。特别是在具有匹配模式的高 Q 振动式陀螺仪中，反馈是确保正确操作的必要条件。检测质量块运动的完美零点意味着反馈力完全相等，与科氏力相反。虽然这在所有频率上都是不可能实现的，但在实际中，在力反馈开环增益足够高的有限频带内可以进行适当的归零。在该频带中，闭环接口的输出是准确地体现了科氏加速度。图 5.8 比较了开环传感器的频率响应和闭环接口的频率响应，该接口在超出传感元件谐振的频率范围内具有高开环增益。实现补偿单元的电子电路提供了必要的开环增益。不管传感器参数如何变化，闭环响应均可在更宽的频率范围内保持平坦和稳定。因此，为了获得更大带宽、更好的增益和更确定的相位的机械灵敏度传统折中方法就没有必要了。

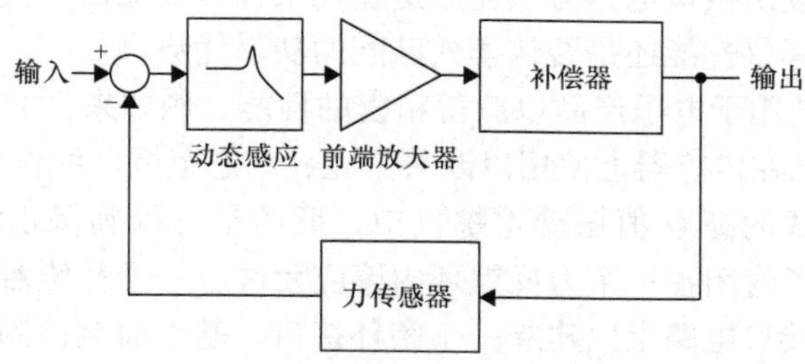

图 5.7　基本的力反馈回路

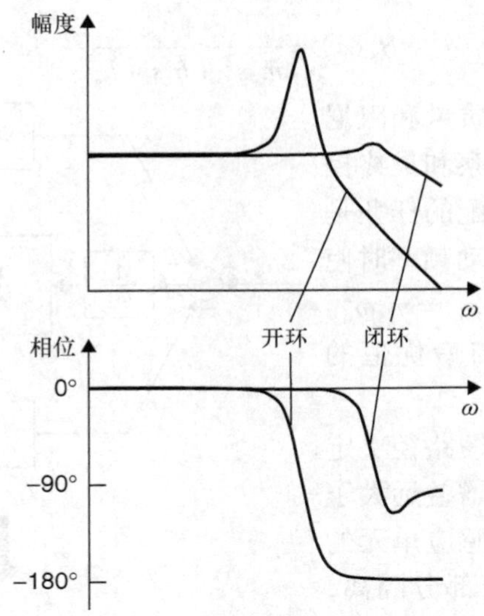

图 5.8　传感器和闭环频率响应示例说明

5.3　模式匹配

由模式匹配提供改善使信噪比达到最大化需要频率匹配误差小于检测模式品质因子的倒数。例如，检测模式品质因子为 1000，则需要小于 0.1% 的匹配误差。过程公差和环境变化将低成本制造所能达到的最小匹配误差限制在约 2%[4]，但是需要谐振频率校准。

一种进行校准的方法是去充分表征频率的匹配对于物理参数的依赖性，比如温度的特性，再采用数据去校准运行时的感应谐振频率。在制造中完全表征感应元件需要很高的成本，使这项技术与 MEMS 陀螺仪应用的成本约束相矛盾。替代的方法是持续监控随频率匹配变化的传感器性能。以前提倡的这种类型的校准方案通过监测诸如增益和相位延迟的传感器性能来决定频率匹配[1,9]。不幸的是，当感应元件是力反馈回路的一部分时，这些性能不易被测试到。由于力反馈是确保模式匹配陀螺仪的正常运行的必要条件，我们需要开发一种方法去测试在某种程度上相关的传感器性能，同时兼容闭环回路的感应。

5.3.1　评估失配

图 5.9 模拟了检测轴作为质量块 - 弹簧 - 阻尼系统集总参数模型的动力学特性。系统从力的输入到位移的输出有一个传递函数

$$H_s(s)=\frac{1}{m_s s^2+b_s s+k_s} \tag{5.4}$$

式中，m_s 和 b_s 分别是质量和阻尼因数；k_s 是我们旨在观察和最终控制的可变刚度。模式匹配的任务是当感应谐振频率等于驱动频率时使 k_s 接近最优化的刚度 $k_{s,opt}=m_s\omega_d^2$。这需要监测实际刚度与最优值的偏差。

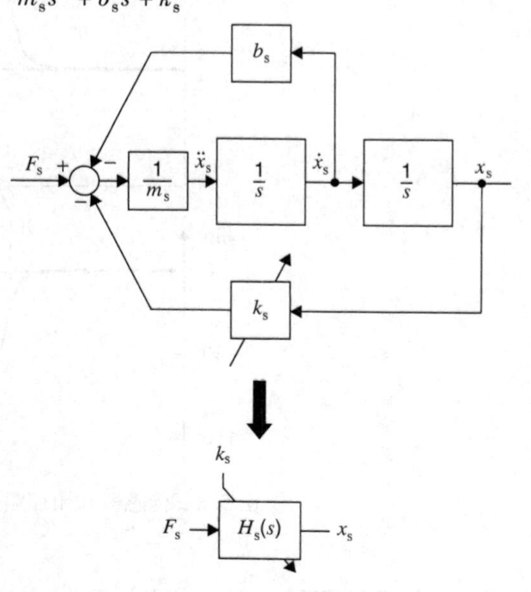

图 5.9 刚度变化的二阶感应动力学

稳定闭环系统的反馈路径决定了闭环响应，只要开环增益远大于一。我们利用此属性将感应单元的特性与反馈回路的其余部分隔离，方法是选择一个校准输入，仅将感测动力学置于反馈路径中。图 5.10 描述了增加校准输入的力反馈回路。我们分别通过位移转换电压增益 K_{x-v} 和电压转换力增益 K_{v-f} 替换了前端和力传感器。假设高开环增益，从校准输入到输出的传递函数为

$$G_{cal}(s)\approx\frac{1}{K_{v-f}K_{x-v}H_s(s)}\propto\frac{1}{H_s(s)}$$
$$\approx\frac{1}{K_{v-f}K_{x-v}}(m_s s^2+b_s s+k_s) \tag{5.5}$$

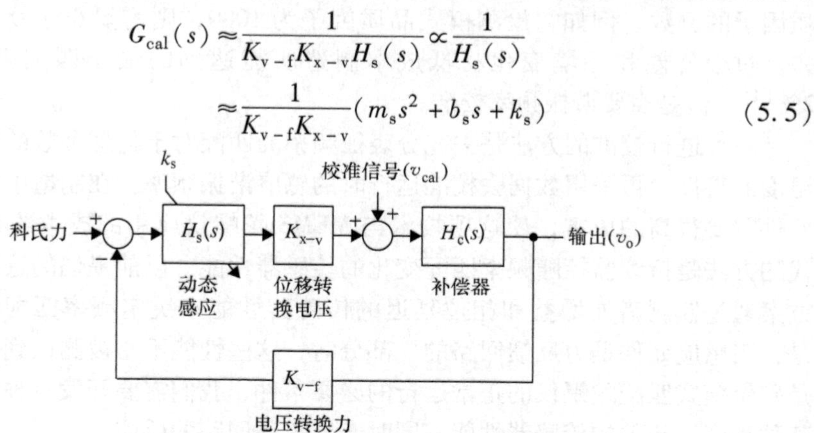

图 5.10 带有额外校准输入的力反馈环（动态感应关于校准输入在反馈路径上）

增项 K_{v-f} 和 K_{x-v} 只影响 $G_{cal}(s)$ 的静态增益，并且不是复零点的位置。图 5.11 比较了 $H_s(s)$ 和 $G_{cal}(s)$ 的频率响应。$G_{cal}(s)$ 的切齿（notch）和 90°相位超前恰好反映了谐振处 $H_s(s)$ 的峰值和 90°相位延迟，虽然相反，但使得 $G_{cal}(s)$ 成为 H_s

(s)极好的的代替。在某种意义上，$G_{cal}(s)$比$H_s(s)$更可取，因为它避免了在$H_s(s)$的高Q极点，这严重地限制了基于频率校准技术的传统的开环感应的跟踪带宽[9]。

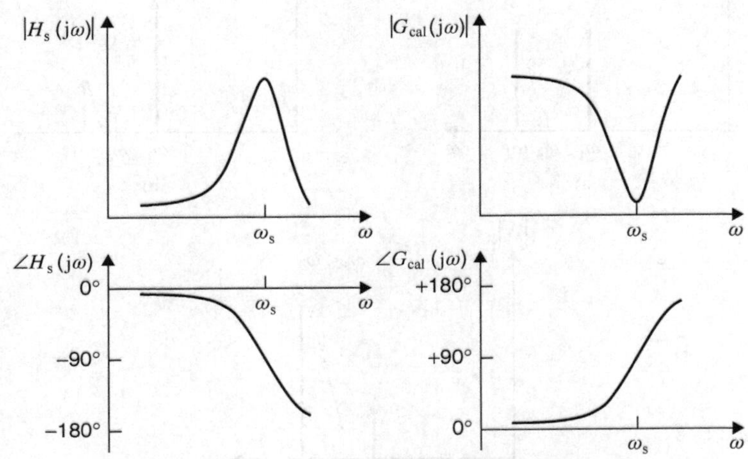

图 5.11　$H_s(s)$和$G_{cal}(s)$频率响应的比较

使用校准输入来估算频率失配的一种可能的方法是利用在驱动频率下的导频基调（pilot tone）来监测从校准输入到输出的相移。不幸的是，这种方法是有些问题的，因为这个导频基调不可避免地会干扰科里奥利信号。我们通过使用参考驱动频率的两个导频基调来解决这个问题，并且使其位于期望信号频带之外，其中一个基调高于所需信号频带，另一个在所需信号频带之下。在驱动和检测谐振频率相匹配的情况下，我们调整导频基调以均衡（equalize）其输出幅度。如果在调节之后，检测谐振频率比驱动频率漂移更高（或更低），则较高频率基调的幅度比较低频率基调的幅度变小（或更大）。因此，振幅的差异表明频率失配的幅度和方向。图 5.12 演示了这个评估的原理。

如果v_1和v_2都是输入振幅，而ω_1和ω_2都是基调的角频率，那么输出的响应是

$$\begin{aligned} v_{o1} &= G_{cal}(j\omega_1)v_1 \\ &= \underbrace{\frac{v_1}{K_{v-f}K_{x-v}}(k_s - m_s\omega_1^2)}_{v_{o1,I}} + j\underbrace{\frac{v_1}{K_{v-f}K_{x-v}}b_s\omega_1}_{v_{o1,Q}} \end{aligned} \tag{5.6}$$

和

$$\begin{aligned} v_{o2} &= G_{cal}(j\omega_2)v_2 \\ &= \underbrace{\frac{v_2}{K_{v-f}K_{x-v}}(k_s - m_s\omega_2^2)}_{v_{o2,I}} + j\underbrace{\frac{v_2}{K_{v-f}K_{x-v}}b_s\omega_2}_{v_{o2,Q}} \end{aligned} \tag{5.7}$$

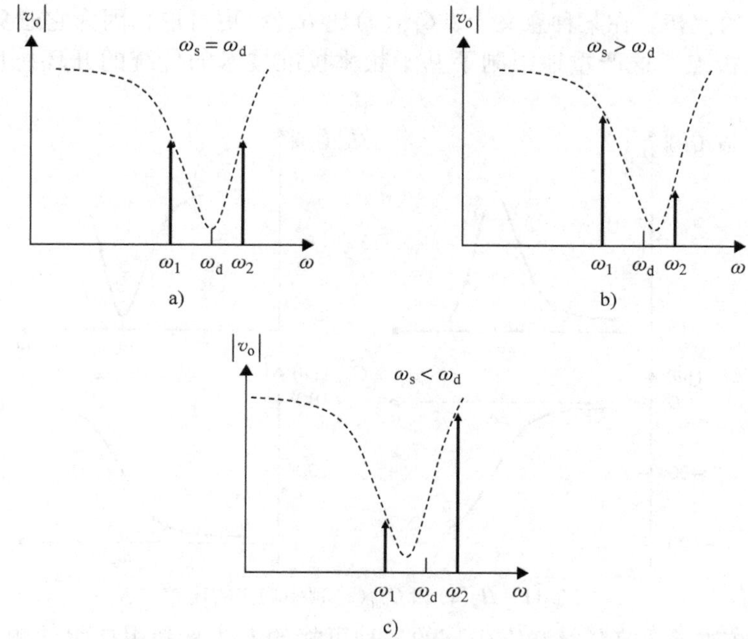

图 5.12　频率失配的评估原理（虚线表示$|G_{cal}(j\omega)|$）

a）当驱动和检测频率匹配时，振幅匹配　b）当检测谐振频率向高频偏移时，高频音变得更小　c）当检测谐振频率向低频偏移时，高频音变得更高

同相位的$v_{o1,I}$和$v_{o2,I}$很有用，因为它们被k_s调节。正交相位的$v_{o1,Q}$和$v_{o2,Q}$不实用，因为它们不能通过同时解调成同相位。它们无法解调的性质使得在一阶时这个方法对变化的阻尼因子不敏感。同步解调的另一个受欢迎的特征是它保留了同相位的标志。这与超出检测谐振频率的相位反转相结合，允许振幅通过简单地求和$v_{o1,I}$与$v_{o2,I}$实现振幅的差分化。

图 5.13 显示了评估模块的非常简单的实现。信号类似于解调中用到的导频基调。最终的误差信号是

$$\begin{aligned} v_{err} &= v_{o1,I} + v_{o2,I} \\ &= \underbrace{\frac{v_1 + v_2}{K_{v-f}K_{x-v}}}_{\text{评估增益}}\left[k_s - \underbrace{m_s\left(\frac{\omega_1^2}{1+\dfrac{v_2}{v_1}} + \frac{\omega_2^2}{1+\dfrac{v_1}{v_2}}\right)}_{\text{参考刚度}}\right] \end{aligned} \tag{5.8}$$

就像之前提到的一样，我们调整导频基调参数来使参考刚度等于最佳的刚度$k_{s,opt}$。如果固定基调频率为$\omega_1 = \omega_d - \omega_{cal}$和$\omega_2 = \omega_d + \omega_{cal}$，那么振幅必须满足：

$$\frac{v_2}{v_1} = \frac{2\omega_d - \omega_{cal}}{2\omega_d + \omega_{cal}} \tag{5.9}$$

不相等的振幅是由于频率自然对数特性和 $G_{cal}(s)$ 低频与高频响应的不对称导致的。这个限制导致了一个恰好与实际刚度和最佳刚度的差值成比例的误差信号，也就是，$v_{err}=K_e(k_s-k_{s,opt})$ 这里 K_e 是评估增益。

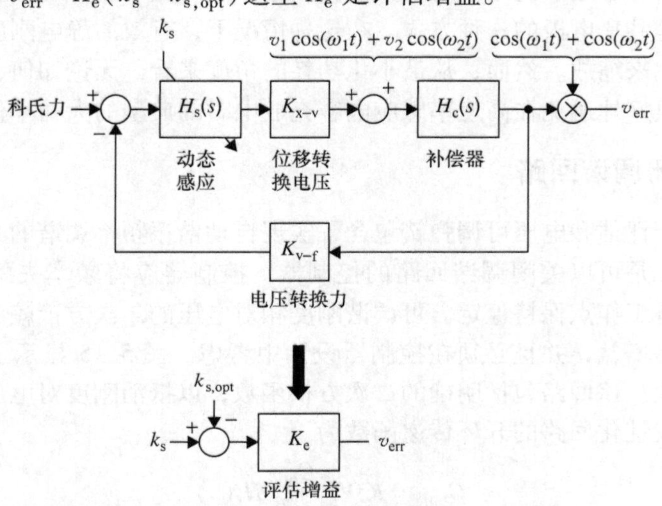

图 5.13　评估量的实现和线性化模型

5.3.2　调节失配

图 5.14 显示了一个平衡状态的横向梳状的静电激励器的简化模型。检测质量块接地并且固定的电极偏压为 V_{tune}。这个激励器结构在横向刚度施加了一个电压可调弹簧[1]。

$$k_e=-\frac{C_{tune}}{x_g^2}V_{tune}^2 \tag{5.10}$$

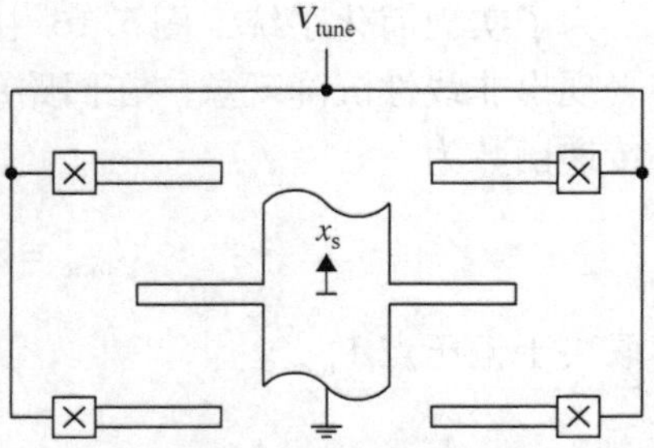

图 5.14　通过平衡的横向梳状静电激励器的实现电压可调弹簧

式中，x_g 和 C_{tune} 分别是当检测质量块未偏转时，检测质量块和固定电极在横向方向上的间隙和净电容。电压可调弹簧与悬挂感应轴的其他弹簧组合而成的净刚度为

$$\begin{aligned} k_s &= k_m+k_e \\ &= k_m-\frac{C_{tune}}{x_g^2}V_{tune}^2 \end{aligned} \tag{5.11}$$

式中，k_m 是其他弹簧主要包括来自静电力反馈和正交调零的挠曲和寄生弹簧的结合刚度。由于可调弹簧只能软化 k_s，因此，将挠曲设计得比最佳刚度更硬是非常重要的，以便留出足够的余量以适应力反馈和正交调零以及工艺和环境变化

引起的弹簧软化。

位置感应电极通常通过横向梳齿实现，因此可以是调谐梳齿数量的两倍，这样就不再需要一组电极仅用于刚度调谐。以足够高的速率进行时间复用位置检测和刚度调谐是共享电极的一种方式。在这种情况下，有效的静电刚度按刚度调整相位的占空比来缩放。然而，从最小化功耗的角度来看，无论如何，一套专用的调谐梳齿能更好地避免在高速率感应电容充放电时的典型的大功率代价。

5.3.3 关闭调谐回路

频率失配评估和电压可调弹簧包含了实现自动谐振频率调谐的必要部分。唯一剩下的单元是可以关闭调谐回路的控制器。控制器应将频率失配估计值推到零，并在所有工作点保持稳定。可调谐刚度相对电压的二次方依赖关系相会产生信号相关环路增益，并且必须在控制器设计中考虑。图 5.15 显示了实现调谐回路的一种方法。该回路包括明确的二次方根函数，以抵消刚度对电压的二次方依赖性。所得线性化回路的开环传递函数为

$$G_{\mathrm{tune}} = K_{\mathrm{e}} V_{\mathrm{ref}} \frac{C_{\mathrm{tune}}}{x_{\mathrm{g}}^{2}} H_{\mathrm{f}}(s) \tag{5.12}$$

一个带无限直流增益的环路滤波器可以将失配调整到零。

为了实现简化系统，图 5.16 中二次方根可能会被忽略，导致的后果是回路将表现出非线性沉降现象。在回路中未补偿的二次方非线性特征导致了小信号开环传递函数为

$$G_{\mathrm{tune}} = 2K_{\mathrm{e}} V_{\mathrm{tune}} \frac{C_{\mathrm{tune}}}{x_{\mathrm{g}}^{2}} H_{\mathrm{f}}(s) \tag{5.13}$$

其取决于偏压点 V_{tune}。

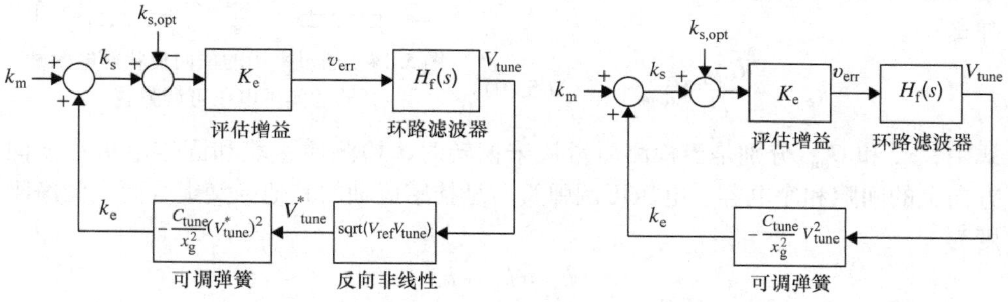

图 5.15 有非线性补偿的调谐回路

图 5.16 没有非线性补偿的调谐回路

所提出的估计模块的基本特性是在 $\omega_{\mathrm{d}} \pm \omega_{\mathrm{cal}}$ 处将失配信息调制到载波上。如果失配不是常数而是随时间变化的，那么调谐的信号会占据一个非零的带宽。如果它们的频谱成分不被别名标识（alias），则有可能恢复全部的调制信息。图

5.17 说明了各种可能的情况。整体增益或比 ω_{cal} 小许多的增益交叉频率需要环路滤波器，这可以是个简单的集成，足够的余裕以提供在 ω_{cal} 的抗混叠滤波来避免混叠和确保适当的循环运行。一个高阶的环路滤波器能提供更好的衰减，但随之增加的相位延迟会限制潜在的跟踪带宽的改善。对于 $\omega_{cal}=2\pi\times250\text{Hz}$，约 25Hz 的跟踪带宽或约 6ms 的稳定时间常数是可实现的。

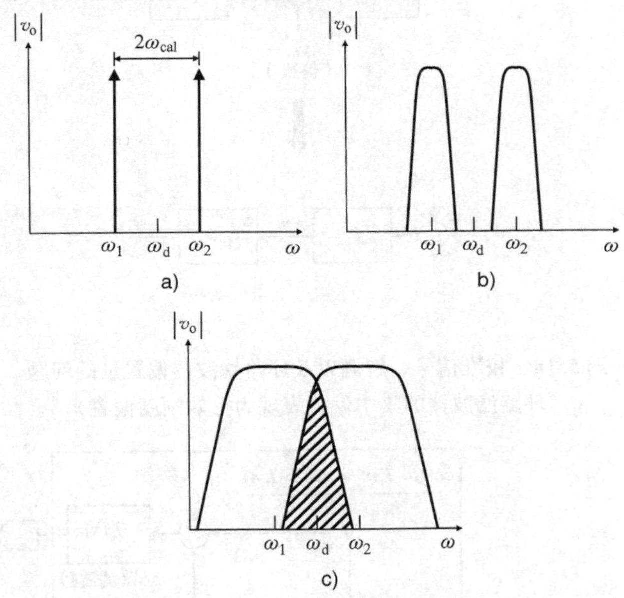

图 5.17　导频基调被频率失配调制的可能频谱

a）静态失配是完全可以恢复的　b）宽带变化小于 ω_{cal} 的动态失配是完全可以恢复的

c）宽带变化大于 ω_{cal} 的动态失配导致的重叠频谱分量是不完全可以恢复的

5.3.4 实际考虑

现在我们转为讨论有关实际信号合成、解调和滤波的问题，以及有限的力反馈开环增益和大惯性力的潜在干扰的影响。

5.3.4.1 实际信号合成、解调和滤波

如图 5.18 所示，在环路滤波器之前的一个偏置是无法从实际误差信号中分辨出来的，因此它是系统频率偏置的一个来源。在实验原型中的校准信号合成、解调和环路滤波的数字化实现，避免了模拟实现中会出现的大量偏置。

即使随着数字化的实现，生成一个由式（5.9）给出的带精确振幅比的校准信号也是有困难的。使用相等振幅的基调（tone）是非常便利的，并且允许校准信号直接用于解调，产生了如图 5.19 所示中更简化的系统实现。当 $v_1=v_2$，基于前述式（5.8）的定义，基调频率有下列关系：

$$v_{\text{err}} \propto k_{\text{s}} - m_{\text{s}}(\omega_{\text{d}}^2 + \omega_{\text{cal}}^2) \approx k_{\text{s}} - m_{\text{s}}\omega_{\text{d}}^2 \Big(1 + \underbrace{\frac{1}{2}\frac{\omega_{\text{cal}}^2}{\omega_{\text{d}}^2}}_{\text{偏置}}\Big)^2 \tag{5.14}$$

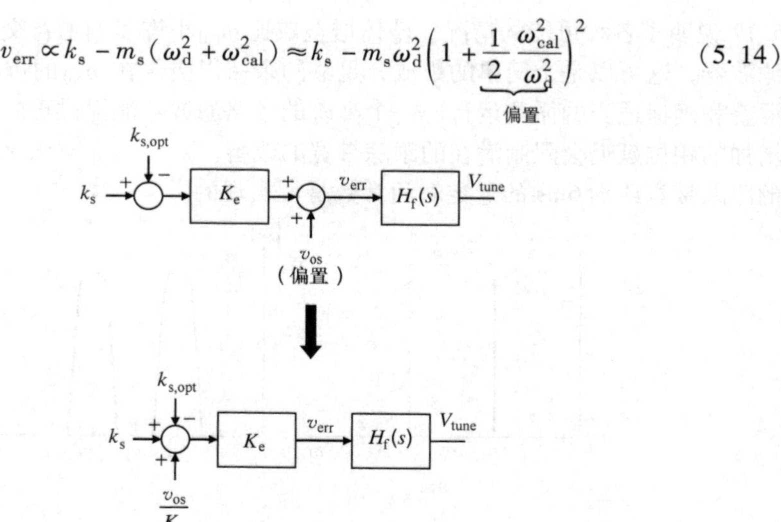

图 5.18　校准信号、解调以及环路滤波器偏置量的问题
（环路滤波器的集中偏置表现为等效刚度偏置）

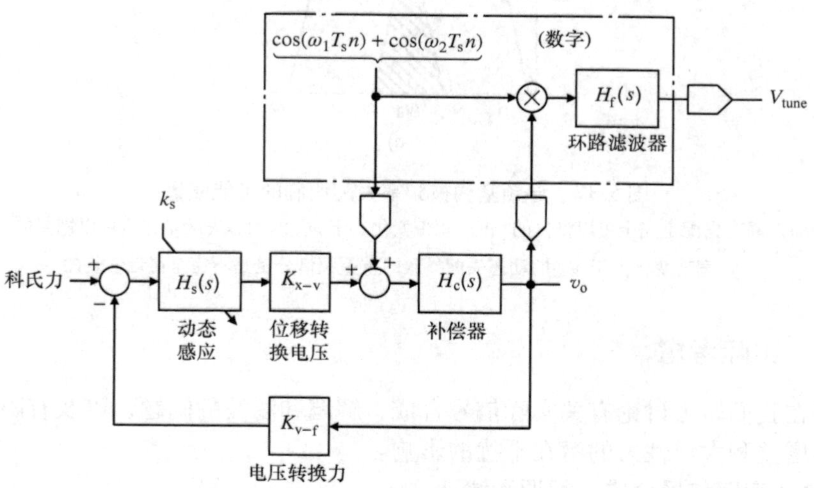

图 5.19　具有数字合成等幅度基调和数字实现的解调器和环路滤波器的实际估计器

这里近似假定 ω_{cal} 远小于 ω_{d}，我们为简化忽略了增益因子。基本上，使用相等的振幅引入了一个频率偏置从而迫使检测谐振频率比驱动频率略高。幸运的是，如果基调位于期望信号带以外，误差相对于信号带宽是可以忽略的，正如下列例子说明，在消费类和汽车行业应用中典型的带宽是 50Hz，在驱动频率 15kHz 下，在期望的带宽外选择 $\omega_{\text{cal}} = 2\pi \times 250\text{Hz}$ 安置导频基调，将会导致一个 0.013% 或

者 2Hz 的偏置。

5.3.4.2　有限力反馈开环增益

因为很难在实际中获得一个任意的高开环增益，所以量化有限开环增益在“估计器”性能上的影响是很有用的。随着有限的开环增益，从校准输入到输出的传递函数变为

$$G_{\mathrm{cal}}(s)=\left(1-\frac{1}{1+T(s)}\right)\frac{1}{K_{\mathrm{v-f}}K_{\mathrm{x-v}}H_{\mathrm{s}}(s)} \tag{5.15}$$

其中 $T(s)=K_{\mathrm{v-f}}K_{\mathrm{x-v}}H_{\mathrm{s}}(s)H_{\mathrm{c}}(s)$ 是开环传递函数，同步输出成分为下式：

$$v_{\mathrm{o1,I}}=\left(1-\frac{\Re\{1+T(\mathrm{j}\omega_1)\}}{|1+T(\mathrm{j}\omega_1)|^2}\right)\frac{v_1}{K_{\mathrm{v-f}}K_{\mathrm{x-v}}}(k_{\mathrm{s}}-m_{\mathrm{s}}\omega_1^2) \tag{5.16}$$

以及

$$v_{\mathrm{o2,I}}=\left(1-\frac{\Re\{1+T(\mathrm{j}\omega_2)\}}{|1+T(\mathrm{j}\omega_2)|^2}\right)\frac{v_2}{K_{\mathrm{v-f}}K_{\mathrm{x-v}}}(k_{\mathrm{s}}-m_{\mathrm{s}}\omega_2^2) \tag{5.17}$$

$T(\mathrm{j}\omega)$ 的虚部引起阻尼项的一小部分出现在同相输出成分中。我们已经为了简化忽略了这个影响，因为模式匹配蕴含一个高 Q 值的谐振，反过来，也有可忽略的阻尼项。

上述等式中很明显地看出有限的开环增益在基调振幅中引进了误差。如果振幅误差在 $v_{\mathrm{o1,I}}$ 和 $v_{\mathrm{o2,I}}$ 匹配，则仅会出现一个可以忽略的估计值增量误差，否则也会出现一个频率偏置。现设最小的开环增益是 $T_{\min}$，当 $T(\mathrm{j}\omega_1)=T_{\min}$ 和 $T(\mathrm{j}\omega_2)=-T_{\min}$ 或相反情况时，会发生最差的失配。在这种情况下，误差信号为

$$v_{\mathrm{err}}\propto k_{\mathrm{s}}-m_{\mathrm{s}}\left(\omega_{\mathrm{d}}^2+\frac{2}{T_{\min}}\omega_{\mathrm{d}}\omega_{\mathrm{cal}}\right)\approx k_{\mathrm{s}}-m_{\mathrm{s}}\omega_{\mathrm{d}}^2\left(1+\underbrace{\frac{1}{T_{\min}}\frac{\omega_{\mathrm{cal}}}{\omega_{\mathrm{d}}}}_{\text{偏置}}\right)^2 \tag{5.18}$$

幸运的是，这个偏置对于任何合适的开环增益都是可忽略的。继续先前的例子，这里 $\omega_{\mathrm{cal}}=2\pi\times250\mathrm{Hz}$，40dB 的最小的开环增益导致一个最差的 0.017% 或者 2.5Hz 偏置。

5.3.4.3　大惯性力的干扰

由于没有滤波器去限制出现在检测轴上的科氏力和其他惯性力的带宽，这些力在 $\omega_{\mathrm{d}}\pm\omega_{\mathrm{cal}}$ 时的频谱分量会干涉导频基调以及产生与信号相关的频率偏置。可调插指结构的应用极大过滤了线性加速度成分从而留下了科氏加速度成分。在随后的分析中，我们量化了科氏加速度成分能贡献的最差的情况误差。

科氏加速度表达式：

$$a_{\mathrm{c}}=2\Omega\dot{x}_{\mathrm{d}}+\dot{\Omega}x_{\mathrm{d}} \tag{5.19}$$

其中，$\dot{\Omega}x_{\mathrm{d}}$ 项俘获了一个在随后分析中很重要的常被忽略的高阶效应。当角速度在 ω_{cal} 正弦变化时最差的干扰情况出现了，这种情况下的角速度表达式为

$$\Omega = \Omega_0 \cos(\omega_{cal} t + \phi_\Omega) \tag{5.20}$$

这里 Ω_0 是振幅和 ϕ_Ω 是可假定为任意值的项。如果驱动轴根据 $x_d = x_{d0}\cos(\omega_d t)$ 振荡，那么由科氏加速度得出的角速度为

$$a_c = -\underbrace{2\Omega_0\omega_d x_{d0}\cos(\omega_{cal}t+\phi_\Omega)\sin(\omega_d t)}_{2\Omega\dot{x}_d} - \underbrace{\Omega_0\ \omega_{cal}\ x_{d0}\ \sin(\omega_{cal}t+\phi_\Omega)\cos(\omega_d t)}_{\Omega\dot{x}_d} \tag{5.21}$$

加速度发生在按 m_s/K_{v-f} 比例缩小的（见图 5.10）力反馈环路的输出上。$2\Omega\dot{x}_d$ 项占主导地位因为它会由 ω_d 成倍增加，相反 $\Omega\dot{x}_d$ 项由更小的 ω_{cal} 成倍增加。因此通过使用一个在 ω_{cal} 的正弦曲线去调节载波振幅的方式产生校准和解调信号是重要的，其与驱动位移同相（因此和驱动速度正交）使得能去除占优势的 $2\Omega\dot{x}_d$ 项。在解调后，$\Omega\dot{x}_d$ 项保留，误差信号为

$$v_{err} = K_e(k_s - m_s\omega_d^2) - \underbrace{\frac{m_s}{K_{v-f}}\Omega_0\ \omega_{call}\ x_{d0}}_{最差情况} \tag{5.22}$$

通过增大评估增益 K_e 来减小随之而来的偏移误差，这需要采用很大振幅导频基调。然而，振幅不能任意大，因为产生的输出信号必须在力反馈环路的限制输出范围内存在。正如我们已经在图 5.12 中看到的，基调的输出振幅在有频率失配时变化很大。因为振幅在最差情况频率失配时比完美匹配时高得多，所以当系统有最差情况频率失配时振幅应该足够小以避免在启动时过载输出。随着频率匹配的改善，可能会增加振幅以及由此而来的评估增益来减小科氏干扰的影响。当增加评估增益去保持理想跟踪带宽时相对地减少一些其他的增益因子是很重要的。如果导频最大化，那么对于完全的呈正弦变化的科氏加速度在最差的频率和最差的相位处，产生的部分匹配误差近似为 $\omega_{cal}^2/\omega_d^2$，这近似于来自有限力反馈开环增益和相等振幅基调的应用中的误差量级。

5.4 力反馈

5.4.1 模式匹配考虑

图 5.20 展示了在力反馈阶段如何驱动检测质量块和位置感应电极去实现差分驱动，检测质量块接地，顶端和底端的电极被偏置在 V_{bias} 并且被反馈电压 v_{fb} 微分驱动。在另一个方法中，顶端和底端的电极偏置电压分别为 V_{bias} 和 $-V_{bias}$，检测质量块被反馈电压 v_{fb} 驱动。两种方法都产生相似的结果。然而第一种方法

更好，因为它只需要一个偏置电压。总之，应用于检测质量块进行于间隙距离相比更小位移检测的反馈力表示为

$$F_{\mathrm{fb}}=\underbrace{2\frac{C_{\mathrm{s0}}}{x_{\mathrm{g}}}V_{\mathrm{bias}}}_{K_{\mathrm{v-f}}}v_{\mathrm{fb}}+\underbrace{2\frac{C_{\mathrm{s0}}}{x_{\mathrm{g}}^{2}}(V_{\mathrm{bias}}^{2}+v_{\mathrm{fb}}^{2})}_{\text{信号依赖刚度}}x_{\mathrm{s}} \tag{5.23}$$

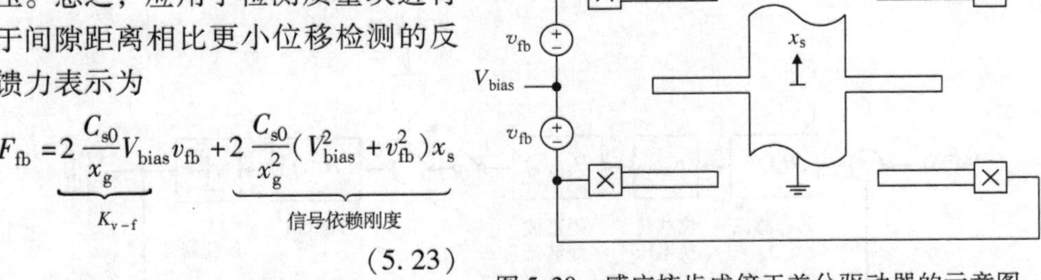

图 5.20 感应梳齿成倍于差分驱动器的示意图

式中，x_g 是所谓的间隙；C_{s0} 是检测质量块和每一对连接的电极间的感应电容。除了期望的电压控制力伴随一个电压力转换增益 K_{v-f} 以外，传感器还产生了一个不需要的同样依赖于反馈电压的刚度项。在正常操作期间，调谐环将强制用于谐振频率校准的导频基调在力反馈回路的输出处具有相等的幅度。忽略其他可能呈现的信号并且假设使用比例反馈，输出信号会成为 $\cos[(\omega_d-\omega_{cal})t]-\cos[(\omega_d+\omega_{cal})t]=2\sin(\omega_{cal}t)\ \sin(\omega_d t)$ 的形式。反馈电压来源于输出，因此能被表达为 $v_{fb}=|v_{fb}|\sin(\omega_{cal}t)\sin(\omega_d t)$。这个电压的二次方调节了依赖于信号刚度项，在 $2\omega_{cal}$、$2\omega_d$ 和 $2\omega_d\pm2\omega_{cal}$ 之外产生了一个直流分量。当直流成分被调谐回路去除时，交流成分以及超过调谐回路的跟踪带宽的成分会保留下来。在输出附加的信号，例如科氏力会加剧这个问题。置之不理的话，由反馈电压引起的刚度的寄生调谐会引起感应谐振在实验原型下大约 1% 的动态变化。

开关式控制，也即是指反馈电压仅限制在 $\pm V_{bias}$ 两个电平的反馈控制策略可解决这个问题。通过开关控制，反馈电压在 V_{bias} 和 $-V_{bias}$ 之间切换，在这种方法下它的时间平均近似于在比例控制下的反馈电压。这项技术转换动态频率变化为一个静态的误差，不管反馈电压的频谱含量如何 V_{bias}^2 均保持常数。由此导致的静态误差被调谐回路去除。

5.4.2 初始系统架构和模型稳定性分析

图 5.21 总结了初始的系统架构。为了实现上述的开关控制，在补偿器之后放置的单比特的量化器将反馈电压限制约束到仅两个电平，产生一个类似于 ΣΔ 调制器的结构，其中的噪声整形通过补偿器补偿感应单元来实现[10-15]。固有的模-数转换消除了在输出之后的专用高分辨率 A-D（模-数）的需要，单比特输出通过将解调器减少到简单的多路复用器来促进模式匹配算法的实现，此复用器保持或反转解调信号的符号。矩形波滤波器（The boxcar filter）捕获了本章参考文献［16］中提出的高功效的位置感测前端的行为。反馈数-模转换器的脉冲响应考虑了力反馈到位置检测电极的时间复用。脉冲的始端延迟占用的时间，

是补偿器和量化器处理位置信号和产生下一个输出所消耗的时间。正如模式匹配算法所需要的，包括用于注入校准信号的数－模转换器。

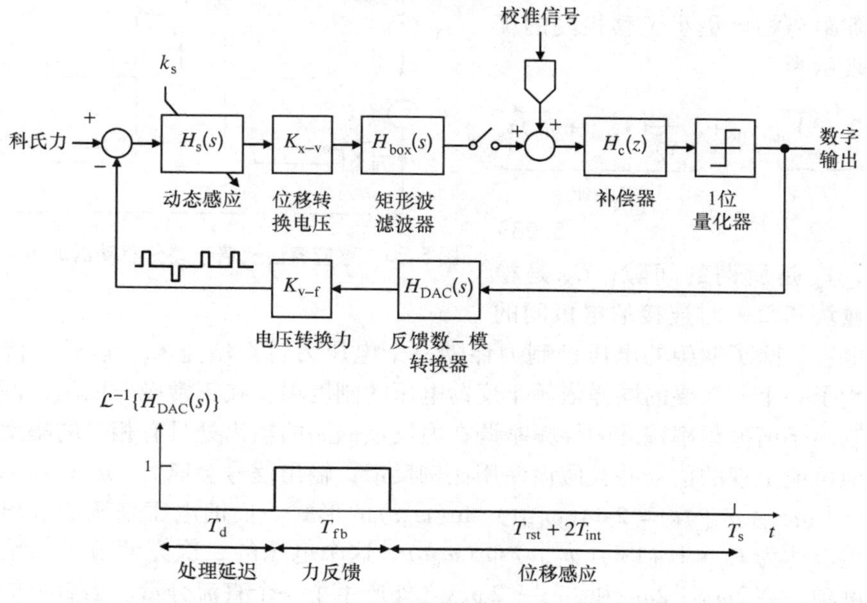

图 5.21　初始的系统架构（时间 $T_{rst}+2T_{int}$ 包括重置、误差积分、误差以及位移感测阶段的误差和信号积分阶段）

一个重要的设计目标是保证系统在感应过程的稳定，即数字输出没有大的限制周期，是科氏力的真实体现。量化器的存在导致难以直接分析的复杂系统行为。一个广泛采用信号相关增益和附加噪声源替代非线性元件近似的描述方程模型，可在特定条件下捕获非线性行为的足够细节，以深入洞悉调制器不稳定性的内在机制[18]。图 5.22 给出了评估各种补偿方案稳健性的描述函数模型。为了进一步利于分析，我们还用其脉冲不变离散时间等效替代机电链[19]。

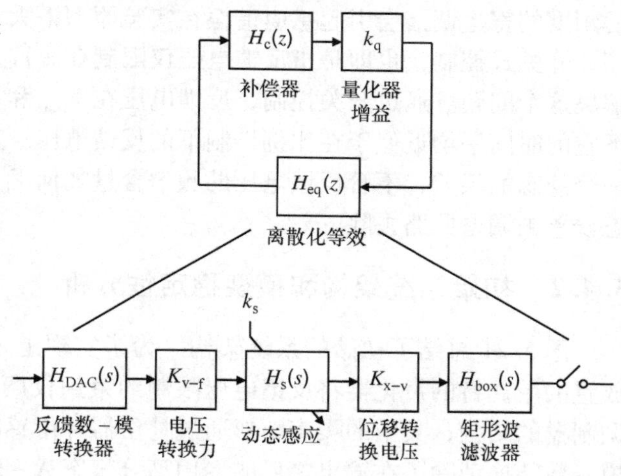

图 5.22　评估各种补偿方案的稳健性的模型

5.4.3 适应寄生谐振

虽然上述线性模型没有确定稳定性的充分条件，但是通过仿真已经发现，模型中缺少相位裕度是不稳定的充分条件。在以下分析中我们使用这种强大的能力来评估各种补偿方案的稳健性。

虽然实际的陀螺仪通常在宽范围的频率内具有无数的谐振模式，但是为了简单起见，我们考虑一个假设的传感器，除了在 15kHz 的主谐振之外，在 300kHz 下只有一个寄生谐振。图 5.23 显示了采样率为 480kHz 时传感器与离散机电链的频率响应。由于并置控制能确保在连续谐振之间存在恢复相位的反谐振，所以连续时间相位响应不超过 -180℃ 阈值。然而，在第二奈奎斯特区的寄生谐振，由于在奈奎斯特区的信号与反相相位相互混淆，所以具有非常大的超过相位延迟的衰减。不幸的是，增加采样速率使所有的谐振低于奈奎斯特频率，既不切实际也是无效的。不切实际是因为感应和寄生电容以及真实传感器的布线电阻使时间为常数限制了最大的采样速率。无效是因为在机电链中的处理时延和其他的时延引进额外的相位延迟，迫使离散化相位响应即使在没有寄生谐振的情况下远远低于 -180°。因此，该示例中的超大相位延迟相当常见。我们现在评估各种补偿方案的能力，以适应具有这种超大相位延迟的寄生谐振。

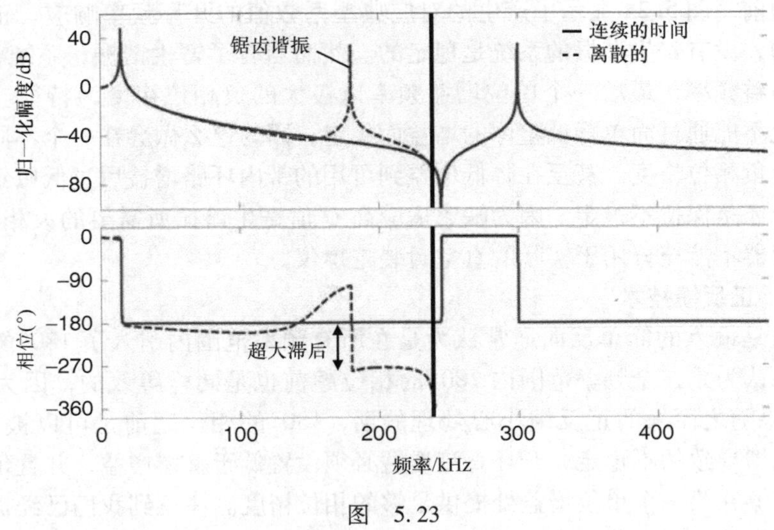

图 5.23

5.4.3.1 传统超前补偿

读出器接口使用的 ΣΔ 力反馈必须在很高的程度上去除在期望信号带内的量化噪声，来满足严格的分辨率需求。因为只单单感应单元具有的频率整形总是不足以去除量化噪声到一定水平之下，这一水平由位置感应前端所设置；广泛使用的二阶调制器、感应单元作为频率整形唯一来源的架构、以及只提供相位补偿的补偿器，总是有下降的信噪比。下降可以很大，例如在本章参考文献［15］中的20dB。通过使用多位取代一位的量化来避免信噪比下降的二阶架构是可能实现的。这个方法的缺点包括：使用兼容之前提过的开关控制应用于所需的多位力反馈的难点，以及使用模式匹配算法的解调器提高复杂性，和用于处理过采样多位输出的抽取器提高复杂性。本章参考文献［14］报告的在四阶调制器中的补偿器提供的附加的频率整形以最小限度增加复杂性消除了信噪比的下降。我们只考虑四阶架构，因为它保持信噪比的提高伴随着仅使整体系统复杂性适度地提高了一点。

用于四阶架构的补偿器的公式为

$$H_c(z)=\underbrace{\frac{z+a}{z}}_{\text{超前补偿}}\ \underbrace{\frac{z^2+b_1z+b_2}{z^2+cz+1}}_{\text{频率整形}} \tag{5.24}$$

一对由 c 约束的虚极点提供上述提到的频率整形，由 b_1 和 b_2 约束的一对复数零点补偿虚极点的相位延迟。a 的零点在高频时提供相位超前以补偿离散系统的相位延迟。不可避免地由于物理上实现的系统不能让零点比极点多，处于原点的极点不幸地取消了由零点提供的相位超前，从而限制了靠近奈奎斯特频率可用的相位超前。图5.24显示了产生的对应典型系数值的开环频率响应。正如人们所预料的，没有寄生谐振的系统是稳定的。然而当有了寄生谐振，系统将拥有3个单位增益频率，最后一个单位增益频率以极大的负相位裕度为特征。不幸的是，系统不能通过简单降低整体的增益而稳定，因为这么做会在一个不同的频率引入一个负相位裕度。甚至在降低增益到可用的带内环路增益后过低以致没有用处，系统还是保持不稳定。因为缺乏适应高 Q 值寄生谐振所需要的大相位超前，这种补偿器不能充分用于实际的真空封装陀螺仪。

5.4.3.2 正反馈技术

输出是输入的简单反向通常认为是在所有频率范围内引入了180°的相位延迟。如果认为是在全频率范围内180°的相位超前也是同样等效的，因为 $e^{\pm j\pi}=-1$。如果随之而来的正反馈小心处理的话，180°的相位超前是可以被利用的。避免正反馈导致的不稳定，开环直流增益必须设置低于整体增益，并且延迟补偿器必须能够在第一个单位增益处提供足够的相位裕度。注意到我们已经扩展了相位裕度，意味着最小化限度到±180°，不只是传统使用的-180°。低于单位增益的直流增益，有效地消除了直流的力反馈作用，可以应用于此，因为科氏力不存在于直流信号中。随着这些调整和夹杂的频率整形，补偿器的方程为

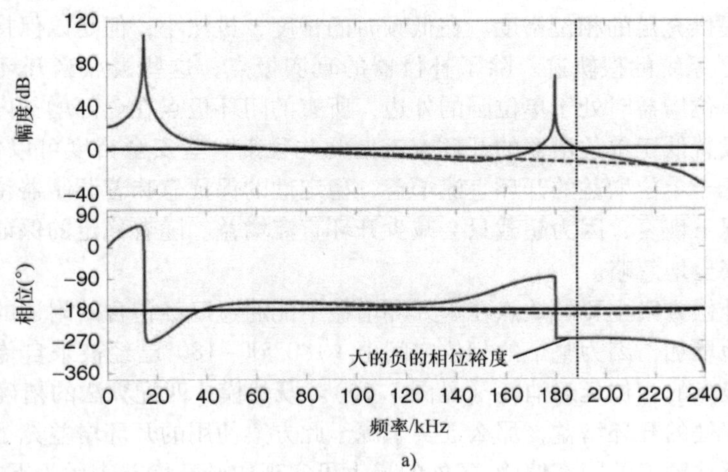

a)

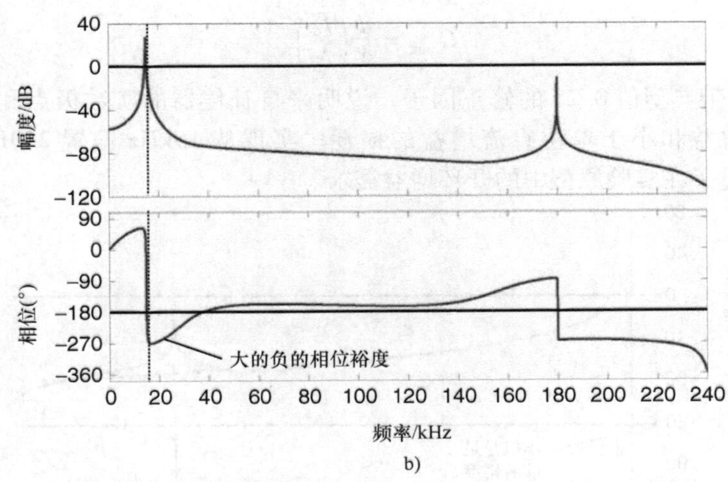

b)

图 5.24　带寄生谐振的四阶调制器的开环频率响应

a）系统是不稳定的因为在第三单位增益频率处没有相位裕度　b）减少增益在不同的频率引入负的相位裕度因而系统不稳定（虚线表示理想的响应）

$$H_c(z) = -\underbrace{\frac{z}{z+a}}_{\text{延迟补偿}}\ \underbrace{\frac{z^2+b_1z+b_2}{z^2+cz+1}}_{\text{频率整形}} \tag{5.25}$$

负号提供了自动 180°的相位超前，在 a 的极点提供了上述提到在第一个单位增益频率处的相位裕度。加入原点处的零点去消除由高频产生的相位延迟，因为这些频率处潜在的本身有大量相位延迟的寄生谐振不能有额外的延迟补偿。与先前考虑的补偿器相似，一对复数零点补偿包含提供必要频率整形的一对虚极点的相位延迟。图 5.25 显示了产生的对于典型系数值的开环频率响应。补偿器为寄生谐振提供充足的相位裕度。在低频时的裕度，虽然小，但足以保持稳定。图5.26展示了系统的根轨迹。除了补偿器的真实极点，这些极点当开环直流增益远远大于单位增益时处于单位圆的外边，所有的闭环极点在全部增益内都处在单位圆内。设置低于单位增益的开环直流增益并且带一些安全裕度可以保证稳定。对于所有低于单位增益的开环直流增益，稳定性的保证意味着调制器将总是从一个超载情况下恢复，因为超载只会减少开环直流增益。随着稳定的保证，寄生谐振可以更安全地忽略。

这个补偿方案主要的缺点在于开环增益不能通过已经包含的附加的虚极点对从而任意地增加，因为整个的相位空间由 +180°到 -180°已经被来自传感器和补偿器的虚极点的相位延迟消耗（见图5.25）。既然模式匹配算法的精确度取决于在导频频率处的开环增益，那么证实来源于此方案使用的开环增益充足性是很重要的。在驱动频率的频率偏移 Δf 处的最大可实现的开环增益表示为下式

$$G_{\max} = \frac{d}{4}\left(\frac{f_{\mathrm{d}}}{\Delta f}\right)^2 \tag{5.26}$$

式中，d 是带典型值0.25的修正因子，说明来自补偿器的实数极点和复数零点对的带内增益和小于单位直流增益的损耗。实现从15kHz偏置250Hz时增益47dB，超过了在实验原型中的开环增益需求。

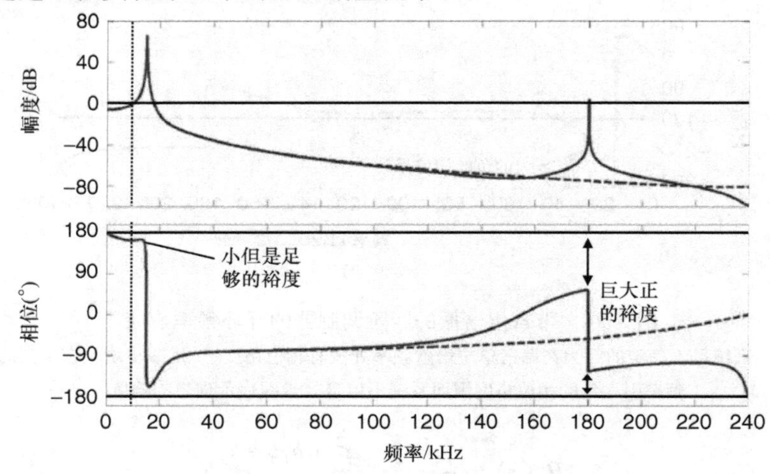

图5.25　正反馈补偿环路的开环响应

图5.26正反馈补偿环的根轨迹图。高频虚极点是因为寄生谐振，两对低频虚极点中的一对来自于传感器，另一对和实极点来自于补偿器。

5.4.4　正反馈架构

一个实际的基于 ΣΔ 的正反馈架构必须能驱使低于单位增益的开环直流增

益，并且能容忍传感器内潜在的偏置。在这个部分中，我们导出这样一个架构。

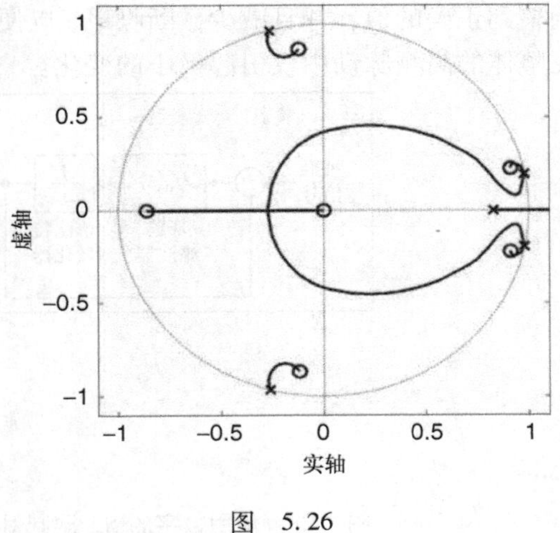

图 5.26

5.4.4.1 设置开环直流增益

减小力反馈闭环内的信号水平对开环增益并没有帮助，因为量化器增益简单的调整，将其保持为常数。因为正如之前提到的，量化器增益是与信号相关的，有可能通过在量化器前加入适当数量的高频脉冲迫使直流增益低于整体水平。因为量化器的输入变量增加，同时输出保持常数时，量化器的增益会减小，同时开环增益也减小了。一个伪随机的二元序列是一个好的高频脉冲信号，因为它还能助于去除调制器的基调，易于使用线性反馈移位寄存器生成。序列不会像量化器噪声一样，降低整体界面的本底噪声，因为它出现在传感器和补偿器的输出频域加权。高频脉冲信号也能在补偿器前加入，这种情况加入高频脉冲很重要，可以通过频域加权来弥补补偿器的频率整形。图 5.27 展示了另一种解决方案。在实验样机中，在补偿器前加入高频脉冲信号来重新使用加入校准信号的数－模转换器。

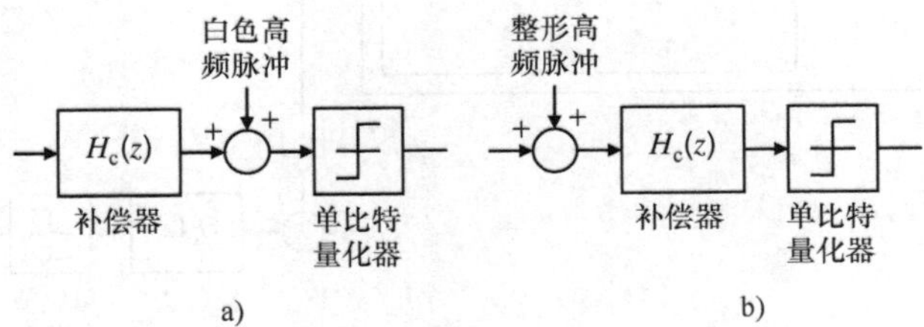

图 5.27 减小量化器增益通过加入（a）在量化器之前的白色高频脉冲，以及（b）在补偿器前的整形高频脉冲

为了减少模拟信号的复杂性，校准信号可以被带通 ΣΔ 调制，然后使用粗调的数－模转换器（如图 5.28 所示）插入进来，因为随之而来的在期望信号带宽外的截断噪声是可以接受的。事实上，截断噪声已被整形至期望信号带宽外，可以是高频脉冲的两倍，这样它就不需要额外的频率整形高频脉冲。但是，这需要仔细校准粗调的数－模转换器的增益以保证截断噪声能提供合适的高频脉冲总量。由于微电子机械系统和集成电路工艺精度带来的困难，我们在实验样机中避免了这种解决方案，取而代之添加一个频率整形的高频脉冲信号，其幅度被数字

调整到正确的值，并且减少截断噪声，以便粗调的数－模转换器增益的制程变异在整体的高频脉动中仅引起极小的变化。

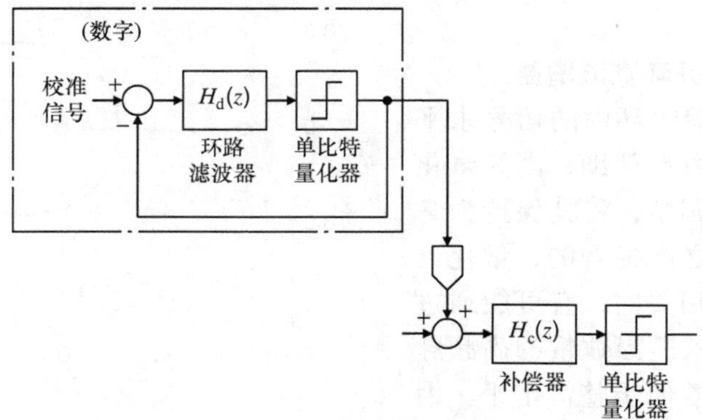

图 5.28 使用数字的 ΣΔ 调制器减少数－模转换器的模拟复杂性，同时截断噪声是高频脉冲的数倍

图 5.29 展示了这个方案。频率整形的高频脉冲通过再使用 ΣΔ 调制器来 Δ 调制一个白色的高频脉冲信号实现，其变化是可控的。为了实现上述提到的截断降噪，多比特截断在此是必要的。

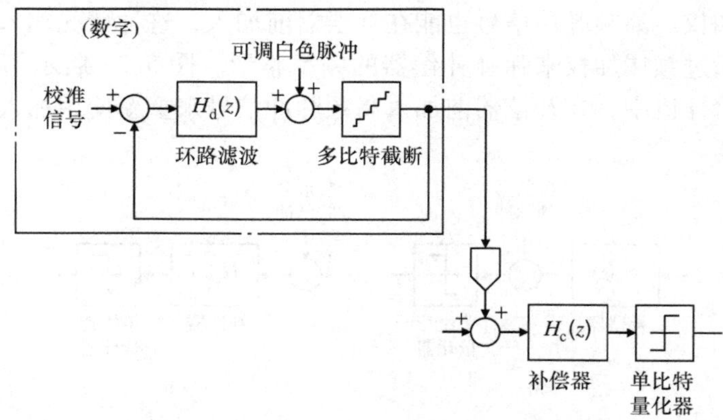

图 5.29 一个更可靠的方式产生高频脉冲同时最小化模拟复杂性，频率整形高频脉冲由重复使用 ΣΔ 去调节各种可调的白色高频脉冲来实现

调制器需要至少一个二阶带通环路滤波器来提供噪声整形，这个噪声整形等同于补偿器提供的。一个附加的积分器，其包括去除在低频时的高频脉冲和截断噪声，避免了在低频力反馈闭环增益很低时过多引入干扰到传感器中。因此这个环路滤波器的方程为

$$H_d(z) = \underbrace{\frac{1}{z-1}}_{\text{低频整形}} \underbrace{\frac{z^2 + d_1 z + d_2}{z^2 + cz + 1}}_{\text{带动整形}} \tag{5.27}$$

这里 d_1 和 d_2 控制这对复数零点，这对复数零点补偿了由虚数极点对引入的相位延迟。而这对虚数极点的频率由 c 控制，因而伴随的补偿器的频域整形极点也由 c 控制。环路滤波器在前反馈求和的正向路径可以完全执行，以使带内输入到输出的相位延迟最小化，因为模式匹配算法使用同步的解调，因此对相位误差敏感。

5.4.4.2　调节传感器偏置

由于制造公差和封装应力，传感器通常受到非理想因素的影响，诸如来自平衡位置的非零的固定位移，以及微分感应和寄生电容之间的失配。这些非理想因子显示了直流或缓慢的漂移偏置，而这些经常超过传感器总的测量范围[11]。因为在直流时有大量的环路增益，传统的负反馈环路很容易调整偏置。

在正反馈结构中直流处的反馈损耗导致了数字转换器前的偏置积累，而这会导致数字转换器增益与期望值相差加大以及随之而来的运行的下降。幸运的是，通过一个缓慢规则的回路，在这其中减去数字转换器前的偏置，问题就很容易解决。或者，在补偿器前应用偏置补偿信号。在这种情况下，信号被添加而不是减去，因为补偿器已经执行了信号的反转。图 5.30 显示了两个可能的解决方案。校正量化器输出的直流值在这一应用中是可行的，因为科氏力不存在于直流中。我们实现如图 5.31 中显示的第二种方法，去再次起用已经可用的系统模块。通过这个，当提供所有的模式匹配算法数字实现的必要函数后，我们达成了系统结构，以最大限度地减小模拟复杂性。总的来说，该架构有很强的抗寄生谐振能力。

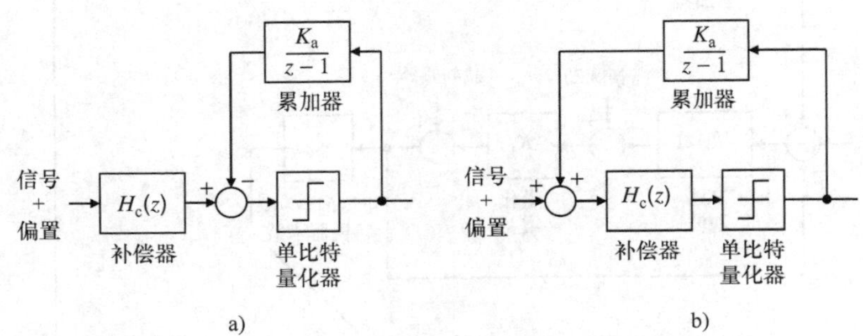

图 5.30　应用偏置补偿调节传感器偏移量

a）在量化器之前　b）在补偿器之前

5.4.4.3　系统设计

图 5.32 显示了为设计提供的分析模型。实现一个最优化的设计是很大的挑战，由于在偏置补偿环路内数字化 ΣΔ 环路的嵌套，以及主要的电子机械环路与电子环路的相互作用。为了使这个过程更易处理，我们逐步开始，起初只有主要的电子机械环路，再增加其他我们进行的环路。随后是一个已发现能使所有系数快速规范化的设计程序。当然，分析结果必须总能通过仿真验证和优化。

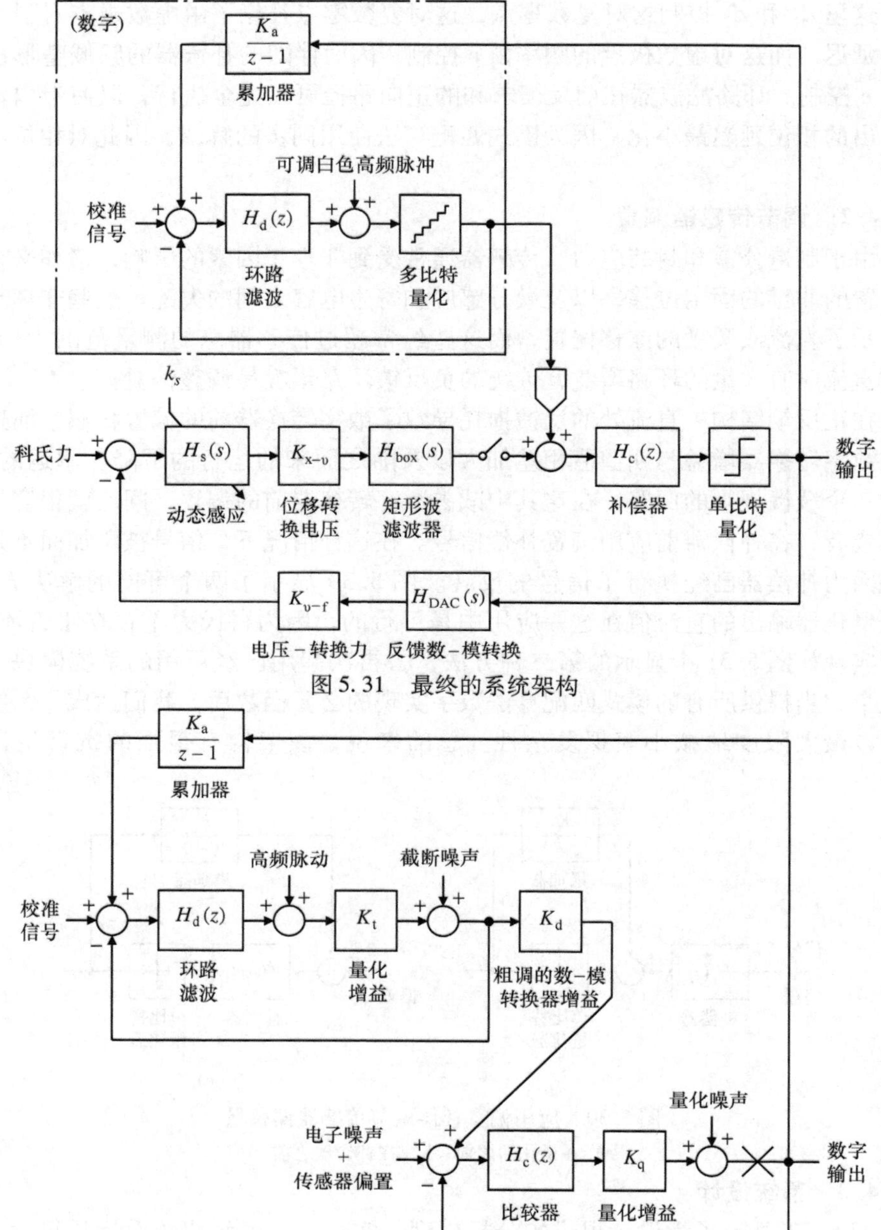

图 5.31　最终的系统架构

图 5.32　最终架构的分析模型

1）设计一个补偿器为离散化的带 K_q 的机电链，提供足够的相位裕度使之在直流处调整到提供大约 6dB 的增益裕度。相位裕度的设计余量应该避免，因为它需要补偿器的复数零点和实极点接近于单位圆，这对带内增益是不利的。

2）设计带噪声等级的数字化 ΣΔ 调制器，放置在直流和驱动频率处。白色高频脉冲应该在名义上远超过截断噪声，以至粗调的数－模转换器增益的制程变异很容易通过数字调整上述提到的白色高频脉冲来调节。倘若完全调整截断噪声和高频脉冲已经足够，那么截断水平的数量至今微不足道。

3）关闭偏置补偿回路选择累加器和粗调的数－模转换器的增益乘积 K_aK_d。在量化器后环路立即消失的整个开环传递函数为（在图 5.32 中点标记为 ×）：

$$G_{\text{open}}(z) = K_q H_c(z)\left[H_{\text{eq}}(z) - \frac{\overbrace{K_a K_d}}{z-1}\frac{K_t H_d(z)}{1+K_t H_d(z)}\right] \tag{5.28}$$

图 5.33 显示了如何增加 K_aK_d 的值影响整个开环响应。偏置补偿路径为总共三个单位增益频率（带寄生谐振的除外）引入了又一个在低频时的单位增益点。这个附加的单位增益频率是至关重要的，因为其相位也横跨在这附近。假如这样做不会对相位裕度带来不利的影响，那么增益的乘积应该增加使偏置补偿器环路的带宽最大化以及在启动时响应时间最小。

1）在保持 K_aK_d 的乘积为常数时，确定 K_d 的值让其仅仅提供合适数量的高频脉冲，从而迫使 K_q 为第一阶段选定的值。

2）选择截断水平的数量使其完全适应校准信号、高频脉冲和最差情况偏置补偿信号。

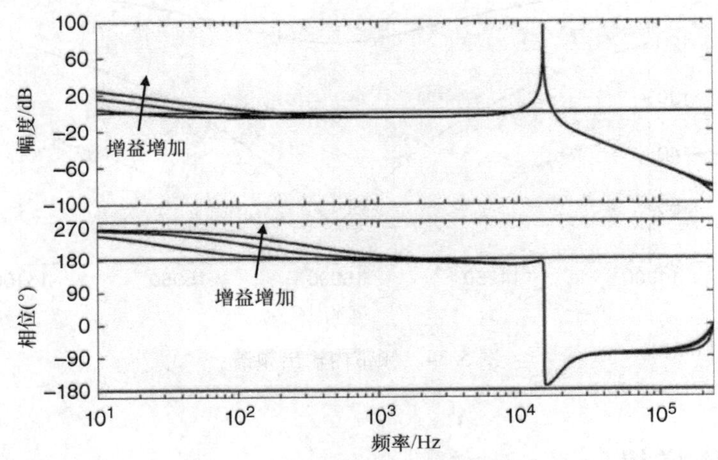

图 5.33　增加偏置补偿回路的静态增益的影响

最后一步是考虑到电子噪声、量化噪声、截断噪声和高频脉冲下，验证在期望信号带宽上的整体系统本底噪声。各类型噪声输入至输出的传递函数为

$$NTF_{\mathrm{q}}(z)=\frac{1}{1+G_{\mathrm{open}}(z)} \tag{5.29}$$

$$NTF_{\mathrm{e}}(z)=\frac{K_{\mathrm{q}}H_{\mathrm{c}}(z)}{1+G_{\mathrm{open}}(z)} \tag{5.30}$$

和

$$NTF_{\mathrm{t}}(z)=\frac{K_{\mathrm{d}}}{1+K_{\mathrm{t}}H_{\mathrm{d}}(z)}\frac{K_{\mathrm{q}}H_{\mathrm{c}}(z)}{1+G_{\mathrm{open}}(z)} \tag{5.31}$$

$$NTF_{\mathrm{d}}(z)=\frac{K_{\mathrm{d}}K_{\mathrm{t}}}{1+K_{\mathrm{t}}H_{\mathrm{d}}(z)}\frac{K_{\mathrm{q}}H_{\mathrm{c}}(z)}{1+G_{\mathrm{open}}(z)} \tag{5.32}$$

$NTF_{\mathrm{q}}(z)$是量化噪声的传递函数，$NTF_{\mathrm{e}}(z)$是电子噪声的传递函数，$NTF_{\mathrm{t}}(z)$是截断噪声的传递函数，$NTF_{\mathrm{d}}(z)$ 是高频脉冲的传递函数。图 5.34 显示了在上述过程概述获得的实验样机和传感器在期望信号带宽的输出频谱的成分。截断噪声与高频脉冲已经紧密结合因为它们有相同的形状。前端的固有分辨率保存在期望信号带宽中，因为电子噪声主导了其他噪声源（除了布朗运动的噪声源），包括参照的噪声源。当小的模式匹配误差存在时电子噪声是略高于设计的以避免整个信噪比的下降。

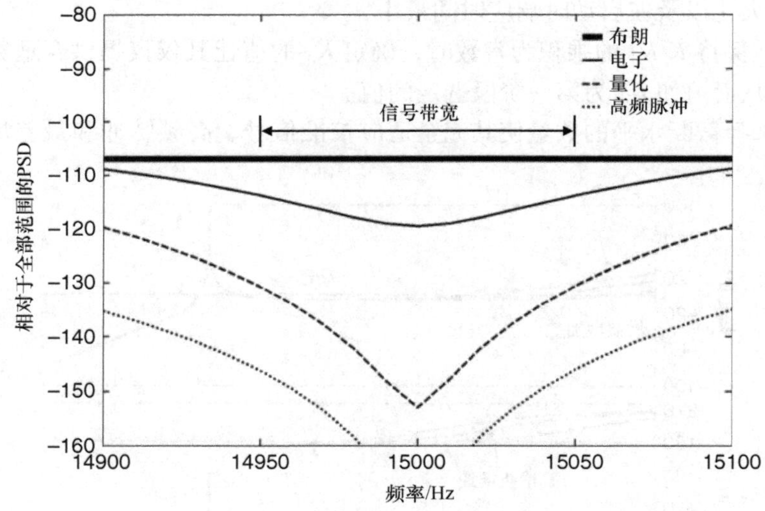

图 5.34　频带内输出频谱

5.5　实验样机

在之前的部分中已经开发的技术已经得以应用到一个 0.35μm CMOS 工艺中的试验性读出器接口。预期的传感器有一个大约 15kHz 的驱动谐振频率和一个大约 0.004°/s $\sqrt{Hz}$的布朗本底噪声。需求的带宽是 50Hz（双边 100Hz）。运行频率锁定在 32 倍的通常 15kHz 的感应单元的驱动谐振频率。

5.5.1　实施

图 5.35 显示了整个的接口。感应/反馈转换时间复用了位移感应和反馈的同一组电极，来实施相应的感应和驱动执行。一个数字化的评估量在前端之前加入了带外的导频基调来监测驱动和感应谐振频率之间的失配。估计量反馈进入累加器，从而生成一个电压用于静电调整感应谐振频率。需要 11 位精度来实现所需的调谐精度。数 - 模转换器通过 1 位 ΣΔ 调制器和一个开关电容积分器来实现，该积分器充当累加器兼做重建滤波器。积分器的漏电和偏置产生了系统的模式失配。一个带无线直流增益的数字 π 型滤波器可以消除这个误差。使用一个三位的数 - 模转换器应用调制校准，高频脉冲，偏置补偿信号。在前端放大器之前而不是之后引入它们，则大的偏置会在放大器前被去掉。由此产生的由前端感应的较小的信号便于使跳动、漂移、跨导变化以及非线性微分对的不利影响降到最低。下面的部分将详细说明关键模块的电路细节。

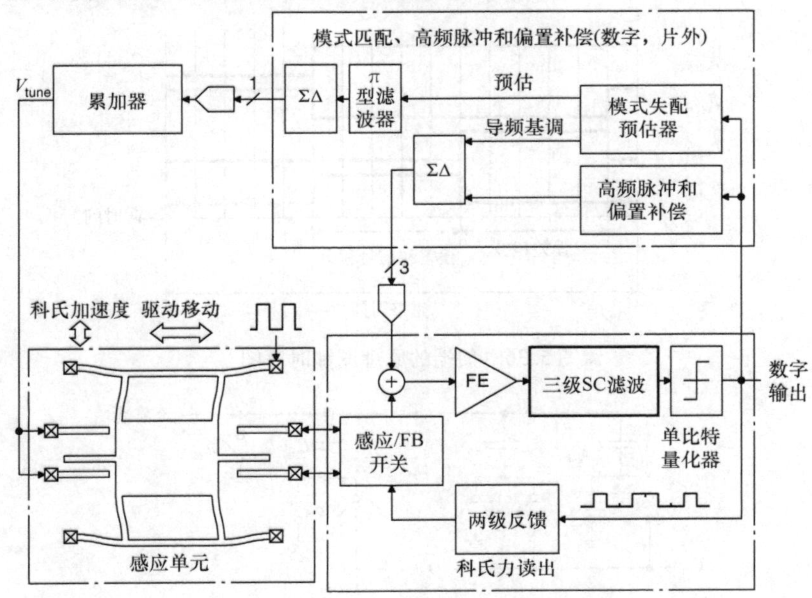

图 5.35　接口电路框图

5.5.1.1　前端和三位数 - 模转换器

图 5.36 显示了一个带时序图的前端原理图。感应电极在反馈阶段通过反馈开关（忽略）连接到反馈电压，在感应阶段通过感应开关连接到前端放大器。

放大器的输出在两个集成阶段通过 CDS 开关直接连接到随后的开关电容滤波器，并且当前端闲置时重置为接地。三位数－模转换器的输出与放大器的输入是电容性耦合的。耦合电容器只有 70fF，比起感应和寄生电容结合的 8 pF 是微不足道的。

图 5.37 展示了 3 位数－模转换器。简单起见，只显示为单端型，但是实际的实现是有差别的。它包含了根据输入代码的 7 个单位元件，这些单位元件或接地或连接检测质量块节点。

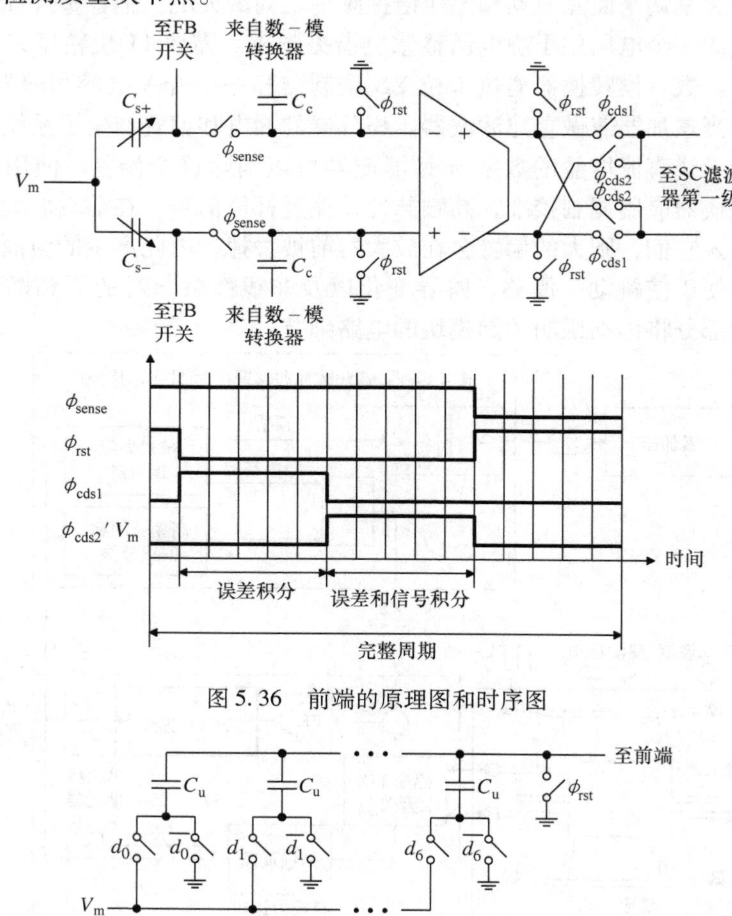

图 5.36　前端的原理图和时序图

图 5.37　3 位数－模转换器简化视图（实际的实现有差别）

当脉冲应用于检测质量块上时，在放大器的输入端产生一个电压，这个电压与感应电容间失衡的电容成正比，并且伴随着一个与数－模转换器输入代码相关的电压。检测质量块和数－模转换器被相同的电压脉冲激发以保持位移电压增益和数－模转换器增益的比率相同。

图 5.38 显示了前端运算跨导放大器的晶体管级别电路简图。一个带 PMOS 输入的折叠的共源共栅被选中使一个 V_{ss} 的输入共模水平成为了可能（因为感应电极为位置感应而重置）。双共源共栅放大器提供了高的输出阻抗。

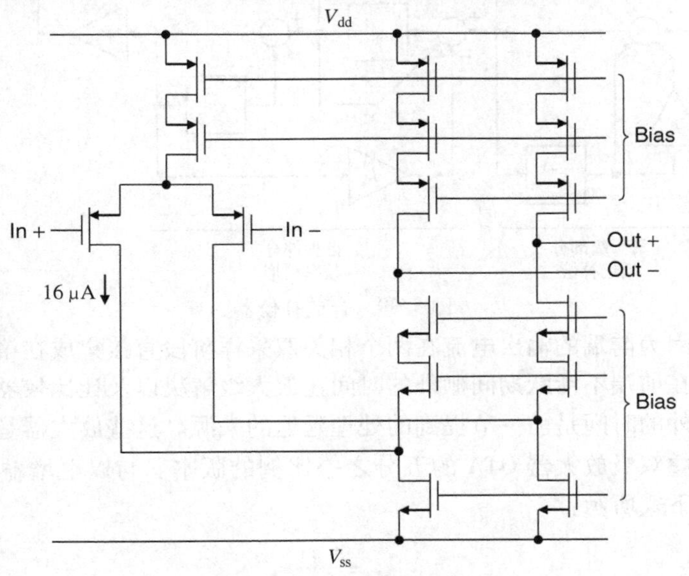

图 5.38 前端 OTA 示意图

5.5.1.2 补偿器

实现补偿器的第一步是合成只有单位延迟和增益元件的传递方程。图 5.39 显示了一种实现方法，其通过战略性地延迟以使开关电容积分器阶段的解决路径最小化最终实现补偿器。产生的传递函数为

$$H_c(z) = -\frac{z}{z+a}\frac{z^2+b_1z+b_2}{z^2+cz+1} \tag{5.33}$$

其中

$$a = k_1 - 1 \tag{5.34}$$

$$b_1 = k_2 + k_3 + k_4 - 2 \tag{5.35}$$

$$b_2 = 1 - k_3 \tag{5.36}$$

$$c = k_2 - 2 \tag{5.37}$$

上述的方程组能被解决去寻求产生期望的补偿器系数的增益。这个增益应该是客观的，且能通过简单的电容量准确地实现。这可能需要选择补偿器系数的几次迭代过程，以至于当达到其他设计要求时，也会导致易于实现的增益。

图 5.40 显示了补偿器的开关电容器电路的实现。通过把谐振器和前馈路径的信号最终求和来避免额外的功率损耗。在求和节点处由寄生电容引起的增益误差是不会构成问题的，因为连接过滤器的比较器只对信号的极性敏感。输入的采

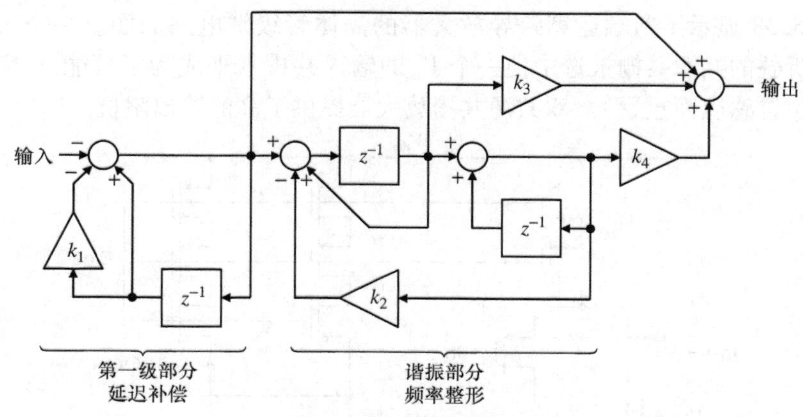

图 5.39　合成补偿器

样电容缺失因为前端的输出电流在两个相关双采样阶段直接集成在第一阶段的积分电容上。在前端不活跃期间额外的时间让放大级解决以及让比较器达到一些决定。这个额外的时间是前一节提到的处理延迟的来源。这些放大器是用于前端的整个差分折叠双极放大器 OTA 的五分之一比例的版本。与以上增益相关的电容率的等式如下式所示：

$$k_1 = \frac{C_{fb1}}{C_{int1}} \tag{5.38}$$

$$k_2 = \frac{C_{fb2}}{C_{int2}}\frac{C_{s2}}{C_{int3}} \tag{5.39}$$

$$k_3 = \frac{C_{s1}}{C_{int2}}\frac{C_{ff2}}{C_{ff1}} \tag{5.40}$$

$$k_4 = \frac{C_{s1}}{C_{int2}}\frac{C_{s2}}{C_{int3}}\frac{C_{s3}}{C_{ff1}} \tag{5.41}$$

前端的增益取决于前端 OTA 的跨导大小和集成时间，在这种情况下负载电容是 C_{int1}，C_{int1} 要选择足够大去维持信号摆幅在供应范围内。在这个设计中，$G_m = 160\mu s$，$T_{int} = 0.65\mu s$，以及 $C_{int1} = 1pF$，从而导致前端增益大约为40dB。这个增益足够大使得过滤器的噪声可忽略，但对于 OTA 和传感器偏移超出第一积分器的输出摆幅来说还不是太大。当满足以上比率时选择电容器其余的值作为匹配和功耗间的权衡。

5.5.2　实验结果

接口用 0.35μm CMOS 工艺设计和制造，用本章参考文献［20］提到的陀螺仪测试。图 5.41 为一个感应元件的扫描电子显微镜图（SEM 图）。图 5.42 为测试的检测轴的频率响应。此外靠近 15kHz 的主谐振，能发现许多在宽频率范围内

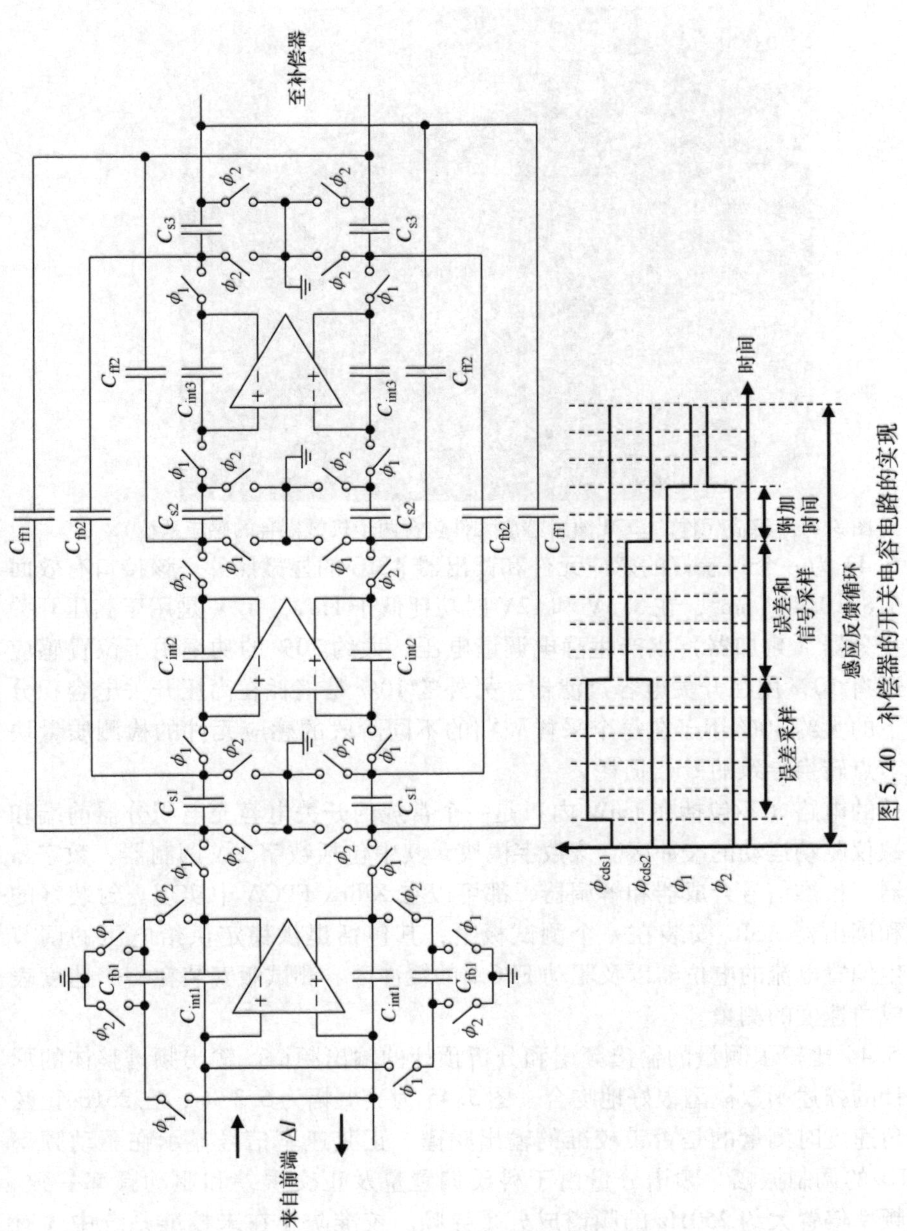

图 5.40　补偿器的开关电容电路的实现

的寄生谐振模式，主要的模式大约在 95kHz 和 300kHz。这些模式通常会在传统超前补偿环路有问题，并且易于通过正反馈补偿方案调整。

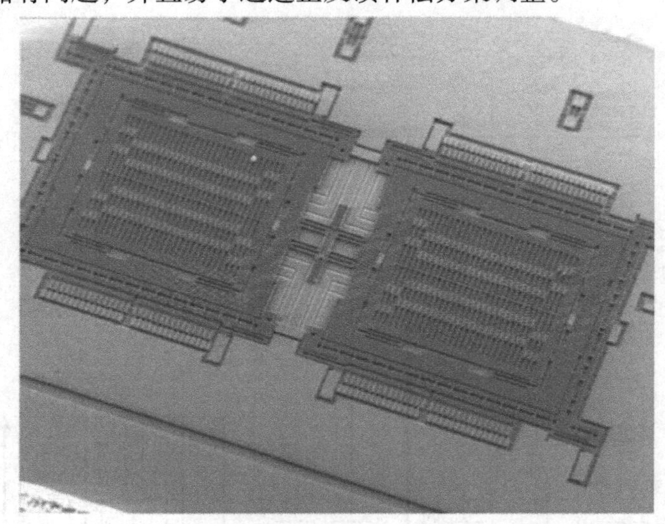

图 5.41 感应元件的 SEM 图（感应元件包含两个机械耦合的感应系统）

图 5.43 为一个封装好的感应元件和读出器 ASIC 的显微照片。该接口有效面积为（0.8×0.4）mm^2，在 3.3V 和 12V 时功耗低于 1mW。12V 是用于高压开关电容的积分器（累加器）以产生静电调谐电压。大约 20% 的功率用于位置感应前端，还有 10% 用在开关电容过滤器。另外的 10% 是消耗在高压开关电容积分器，剩下的大约 40% 用于在每个采样周期的不同阶段的感应元件的检测质量块和感应节点转换导致的 CV^2 损耗。

额外的电路（不包括在 1mW 内）是一个常规的开关电容充电积分器前端和检测陀螺仪驱动运动的缓冲区。该数字模块，其中包括数字 ΣΔ 调制器、数字 π 型过滤器、校准信号合成器和解调器，都可以在 Xilinx FPGA 中实现。封装好的陀螺仪和读出器 ASIC 安装在一个测试板上，其包括提供稳定供给电压的调节器、产生偏置电流的电位器以及驱动 FPGA 的缓冲区。测试版安装在一个速度表上以完成角速度的测量。

图 5.44 比较了测量的输出频谱和分析预计的输出频谱。输出频谱整体的形状和预计的描述函数模型很好地吻合。图 5.45 为当振幅为 5.3°/s，在 25Hz 正弦变化的角速度时测量的是否带校准的输出频谱。正弦速率信号显示在驱动频率 15.49kHz 的调制振幅。频谱分量由于科氏偏置量及正交误差和驱动频率一致。在驱动频率偏置大约 250Hz 的频谱成分是导频。校准防止在未校准系统中固有的噪声陷波的错位。输出频谱的带内部分说明当模式匹配禁用时，本底噪声从 0.04°/s/$\sqrt{Hz}$减小，当模式匹配启用时，本底噪声减小到 0.004°/s/$\sqrt{Hz}$。

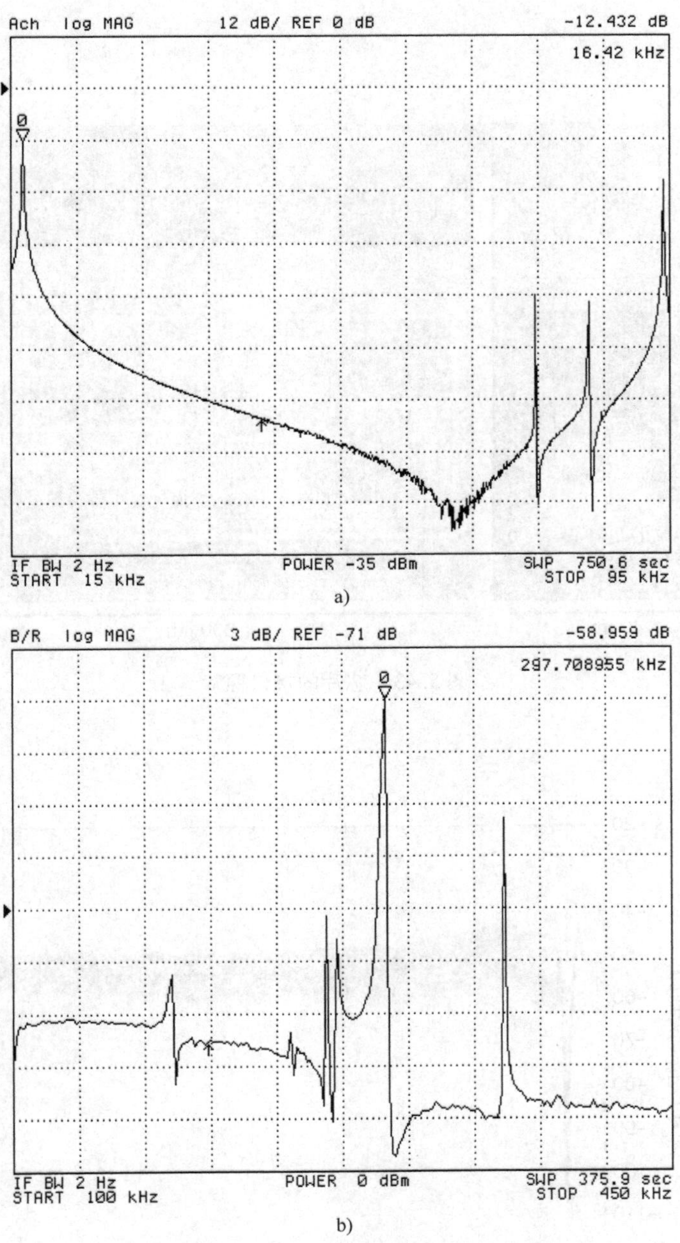

图 5.42　测试的沿检测轴的频率响应

a）从 15～95kHz　b）从 100～450kHz

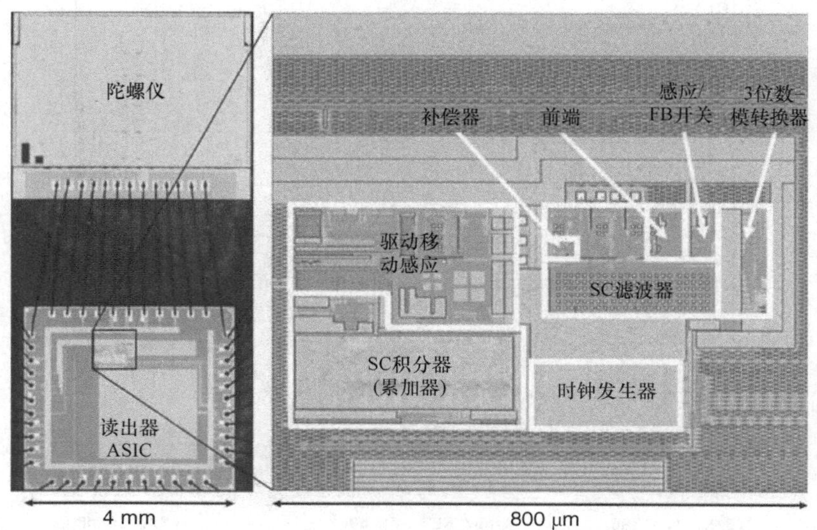

图 5.43　芯片的接口照片

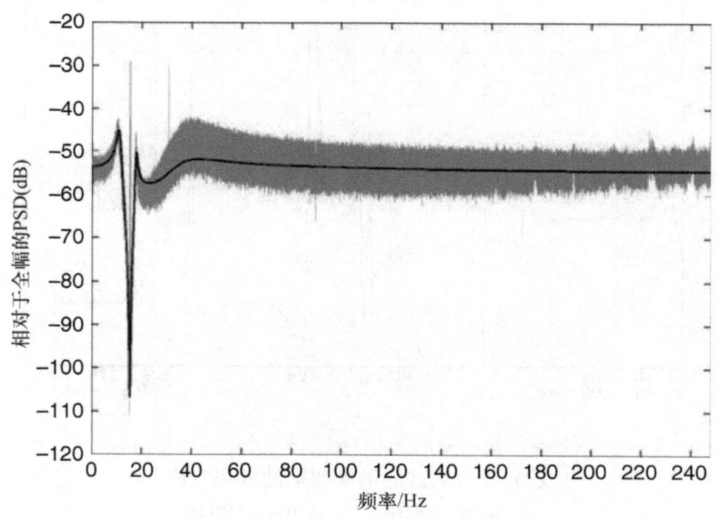

图 5.44　测试的输出频谱图，黑色的实线是分析预测的输出频谱

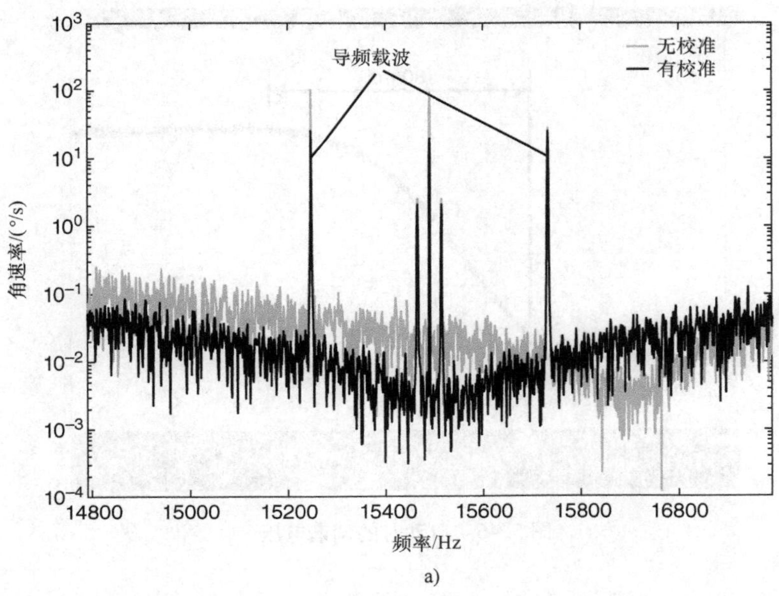

a)

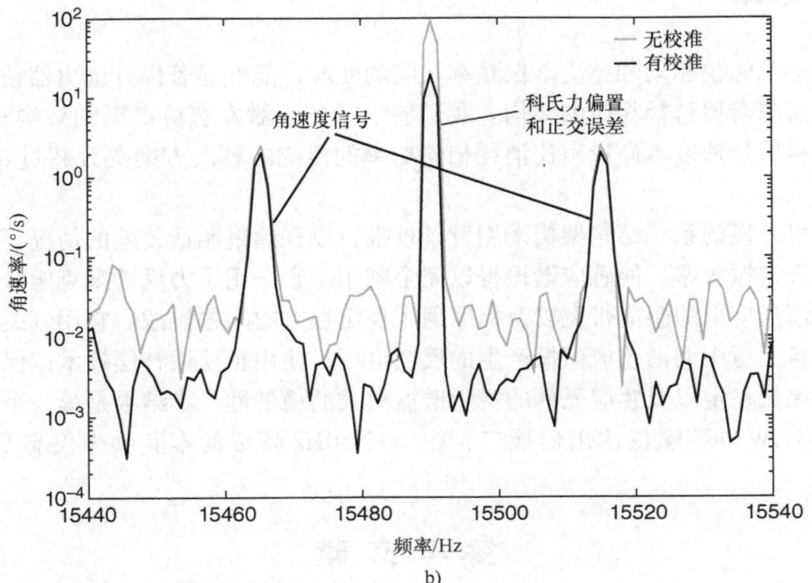

b)

图 5.45　测试的输出频谱显示

a）未校准系统中噪声陷波的错位　b）校准后频带内本底噪声的改善

图 5.46 为在启动期间的测量静电调谐电压，校准周期为 80μs。

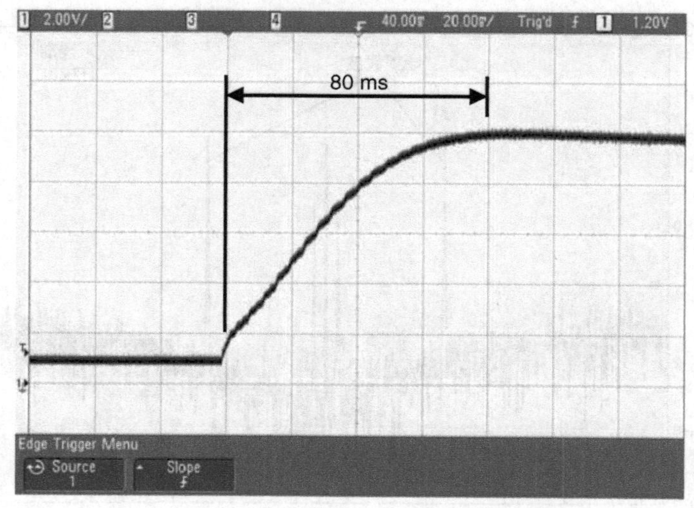

图 5.46　启动时的调谐电压

5.6　总结

振动陀螺仪驱动和感应谐振频率之间的匹配，能够显著提升读出器接口的功效，但意味着要选择相应的架构。我们展示了用于激发感应谐振的架构和电路，实现了科氏加速度本底噪声比消耗相同功率的传统的解决方案提升超过 30dB 的改进效果。

这里开发的系统结构架构采用背景校准，以在超过制造公差的情况下匹配驱动和感应谐振频率，使感应谐振得以完全利用。它采用了力反馈来克服模式匹配带来的诸如有限的感应带宽以及标度因子稳定性差的问题挑战。它用开关控制去避免来自无意中调谐感应谐振产生的反馈电压，使用正反馈补偿技术以保证力反馈环路保持稳定以及感应元件的寄生谐振模式的稳健性。本结果是第一个由实验验证的 1mW 的陀螺仪读出器接口，在超过 50Hz 频带的本底噪声仅有 0.004°/s/$\sqrt{\mathrm{Hz}}$。

参考文献

[1] W. A. Clark, *Micromachined Vibratory Rate Gyroscopes*. PhD thesis, Electrical Engineering and Computer Sciences, University of California, Berkeley, 1997.

[2] J. A. Geen, S. J. Sherman, J. F. Chang, and S. R. Lewis, "Single-chip surface micromachined integrated gyroscope with 50°/h Allan deviation," *IEEE Journal of Solid-State Circuits*, vol. 37, pp. 1860–1866, Dec. 2002.

[3] W. A. Clark, R. T. Howe, and R. Horowitz, "Surface micromachined Z-axis vibratory rate gyroscope," in *Technical Digest of the Solid-State Sensor and Actuator Workshop* (Hilton Head Island, SC), pp. 283–287, 1996.

[4] M. S. Weinberg and A. Kourepenis, "Error sources in in-plane silicon tuning-fork MEMS gyroscopes," *Journal of Microelectromechanical Systems*, vol. 15, pp. 479–491, June 2006.

[5] M. W. Putty and K. Najafi, "A micromachined vibrating ring gyroscope," in *Technical Digest of the Solid-State Sensor and Actuator Workshop* (Hilton Head Island, SC), pp. 213–220, 1994.

[6] J. Choi, K. Minami, and M. Esashi, "Silicon resonant angular rate sensor by reactive ion etching," in *Technical Digest of the 13th Sensor Symposium* (Tokyo, Japan), pp. 177–180, 1995.

[7] W. Yun, R. T. Howe, and P. R. Gray, "Surface micromachined, digitally force-balanced accelerometer with integrated CMOS detection circuitry," in *Technical Digest of the Solid-State Sensor and Actuator Workshop* (Hilton Head Island, SC), pp. 126–131, 1992.

[8] Analog Devices, One Technology Way, Norwood, MA 02062, *ADXL50: Monolithic accelerometer with signal conditioning*.

[9] A. Sharma, M. Zaman, and F. Ayazi, "A 0.2°/hr mirco-gyroscope with automatic CMOS mode matching," in *ISSCC Digest of Technical Papers* (San Fransisco, CA), pp. 386–387, 2007.

[10] T. Smith, O. Nys, M. Chevroulet, Y. DeCoulon, and M. Degrauwe, "A 15b electromechanical sigma-delta converter for acceleration measurements," in *ISSCC Digest of Technical Papers* (San Fransisco, CA), pp. 160–161, 1994.

[11] M. Lemkin and B. E. Boser, "A three-axis micromachined accelerometer with a CMOS position-sense interface and digital offset-trim electronics," *IEEE Journal of Solid-State Circuits*, vol. 34, pp. 456–468, Apr. 1999.

[12] X. Jiang, J. I. Seeger, M. Kraft, and B. E. Boser, "A monolithic surface micromachined Z-axis gyroscope with digital output," in *Symposium on VLSI Circuits Digest of Technical Papers* (Honolulu, HI), pp. 16–19, 2000.

[13] H. Kulah, A. Salian, N. Yazdi, and K. Najafi, "A 5V closed-loop second-order sigma-delta micro-g micro accelerometer," in *Technical Digest of the Solid-State Sensor and Actuator Workshop* (Hilton Head Island, SC), pp. 219–222, 2002.

[14] V. P. Petkov and B. E. Boser, "A fourth-order ΣΔ interface for micromachined inertial sensors," *IEEE Journal of Solid-State Circuits*, vol. 40, pp. 1602–1609, Aug. 2005.

[15] H. Kulah, J. Chae, N. Yazdi, and K. Najafi, "Noise analysis and characterization of a sigma-delta capacitive microaccelerometer," *IEEE Journal of Solid-State Circuits*, vol. 41, pp. 352–361, Feb. 2006.

[16] C. D. Ezekwe and B. E. Boser, "A mode-matching ΣΔ closed-loop vibratory gyroscope readout interface with a $0.004°/s/\sqrt{hz}$ noise floor over a 50 hz band," *IEEE Journal of Solid-State Circuits*, vol. 43, pp. 3039–3048, Dec. 2008.

[17] J.-J. E. Slotine and W. Li, *Applied Nonlinear Control*. Prentice Hall, 1991.

[18] S. R. Norsworthy, R. Schreier, and G. C. Temes, eds., *Delta-Sigma Data Converters: Theory, Design, and Simulation*. IEEE Press, 1997.

[19] X. Jiang, *Capacitive Position-Sensing Interface for Micromachined Inertial Sensors*. PhD thesis, Electrical Engineering and Computer Sciences, University of California, Berkeley, 2003.

[20] U.-M. Gómez, B. Kuhlmann, J. Classen, W. Bauer, C. Lang, M. Veith, E. Esch, J. Frey, F. Grabmaier, K. Offterdinger, T. Raab, H.-J. Faisst, R. Willig, and R. Neul, "New surface micromachined angular rate sensor for vehicle stabilizing systems in automotive applications," in *Proceedings of the 13th International Conference on Solid State Sensors, Actuators and Microsystems* (Seoul, Korea), pp. 184–187, 2005.

第6章 基于CMOS工艺的DNA生物芯片

Roland Thewes
德国柏林，柏林工业大学

6.1 引言

近年来，用于检测生物分子（如DNA片断或蛋白质分子）的电子器件芯片，尤其是基于CMOS工艺的芯片引起了广泛的关注。与目前采用最先进技术的商用检测技术，如基于光读出原理的技术手段相比，CMOS生物芯片技术表现出更大的潜在优势。将传感器与信号处理电路集成在一个固态芯片上，保证了信号完整性的同时实现了系统高可靠性工作，并可以使得信号在相同的电学形态下进行传输和后处理。同时，考虑到不同的应用场景，为进一步降低系统总成本、增加其灵活性开辟了新的途径。本章从工程师的视角介绍基于CMOS技术的生物芯片，包括芯片的基本工作原理、功能化技术以及不同的探测原理。重点阐述了CMOS集成技术及其相关工艺技术，以及CMOS电路设计需求。在最后部分，将介绍一系列公开发表文献中所涉及的具体案例。

本章组织架构如下：6.2节，主要阐述了DNA芯片的基本工作原理以及实际应用。6.3节主要阐述了功能化芯片技术，也就是将芯片和生物分子融合在一起，从而使之成为生物芯片的技术。6.4节主要阐述了基于不同传感原理的生物兼容性材料在CMOS集成方面的需求和面临的挑战。6.5和6.6节则主要对各种读出电路技术进行综述评论。其中，6.5节聚焦电化学传感原理所需的恒电位装置以及相关的读出电路，6.6节对非电化学传感技术进行探讨。随后的6.7节给出了相关的封装、集成技术探讨。6.8节为总结和展望。

6.2 DNA芯片的基本工作原理和应用

在集中讨论DNA芯片之前，我们首先回顾几个非常重要的微生物术语和定义。

基因图谱是指某一生物全部的基因总称。在传统基因遗传学方面，基因用来描述遗传倾向性；而在分子基因遗传学方面，基因等同于一段截取的功能化脱氧核糖核酸（DNA），这与我们本书的含义也更吻合。与所有其他核酸一样，DNA

是一种携带遗传信息的核酸。除了通过复制进行保持和传递所携带基因信息的DNA之外，第二类重要的代表性核酸是核糖核酸（RNA），这类核酸的功能是表达遗传信息。蛋白质对细胞的正常工作必不可少，为整个细胞的新陈代谢提供非常重要的作用的同时，承担着各种各样的特殊功能。

为方便起见，在本章所有内容的讨论中，我们将探讨范围限定在DNA芯片范围。对于所涉及的电路工程及技术问题而言，所有有关DNA芯片的表述同样也适用于蛋白质芯片，因为两者相关的科学内涵和所面临的工程化挑战相类似。

首先，对DNA分子的几个重要特点进行概述。如图6.1a所示，DNA分子通常由两条位于外侧的脱氧核苷酸长链组成骨架，两条单链条通过中间的碱基对相连。单链的骨架（见图6.1b）是磷酸和戊糖组成。双链碱基对的碱基被戊糖络合物结合。

DNA碱基对由4个不同的碱基组成（见图6.1c），即：腺嘌呤、鸟嘌呤、胸腺嘧啶、胞嘧啶。这些碱基对互补结合绑定，腺嘌呤与胸腺嘧啶（A－T）结合，鸟嘌呤与胞嘧啶（G－C）。这样一个核苷酸对的质量大约是1.1×10^{-21}g。

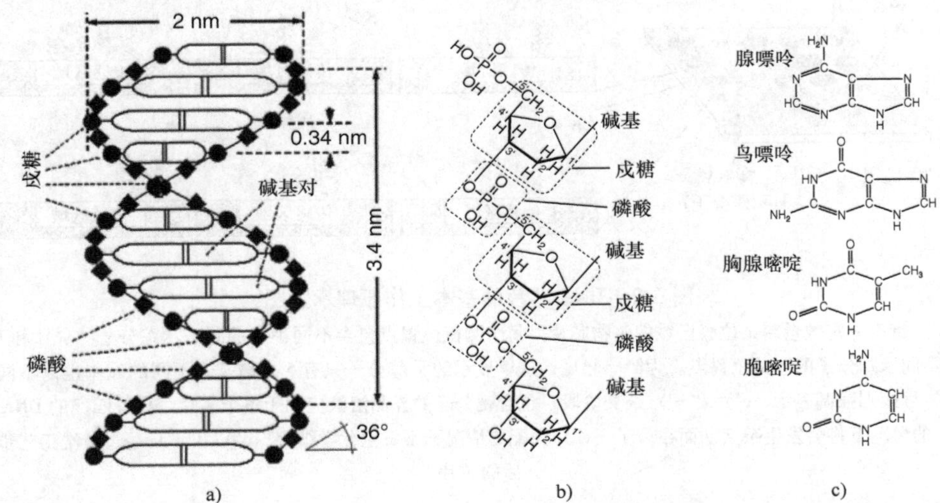

图6.1 a）DNA双螺旋结构的几何图形参数示意图 b）骨架（单个链）的化学结构 c）4个DNA碱基的化学结构：腺嘌呤、鸟嘌呤、胸腺嘧啶、胞嘧啶

部分典型几何参数如图6.1所示。此外，此处需要给出几点常识，整个DNA分子带负电，人类DNA的长度是3.2×10^{9}个碱基对。

DNA芯片杂交检测技术适用于对某些特定序列的DNA在给定样品中是否存在，及其存在的量，进行高并行、高通量的研究[1-9]。这意味着它们只能够根据它们所预先设定好的准则来检测。应该注意的是，为了避免任何误解，必须将这种方法清楚地与常规测序技术相区别，后者是在没有任何预先给出已知信息的情况下对未知 DNA 链的碱基进行测序鉴定[10-13]。

当前，基于基因芯片的杂交分析最重要的应用领域包括，基因组研究、药物研发、医学诊断，而后者即医学诊断应用领域被认为在未来具备较高的增长率。描述 DNA 芯片（以及与之相关的分析结果）的重要参数包括测试点的数量、灵敏度、动态范围和特异性。根据特定的应用场景，这些参数的相对重要性不同：例如，对于前两个提到的应用领域，通常是高密度阵列和高动态范围的要求，而对于诊断应用，通常低到中等数量的测试点即可满足测试要求，但必须满足足够高的特异性[1-9]。

DNA 芯片的基本架构和工作原理如图 6.2 所示。DNA 芯片本身是一个通常由玻璃、高分子材料或硅衬底材料制作而成的载物片或芯片，其活跃敏感的区域面积范围从平方毫米到平方厘米量级。在这些敏感区域内，将单链 DNA 受体分子，通常也称为“示踪“分子，固定放置在预先定义好的位置（如图 6.2 所示），它们通常包含 16～40 个碱基。

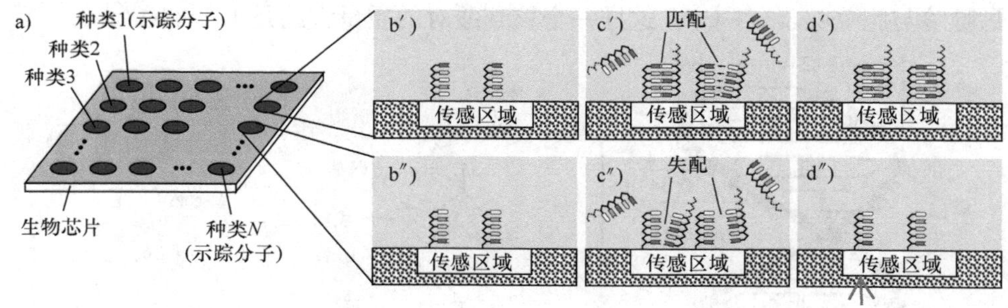

图 6.2 DNA 芯片的基本工作原理示意图

a）带有一定数量测试位置区域的生物芯片，每个测试位置点包含不同种类的测试示踪分子 b′）和 b″）带有不同示踪分子的测试位置点。为简单起见，这里显示的示踪分子只有 5 个碱基。不同的碱基也以不同的特征符号区别强调表示 c′）和 c″）杂交阶段，包含靶分子的样品溶液应用于整个芯片。在有匹配的 DNA 链（c′）的情况下将会发生杂交。而在分子（c″）失配的情况下不发生化学结合 d′）和 d″）经过清洗工艺步骤后的芯片

如图 6.2b 和 b″所示，为同一阵列中的两个不同位置点。为简单起见，在这个示意图描述说明中单链 DNA 只给出 5 个碱基。不同的碱基也以不同的特征符号表示。如图 6.2c 和 c″所示，在测量阶段，首先，将整个芯片样品浸入在含有配体或靶分子的样品溶液中。需要注意的是，这些配体分子的长度为示踪分子长度的两个数量级以上。在示踪序列分子和靶分子互补序列的情况下，这种互补会导致杂交（如图 6.2c′所示）。如果示踪序列分子和靶分子失配（如图 6.2c″所示），则这个绑定过程不会发生。最后，经过洗涤工艺，在所述区域获得匹配较链的双链 DNA（如图 6.2d′所示），而在其他位置得到失配的单链 DNA（如图

6. 2d″所示）。由于示踪分子和它们的位置是已知明确的，特定相应位置的双链 DNA 的数量就揭示出了相关靶分子在样本中的浓度。采用光学和电子技术来区分单链和双链 DNA 所处位置以及定量评估双链 DNA 数量的方法将在本章后续内容探讨。

DNA 芯片的整个应用链汇总在如图 6. 3 所示的示意图中。首先，准备一片固态材料的衬底片，在后续工艺之前必须对这种芯片进行修饰：在这个过程中，单链 DNA 示踪分子固定在相应的位置。在此之后，进行功能化芯片的封装。需要注意的是，基于电子电路或 CMOS 解决方案的前提下，这个集成封装工艺与标准 CMOS 封装概念有很大的根本区别。这主要是由于微流控芯片必须要有读出电路模块和微流控功能接口，同时，用于微流控接口使用的材料需要具备生物兼容性。作为替代方案，功能化工艺步骤和封装工艺也可以反过来进行。之后，如 6. 3 所示的工作流程所示，由于芯片的使用和后续操作通常不是直接在前序步骤完成之后立即进行，封装和功能化后的芯片需要进行妥善存储。此时的芯片已经携带生物分子，所以要特别考虑温度的影响，此外，存储时湿度的影响也是要考虑的重要因素。

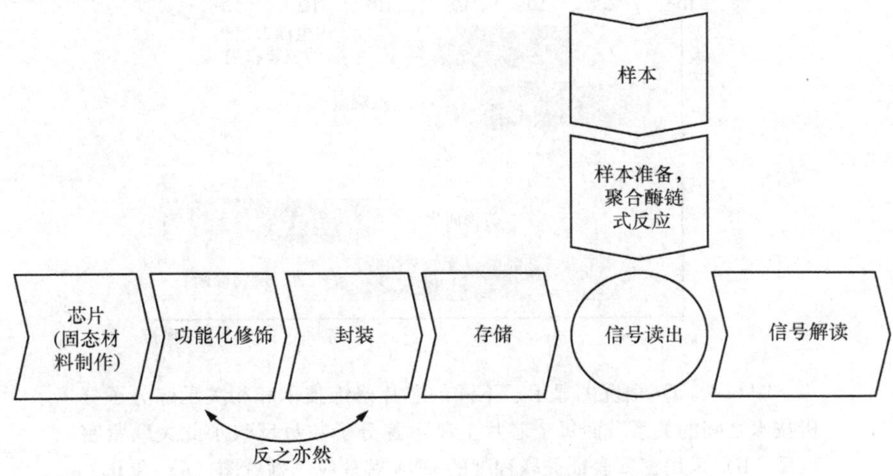

图 6. 3　DNA 芯片的整个工作流程

从研究样品的角度，我们现在考虑第二情况：没经过处理的初始血液或携带其他载体的 DNA 不能直接应用，在这之前首先需要经过样品预处理阶段。经过这个制备预处理过程，样本中的 DNA 实现了隔离、剪切，而在很多情况下通过生物技术手段也可以对靶材料的数量进行扩增[14]。

之后，在实际应用阶段，芯片和经过预处理的样品在承载样品的读出装置上进行反应（如图 6. 2c 和 d 所示），此读出装置除了承载样品之外，还可以对芯片进行操作和信号读取。最终，从生物信息学领域的角度对所获取的结果数据进行解析。

6.3 芯片修饰

多种不同的方法被用来对芯片进行修饰。如图 6.4a 所示，介绍了不同的修饰技术和相关示踪分子分析技术的关系，而每个芯片上靶示踪分子数量与敏感程度紧密相连。采用了与图 6.4a 相对应的水平坐标图、图 6.4 b 中显示了不同示踪点密度对应的相关 DNA 芯片应用领域。就图 6.4 中提到的修饰技术而言，当今，两种最主流的技术是采用片外合成示踪分子[15,16]的微标定技术和光控机理下芯片上原位生长示踪分子技术[17,18]。

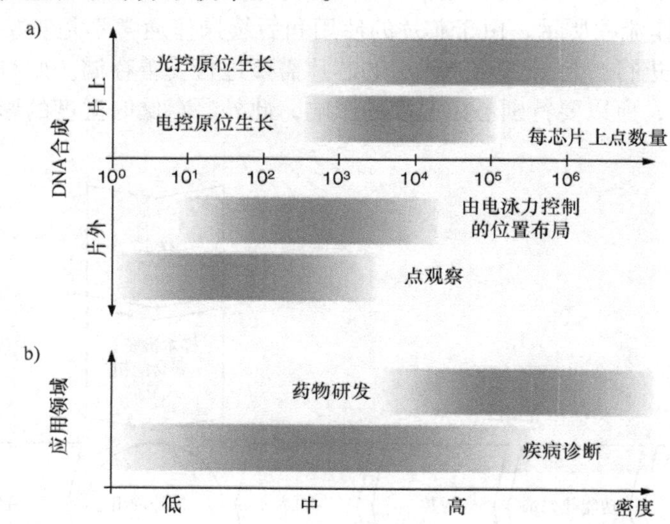

图 6.4 a）概况图显示了不同的芯片修饰技术和相关示踪分子分析技术之间的关系，而每个芯片上靶示踪分子数量反映了此关联紧密程度 b）采用密度表征关联程度的 DNA 芯片应用领域图（a）和 b）采用相同的水平坐标轴）

如今的微标定技术能够处理体积小于 1nL 的样品，实现对间距尺寸在 100μm 量级的样品点进行操作处理。因此，这种技术适合低密度和中等密度阵列规模监测点，此技术经常被推荐用于疾病诊断。

另外，旨在面向极高密度阵列（≥100，000 个监测点）的应用，例如，用于药物开发，在合适面积区域内实现所需数量监测点的唯一途径就是原位生长。为此，基因芯片技术的市场领导者，美国 Affymetrix 公司，采用了基于光刻的掩模技术（在某种程度上类似于半导体制造技术）。采用 Affymetrix 公司的光刻掩膜技术，可以实现对示踪分子的碱基－碱基片内分析。通过分别对特定区域位置开启或关闭光照，可以实现对在建基因链末端碱基的连接反应进行触发或阻止生长。因此，所需的掩膜版数量大约等于 4（＝不同的碱基数量，即腺嘌呤、鸟嘌呤、胸腺嘧啶，和胞嘧啶的总和）×示踪分子的长度（参照本章 6.2 节）。

对于中、低密度阵列规模监测点的另一种探测技术手段是由美国 Nanogen 公司建议使用的示踪分子的片外分析。通过这种方式可以以电泳的方式引导这些靶分子到达靶位置[19,20]。为此，需要一些逻辑电路为电极提供所需的电压，这些电极位于各自相应的传感位置点。

另外，通过电学控制下的片上原位分析技术也被证明切实有效可用[21,22]。在修饰工艺的过程中，借助 CMOS 电路，电子信号加载于制作有贵金属电极的测试位置点，通过贵金属电极控制相关的生化反应。采用这种方式，超过 10000 个测试点的芯片已经成功得到验证了。

6.4　CMOS 集成

固态 CMOS 芯片需要与生物液体环境之间交互作用，常常要求在标准的 CMOS 工艺之外，通过采取特殊的工艺，以制备出传感器、相关材料和生物兼容性钝化层。例如，工作在 CMOS 电路上的电化学原理芯片或之前所讨论过的使用电子控制修饰的芯片，都需要使用贵金属电极。特别是，在一种知名的、并且经常使用的电化学系统中需要经常采用金（Au）材料，但在 CMOS 量产生产线上直接加工此类材料是不可行的，因为这会导致工艺污染问题，从而对 CMOS 器件的性能和产量产生重大影响。

出于这个原因，必须使用 CMOS 后处理工艺理念。但是，在这种情况下也必须要小心处理，尤其是当对工艺敏感的模拟电路已经完成制作的情况下，以保证后处理工艺不会使 CMOS 相关器件的性能恶化。下面探讨一个具体例子。

对应本章 6.5.1.2 节所讨论的传感器原理，叉指金电极作为阵列芯片的感应单元用于电学原理 DNA 探测目的。为了实现这一目的，沉积生长了一种 Ti/Pt/Au 多层金属叠层（50nm/50nm/300～500nm），同时通过剥离工艺（lift－off）实现器件结构化制作[23]。基本的 CMOS 技术是一个 5V n 阱工艺，其最小栅长度为 0.5μm、氧化物的厚度 15nm。氮化硅钝化后的 CMOS 相关流程示意图如图 6.5 所示，所制作传感器的照片及其横截面如图 6.6 所示。

针对传感器的电流从 1pA～100nA 范围，设计了简单的测试电路。电流范围的选择是基于相关传感器技术规格书。电路包含一个调节回路以控制施加电极的偏置电压，同时，其电流被记录和放大，通过使用两个电流镜串联电流可以被放大约100倍。其中一个支路的简化线路图如图6.7所示[23]。电路可以用一个测试/校准输入量进行表征。

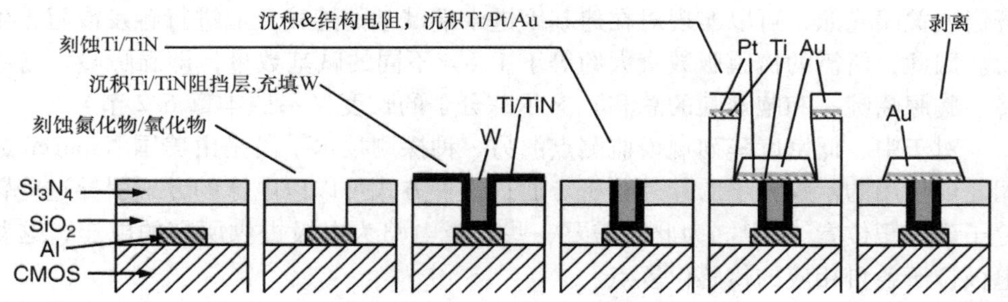

图6.5 在CMOS晶圆上制作提供叉指金电极的CMOS后处理工艺流程示意图

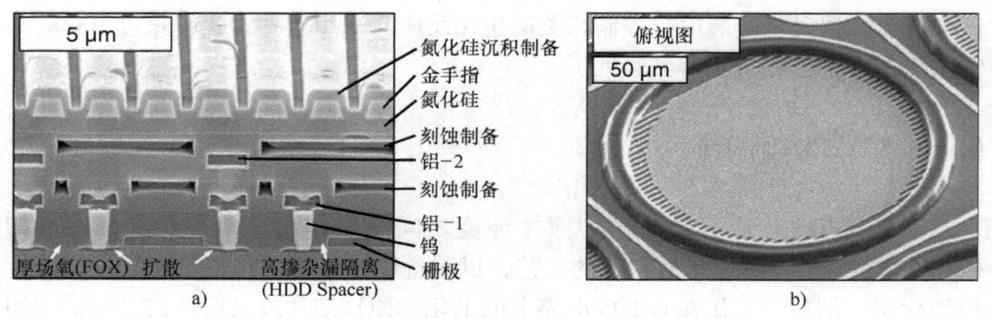

图6.6 本章参考文献［23］中采用扩展CMOS技术的扫描电镜照片

a）全部制作工艺完成后，传感器金电极和CMOS单元的截面扫描电镜照片（注意传感器上层的氮化硅层只是用于保护目的） b）互相叉指金电极传感器的俯视图（传感器电极的宽度和间距是1μm）

图6.7给出了测量增益随输入电流的变化规律（阵列芯片上128个点的所有位置的电流平均值）[23]。数据显示主要给出了在金加工工艺完成后，未经退火以及附加退火工艺后的实验数据。如果没有经过退火工艺，输入电流低于10pA时测量获得的增益出现严重偏差。这种效果与栅氧化层界面态密度的增加相吻合，测量得到的数值显示栅氧界面态密度高于$2\times10^{11}/cm^{-2}$（见表6.1）。这些过量的态密度转化为晶体管的反向亚阈值斜率，进一步劣化了关断电流特性，增加了结-衬底或者结-阱的漏电流[24]，从而劣化了小电流时的输出-转移特性。在金工艺制作完成后，经过采用氮氢混合气氛退火工艺流程（N_2，H_2气氛，退火温度400℃/350℃，退火时间30min），显著降低了栅氧化层界面态密度，最终获得理想的输出特性。

目前为止，除了考虑CMOS前段工艺参数之外，也需要对金电极在退火及未退火条件时的特性进行研究。金和顶层金属铝线的电阻数据测量结果，以及相关的通孔连线电阻数据在表 6.1 中给出。所有数据在没有经过退火工艺步骤和在 350℃下退火工艺后的测试结果相似。经过 400℃退火后，金的电阻增加了 20%。此外，从图 6.8 的 SEM 照片可以看出，在400℃退火后电阻的增加与金层内的金颗粒重新排列和畸变有关。对于 350℃温度下的金退火，SEM 照片看起来跟没有退火步骤所获得的照片基本一样。因此，选定 350℃退火条件为金电极的工艺窗口，这样 CMOS 前工艺制作的器件和 CMOS 后工艺制作的电极性能均为最优（如表 6.1 所示）。

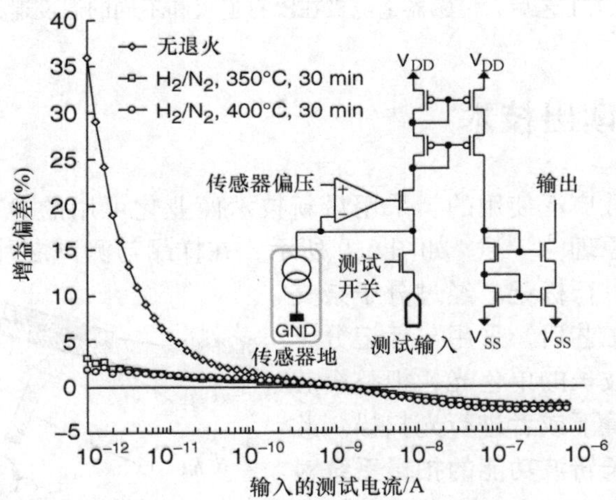

图 6.7　金制作加工后，在不同退火条件下，插图电路的电流增益偏差随输入测试电流的变化关系，测试电流在 1nA 时的结果做了归一化处理

表 6.1　金加工后在不同温度退火条件下，金和铝 -2 导线的方块电阻、通孔电阻和晶体管的栅氧化层界面态密度

	金线方块电阻/(mΩ/方块)	通孔电阻（顶部铝和金之间）/mΩ	顶部铝线方块电阻/(mΩ/方块)	栅氧界面态密度/($1/cm^2$)	综合性能评估
CMOS 工艺（无金工艺流程）	—	—	—	$\sim 10^{10}$	—
CMOS + 金工艺流程，无退火	48	370	79	$\sim 2\times10^{11}$（!）	前道 CMOS 的性能退化
CMOS + 金工艺流程，N_2/H_2 退火，350℃，30min	51	360	76	$<10^{10}$	性能良好
CMOS + 金工艺流程，N_2/H_2 退火，400℃，30min	61（!）	340	74	$<2\times10^{9}$	后道传感器的性能退化

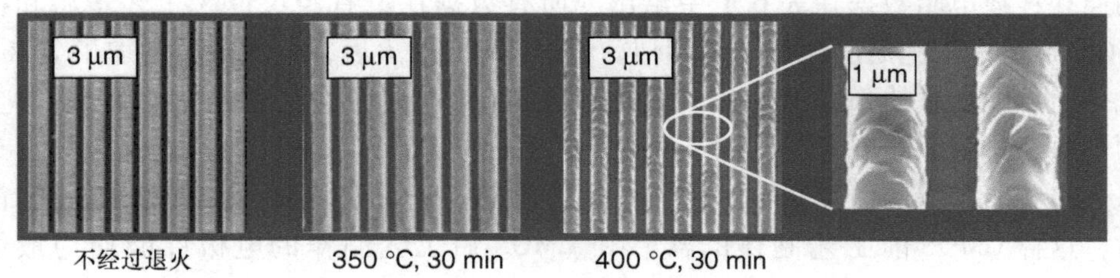

图 6.8 给出了金加工工艺后，传感器金电极在没有退火和不同的温度退火后的 SEM 照片[23]

6.5 电化学读出技术

如今，大多数广泛使用的、采用最新技术商业化可用的 DNA 芯片读出技术都是基于光探测原理[4,5,18]。如图 6.9 所示，在样品与测试芯片反应前，采用荧光分子将靶分子进行标记。经过分子杂交反应和后续清洗工艺后，采用与标记分子吸收形状相匹配波长的单色光，把整个芯片放置在光照环境下或者进行光扫描。此时，带有激发波长斩波功能的拍摄系统对阵列芯片进行拍摄。特定位置荧光的总量代表了成功杂交反应和双链 DNA 的数量。

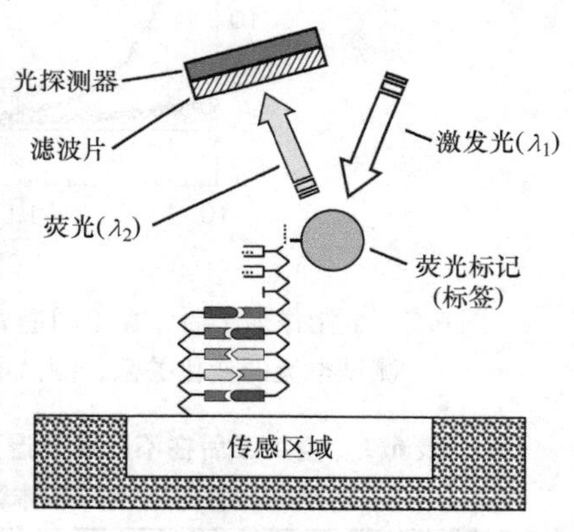

图 6.9 光学原理 DNA 探测示意图

开发全电读出技术的初衷主要受以下几点想法的驱使：提供一种用户界面友好、系统成本低、使用灵活性高的新系统，同时可以避免光读出装置相对笨重、体积以及成本昂贵的不足。这些优点也有望为拓宽其新的应用领域提供一种新思路（主要从经济上考虑），例如：疾病诊断和针对不同病患的针对性用药。在上文中提到，与光学芯片相比，在全电读出系统中，修饰并封装好的器件芯片价格基本相同，也就是说，裸芯片的价格不会最终决定项目的成败。

6.5.1 探测原理

现在，各种各样的电学方法被用来进行 DNA 探测。本节和后续章节将选择其中的一些技术进行介绍。由于相当数量的电读出技术采用了电化学技术[25]，本章我们重点就此展开介绍。接下来的章节就非电化学原理的方法进行讨论介绍。

电化学读出技术可以进一步被分为 3 种。

1. 标记探测原理

DNA 靶分子携带标记分子，标记分子可以启动并促进电化学反应。

2. 准标记探测原理

此种原理仍然利用标记分子，但是省去了直接进行靶分子标记的步骤。

3. 无标记探测原理

此原理完全避免使用标记分子。

接下来对以上几种探测原理进行了举例。电化学领域最经典的方法是库伦分析法和循环伏安法[25]，它们使用相同的电学装置（具体参见 6.5.1.1 节）及氧化还原反应循环（具体参见 6.5.1.2 节）。无标记探测原理和所谓的准标记探测原理电化学方法的简要讨论分别在 6.5.1.3 节和 6.5.1.4 节。最后，使用或避免标记的非电化学方法分别在 6.6.1 节和 6.6.2 节进行介绍。

6.5.1.1　库伦分析法和循环伏安法

这两种方法的基本装置原理示意图如 6.10 所示。它由一个包括恒电位仪的三电极系统构成，恒电位仪的输出和输入分别连接到一个反向电极和一个参比电极。这个稳压电源的作用是用来控制电解液的电势并使之保持在设定的条件下。

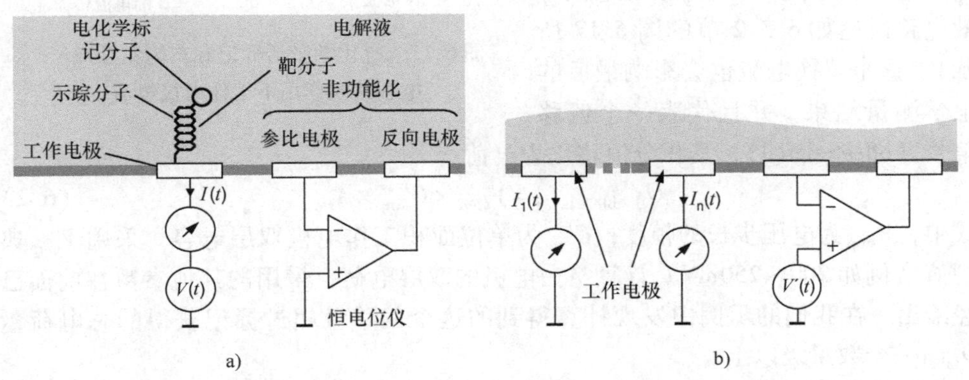

图 6.10　a）采用三电极配置库伦分析法或循环伏安法探测系统的基本配置
b）适用于阵列工作并行读出的等效电路图

工作电极经过修饰携带上示踪分子。在杂交反应成功的情况下，标记有电化学活性标记分子的靶分子就会出现。如果工作电极相对于参比电极的电势变化了一定的量，其数值取决于电化学系统（实际情况下典型数值为几百 mV），电化学标记分子就会被氧化或者还原，从而实现电荷从标记到电极的输运，反之亦然。

对于库伦分析法的情况，在实际测量配置中，通过对给定时间窗口内的电荷

进行积分测量得到总电荷。从标记获得的总电荷量 Q_{label} 等于

$$Q_{\text{label}} = z \times q \times D_{\text{probe}} \times A_{\text{we}} \tag{6.1}$$

式中，z 为每个氧化/还原反应的电子数和标记分子（通常为较小的整数，经常为1）；q 为基本电荷单元（$=1.6\times10^{-19}$As）；D_{probe} 为在测试点上示踪分子的密度［典型值（10nm）$^{-2}$ 或略小］；A_{we} 为工作电极的面积。

例如，对于一个圆形电极直径 100μm 和 D_{probe} =（10nm）$^{-2}$，得到 $Q_{\text{label}}\approx$ 12.6pA。很明显，如果电势的改变不是施加到工作电极而是通过恒电位仪（辅助极性设置参照图 6.10a 的装置），就可以实现一个等效电路。这个配置特别适用于有许多工作电极的阵列器件及并行读出方式[26]。相关的设置如图 6.10b 所示。

由于电极—电解质接触界面等同于电容，空白电极（blank electrode）的电容可以通过亥姆霍兹双层给出（10 ~ 40μF/cm^2 量级），如图 6.11 所示，当电极—电解质电压变化的时候，两者之间的界面处就会产生置换电流，（更详细的电极等效电路讨论如 6.5.2 节的图 6.17 所示）。这个置换电流也会影响最后的电学测量结果，并且代表一个偏移信号（offset signal），其积分值转化为电荷：

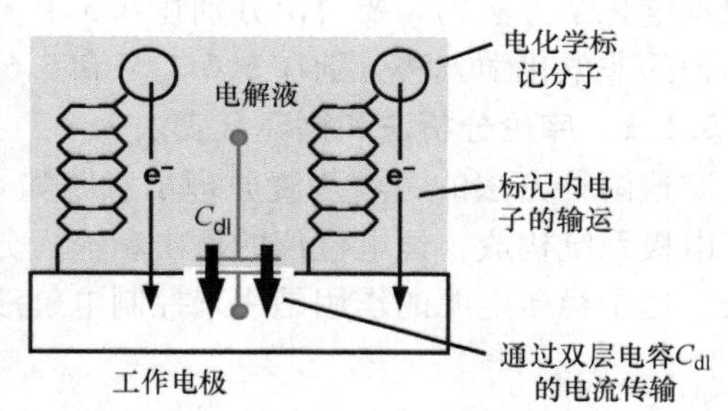

图 6.11 电化学激活标记和亥姆霍兹双层电容共同作用下工作电极电流

$$Q_{\text{double-layer}} = V_{\text{step}} \times C'_{\text{we}} \times A_{\text{we}} \tag{6.2}$$

式中，V_{step} 为电压步长的幅度；C'_{we} 为单位面积工作电极双层电容。采用 V_{step} 典型值（例如 200 ~ 250mV）计算空白电极的双层电荷，采用的其他参数在前面已经给出，在我们的示例中发现计算得到的这个偏移量超过标记获得的总电荷量 Q_{label} 一个数量级以上。

该偏移量将大大影响测量结果的准确性和可靠性。因此，在定位工艺之后通过特殊的生物化学工艺过程——例如，在连接分子间生长高密度“阻止分子”草甸层，其中连接分子的功能是将示踪分子绑定到电极上——其并不阻碍标记分子和电极之间的电荷转移，相比没有生物化学后处理的电极，却能将电极电容降低到原来的十分之一。

库伦分析法和循环伏安法这两种方法，分别侧重不同类型的加载信号、对应不同的时间范围。在库伦分析法例子中（如图 6.12a 和 b 所示），适中幅度和极性的快速电压阶跃（电压施加速率 1V/μs 的量级）施加在电极上，之后，电化学标记分子的氧化或还原反应以及从标记到电极的电荷输运就快速完成，反之亦

然。电荷来自于电化学电解液中的电化学施主，并通过电极形成电流，其中，电荷在电解质中的扩散进程限制了时间常数。在时间窗口内对电荷进行积分得到电流信号，从电压阶跃加载开始计算，时间窗口范围从几微秒到最大几毫秒范围。

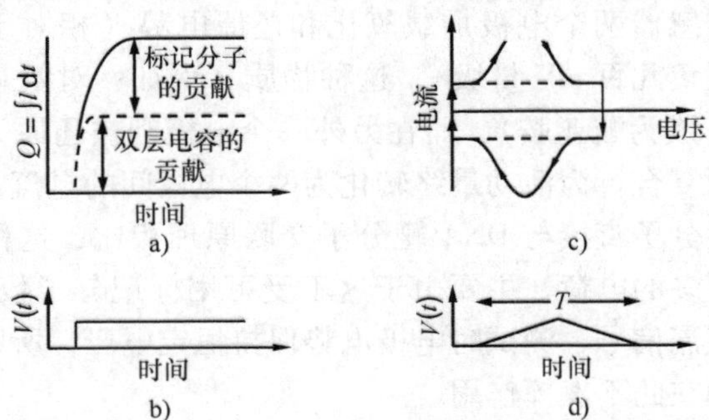

图 6.12　a）和 b）库伦分析法为例，积分得到电流随时间的变化曲线（图 a）、施加在电极上的电压信号（图 b），从电压阶跃加载开始计算，时间窗口范围从几微秒到最大几毫秒范围，电压阶跃的施加速率为 1V/μs 的量级。a）图中的实线代表了整个信号，而虚线描绘电极 - 电解液的寄生电容的贡献（置换电流，没有缩放）c）和 d）伏安循环分析法为例，测量电流随电压的变化曲线（图 c）和应用于电极信号随时间的曲线（图 d），整个时间轴的典型的时间常数在几十毫秒到几秒。图 c 中的粗线代表整体信号，而虚线描绘电极 - 电解液的寄生电容的贡献（置换电流）

当容器电解液中的电化学施主所提供的电荷可以忽略不计时，适合使用循环伏安法（如图 6.12c 和 d 所示）。此时，频率从 1Hz 到几百 Hz 范围内变化的三角形电压信号加载在工作电极上，同时进行电极电流测量。由于在电压初始骤然施加时，电化学反应未开始发生，当增加达到一定电压后，电流开始增加，之后直到达到最大电流，然后电流逐步再减少直到电化学反应完成，此时，只有置换电流的贡献仍然存在（如图 6.12c 所示）。注意，电流的大小，无论电化学反应电流还是置换电流，都与频率成正比，因为所有的总电荷转移（在偏压和施加的三角形电压信号幅度不改变的情况下）是一个常数。作为最后被评估的参数，经常需要考虑两个峰值电流的差异，而在实际情况下，两个峰值不需要像如图 6.12c 所示的理想曲线图那样与电压坐标轴吻合[25]。

6.5.1.2　氧化还原反应

电化学氧化还原反应理论上需要一个四电极系统，如图 6.13 所示[27-30]。由互相交叉的贵金属（产生和收集器）电极组成一个传感器（见图 6.13）。示踪分子固定在两个电极上（注意，为简化起见，图 6.13b 的放大图只显示了其上的一条 DNA 链）。样品中的靶分子通过酶标记进行了标记（如碱性磷酸酶）。经过杂交和冲洗阶段，之后，将另一种化学材料（如帕拉 - 氨基苯磷酸钠盐）

添加到电解液样品中。带酶的标记，本身对电化学反应不具活性，可以穿过添加的基底材料，因此，会在DNA双链所处的位置生成了一种具备电化学活性的物质（在我们的例子中：对氨基苯酚）。

通过同时对传感器两个电极加载氧化和还原电势（相对于参比电势，所施加电势典型值为正负几百mV量级），这种物质（例如：对氨基苯酚）在一个电极被氧化（例如：成为醌亚胺），而在另外一个电极则被还原为之前的物质。这些电化学氧化还原复合行为活动最终转化为两个电极间的电流。

与电化学活性分子直接与DNA靶分子交联原理相比，这种方法容许每个传感器测试点产生更多的电荷，主要由于这不受可用标记分子数量的限制。此外，它会产生一个准直流信号，测试时电极电势保持恒定电压，所以亥姆霍兹双层电容带来的置换电流在此不发挥作用。

由于此种氧化还原过程中，一定数量的电化学反应电荷也会从各自对应的产生位置扩散出去，采用一种恒电势装置用来控制电解液的电势。

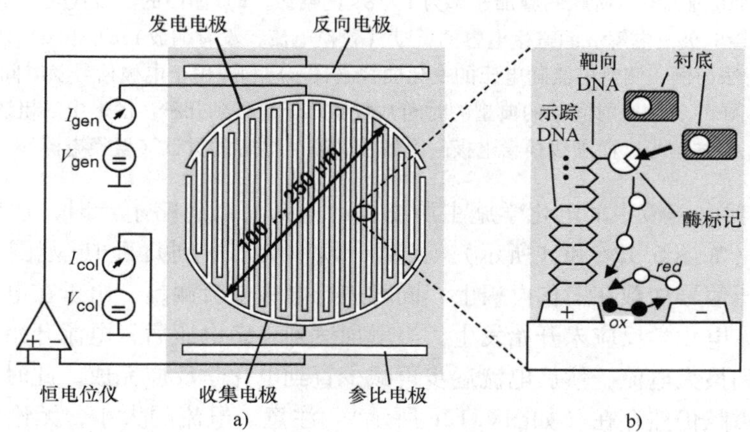

图6.13 传感器氧化还原反应原理图和传感器版图布局

a）由叉指金电极组成的单个传感器、由反向电极和参比电极组成的恒电位电路

b）倾斜的传感器截面的放大图，显示出杂交成功后的两个相邻的工作电极，为简单起见，只在其中一个电极上标示了示踪分子和靶分子

图6.14给出了一个阵列中的两个位置点的测试结果，其中一个为匹配的DNA链，另一个为失配的随机序列。当基底材料注入到芯片后（图6.14中的阴影区域），传感器电极上所探测到的电流与酶标记的初始产生电荷和传感器电极上氧化还原反应所贡献的总和。达到一定时间后，在携带匹配DNA链的特定位置所产生的电化学活性物质与持续流动导致芯片上被洗掉的数量达到一个平衡，此时测得电流数值不再增加。

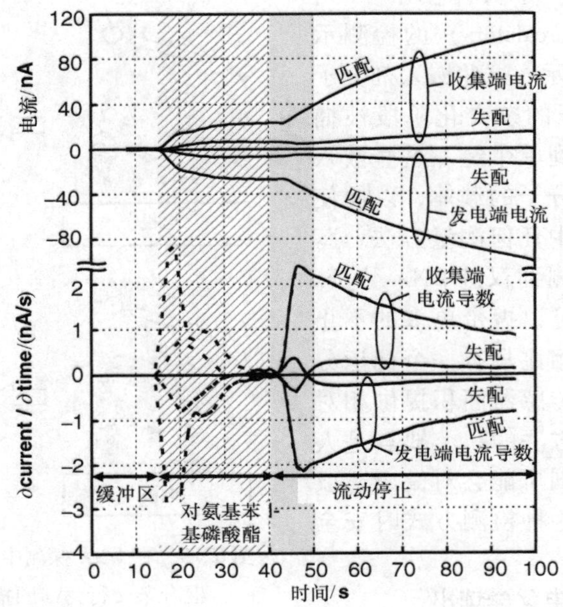

图 6.14　同一阵列中，对匹配链所处位置和另外失配随机序列位置，分别测量得到的传感器氧化 - 还原电流及电流对时间导数的变化曲线（传感器区域的直径 = 250μm，电极宽度和间距 = 1μm）

其他位置的双链 DNA 所产生的一部分电化学活性物质，也会被注入到没有经过杂交的靶链所在的位置，在这种情况下，我们在这种失配的位置也会得到一定量的电流。这种现象可以被理解为电化学噪声。

在最后测量阶段，（图 6.14 中灰色区域，时间 40 ~ 50s 之间）泵停止工作。此时，匹配位置电化学活性微粒的浓度可以进一步增加而不被冲走，而失配位置电化学活性微粒的数量由于扩散过程而减少。出于这个原因，通常对传感器电流随时间变化的斜率进行测量，而不是关心其绝对值。由图也可以明显地看出，在匹配链所处的区域电流斜率这个参数其数值增长明显，而位置失配情况的区域，不仅出现了数值减少，而且正负也发生了变化。我们可以看到，在这个例子中使用的传感器为直径 250μm 的圆形，电极宽度和间距均为 1μm，所评估的电参数，即相关的电流及其斜率分别在正负几十 nA 和正负几 nA/s 的量级。

6.5.1.3　准标记电化学方法

在准标记方法情况下，避免了对靶分子进行标记。这简化了样品制备阶段的生物芯片工艺流程（见图 6.3）。然而，这并不意味着，在整个分析测试过程中可以统统免去使用标记分子。

后面给出了一个具体例子[31,32]：利用嵌入剂（intercalators）的检测示意图如图6.15所示。这些嵌入剂分子在双链DNA分子的杂交化阶段被捕获，但不会绑定到单个链。这些嵌入剂可以作为标记分子的载体，以便使用之前所述的其中任何测量方法，基于电化学方式检测到双链DNA分子。此外，嵌入剂还可以携带更多的不止一个标记分子，相比只有一个标记分子，可以在单位传感器面积提供相对较高的信号。该方法的一个缺点是人类直接接触嵌入剂可能会对健康造成威胁，所以采用这种检测方式时安全要求较高。

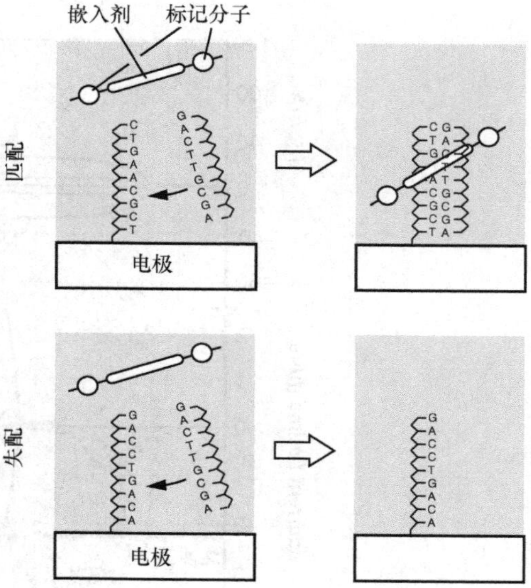

图6.15 在DNA探测中，嵌入剂分子混合杂交行为简图描述[31,32]

6.5.1.4 无标记电化学读出

图6.16给出了采用循环伏安法和图6.10所示三电极系统的技术案例示意图，同时，完全避免了使用标记分子[33]：在这里，氧化还原反应发生在一个覆盖在工作电极上的带电聚合物（聚吡咯）中。杂交和相关双链的存在阻碍了反应所需氯离子的运动，从而减少了测量到的氧化还原电流。

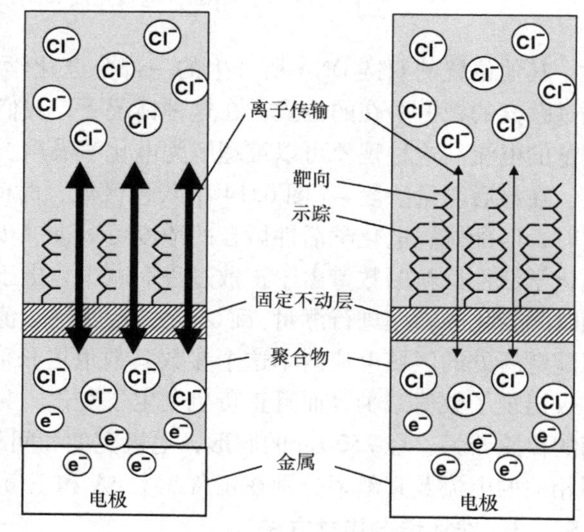

图6.16 带电聚合物氧化还原反应的原理图，其强度与双链DNA的数量相关联，因而可以实现完全无标记的DNA分子电化学探测[33]

6.5.2 电位法装置

如前面所阐述，目前，所有考虑过的探测方法都需要用到一套电位法装置[25]。在本节中，我们将会讨论电子化DNA芯片工作时所需的特定边界条件以及所需要求[34-36]。从我们的应用目标出发，得出了几条电路设计和应用的通用准则。

系统的稳定性当然是必

须要满足的。阵列芯片中恒电位仪的简化等效电路模型图如图 6.17 所示。每个电极由一个电容、一个电阻和一个电极 - 电解液间的电压差来表示。电阻和电压降㊀取决于电解液和电极的材料属性，而相比于电阻值，电容值对电解液浓度的依赖性要低，可以实现保持约十年的准确性。电解液也可以简化成一个电阻和一个电容元件的组合，而运算放大器由标准的运算放大器参数（如开环增益、增益带宽、相位裕度、输入电容和输出电阻）表示。

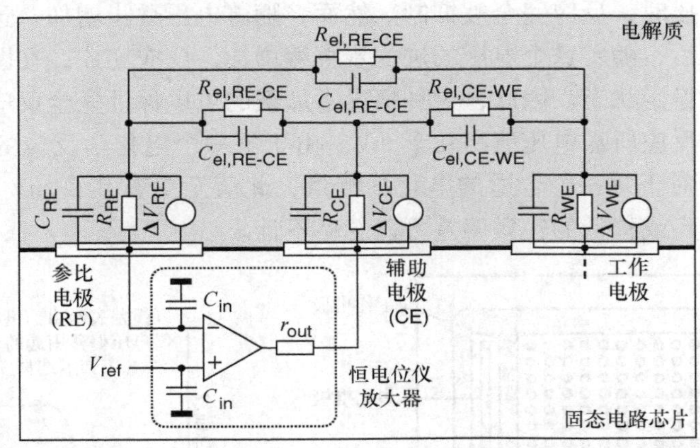

图 6.17　阵列芯片的恒电位仪的简化等效电路（为了简单起见，仅描绘了一个工作电极，而在实践中，必须要考虑分布在芯片上的整个集合[26,36]）

通过以下方法可以实现稳定性的评估：假定在运算放大器输入端移除闭环电路。通过采用如上所提及参数得出传递函数。

为此，在大多数情况下，只需要考虑电解质的电阻特性和电极的电容特性即可。经过一些数学计算以及假设运算放大器在单位增益频率（例如 70°）有足够的相位裕度，我们得到以下建议：

1）参比和反向电极之间的电阻应该小，特别是远小于参比电极和工作电极之间的电阻。

2）反向电极的电容（由稳压器运算放大器得出）应该远大于工作电极的电容。

3）此外，参比电极和反向电极的电容应该远高于运算放大器的输入电容。

㊀ 标准稳压器装置通常的参比电极满足以下要求：参比电极和电解质之间的电压降与电解液的离子浓度依赖性基本可以忽略，例如 Ag/AgCl 参比电极。然而，在电化学浓度变化不大的检测中也有公开报道采用 CMOS 芯片的，其中，工作电极、反向电极，参比电极使用相同的材料，例如金。这些电极不满足参比电极所要求的“好” 的标准，比如与电极接近区域的离子浓度相关的宽量程操作能力，它们经常被称为“准参比电极”。

除了标准 CMOS 电路设计参数决定运算放大器的性能，我们还可以通过物理设计调整这些参数，也就是说，通过选择合适的电极面积以及电极在芯片中的位置排布。一个简单的可提供上述推荐比例搭配的解决方案示意图如图 6.18 所示。电极－电极的电阻比率（通过电解质）和电极的电容显而易见。

有关精度要求和输入补偿电压的要求将在本段后面展开。为了便于理解这一点，我们参照图 6.19，电化学反应的强度与电极－电解液施加电压的关系简图。在非常小的电压时，反应完全被抑制。然而，随着电压逐步增加，达到出现反应的临界点，之后，随着这个电压的进一步继续增加，反应完成，在图中达到反应的峰值并维持稳定状态。因此，这种情况下加载的可以保证完全反应的电压可以选择为比完全反应所需电压值高几十 mV。由于下一个电化学反应的开启发生在更高电压下（对于每一个合适的电化学测量，此值至少有几百 mV），因此比目标操作电压稍高或稍低的轻微偏差可以忽略不计。

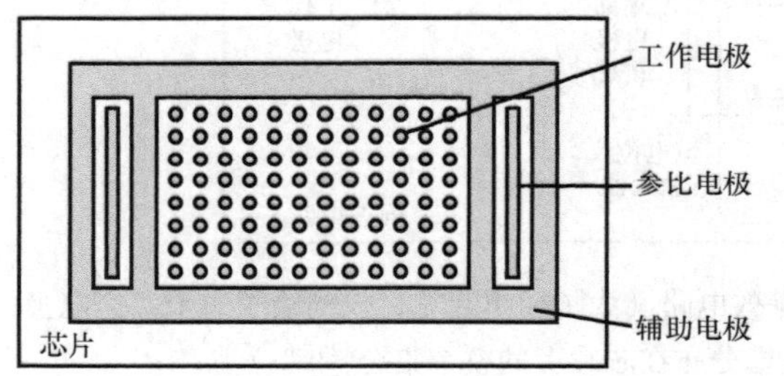

图 6.18　保证 CMOS 芯片恒电位法稳定工作的版图示意图（包括反向电极、参比电极以及工作电极）[26,36]

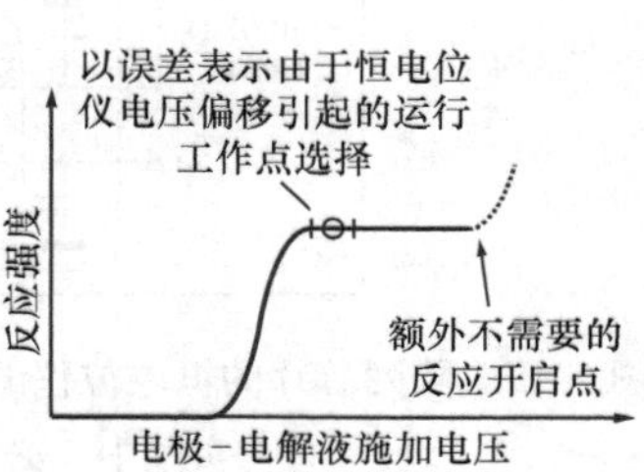

图 6.19　电极－电解液施加电压与电化学反应强度的关系简图[26,36]

类似的情况也适用于所需的开环增益：基于如上同样的原因，轻微调节误差是可以接受的，高开环增益（例如 > >60dB）在这儿不一定是必需的。

最后，但也同样重要的是，转换速率和增益带宽（Gain Band Width，GBW）应当予以考虑。在这里，需求条件强烈依赖于相关的检测方法。例如，如果一种方法如应用较快速瞬变（如库伦分析法）的稳压器就必须提供高转换速率和高 GBW。然而，在其他情况下，如需要提供准直流信号（如氧化还原反应）或必须处理低频交流信号（如循环伏安法）的探测方法，对稳压器运算放大器的相关转换速率和增益带宽要求就宽松了。

面向这种应用的公开报道的电路，经常使用众所周知的运算放大电路拓扑结构，如两级放大器或 AB 输出等级放大器。如果应用与能耗和增益带宽有关，就会采用标准折叠共源共栅，因为其很容易工作在大电容输出负载时取得较高的稳定性。稳压器通常驱动一个大的反向电极，一般情况下都能自动满足这个条件。

6.5.3　读出电路

本节给出了目前为止以上介绍过的检测方法所涉及的电路设计以及所适用的电路拓扑结构。

一种最典型的库伦分析法传感器选址电路为传感器内置积分器（如图 6.20 所示）。一种巧妙的解决方案应用在 384 像素规模的阵列器件中[26]，器件基于 0.5μm、5V、3M +2P（3 层金属互连层 +2 层金属间绝缘层）的 CMOS 技术工艺制造实现，同时传感器采用金电极，这种方案为小像素电极间距的器件也会带来有益的帮助。

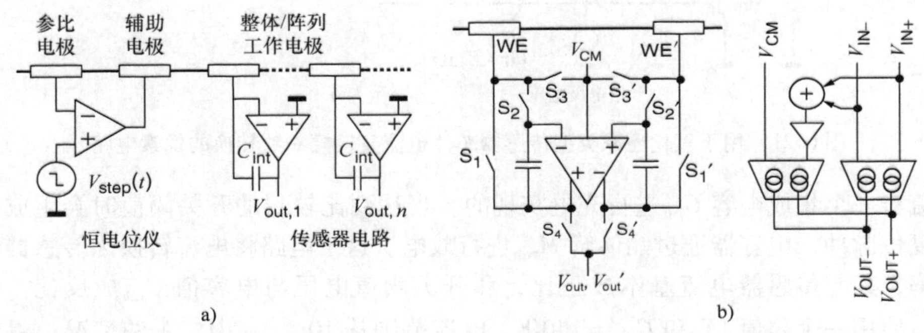

图 6.20　a）采用库伦分析法探测原理的电化学 DNA 芯片的设计简明方案示意图
b）采用全差分运算放大器的解决方案示意图，通过共模输入反馈调节读取两个地址[26]

像素电路如图 6.20b 所示：在测量过程中工作电极保持在恒定电压（在这儿取 V_{CM}），而电解液电压随着恒电位仪电压的改变而变化。全差分像素积分器和相关运算放大器使用参考输入共模反馈。这将确保工作电极在积分阶段和在读出阶段保持在所需的电压数值。此外，两个差分运算放大器输出节点的获得的电压相同，主要采用了标准的单端口解决方案，每个电极对应一个积分器。

开关 S_3 的主要作用是在读出阶段使电压保持在 V_{CM}，通过它将工作电极连接到 V_{CM}。此外，它降低了开关 S_2 的漏电流并使其信号保持独立。积分运算放大器使用了折叠共源共栅拓扑结构，可以实现轨到轨的满幅输出电压摆幅。

而上述设计仔细考虑了在像素电路顺序读出所有的地址时漏电的影响，直接在像素中进行模 - 数转换和数字数据存储完全绕过了这个问题。一个用于 128 阵列传感器氧化还原反应的单斜坡模 - 数转换器芯片在图 6.21[30] 中给出。

为简单起见，图 6.21 中仅给出了两个支路（信号产生和收集）示意图中的一个。对于芯片本身，互补电路也用于另一个支路。传感器电极的电压通过一个运算放大器和源跟随晶体管的调节回路进行控制。A - D 转换是通过传感器输出

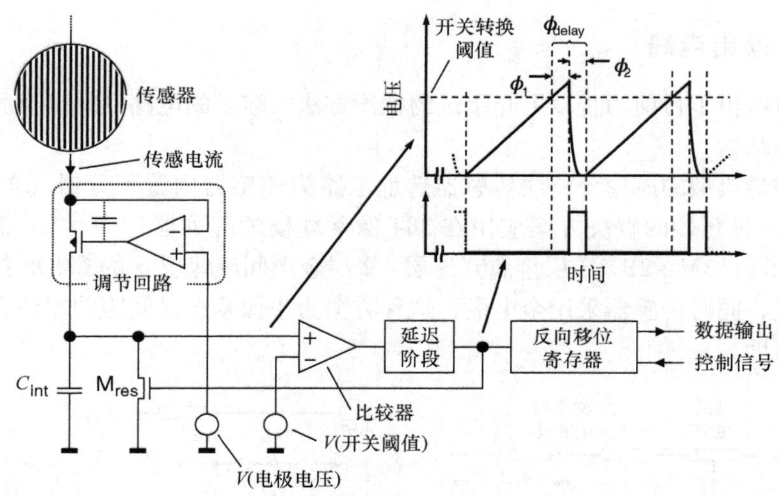

图 6.21　用于氧化还原类型传感器芯片电流直接模 - 数转换的像素电路

电流对一个集成电容 C_{int} 进行充电实现的。当达到比较器的开关阈值时会生成一个复位脉冲，电容器通过晶体管 M_{res} 进行放电。这个电路将电流转换为传感器的频率，其与传感器电流基本成正比，和开关阈值电压与电容值 C_{int} 成反比。例如，使用一个阈值 1V 和 $C_{int}=140fF$，电流范围从 $10^{-12}\sim10^{-7}A$ 的情况，得到频率范围从 7Hz ~ 700kHz。

氧化还原方法得到的电流提供的是一个准直流的信号，在给定时间窗口内，复位脉冲的数量由传感器内置 24 位计数器统计计数。对于读出电路，计数器电路通过一个控制信号转换成一个移位寄存器和 A - D 转换结果提供给芯片的输出。

这种转换原理以及这种原理的延伸已经成功地应用在生物芯片阵列领域的进一步工作中[37]。

一种更进一步的方法是在一个包含 576 个传感器和 24 条输出通道的芯片直接进行 A - D 转换，读出方式采用无标记循环伏安法，遵循图 6.22[33] 所示的原理。所制造的芯片采用通道式的一阶 Σ - Δ 型 ADC，将传感器监测点电极作为积分电容。由于电化学信号本质上非常缓慢，因此，可以达到非常高的过采样率（此

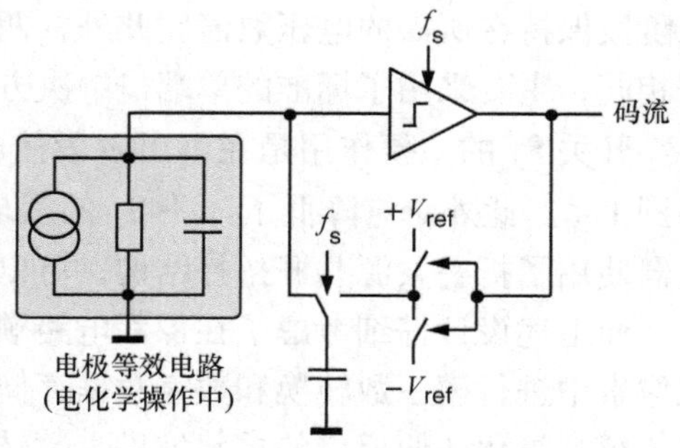

图 6.22　基于 CMOS 微阵列芯片无标记循环伏安法读出原理，采用工作电极作为集成电极的一阶 delta - sigma 调制器示意图[33]

处所应用的三角形电压频率为 1Hz，这样可以达到约 11 的有效比特数）。

6.6　其他读出技术

本节主要介绍了非电化学方法。此外，我们首先回顾了基于标记原理的方法，之后，转换到完全无标记技术。

6.6.1　基于标记方法

使用金纳米颗粒标记靶分子的想法已经大量出版报道，同时使用在杂交反应后银沉淀析出的工艺步骤[38-40]。基本思想如图 6.23 所示，杂交化阶段过后（如图 6.23a 所示），银大量附着在样品上。出现在双链 DNA 位置的金粒子作为银簇集的种子层使其在这些位置开始生长（如图 6.23b 所示）。经过进一步沉淀，在相关位置形成致密的银毯（如图 6.23c 所示）。然而，随着这个银毯将进一步扩展并最终也覆盖或较少数量或没有双链 DNA 分子的位置，所有基于这种技术的检测均需要考虑所选择用以探测银层扩展的特征参数随着时间的发展变化规律。

为了测量银毯在所关注区域的扩展，提出了各种各样的探测技术：

1）绝缘层隔离的电极间电导率测量[38]。

2）隔离电极间的交流参数测量[39]。

3）光学衰减（通过 CMOS 成像芯片探测或完全纯光学装置）[40]。

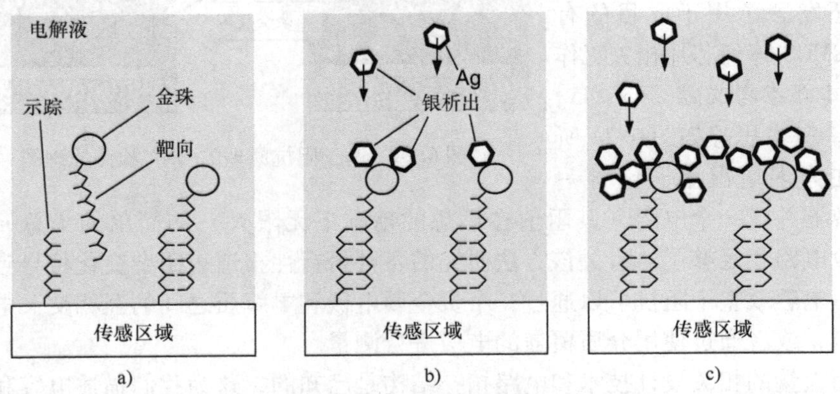

图 6.23　基于小金珠标记和随后的银沉淀析出原理的基本探测方法原理示意图
a）杂交化阶段　b）银的沉淀析出与簇集生长　c）进一步沉淀后形成一个密集的银毯

在第一种情况下，传感器检测位置包含一对电绝缘的贵金属电极，通过两个电极之间的隔离层实现电绝缘，这也是示踪分子固定的位置。在沉淀析出阶段，电极之间的导电银层形成，导致欧姆接触电阻大幅减少几个数量级。如之前所强调，匹配和失配的检测识别需要考虑这个参数随时间变化的具体变化行为。文献中报告的测量结果采用了最长一个小时的银富集加强时间，就更容易实现更精确的时间辨别。

在第二种情况下，使用了电解质覆盖的相邻或叉指交叠式电极。随着银沉淀在电介质的界面形成金属层，与其他电极－电解质界面或者没有银层的功能化区域相比，这个界面提供了其他额外的电学参数，包括交流参数，例如：阻抗变化或其他射频参数等，可以据此进行相关评估。

在采用光学或准光学技术时，整个芯片被照射，光透过敏感活跃区域的光透过率由于银层的形成而减少。为了达到这个目的，采用了完全光学装置以及基于光敏二极管的 CMOS 芯片（类似于标准 CMOS 成像芯片）。

另一个基于标记的技术使用磁珠作为靶分子的标记[41,42]。在这种情况下，传感器检测点必须提供一种电学参数可随磁性材料出现而发生变化的器件。最近，集成 GMR 传感器的互补金属氧化物半导体（CMOS）芯片得到示范验证，其采用电阻读出方式[42]。

6.6.2 无标记方法

这里讨论的方法直接利用 DNA 或其他生物分子的电学或物理性质。

检测杂交带来阻抗相关变化的基本思想已得到许多研究团队的研究，这些研究团队还发表了用于此目的有关的 CMOS 阵列芯片相关工作（例如本章参考文献［43－45］介绍）。基本思想如图 6.24 所示。在许多情况下，包含一个电容器并联一个电阻（其阻值在理想的情况下无限大）的简单的集总元件参数等效电路就足够了。有关该方法研究的各种可行性报道表明杂交化将导致电容减少。电容或整个阻抗可以通过一个贵金属电极和电解质之间的互相交叉电极进行测量，或者通过使用介质覆盖的电极进行测量。

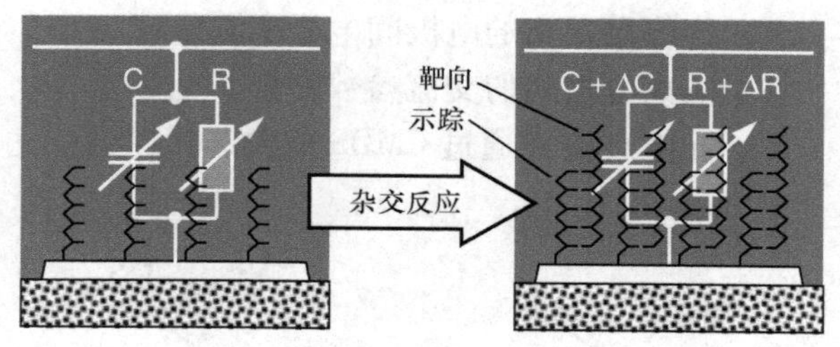

图 6.24 基于阻抗原理的 DNA 检测原理图

而大量的相关设计技术和电路拓扑结构是已知的，这为我们描述电容和阻抗的极好的准确性提供了便利，这种方法的缺点是正确结果的获得很大程度上取决于固定位置分子层的质量。如果这一层不足够致密，例如，与功能完好的电极区域相比，如果它有几个小孔，这些区域可能会提供一个显著降低的电极阻抗。因此，这些小孔可能或多或少地分流整个良好区域部分电极的信号，从而降低了该方法的可靠性。

称重法传感器包含一个机电振荡器。这种情况下，振荡频率取决于电路性能和机械性能，特别是振荡器的质量。如果附加质量附加在表面上——在我们的阐述中是指 DNA 的杂交化反应——将会导致振荡频率降低。注意，这种类型的传感器对受体分子层的针孔缺陷具有较强的免疫能力，一方面是由于传感器界面功能非完好区域不会导致传感器的反应，另外，在阻抗相关检测方法情况下也不会并联分流传感器的信号。

如本章参考文献［46］所述，基于悬臂梁技术的解决方案，通过广义的 CMOS 技术制造并应用于生物分子探测是这类传感器的代表。已广为人知的称重法原理也已经成功地应用于各种各样的其他场合，其也使用分离的和大面积的石英，且其频率范围在 MHz 量级。根据索尔布雷方程[47]，质量分辨率与谐振器的频率成正比。薄膜体声波谐振器（FBAR）技术（见图 6.25）提供了薄膜压电器件，其频率在低 GHz 范围[48]。因此，此种技术为高灵敏度传感器非常有前景的替代方案。

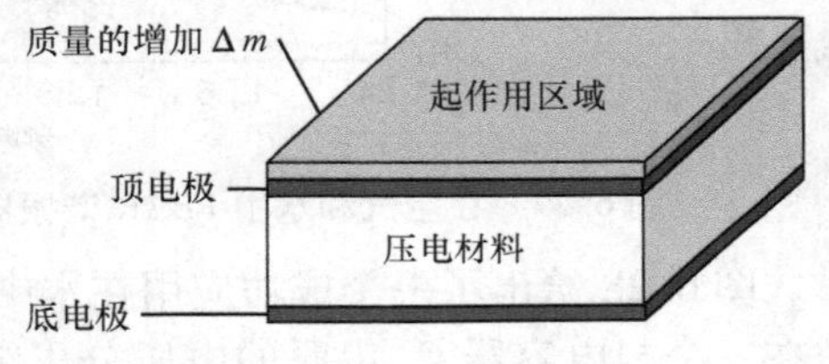

图 6.25　FBAR 传感器的基本器件结构

由于较高的工作频率，需要传感器和放大电路之间仅有较短的距离。在 FBAR 不能直接采用 CMOS 技术与读出电路制作在同一芯片的情况下，倒装焊技术[49]提供了一个可以接受的解决方案。如图 6.26 所示给出了一个具体例子示意图。FBAR 本身包含一层夹在两个金属电极之间的氮化铝（AlN）压电薄膜层。为了避免声能损失到衬底，在衬底内制作形成几层低、高超声阻抗层（W，SiO_2）交替生长的布拉格镜。

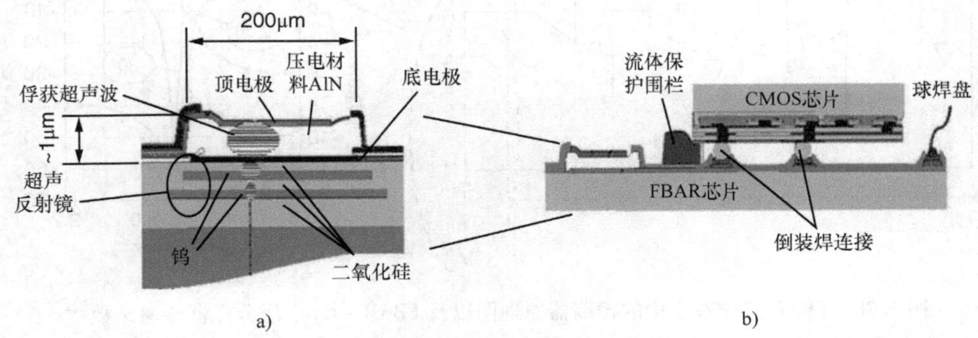

图 6.26　基于 AlN 集成声学布拉格镜的 FBAR 器件（图 a）以及 FBAR 芯片与 130nm 工艺制作的标准 CMOS 芯片倒装焊堆叠（图 b）[48,49]

这类器件工作的一个重要挑战以及合适振荡器的相关设计是其在液体中工作，如水或相关分析用电解质中工作时其品质因数会降低（见图 6.27）。相关机械衰减的影响与电学领域欧姆电阻的影响类似。因此，许多用于压电振荡器的电路这里不适用，因为它们依赖于在空气中的高品质因数。

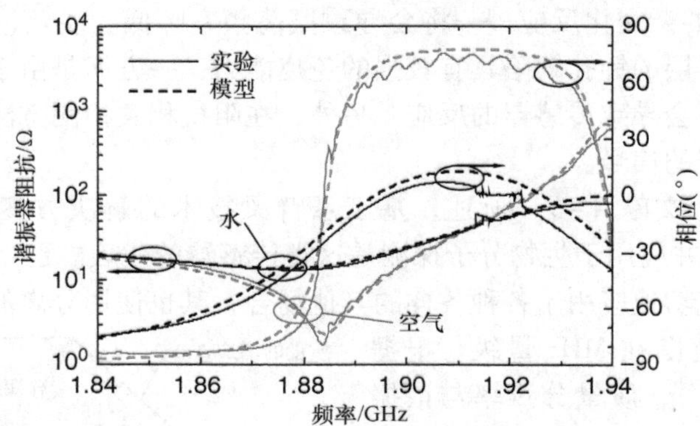

图 6.27 在空气和水中 FBAR 谐振器的阻抗和相位随频率的变化关系[49]

图 6.28 给出了一个成功应用在水中工作 FBAR 振荡器的构想[49]。FBAR 工作在一个与电容器 C_0 串联的电压分压结构上。在同一图中，FBAR - C_0 电压分压结构的传递函数显示了 30°相移和谐振频率点 -2dB 的增益。为了满足振荡的巴克豪森标准和增益裕度，以及考虑到可能的器件参数的变化及其对整体增益的影响，放大器的设计就要满足提供剩余的 330°和 5dB 增益。正是为了在所有工艺/温度转角处都精确地满足谐振频率下的增益 - 相位关系，放大器被构建为 $G_m - C$ 滤波器，通过变换跨导器的偏置电流，实现放大器的调谐。传递函数与工艺无关，但是与 G_{m1}、G_{m2} 和 G_{m3}、C_1 和 C_2 的匹配紧密相关。

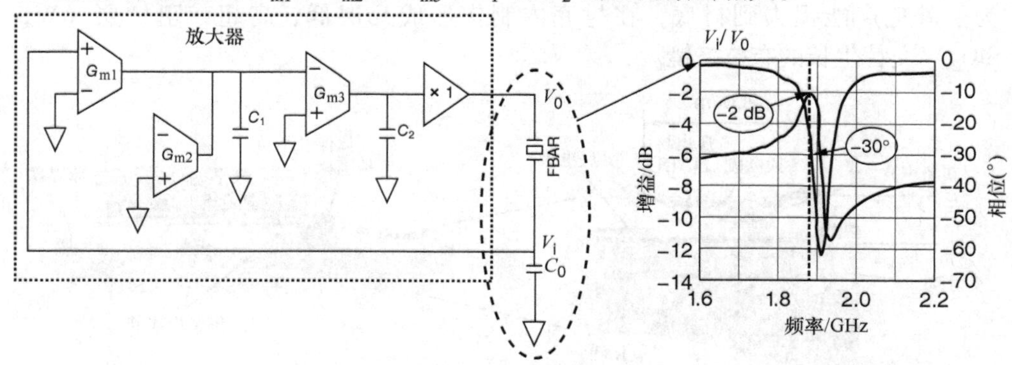

图 6.28 FBAR 工作在水中的振荡器原理图以及 FBAR - C_0 电压分压器传递函数[44]

6.7 封装集成附注

电子化生物芯片的封装、集成除了电路接口类型明显与我们所熟知的标准 CMOS 领域边界条件设定和封装概念不同之外，还需要满足液体的使用环境。另外，此解决方案必须首先要考虑到可靠性，而不应该是仅仅从低成本角度出发去确定方案。

关于（微）流体的内封装，必须考虑很多需求条件，如层流和避免泡沫（或在封装内可在预定义位置提供可俘获气泡的阱）。详细的需求目录总是取决于技术细节，例如有关检测方法、含量分析、应用程序等。

这种应用的大量封装方案已经在相关文献中得到探讨介绍。他们从非常简单的开放系统组装解决方案，如：PCB 作为密封 CMOS 芯片载体和信号读取单元的电气接口（例如本章参考文献［44］）方案，到类芯片卡系统级解决方案，这种系统封装不仅在一定程度上提供与外部世界的电气和流体接口，也携带着可储藏干燥形态的化学混合物的空间，以便样品的准备可以完全在一个一次性单元中完成[22,50]。

6.8　总结和展望

在本章中，简要概述了基于 CMOS 工艺的 DNA 芯片。由此延伸出来的 CMOS 信号处理，各种修饰技术和探测技术，相关电特性及电路设计方法在本章也做了讨论。

总结当今现状，许多方法已经出版并被证明了切实可行有效。纯电学方法在商业和技术成功的需要从用户的视角去考虑整个系统（包括集成、封装、存储、微流体、软件、应用目标和相关化验）的问题。而今天的市场显然是由基于光学系统的方法为主流，电子化芯片和基于 CMOS 芯片的解决方案以及开发适当的商业模式仍正在进行中：尽管转过新世纪之后，随着半导体业界代表性公司有关基于 CMOS 的生物分子检测芯片报道紧跟着大量出版，如今，潜在生物检测和生物接口电路应用的 CMOS 芯片的用量被证明还是太小，以至于对于一个主营业务为销售硅基加工芯片的公司来讲，这类应用还不足以为其描绘一幅非常有吸引力的巨大商业场景。同时，另一方面，CMOS 器件与生物学相结合的大量案例也表明这样的应用确实有满足人伦疾患治愈需求和创造经济价值的潜力，这需要系统设计公司或专门面向特定应用公司的驱动。以两个商业应用案例典型代表来举例，例如，考虑耳蜗植入物[51,52]或对脑深部电刺激（Deep Brain Stimulation，DBS）的装备[53,54]，每年元件的总用量明显低于 100，000 只。基于足够先进 CMOS 工艺的晶圆代工厂也可提供小批量的产品，充分利用这些代工厂的产能，围绕这种芯片创建完整的系统，提供如前所述的基于 CMOS 工艺的生物接口电路和系统，可以保证最终用户和芯片供应公司的商业利益诉求变为现实。

因此，如今类似以上的情况被认为是使得基于 CMOS 兼容工艺生物芯片也可商业化并取得成功的一个可能途径。

参考文献

[1] E.M. Southern, "An improved method for transferring nucleotides from electrophoresis strips to thin layers of ion-exchange cellulose", *Anals of Biochemistry*, November, vol. 62, no.1, pp. 317–318, 1974.

[2] "The Chipping Forecast", *Nature Genetics Supplement*, vol. 21, Jan. 1999.

[3] http://www.nature.com/ng/chips_interstitial.html.

[4] *DNA Microarrays: A Practical Approach*, M. Schena ed., Oxford University Press Inc., Oxford, UK, 2000.

[5] *Microarray Biochip Technology*, M. Schena ed., Eaton Publishing, Natick, MA 01760, 2000.

[6] D. Meldrum, "Automation for genomics, sequencers, microarrays, and future trends", *Genome Research*, vol. 10, pp. 1288–1303, 2000.

[7] F. Bier and J.P. Fürste, "Nucleic acid based sensors", in *Frontiers in Biosensorics I*, F. Scheller, F. Schubert and J. Fedrowitz ed., Birkhäuser Verlag Basel/Switzerland, 1997.

[8] T. Vo-Dinh and B. Cullum, "Biosensors and biochips: advances in biological and medical diagnostics", *Fresenius J. Anals of Chemistry*, vol. 366, pp. 540–551, 2000.

[9] P. Hegde, R. Qi, K. Abernathy, C. Gay, S. Dharap, R. Gaspard, J.E. Hughes, E. Snesrud, N. Lee, and J. Quackenbush, "A concise guide to cDNA microarray analysis", *Biotechniques*, September, vol. 29, no.3, pp. 548–556, 2000.

[10] F. Sanger, S. Nicklen, and A.R. Coulson, "DNA sequencing with chain-terminating inhibitors"; Proceedings of the National Academy of Sciences, pp. 5463–5467,1977.

[11] M. Margulies et al., "Genome sequencing in microfabricated high-density picolitre reactors", *Nature* vol. 437, pp. 376–380, 2005.

[12] J. M. Rothberg et al., "An integrated semiconductor device enabling non-optical genome sequencing", *Nature* vol. 475, pp. 348–352, doi:10.1038/nature10242, 2011.

[13] J. Shendurel and H. Ji, "Next-generation DNA sequencing", *Nature Biotechnology*, vol. 26, pp. 1134–1145, doi:10.1038/nbt1486, 2008.

[14] K. Mullis, F. Falcomer, S. Scharf, R. Snikl, G. Horn, and H. Erlich, "Specific enzymatic amplification of DNA in vitro: the polymerase chain reaction", *Cold Spring Harbor Symposia on Quantitative Biology*, vol. 51 Pt 1, pp. 263–273, 1986.

[15] E. Zubritsky, "Spotting a microarray system", Anals of Chemistry, pp. 761A–767A, December 1, vol. 72, no.23, 2000.

[16] V.G. Cheung, M. Morley, F. Aguilar, A. Massimi, R. Kucherlapati, and G. Childs, "Making and reading microarrays", *Nature Genetics*, pp. 15–19, January, vol. 21(1 Suppl), 1999.

[17] S.P.A. Fodor, R.P. Rava, X.C. Huang, A.C. Pease, C.P. Holmes, and C.L. Adams, "Multiplexed biochemical assays with biological chips", *Nature*, vol. 364, pp. 555–556, 1993.

[18] http://www.affymetrix.com.

[19] M.J. Heller, A. Holmsen, R.G. Sosnowski, and J. O'Connell, "Active microelectronic arrays for DNA hybridization analysis" in *DNA Microarrays: A Practical Approach*, M. Schena ed., Oxford University Press Inc., Oxford, UK, pp. 167–185, 2000.

[20] M.J. Heller, "An active microelectronics device for multiplex DNA analysis", *IEEE Engineering in Medicine and Biology Magazine*, pp. 100–104, 1996.

[21] K. Dill, D. Montgomery, W. Wang, and J. Tsai, "Antigen detection using microelectrode array microchips", *Analytica Chimica Acta*, vol. 444, pp. 69–78, 2001.

[22] http://www.combimatrix.com.

[23] F. Hofmann, A. Frey, B. Holzapfl, M. Schienle, C. Paulus, P. Schindler-Bauer, D. Kuhlmeier, J. Krause, R. Hintsche, E. Nebling, J. Albers, W. Gumbrecht, K. Plehnert, G. Eckstein, and R. Thewes, "Fully electronic DNA detection on a CMOS chip: device and process issues", Tech. Dig. International Electron Device Meeting (IEDM), pp. 488–491, 2002.

[24] S.M. Sze and K.K. Ng, *Physics of Semiconductor Devices*, John Wiley & Sons, 2007.
[25] A.J. Bard and L.R. Faulkner, *Electrochemical Methods*, John Wiley & Sons, 2001.
[26] M. Augustyniak, C. Paulus, R. Brederlow, N. Persike, G. Hartwich, D. Schmitt-Landsiedel, and R. Thewes, "A 24x16 CMOS-based chronocoulometric DNA mircoarray", Tech. Dig. International Solid-State Circuit Conference (ISSCC), pp. 46–47, 2006.
[27] A.J. Bard, J.A. Crayston, G.P. Kittlesen, T.V. Shea, and M.S. Wrighton, "Digital simulation of the measured response of reversible redox couples at microelectrode arrays: consequences arising from closely spaced ultramicroelectrodes", Anals of Chemistry, vol. 58, pp. 2321–2331, 1986.
[28] R. Hintsche, M. Paeschke, A. Uhlig, and R. Seitz, "Microbiosensors using electrodes made in Si-technology", in *Frontiers in Biosensorics I*, F. Scheller, F. Schubert, and J. Fedrowitz ed., Birkhäuser Verlag Basel/Switzerland, 1997.
[29] M. Paeschke, U. Wollenberger, C. Köhler, T. Lisec, U. Schnakenberg, and R. Hintsche, "Properties of interdigital electrode arrays with different geometries", *Analytica Chimica Acta*, vol. 305, pp. 126–136, 1995.
[30] M. Schienle, A. Frey, F. Hofmann, B. Holzapfl, C. Paulus, P. Schindler-Bauer, and R. Thewes, "A fully electronic DNA sensor with 128 positions and in-pixel A/D conversion", *IEEE J. Solid-State Circuits*, pp. 2438–2445, 2004.
[31] N. Gemma, S.-I. O'uchi, H. Funaki, J. Okada, and S. Hongo, "CMOS integrated DNA chip for quantitative DNA analysis", Tech. Dig. International Solid-State Circuit Conference (ISSCC), pp. 560–561, 2006.
[32] http://dna-chip.toshiba.co.jp/eng/
[33] F. Heer, M. Keller, G. Yu, J. Janata, M. Josowicz, and A. Hierlemann, "CMOS electrochemical DNA-detection array with on-chip ADC", Tech. Dig. International Solid-State Circuit Conference (ISSCC), pp. 122–123, 2008.
[34] A. Frey, M. Jenkner, M. Schienle, C. Paulus, B. Holzapfl, P. Schindler-Bauer, F. Hofmann, D. Kuhlmeier, J. Krause, J. Albers, W. Gumbrecht, D. Schmitt-Landsiedel, and R. Thewes, "Design of an integrated potentiostat circuit for CMOS bio sensorchips", Proceedings of International Symposium on Circuits and Systems (ISCAS), 2003, pp. V9–V12.
[35] R. Kakerrow, H. Kappert, E. Spiegel, and Y. Manoli, "Low power single chip CMOS potentiostat", Proceedings of Transducers 95, Eurosensors IX, 1995, vol. 1, pp. 142–145.
[36] R. Thewes, "CMOS bio sensors – specifications, extended CMOS processing, circuit design, and system level aspects", Tutorial Short Course International Solid-State Circuit Conference (ISSCC), 2006.
[37] M.H. Nazari, H. Mazhab-Jafari, L. Lian; A. Guenther, and R. Genov, "192-channel CMOS neurochemical microarray", Proceedings of Custom Integrated Circuits Conference (CICC), pp. 1–4, 2010.
[38] M. Xue, J. Li, W. Xu, Z. Lu, K.L. Wang, P.K. Ko, and M. Chan, "A self-assembly conductive device for direct DNA identification in integrated microarray based system", Tech. Dig. International Electron Device Meeting (IEDM), pp. 207–210, 2002.
[39] L. Moreno-Hagelsieb, G. Laurent, R. Pampin, D. Flandre, J.-P. Raskin, B. Foultier, and J. Remacle, "On-chip RF detection of DNA hybridization based on interdigitated Al/Al_2O_3 capacitors", Proceedings of European Solid-State Device Research Conference (ESSDERC), pp. 125–128, 2006.
[40] J. Li, C. Xu, Y. Wang, H. Peng, Z. Lu, and M. Chan, "A highly manufacturable nano-metallic particle based DNA micro-array", Tech. Dig. International Electron Device Meeting (IEDM), pp. 1005–1008, 2004.
[41] G. Li, V. Joshi, R.L. White, S.X. Wang, J.T. Kemp, C. Webb, R.W. Davis, and S. Sun, "Detection of single micron-sized magnetic bead and magnetic nanoparticle using spin valve sensors for biological applications", *Journal of Applied Physics*, vol. 93, pp. 7557–7559, 2003.
[42] S.-J. Han1, L. Xu, H. Yu, R.J. Wilson, R.L. White, N. Pourmand, and S.X. Wang, "CMOS Integrated

DNA Microarray Based on GMR Sensors", Tech. Dig. International Electron Device Meeting (IEDM), pp. 719–722, 2006.

[43] C. Guiducci, C. Stagni, G. Zuccheri, A. Bogliolo, L. Benini, B. Samori, and B. Ricco,"A Biosensor for direct detection of DNA sequences based on capacitance measurements", Proceedings of European Solid-State Device Research Conference (ESSDERC), pp. 479–482, 2002.

[44] C. Stagni degli Esposti, C. Guiducci, C. Paulus, M. Schienle, M. Ausgustyniak, G. Zuccheri, B. Samori, L. Benini, B. Ricco, and R. Thewes, "Fully electronic CMOS DNA detection array based on capacitance measurement with on-chip analog-to-digital conversion", *IEEE Journal of Solid-State Circuits*, pp. 2956–2964, 2006.

[45] A. Manickam, A. Chevalier, M. McDermott, A.D. Ellington, and A. Hassibi, "A CMOS electrochemical impedance spectroscopy biosensor array for label-free biomolecular detection", Tech. Dig. International Solid-State Circuit Conference (ISSCC), pp. 130–131, 2010.

[46] Y. Li, C. Vancura, C. Hagleitner, J. Lichtenberg, O. Brand, and H. Baltes, "Very high Q-factor in water achieved by monolithic, resonant cantilever sensor with fully integrated feedback", Proceedings of IEEE Sensors, pp. 244–245, 2003.

[47] G. Sauerbrey, Günter, "Verwendung von Schwingquarzen zur Wägung dünner Schichten und zur Mikrowägung", *Zeitschrift für Physik* vol. 155, no.2: pp. 206–222, 1959.

[48] R. Brederlow, S. Zauner, A.L. Scholtz, K. Aufinger, W. Simbürger, C. Paulus, A. Martin, M. Fritz, H.-J. Timme, H. Heiss, S. Marksteiner, L. Elbrecht, R. Aigner, and R. Thewes, "Biochemical sensors based on bulk acoustic wave resonators", Tech. Dig. International Electron Device Meeting (IEDM), pp. 992–994, 2003.

[49] M. Augustyniak, W. Weber, G. Beer, H. Mulatz, L. Elbrecht, H.-J. Timme, M. Tiebout, W. Simbürger, C. Paulus, B. Eversmann, D. Schmitt-Landsiedel, R. Thewes, and R. Brederlow, "An integrated gravimetric FBAR circuit for operation in liquids using a flip chip extended 0.13 μm CMOS technology", Tech. Dig. International Solid-State Circuit Conference (ISSCC), pp. 422–423, 2007.

[50] G. McMahon, *Analytical Instrumentation: A Guide to Laboratory, Portable and Miniaturized Instruments*, John Wiley & Sons Ltd, 2007.

[51] K. Wise and K. Najafi, "Fully-implantable auditory prostheses: restoring hearing to the profoundly deaf", Tech. Dig. International Electron Device Meeting (IEDM), pp. 499 – 502, 2002.

[52] K. Wise, "Wireless integrated microsystems: Coming breakthroughs in health care", Tech. Dig. International Electron Device Meeting (IEDM), pp. 1–8, 2006.

[53] S. Oesterle, P. Gerrish, and P. Cong, "New interfaces to the body through implantable-system integration", Tech. Dig. International Solid-State Circuit Conference (ISSCC), pp. 9–14, 2011.

[54] T. Denison, P. Cong, and P. Afshar, "Exploring smart sensors for neural interfacing", Chapter 8 in current book.

第 7 章　CMOS 图像传感器

Albert Theuwissen
电子仪器实验室，Harvest Imaging 公司，布雷，比利时
代尔夫特理工大学，代尔夫特，荷兰

CMOS 图像传感器技术在过去的十年间取得了巨大的进展。成像器件不仅在性能上得到了极大的提升，而且随着配备内置相机的手机的广泛应用而获得了显著的商业成功。早在 15 年前，许多科学家和市场专家就预测 CMOS 图像传感器将完全取代 CCD 成像器，就像 20 世纪 80 年代中期 CCD 成像器替代了电子管一样。

但是，尽管 CMOS 在当今的成像领域占据重要的位置，但它并没有完全取代 CCD。另一方面，由于 CMOS 图像传感器催生了新的应用领域，并推进了 CCD 成像器件的性能，CMOS 的发展极大地推动了整体成像市场的增长。

本章介绍了 CMOS 图像传感器目前最新的研究进展情况。

7.1　CMOS 尺寸效应对图像传感器的影响

众所周知，CMOS 节点尺寸的缩小使得半导体产业能够制造更小的器件。该规则也适用于 CMOS 图像传感器。图 7.1 给出了 IEDM 和 ISSCC 过去 15 年里发布的关于 CMOS 图像传感器的尺寸数据[2]。下方的曲线说明了 CMOS 节点尺寸的缩小效果，ITRS 路线图也给出了类似的描述[3]。第二个曲线显示了用于制作 CMOS 图像传感器的技术节点，第三曲线说明了同样器件的像素尺寸。需要说明的是：

1）CMOS 图像传感器使用的技术节点落后于 ITRS 的技术节点。理由非常简单，用于制造数字电路的先进 CMOS 工艺对图像传感器来说并不都是有利的（会带来大的漏电流，低的光灵敏度、噪声性能等问题）。

2）CMOS 图像传感器技术节点的缩放几乎与标准数字 CMOS 保持同步。

3）像素尺寸和技术节点尺寸的比率约为 20。

CMOS 图像传感器像素尺寸的缩小对整个图像产业是个非常重要的驱动因素。它对整体相机系统的各种参数有着非常大的影响。例如，如果一个 CMOS 图像传感器的像素间距等于 p，则各种参数的比例因子是（保持的像素总数不变的情况下）：

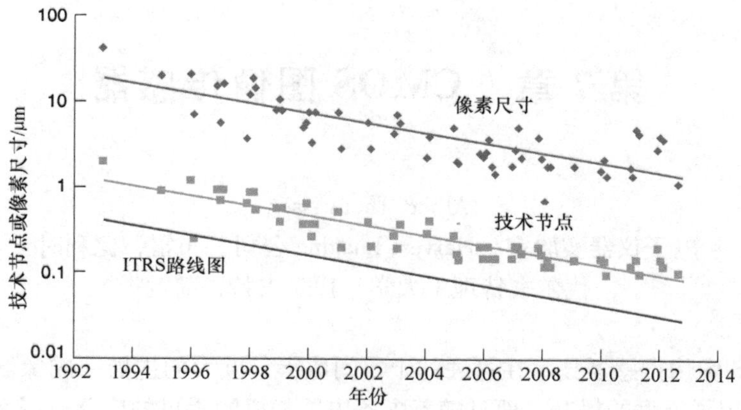

图 7.1　像素尺寸、CMOS 技术节点以及 ITRS 路线图

像素节距	~p
像素面积	~p^2
芯片面积	~p^2
芯片成本	~p^2
信号读取功耗	~p^2
镜头体积	~p^3
相机体积	~p^3
相机重量	~p^3

从这个列表中，我们能清楚地看到，尽可能缩小像素尺寸是一个非常强大的驱动力。不幸的是，较小的像素对相机的光学和电学性能有负面影响，例如，像素/相机的比例性能是：

景深	~p
焦点深度	~p
信噪比	~p^2
动态范围	~p^2

像素尺寸的缩小会使以上性能参数变差。

像素尺寸缩小的影响可以总结如下：当相机装在盒子或背包里时，较小的像素能体现出很多优势；但是一旦当你打开相机开关想使用的时候，较小像素的缺点就凸显出来了。

消费类市场需要更小的像素尺寸，同时 CMOS 技术的进步也提供了小像素的制造方法。但从上面的表格就能得出结论，较小的像素会导致较差的性能表现。在改进像素设计和加工技术的同时，又能够抵消像素尺寸缩小带来的性能损失，是一个现实的挑战。

7.2　CMOS 像素结构

CMOS 图像传感器在原理上具有与数字存储器非常相似的结构，如图 7.2 所示，它由以下部分组成：

1）像素阵列，其中每个像素含有至少一个光敏二极管和一个寻址晶体管，像素数量为从 VGA 尺寸的 33 万到专业应用的 1 亿像素（甚至更多）之间。

2）Y－寻址或扫描寄存器，用于通过激活像素内的寻址晶体管来逐行寻址。

3）X－寻址或扫描寄存器，用于逐列寻址每列上的像素。

4）输出放大器。

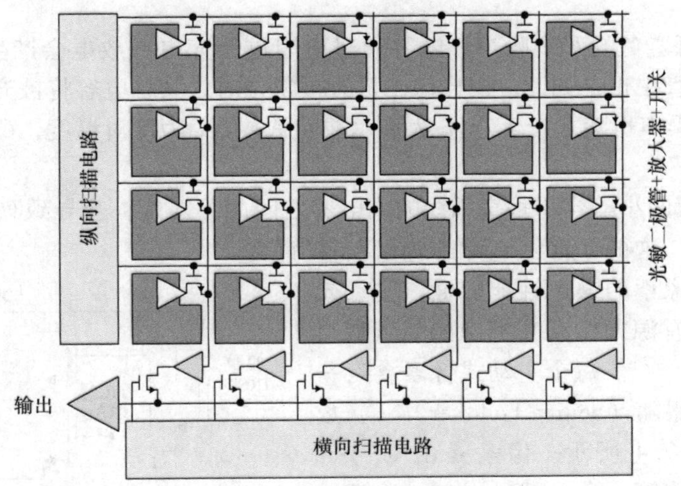

图 7.2　二维 CMOS 图像传感器结构

像素的基本结构非常简单：n^+-p 光敏二极管和一个作为一个开关的行选择（RS）寻址晶体管，如图 7.3 所示。工作原理如下[4]：

1）曝光开始前，光敏二极管被初始反向偏置到高电压（例如 3.3V）进行复位。复位操作是通过位于列总线上的电路实现的（未显示在图中）。为了进行像素复位，需激活行选择（RS）开关（像素寻址晶体管导通）以使像素连接到列总线。一旦像素被复位，RS 开关将被关闭，曝光就可以开始。

2）曝光时，光敏二极管的 n^+ 区域（阴极）保持悬浮状态。入射光子被硅吸收从而产生电子－空穴对。光敏二极管 n^+-p 结两端的电场将使这两种载流子分离。其中，电子将移动到光敏二极管的 n^+ 侧，空穴将移动到光敏二极管 p 衬底侧。此时，光敏二极管的反向电压将会减小。

3）曝光结束时，测量光敏二极管两端的剩余电压，其相对比于初始电压的压降可用于衡量曝光时间内落在光敏二极管上的光子的数量。需要明确的是，在测量光敏二极管两端电压时需激活 RS 开关。

4）光敏二极管再次被复位以准备下次曝光。

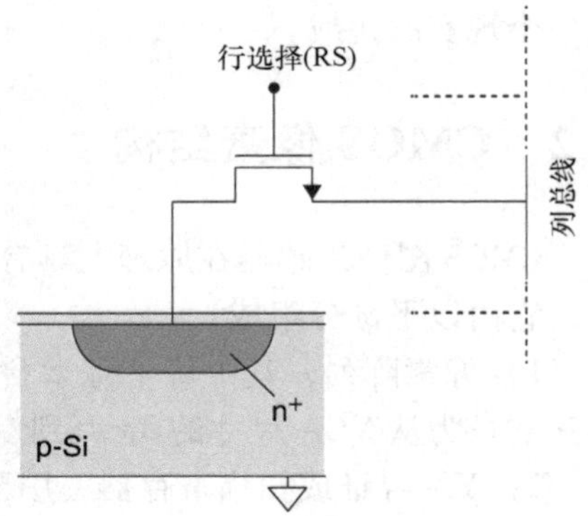

图 7.3　基于行选择开关的被动式 CMOS 像素单元

上面这种结构的像素被称为被动式像素或无源式像素，其特征是具有很大的填充比（光敏二极管所占面积的比例）。然而，被动式像素的噪声很大，其原因如下：

1）不可避免的 *kTC* 噪声。电容通过电阻进行充电或放电会产生 *kTC* 噪声，在光敏二极管中也是如此。当光敏二极管被复位时，其结电容将被充电到复位电压值，*kTC* 噪声也随之产生。（*k* 为玻尔兹曼常数，*T* 为绝对温度，*C* 为光敏二极管结电容）

2）像素的小电容与垂直总线的大电容之间的不匹配，会导致列总线上的信号电压较低，这很可能会导致信噪比降低的问题。

在提升像素的噪声性能方面，主动式像素（或称有源式像素）概念的引入取得了显著效果[5-7]。每个主动式像素含有一个内置的源跟随（Source Follower，SF）放大器，如图 7.4 所示。像素是由 n^+-p 结、复位晶体管（Reset Transistor，RST）、寻址或者行选择（RS）晶体管，以及源跟随放大器驱动晶体管组成。源跟随放大器的电流源位于列总线末端。主动式像素传感器的工作原理和被动式像素传感器基本一致：

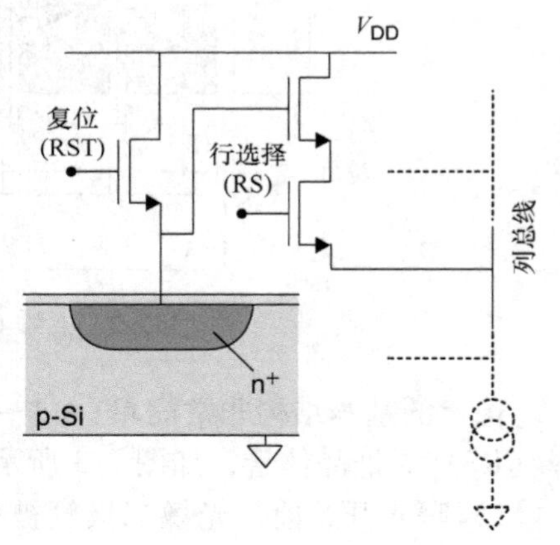

图 7.4　基于放大器的主动式像素单元，晶体管 RST 和 RS 分别用来复位和选择像素

1）启动 RST 开关，光敏二极管被反向偏置或复位。

2）曝光过程中，光子吸收产生电子 - 空穴对，载流子在电场下分离，光敏二极管反向电压减小。

3）曝光结束后，像素寻址，通过源跟随器测量电压的变化量，并将其记录在列总线上。

接下来，光敏二极管被再次通过激活RST开关而复位。主动式像素的概念在20世纪90年代中期非常流行，解决了大量的噪声问题。然而，由复位而引起的*kTC*噪声并没有得到解决。

为了解决*kTC*噪声问题，在CCD中广泛使用的钉扎光敏二极管技术被引入到了CMOS图像传感器中。钉扎光敏二极管像素因采用相关双采样（Correlated-Double Sampling，CDS）技术，能消除复位带来的噪声，源跟随晶体管的1/*f*噪声，以及直流偏移，具有很大的优势[8]。CMOS图像传感器中的CDS技术首次实现于光栅主动式像素传感器（APS）中[9]。跟CCD一样，可采用CDS的CMOS图像传感器，是一项提升CMOS图像传感器性能的巨大突破。

如图7.5所示的具有钉扎光敏二极管（PPD）的主动式像素传感器（APS）被认为是光栅APS的一次改进，它结合了CDS带来的低噪声性能和光敏二极管的高灵敏度和小暗电流的优点[10,11]。

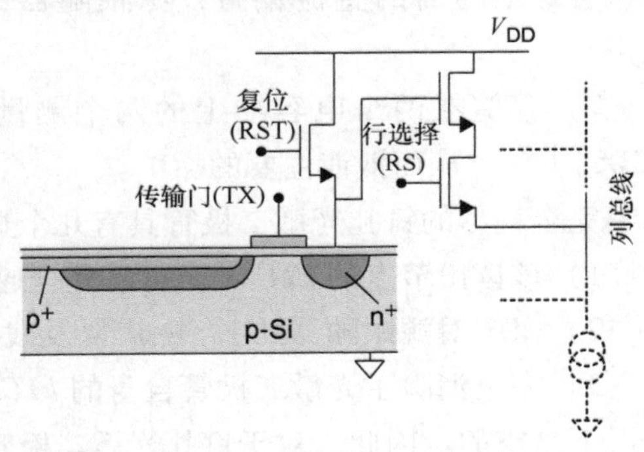

图7.5 基于内置放大器和钉扎光敏二极管的PPD CMOS像素单元（RST、RS和TX分别是复位、行选择和转换晶体管）

图7.5中右侧部分具有与主动式像素传感器相同的结构。尽管此结构与图7.4概念上是相同的，但其功能是不同的。图7.5右侧部分仅仅作为像素的读出部分：源跟随放大器将感测n^+读出节点上的电压，而该读出节点的功能是将电荷转化成电压。像素的光学传感部分包含在钉扎光敏二极管内，如图7.5的左侧部分所示。钉扎光敏二极管经由外部的传输门（TX）连接到读出电路。利用此概念，可将像素的光学传感部分与读出节点分离开。

钉扎光敏二极管是由p^+-n^--p三明治结构组成，p型区被偏置到地，n型区完全耗尽。此结构导致n型区局部电势最大，且此电势完全由n区的掺杂和n-p以及p^+-n结的深度决定。

钉扎光敏二极管工作流程如下：

1）输入的光子在钉扎光敏二极管中转换成带电载流子。电子-空穴对产生后，将在n区的电场作用下分离。电子存储在n区，空穴向p+层或p型衬底移动。

2）曝光结束后，n+读出节点被复位晶体管（RST）复位。

3）复位后测量输出电压，此参考信号包含源跟随放大器的直流补偿，源跟

随放大器的 $1/f$ 噪声，以及复位动作引起的 kTC 噪声。第一次测量值存储在列电路中的第一电容器中。

4）光敏二极管经由激活 TX 以及把电荷转移至 n + 读出节点而被置空。电荷转移原理类似于 CCD：把电荷从钉扎光敏二极管转移到悬浮扩散区。

5）接下来，通过激活 TX，包含在钉扎光敏二极管的电荷将被传送到读出节点。当钉扎光敏二极管中的电荷被完全去除后，重新建立钉扎光敏二极管的原始钉扎电压。

6）电荷传送后，测量输出电压，此第二个信号将包含光子产生的信号，同时包含源跟随器的直流偏置，源跟随器的 $1/f$ 噪声以及复位动作引起的 kTC 噪声。

7）存储在两个电容器上的两个测量值在模拟域相减［使用相关双采样（CDS）］[8]，从而抵消主要的噪声。

完全耗尽的钉扎光敏二极管具有几个显著的特征：

1）该读出节点的 kTC 噪声可以完全通过 CDS 技术抵消。

2）CDS 对源跟随器的 $1/f$ 噪声以及残留的补偿有着积极作用。

3）完全消除了光敏二极管自身的 kTC 噪声，因为光敏二极管在完全耗尽的情况下是空的。因此，对于钉扎光敏二极管，不存在 kTC 噪声。

4）光灵敏度取决于耗尽层的宽度。与经典的光敏二极管相比，其光灵敏度更高，因为钉扎光敏二极管的耗尽层延伸几乎延伸到 $Si-SiO_2$ 界面。

5）由于双结（p^+-n 和 $n-p$ 衬底）的存在，其本征电荷存储电容较大，其效果是更大的动态范围。

6）$Si-SiO_2$ 界面被 p + 层完全屏蔽，界面完全被空穴填充，使得泄漏电流和暗电流非常低。

考虑到以上种种优点，钉扎光敏二极管很显然是 CMOS 图像传感器像素的首选。近年来市场上几乎所有的产品都使用此种像素结构，正是钉扎光敏二极管，推动了 CMOS 图像传感器成为商业化产品。显然，历史在重演：CCD 业务也由于钉扎光敏二极管的使用而实现了腾飞[12]。

每个主动式钉扎 CMOS 像素由 4 个晶体管和 5 个互连线组成。这种“复杂”的架构导致了相对较低的填充因子。因此，很难使得基于 PPD 概念的像素尺寸小于 2.5μm。像素外围占用了太多的面积。

后一个问题的解决方案可以采用“共享像素”的概念：几个相邻的像素共享相同的输出电路[13,14]。基本思想如图 7.6 所示。

一组 2×2 的像素共用一个源跟随器、复位晶体管、寻址晶体管以及读出节点。除了这些器件，像素组合有 4 个钉扎光敏二极管以及 4 个传输门。如此，像素的时序会变得有点复杂，但是共享像素具有 8 条互连线，7 个晶体管，结果是每个光敏二极管有 2 条互连线以及 1.75 个晶体管。所带来的好处是填充比提高了，但缺点是需要非对称的像素设计。如图 7.6 所示的一组像素中的 4 钉扎光敏二极管不再完全相同：在一个方形区域，需放置 4 个钉扎光敏二极管和 3 个晶体管。这导致了在图像处理阶段需要对固定噪声进行校正。

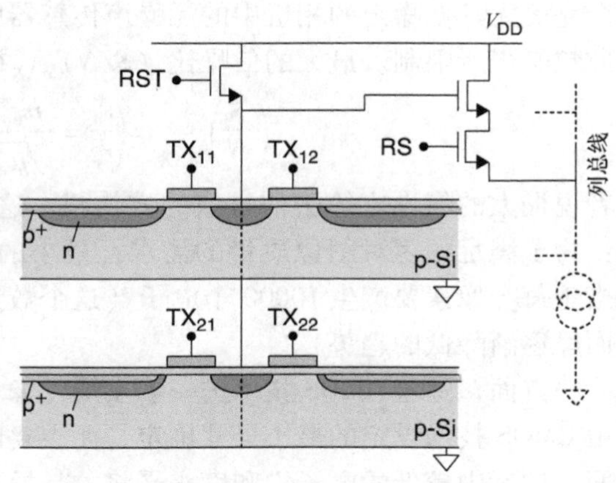

图 7.6 共享像素概念，2×2 钉扎光敏二极管分享相同的读出电路（RST、RS 是复位、行选择晶体管，每一个像素的选择由变化的转移门电路 TX 完成）

最新报道的像素尺寸小于 2.5μm 甚至 1μm 的图像传感器，都是基于钉扎二极管的共享像素概念。

7.3 光子散粒噪声

图像传感器包含很多的噪声源，可以分为时域噪声源和空间噪声源，举例如下：

1）时域噪声：*kTC* 噪声、约翰逊噪声、1/*f* 噪声、RTS 噪声、暗电流散粒噪声、光子散粒噪声、电源噪声、相位噪声、量化噪声等。

2）空间噪声：暗固定模式噪声、亮固定模式噪声、列固定模式噪声、行固定模式噪声、缺陷像素、坏点像素、划痕等。

本章的目的不是研究所有的噪声，而是把光子散粒噪声当作讨论的重点。光子散粒噪声是在曝光时间内，照射到传感器上光子数量的统计变化。照射到传感器上的光子数量是由柏松统计描述的随机过程。像素在曝光时间接收到数量为 μ_{ph} 的光子，则 μ_{ph} 是一个平均值，并由偏离标准的噪声系数 σ_{ph} 表征，被称为光子散粒噪声。平均值和噪声之间的关系为

$$\sigma_{ph} = \sqrt{\mu_{ph}} \tag{7.1}$$

光子被硅吸收后，数量为 μ_{ph} 的光子在每个像素中产生 μ_e 个电子，由噪声 σ_{ph} 表征，两者关系也是方均根的关系。

无时不在的光子散粒噪声对成像系统的信噪比有着一个非常有趣的影响：在

一个完美无其他噪声的相机中的无噪声传感器中，该成像系统的性能则完全由光子散粒噪声所限制。最大的信噪比 $(S/N)_{MAX}$ 被定义为

$$\left(\frac{S}{N}\right)_{MAX}=\frac{\mu_e}{\sigma_e}=\frac{\mu_e}{\sqrt{\mu_e}}=\sqrt{\mu_e} \tag{7.2}$$

或者说最大的信噪比等于信号值的方均根。这个发现产生了一个有趣的经验法则：为了满足顾客对图像质量的需求，最小的信噪比需要达到40dB 甚至更高，相当于每个像素要产生10000 个电子（这个数量随着图像处理技术以及噪声的消除而呈逐渐降低的趋势）。

一方面，随着 CMOS 技术进一步发展，像素越来越小，像素尺寸的下限将不再由 CMOS 技术设定的最小尺寸确定，而主要取决于像素存储的电子数量。另一方面，像素中较低的电子饱和度水平将总是导致较低的信噪比，因为在最佳情况下，光子散粒噪声将是主要的噪声源。

7.4 应用于 CMOS 图像传感器的模 - 数转换器

在数字图像时代，大多数的 CMOS 图像传感器都集成了模 - 数转换器（ADC），以输出信号供后续对数字域处理。典型的 ADC 结构有 flash、sigma - delta（Σ - Δ）、逐次逼近、单斜率型、流水线型、循环结构的模 - 数转换器等。本章重点讨论单斜率型 ADC。当 CMOS 图像传感器在每一列或者每一像素含有一个 ADC 的时候，单斜率 ADC 是一种非常具有前景的方案。特别是针对高速应用，列并行转换型 ADC 非常具有优势。此时，每一个传感器中 ADC 数目和列的数目相同，并且所有的 ADC 是并行工作的[15-17]。

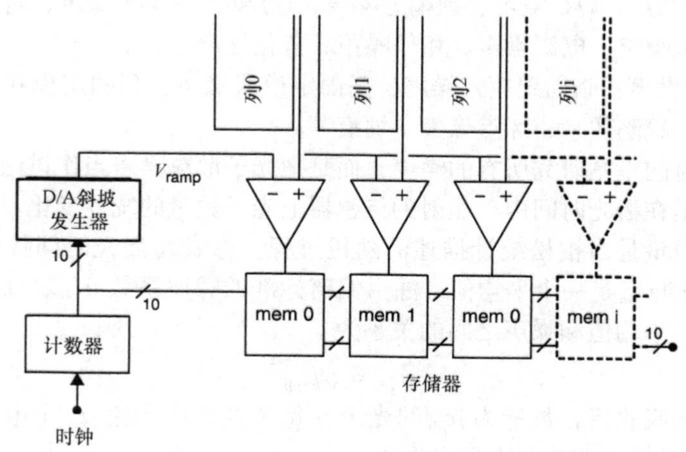

图 7.7 列并行单斜率 ADC 基本架构

单斜率 ADC 的基本工作原理如图 7.7 所示。将需要被转换的输入模拟信号 V_{IN}与模拟斜坡信号 V_{ramp}进行比较，斜坡信号由数字计数器产生。当 V_{IN}和 V_{ramp}相等时，比较器改变状态并把计数器内的值锁存到存储器。存储在存储器中的数字值与输入的模拟电压 V_{IN}相对应。在列并行转换型 ADC 中，图像传感器的每一列都有一个比较器和一个数字存储器。一行中所有像素共用一个计数器。

模拟信号数字化后，相机的输出信号包含一额外的量化噪声 σ_{ADC}：

$$\sigma_{ADC} = \frac{V_{LSB}}{\sqrt{12}} \tag{7.3}$$

式中，V_{LSB}是最低有效位的模拟电压。

对于光子散粒噪声，一个有趣的发现是：图像传感器输出信号的本底噪声主要是由光子散粒噪声决定的。对于小信号的输出，光子散粒噪声会较小；对于大信号的输出，光子散粒噪声较大。对于大的输出信号，ADC 的量化噪声不像小信号输出的一样低。因此，ADC 可以采用自适应的量化步长：对于小信号步长较小，大信号步长较大。单斜率 ADC 可相对容易地实现这样的量化。由数字计数器产生的阶跃电压不再和时间成线性，而是可以采用如图 7.8 中的分段线性插值方法[18]。除了阶跃电压，图 7.8 中光子散粒噪声也是量化噪声。量化噪声随着量化步长的增加而增加。只要量化的噪声明显小于光子散粒噪声，并不影响传感器的性能。举个简单的例子，当量化噪声小于光子散粒噪声的二分之一，单斜率型的 ADC 将转变成多重斜率型 ADC，在没有增加功耗的情况下，速度可提高 3 倍。

另一种增加单斜率型 ADC 速度的方法是把单斜率 ADC 的概念转换为单斜率多斜坡架构。在这种配置中，几个斜坡并联运行，它们都具有相同的斜率，但是它们通过 DC 偏置相互不同[19]。在 ADC 转换之前，先执行粗略 ADC 转换，将图像传感器的每一列分配到专用斜坡。粗略转换之后是精确转换周期，最后，将两个结果组合。图 7.9 展示出了多斜坡概念：首先进行粗略转换，其输出被存储在 2 位存储单元中（在本示例中为两个位，具有四个并行斜坡）。

这些 2 位不仅表示数字字段的最高有效位，还包含用于精确转换的列所需要分配的斜坡的信息。在后者中，将 4 个平行的斜坡提供给所有列，但是每个列只针对一个特定的斜坡进行验证。应该说明的是，转换速率的增加意味着并行斜坡数量的增加（忽略执行粗略转换所需的时间）。

这个实现单斜率多斜坡架构列并行 ADC 的示例体现了 CMOS 图像传感器的关键优势：将模拟和数字电路单片集成作为图像传感器的核心器件。同时考虑到成像器的噪声特性，以便在速度和功耗方面尽可能地改善该片上电路。

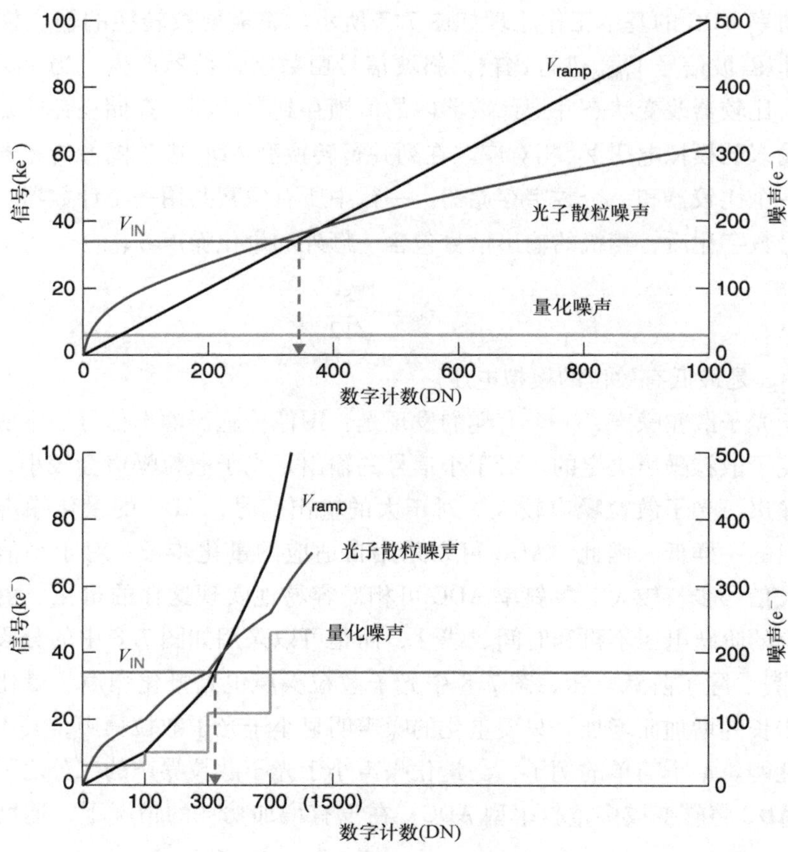

图 7.8 单斜率以及多斜率型 ADC 的阶跃电压，以及相关的光子散粒噪声和量化噪声

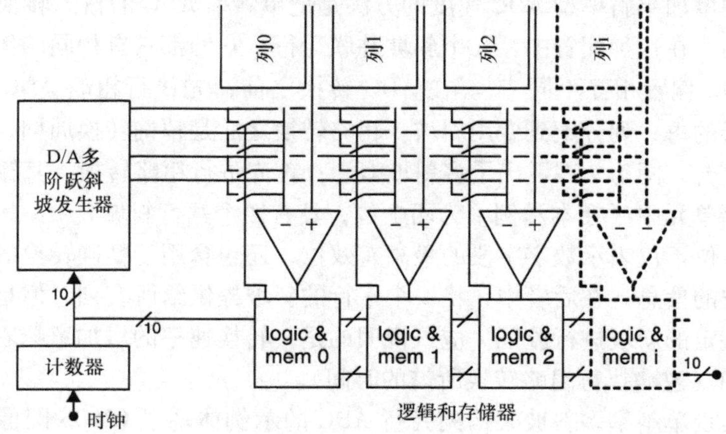

图 7.9 列并行单斜率多斜坡架构 ADC 基本结构

7.5　光灵敏度

图像传感器的主要目的是将入射光转换成可测量的输出信号。然而，随着像素尺寸的缩小，光灵敏度逐渐成为一个难题。通过硅的光电效应，入射光子自动地被转换成电子 - 空穴对。接下来，电子通过光敏二极管中的电场与空穴分离，收集的电子载流子将产生可被测量到的二极管反向偏置电压的降低。为了得到高质量的图像或者在较低的光输入水平下获得图像，捕获和转换尽可能多的光子是至关重要的。不幸的是，并不是所有入射的光子都能被像素所利用。其主要原因如下：

1）部分面积的像素对入射光不敏感，因为这部分像素包含读出电路。像素的概念限制了光敏感区域占总像素面积的比例（这个比例也被称为填充因子）。

2）落在有源像素区域上的光子不一定能产生电子 - 空穴对。光子可以在硅界面发生反射，也可以在多层光学介质叠层中的任何一层发生反射，或被这些叠层中的某一层吸收，或者在光子通过硅材料的时候没有发生吸收。

3）并不是每一个光子产生的电子 - 空穴对都会被收集。带电载流子能发生复合，或被基板材料吸收。

现代 CMOS 图像传感器已经发展了若干技术来克服上述灵敏度问题。这些包括：

1）用在每一个像素上的深紫外光阻微透镜[20]。

2）通过对 SiO_2 和 Si_3N_4 层的组合制作而成的内透镜[21]。

3）在顶部的像素放置光波导装置[22]。

4）背照[23]。

背照式的方法已经在专业的 CCD 上得到应用，最近小像素 CMOS 图像传感器也开始采用此技术。背照式具有以下优点：

1）近 100% 填充因子，量子效率非常高。

2）光介质层少，角度依赖性低，光学串扰小。

3）背入射面（光敏感部分）的加工可完全独立于正面（CMOS 电路）工艺。

但背照式技术的问题是：需要将硅晶圆减薄到只有几微米厚，且背面需要特殊的钝化技术，同时需要开发新的封装技术。尽管有这些问题，但像素小于 1μm 的 CMOS 器件已经上市。图 7.10 展示了像素大小为 1.65μm 的 CMOS 传感器的扫描电子显微镜截面图。

图 7.10 所示结果从下到上为[23]：

1）作为电源线的第四金属互连层。由于光是从另一面入射，电源线可以加工得很厚和很宽以防止电压降。

2）其余的三层金属互连层，作为像素正面的互连金属。

3）被减薄到几个微米厚的硅衬底。

4）用于防止在光射入两个彩色滤光片之间的金属栅格。

5）彩色滤波器阵列，肉眼几乎不可见，图中显示了两个不同的层，红色层和绿色层，或蓝色层和绿色层。

6）最顶部是微透镜阵列。在背照式传感器的顶部看到微透镜阵列可能有些令人意外，但微透镜具有双重功能：聚焦偏离金属栅格区域的光线和聚焦像素中的光线以限制串扰。

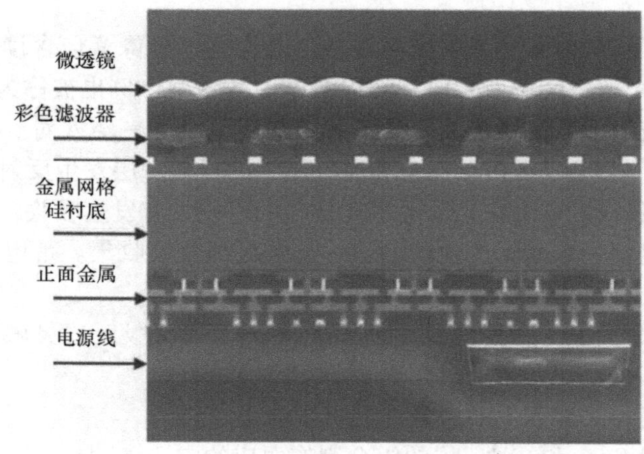

图 7.10　背照式的 CMOS 传感器的扫描电子显微镜截面图（此图由 IEEE 授权）[23]

7.6　动态范围

像素尺寸缩小引起的另一个问题是动态范围的减小。图像传感器的动态范围是指在同一图像中的检测强光和弱光细节的能力。在数值上，动态范围可以定义为能检测到的最大的信号（饱和水平）和最小信号（暗光条件下的噪底）。随着像素尺寸的减小，可存储在像素中的电荷量也随之减少，所以动态范围也将减小。

现在，文献中提出了几种潜在的解决方案。首先在产品中应用的一个技术是双重（或多重）曝光。每一幅图像都是由两个（或更多）全分辨率曝光组成：一个短曝光捕捉亮光条件下的细节，一个长曝光捕捉暗光条件下的细节。尽管这种技术存在运动伪影，但它很容易实现，因为不需要对像素的设计或布局做任何改变。

另一种方案是所谓的 LOFIC 像素设计：像素电容局部溢出。此种像素通过添加一个额外的电容 C_S 扩展了其电荷处理电容，此原理如图 7.11 所示[24]。通常情况下，光子转换发生在钉扎光敏二极管内，但在强光入射的情况下，该光敏二极管将饱和，电子由传输晶体管 TX 溢出到悬浮扩散电容 C_{FD}。如果电容器完全被“充满”，进一步的溢出将经过 TS 晶体管而发生在 C_S 电容上。在曝光结束后，存储在 C_S 和 C_{FD} 中的电荷先被读出电路所读出。接下来悬浮扩散电容被重置，钉扎光敏二极管的电荷被转移和读出。因此，一个完整的读出周期是由两个读周期组成的。额外的电容器在图像捕获的模式时作为辅助的存储电容器，在信号读出模式时作为辅助的电容器。LOFIC 像素可以将动态范围增加 60dB。LOFIC 像素的概念很好地说明了 CMOS 图像传感器相比于 CCD 成像器有一巨大的优势：集成辅助电路的能力，甚至在像素中集成辅助电路。这种解决方案在 CCD 中是不可能存在的。

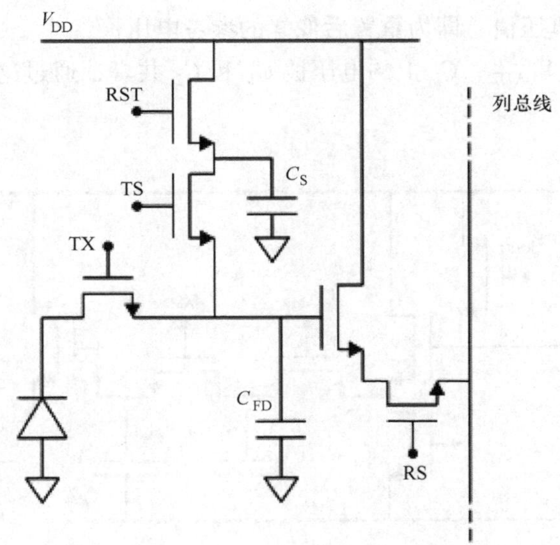

图 7.11　LOFIC 像素：局部像素电容溢出

7.7　全局快门

在像素中集成辅助电路的另一个例子是全局快门 CMOS 像素。如图 7.12 所示，可以清晰地看到，CMOS 图像传感器的读出过程是按行处理，像素被逐行寻址、读出和复位。像素的每一次复位，意味着一个新的曝光周期的开始；像素的每一次读取，意味着曝光周期的结束。这种读取方式的传感器被称为卷帘快门传感器。卷帘快门传感器的缺点是，每一行的曝光在不同的时间点开始，并在不同的时间点结束。这将导致难以补偿的运动伪影。因此，人们开发了 CMOS 全局快门技术：所有像素同时开始曝光，所有像素同时结束曝光，就像 CCD 一样。全局快门 CMOS 像素如图 7.12 所示[25]，像素是基于 4T 概念的钉扎光敏二极管。工作原理如下：

1）曝光结束时，所有像素的悬浮扩散节点都被重置；

2）所有像素的重置参考水平都被悬浮扩散电容转化成电压，在激活开关 V_{SAM1} 和 V_{SAM2} 后，这些电压值被存在 C_2 中；

3）关闭开关 V_{SAM2} 之后，所有钉扎光敏二极管的电荷被转化成悬浮扩散，并被 C_1 采样；

4）直到这时，所有像素都是并行处理的，此后则是逐行读出；

5）测量 C_2 的电压值，即为重置后像素的参考电压；

6）下一步激活 V_{SAM2}，C_1 上的电压被 C_1 和 C_2 共享，通过这种方法即可测得视频信号。

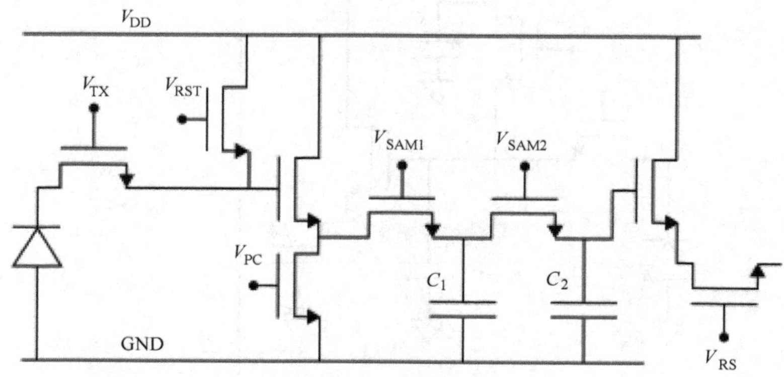

图 7.12 像素内带有复位和影像信号的 CMOS 全局快门像素

尽管像素结构相对复杂（带有两个额外的电容和 4 个额外的晶体管），但全局快门具有允许相关双采样技术从而抵消 kTC 噪声的优点。

7.8 结论

CMOS 图像传感器技术在过去十年中得到了飞速发展，钉扎光敏二极管的引入更是大大促进了这一发展进程。探索成像应用的典型特征、需求和要求，将有助于人们研发出可进一步提高成像系统性能的更吸引人的电路和器件。随着 CMOS 节点尺寸不断缩小，列级甚至像素级的进一步集成，将使图像传感器朝着更加智能的方向发展。

参 考 文 献

[1] E.R. Fossum, "Active pixel sensors versus CCDs", *IEEE Workshop on CCDs & AIS*, June 9–11, 1993, Waterloo (ON).

[2] International Electron Devices Meeting and International Solid-State Circuits Conference, Digest of Technical Papers from 1990 to 2007.

[3] ITRS Roadmap, see also www.itrs.net

[4] G.P. Weckler, "Operation of p-n junction photodetectors in a photon flux integrating mode", *IEEE Journal of Solid-State Circuits*, pp. 65–73, September 1967.

[5] P. Noble, "Self-scanned silicon image detector arrays", *IEEE Trans. Electron Devices*, vol. 15, 1968, pp. 202–209.

[6] F. Andoh *et al.*, "A 250,000 pixel image sensor with FET amplification at each pixel for high-speed television cameras", *ISSCC Digest Technical Papers*, pp. 212–213, 1990.

[7] O. Yadid-Pecht *et al.*, "A random access photodiode array for intelligent image capture", *IEEE Transactions on Electron Devices*, pp. 1772–1780, 1991.

[8] M.H. White *et al.*, "Characterization of charge-coupled device line and area-array imaging at low light levels", *ISSCC Digest of Technical Papers*, pp. 134–135, 1973.

[9] S. Mendis *et al.*, "A 128 × 128 CMOS active pixel image sensor for highly integrated imaging systems", *IEDM Technical Digest*, pp. 583–586, 1993.

[10] P. Lee *et al.*, "An active pixel sensor fabricated using CMOS/CCD process technology", *1995 Workshop on CCDs and Advanced Image Sensors, Dana Point (CA)*, April 20–22, 1995.

[11] R.M. Guidash *et al.*, "A 0.6 μm CMOS pinned photodiode color imager technology", *IEDM Technical Digest*, pp. 927–929, 1997.

[12] N. Teranishi *et al.*, "No image lag photodiode structure in the interline CCD image sensor", *IEDM Technical Digest*, pp. 324–327, 1982.

[13] H. Takahashi *et al.*, "A 3.9 μm pixel pitch VGA format 10b digital image sensor with 1.5 transistor/pixel", *ISSCC Digest of Technical Papers*, pp. 108–109, 2004.

[14] M. Mori *et al.*, "A 1/4" 2M pixel CMOS image sensor with 1.75 transistors/pixel", *ISSCC Digest of Technical Papers*, pp. 110–111, 2004.

[15] K. Chen *et al.*, "PASIC – A processor-A/D converter sensor integrated circuit", *IEEE Int. Symp. Circuits and Systems*, pp. 1705–1708, 1990.

[16] S. Mendis *et al.*, "Design of a low-light-level image sensor with an on-chip sigma-delta analog-to-digital conversion", *Proc. SPIE*, vol. 1900, pp. 31–39, 1993.

[17] T. Sugiki *et al.*, "A 60 mW 10 bit CMOS image sensor with column-to-column FPN reduction", *ISSCC Digest of Technical Papers*, pp. 108–109, 2000.

[18] M.F. Snoeij *et al.*, "A low power column-parallel 12-bit ADC for CMOS imagers", *IEEE Workshop on CCDs & AIS*, pp. 169–172, Karuizawa (Japan), 2005.

[19] M.F. Snoeij *et al.*, "A CMOS image sensor with a column-level multi-ramp single-slope ADC", *ISSCC Digest of Technical Papers*, pp. 506–507, 2007.

[20] Y. Ishihara *et al.*, "A high photosensitivity IL-CCD image sensor with monolithic resin lens array", *IEEE IEDM*, pp. 497–500, 1983.

[21] Y. Sano *et al.*, "On-chip inner-layer lens technology for an improvement in photo-sensitive characteristics of a CCD image sensor", *The Journal of the Institute of Image Information and Television Engineers*, vol. 50, pp. 226–233, 1996.

[22] H. Watanabe *et al.*, "A 1.4 μm front-side illuminated image sensor with novel light guiding structure consisting of stacked lightpipes", *IEEE IEDM*, pp. 8.3.1–8.3.4, 2011.

[23] H. Wakabayashi *et al.*, "A 1/2.3-inch 10.3 Mpixel 50 frame/s back-illuminated CMOS image sensor", *ISSCC Digest Technical Papers*, pp. 410–411, 2010.

[24] N. Akahane *et al.*, "A sensitivity and linearity improvement of a 100 dB dynamic range CMOS image sensor using a lateral overflow integration capacitor", *Digest of Technical Papers VLSI Circuits*, pp. 62–65, 2005.

[25] X. Wang *et al.*, "A 2.2M CMOS image sensor for high speed machine vision applications", *SPIE Electronic Imaging*, vol. 7536, pp. 0M1-0M7, 2010.

第 8 章　智能传感器探索之神经接口㊀

Tim Denison，Peng Cong 和 Pedram Afshar
美敦力 神经调节，明尼阿波利斯，美国

8.1　引言

神经调节疗法旨在通过持续的治疗调整来提高对疾病状态的控制，用于加强治疗的效果的同时尽可能减少临床医生和患者的负担。在一个动态控制系统体系中，通过对治疗器件与神经系统之间交互作用的建模，或许可以促进神经调节疗法的创新。虽然在传感[1,2]、治疗传输[3,4]以及对疾病病理生理学的认识[5-7]等方面的进步已经提高了器件性能，但动态控制理论在神经调节领域提供了另一种典型范例。如图 8.1 所示，一个经典的控制例子由“设备（plant）”（神经系统）、一个执行器（神经刺激器）、一个传感器（临床数据收集器）和状态评估器（由临床医生、患者、助理人员或一个自动算法评估）构成。在这种背景下，执行器可以是调节一组神经元活动的任何器件或方法。为了简便，我们称之为“刺激器”。详细来讲，在一个动态控制框架中，每个子组件理想的功能如下：

1）用客观（最好是定量）判据（见图 8.1a）定义患者的期望“状态”。该“状态”，我们指的是与患者的疾病相关的临床状况。某些疾病状态与生物标记物是非常相关的，如心电图和心肌梗死之间的关系。而许多神经系统疾病状态还没有完善的相关性生物标志物，并且难以辨别，例如精神分裂症。

2）通过更复杂的神经刺激参数（例如，引线和电极选择、场操纵、选择性刺激、刺激频率、振幅和脉冲图案）来改善控制（见图 8.1b）。

3）理解并应用神经系统疾病的病理生理学，以此作为控制策略的基础，例如，刺激参数如何影响所期望的状态（见图 8.1c）。

4）通过测量相关病理生理的生物标志物来改善对疾病状态的识别能力（见图 8.1d），并评估患者状态（见图 8.1e）。

目前，大多数的刺激器以开环方式工作，需要操作者改变参数设置，例如电压、频率或脉冲宽度。在这种情况下，临床观察和检查作为传感器来产生用于医

㊀　本章部分内容发表在本章参考文献［1］中。作者特别感谢宾夕法尼亚大学的布赖恩·利特博士对该问题提供的极具意义的讨论。

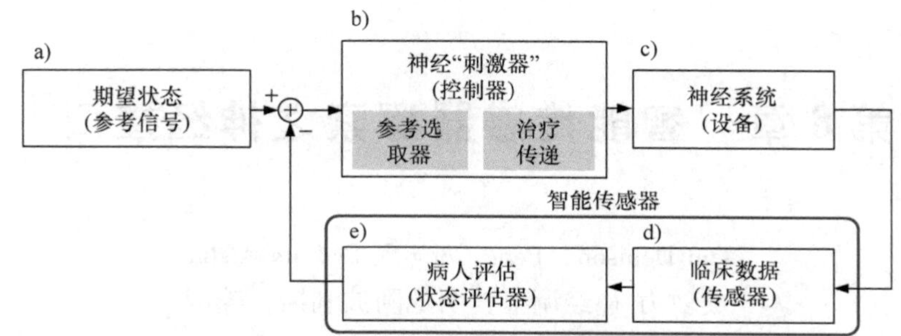

图 8.1　用于分析神经调节系统的动态控制框架图

a）所期望的神经状态作为输入参照信号　b）神经刺激器作为控制器

c）神经系统作为“设备（plant）”　d）用于收集临床数据的转换单元和观察单元作为传感器

e）病人评估作为状态评估器（在目前的临床实践中，医生对患者状态的急性估计和期望的临床状态之间的差异驱动着设备中的参数变化，这种调整往往局限于稀疏样本采样的情况。智能传感器的作用是通过定量测量和算法仿真简化临床诊断）

师评估患者的数据。实践中，这实际上是一个闭环系统，其中，临床医生提供反馈。图 8.2 为临床流动系统示意图。在本章中，将生物物理传感器和状态评估器

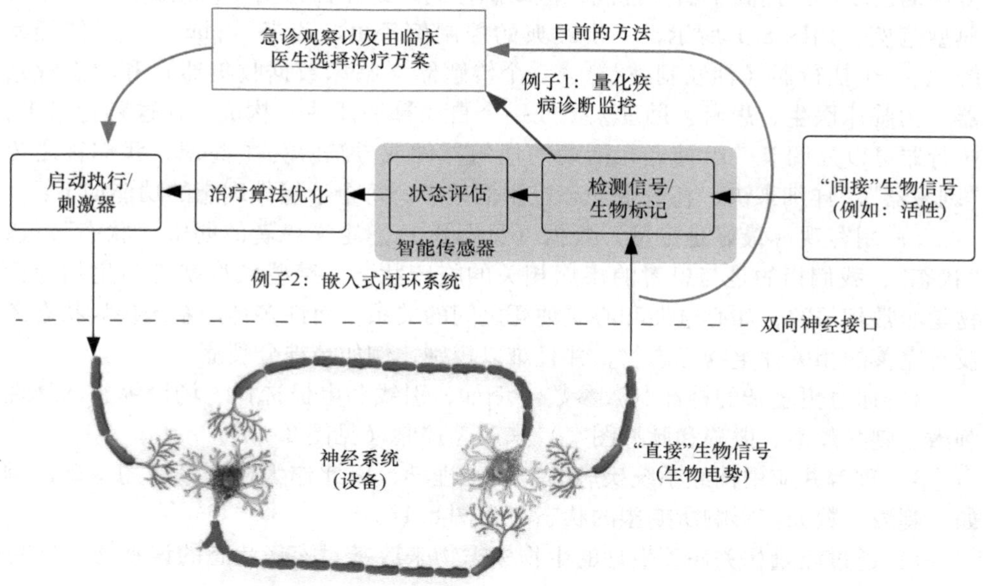

图 8.2　从反馈的视角来模拟某病人临床流程的示意图。该流程包括基于临床医生和/或患者的反馈的观察结果，或由嵌入式传感器和算法的自动采集。在实践中，目前大多数的神经调节装置是闭环的，但是临床医生和患者形成了反馈机制。可以通过两种技术方式得以进一步改善。方式 1：通过利用生物标志物的增强传感来优化现有的反馈路径；模式 2 是在装置内实现闭环系统。这两种操作方式均采用了智能传感技术以便于针对患者状态进行量化观测（经 John Wiley & Sons 许可引用[1]）

合并定义为在此情景下的“智能传感器”。“智能传感器”的范围在图 8.1 和图 8.2 中均有举例说明。

在智能传感技术的应用方面，控制架构充分利用了易于理解的动态控制原理。它的目的是致力于临床相关领域，并可为闭环神经调节系统的设计提供经验。例如，通过提供来自于检测和状态评估器的实时反馈和自动化控制使控制回路中的时间延迟最小化。通过采用在治疗相关时间范围内响应的算法，控制延迟以保持稳定：动作缓慢可能会导致过度的阻尼，因而可能无法提供及时治疗；而快速启动可能导致欠阻尼，导致驱动系统存在振荡风险。同样重要的是，要清楚地了解传感－驱动的相互影响，尽量减少在控制回路中直接馈穿带来的影响，否则会掩盖对患者真实状态的观察。为提高状态转换期间的性能，控制系统也需要考虑到非线性和时间依赖性。鉴于这些创新性的设计，临床医生需要在控制参数优化期间密切观察，以确保治疗达到预期的效果，且无副作用。在实践中，为确保真正意义上的“智能化”的传感器，与临床医生合作来界定算法是必不可少的。

这些概念将在以下的章节中更详细地探讨。第 8.2 节从一个广阔的神经调控视角，讨论了动态的神经控制框架的每个子模块所面临的最新挑战。第 8.3 节从心律管理的早期应用案例入手，说明了闭环控制在治疗增强方面的应用。转换到神经空间，第 8.4 节将介绍使用植入式脊髓刺激器的控制系统方法的案例研究。该器件基于病人的姿势和活动水平，结合惯性传感、刺激和状态评估给予实时改进。第 8.5 节将讨论智能传感器用于闭环神经系统设计和原型开发的早期研究性应用，此闭环神经系统基于对神经网络活动的直接测量。第 8.6 节简要讨论了将这些闭环方法扩大到更广泛的神经调节空间时所存在的机遇与挑战。

8.2　动态神经控制系统设计技术要点

实际上，图 8.1 和图 8.2 中反馈范例的概念模块必须在完整的系统中综合考虑，这种系统常常是采用电池供电形式的、长期植入式装置。通过这些示意图得出了包含动态神经控制系统设计的几个技术考虑，包括如何使用智能传感和反馈算法。一种设计架构概念如图 8.3 所示，其中控制回路的元件被细分为系统分析的不同组成部分。第一步是从广阔的神经调节的角度，来识别可以作为关键子元素的潜在来源，然后在最后的系统中整合在一起以形成完整的系统。

期望的生理或临床状态（参考信号）：与控制模型中的参考信号类似的期望状态代表着临床医生希望通过最佳治疗方式所实现的临床结果。例如，帕金森氏综合症患者可能想要维持在“正常生活”的状态，这意味着症状得到了药物和/或脑深部刺激（DBS）的控制。一个癫痫患者可能期望达到无癫痫病症的稳定状

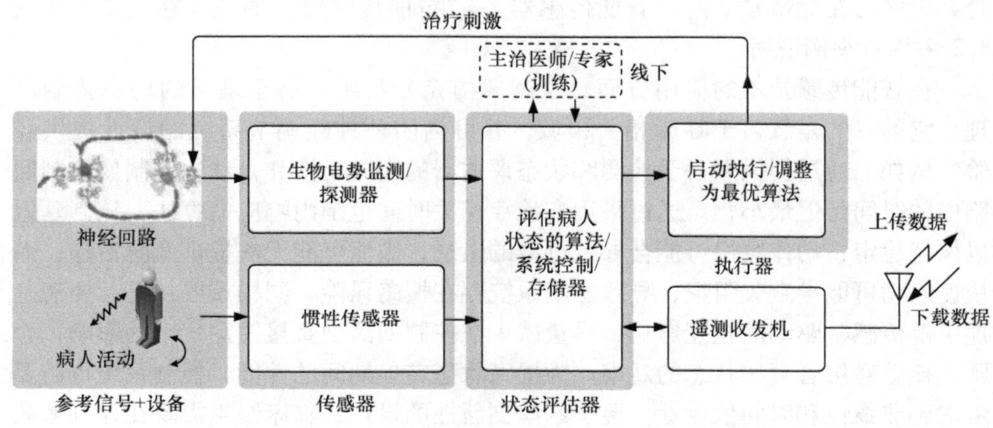

图 8.3　将抽象的反馈循环映射为刺激器系统原型机示意图（在本图中，以说明所必要的技术功能，刺激器关键模块被突出显示）

（经 John Wiley & Sons 许可引用[1]）

态（如不再发作的状态）。对于慢性疼痛患者，所期望的理想状态是无疼痛的状态，但这也可能受到个体皮肤存在感觉异常而导致的微妙差别的影响。所期望状态的精确定义进行着持续的改进，越来越敏感和特异的生物标志物被发现和开发出来。此外，病人的期望状态可能会有所不同，对于一个特定的病人，他的期望状态也会随时间发生变化。对于神经系统疾病的发病机制的进一步认识可以提供更客观的措施方法，以便更准确地界定期望状态。

神经刺激器（执行器）：目前的神经刺激器，是指有效的电脉冲生成器，有一组相关的参数被称为刺激配置（例如，频率、振幅和脉冲宽度；电极阳极和阴极；活跃电极；双极或参考通道选择）。目前，生理刺激参数和神经系统之间的关系没有得到充分深入的理解，导致参数选择过程既烦琐又可能没有使病人治疗效果受益达到最佳。日益复杂的治疗方法，比如采用更多的电极[8]和更多的参数范围使得参数的选择更加复杂。为实现最佳的治疗效果需要高效的，最好是自动化的参数/脉冲波形和模式选择方法。

治疗的传递和电极 - 人体组织之间界面提出了另外一组挑战。当前，神经刺激器及其电极的挑战在于选择性激活特定神经元以及它们如何影响神经的电势。所受刺激的人体组织体积大小（刺激量）与神经元的尺寸相比是不精确的，与生理控制相比，对神经膜电势的控制是相对粗糙的。电极技术的研究发展可能会使得通过场引导技术进行特定神经刺激成为现实[8]。微电极也是一种很有前途的方法；但是，微电极是否具有长期的可靠性还是未知的。在未来，神经刺激器可以使用细胞和基因技术，可以选择性地激活特定的神经元群，实现对更细微的神经活动的调节。例如，光遗传学是一种使用遗传学技术通过特定频率的光来控制神经电势的技术[5]。

神经系统［设备（plant）］：在神经系统或者说设备（plant）中，疾病状态的再现和动态瞬时变化对理解神经刺激器和观察到的传感器数据之间的关系是很重要的。然而，描述神经系统的动态系统识别以及其与治疗之间的非线性关系仍然是一个艰巨的挑战。由 Hahn 和 McIntyre[9] 和 Tass 等人[7] 建立的神经系统模型演示了基于生理表征来描述神经刺激的动态效应的例子。Holsheimer 在常规脊髓刺激（Spinal Cord Stimulation，SCS）领域的工作是理解刺激机制并予优化治疗的另一个例子，在这种情况下对于期望的脊髓背束的指导性刺激应同时避免刺激脊神经背根而可能导致不必要的感官副作用或疼痛[10]。

对于神经系统在细胞和神经网络水平的深度认知，以及计算能力的增强可以更好地理解设备（plant）的特点，实现更加稳健和精确的神经刺激和状态观测策略。

量化的临床和生理数据采集（传感器）：传感器是采集病人的生理数据的至关重要的组件。随着传感器体积越来越小，成本更低以及功耗越来越低[30]，与传感器特异性相关联的疾病状态就越可能得到定义。慢性病神经信号是寻找神经疾病生物标记物的一个自然之选。例如帕金森氏综合征的研究表明基底节区 β 频带振幅（10 ~ 30Hz）的大小和运动功能障碍的程度有关。在这些患者中，局部电势的 β 频带振幅在 $1\mu V_{RMS}$ 水平，这仅为心脏起搏器的信号 1/100。这给发展针对这些标志物[8] 和其他重要信号的传感器带来了重大技术挑战。其他生物电子热门领域，如阻抗和心电图，可能与应激等疾病的生理效应相关联，例如这曾被用于闭环心脏起搏器。除了生物电信号，使用惯性加速度计等传感器可以从其他生理学标记（例如，肢体运动，活动/姿势，呼吸）推断出疾病状态信息，这也已被现代商业设备（如手机和个人数字助手）所广泛采用。

病人状态的临床评估（状态评估器）：在神经调节疗法中，我们将传感器信息转化为对病人状态评估的过程定义为状态评估。在今天大多数的商业化神经调节疗法产品中，这种评估是通过临床医生或病人进行观察，然后临床医生或病人通过图 8.2 所示的遥控系统进行相应的程序调控。为了实现系统“智能”的目标，即本质上意味着提供更多的信息和自动化，工程师和研究人员正在致力于嵌入包含匹配传感器的状态评估器，以此来对临床评估进行建模和补充。有很多方法可以用来实现状态评估，这其中包括使用生理模型和机器学习技术（例如卡尔曼滤波器和支持向量机），每种方法都有其利弊。

为充分达到所需的状态评估，弄清楚几个目标和所面临挑战是非常重要的。首先，为理解生物标志物和疾病状态之间的关系，足够充分的目标神经网络的生理学和病理生理学信息是必要的。为了达到最佳的治疗效果，首要任务是充分理解传感器测量数据与病人期望状态之间的复杂关系。第二，在病人护理流程中，为了高效的护理，数据收集和应用算法过程需要很好地标记并转换为协议。第三，对于真正的病人状态的有限认识使状态评估器验证过程复杂化，并导致混淆临床上算法的验证。一个成功的实际可用的状态评估器需要所有以上这些环节的解决方案。

本节简要概述了设计一个闭环神经调节系统的注意事项。为帮助这个设计范式提供更多的内容，接下来简要概述一下历史上关于心脏起搏器装置的例子，以此从一个完整的系统角度来阐述核心理念。

8.3 动态控制框架中基于智能传感器的治疗设备：闭环心脏起搏器案例

一个早期的应用动态控制框架的例子可以在用于治疗心动过缓的心脏设备中体现。该系统的目标可以被认为是制定一套针对病人的、全面支持其日常活动的血流动力学输出。闭环心动过缓起搏器的框图如图 8.4 所示。最初的起搏器是开环设计，将提供独立于病人的内在心率或活动水平的，大约每秒一个节奏脉冲。这些开环设备遵循简单的原则运作，即提供一个保证最小起搏频率，启用“时钟”计数器增加直到达到一个终值（时间），引发节奏脉冲并重置计数器。基于计数的算法可以提供一组设定频率的刺激，它是通过手动调整的终端计数变量值实现的。注意，这个固定频率/振幅节奏的起搏与当今最先进的神经调节设备的工作原理非常相似。在最初的技术引进阶段，主要是由于缺少更好的技术手段可供选择，起搏器方案是可以接受的。但是这种方案的效果不是最佳的，一方面缺乏应对血流动力学变化的机制，另一方面不需要人工起搏器工作时，仍然在耗电，进而加速电池能量的损耗。

使用传感和算法使系统更加“智能”：为了克服这些缺点，生物传感器和算法结合并嵌入到起搏器中，智能传感技术被应用于动态起搏。如图 8.4 所示，这些传感器可以用于直接或间接测量血流动力学参数。闭环系统的直接通路通过感应患者本身的心跳来测量血流动力学的一个独特变量——病人的自主心跳。如图 8.5 所示，当一个自主心跳存在时，计数器重置它的状态。起搏器只有当测量心率低于支持血流动力学所需的最低阈值才会启动运行。假如患者本身心率大于终端变量设定的最低阈值，这会使设备显著节能。

使系统更“智能”：虽然适合偶然的心动过缓，但上述系统存在一个缺点，即它无法对病人血流动力学的要求进行变量补偿（如锻炼周期或延长休息）。为了满足这种需求，旨在满足血流动力学要求的一种传感器已经被开发出来。在对一系列的直接生理信号（血氧含量、交感神经兴奋度等）测量方式的探讨过程

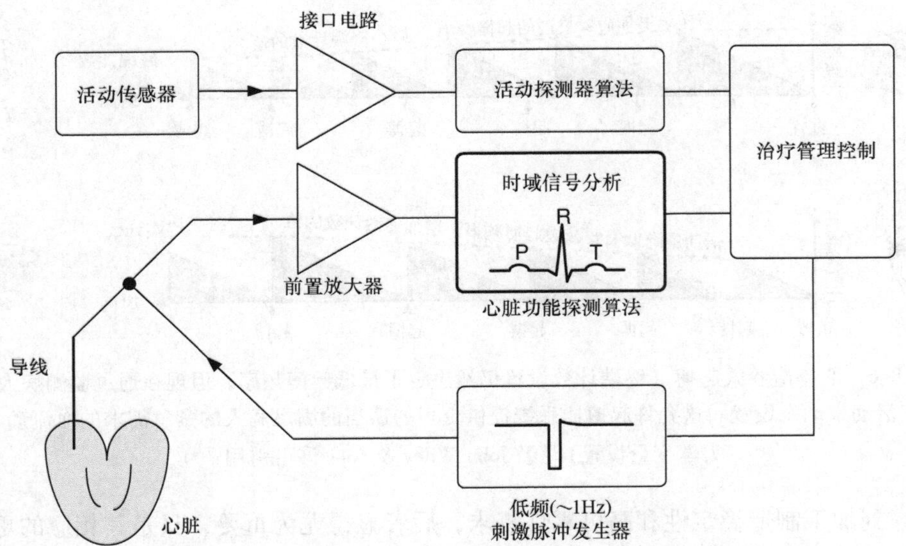

图 8.4　所示为心动过缓起搏器闭环系统模型（注意它包含了一个通过放大器进行生理学传感测量的直接通路和一个通过加速度计进行测量的间接通路）（经 John Wiley & Sons 许可引用[1]）

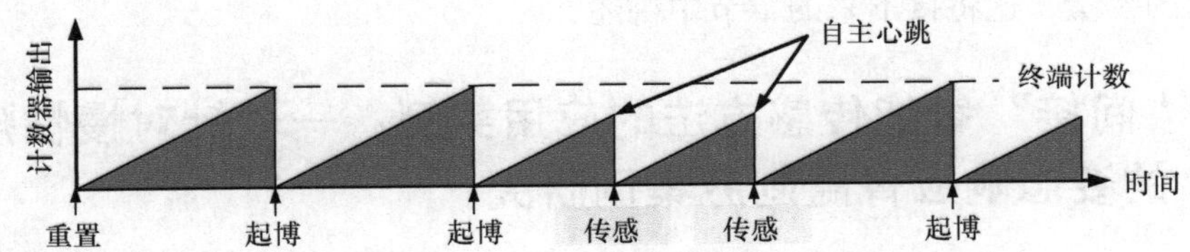

图 8.5　抑制性响应起搏（计数器持续累计计数直到达到触发心脏起搏的终端计数设定值，然后计数器重置。终端计数值的设置决定了最小的起搏频率。当不产生起搏动作时，任何检测到的自主心跳都会重置计数器，通过允许心脏接管起搏器这种方式会尽可能延长电池寿命）（经 John Wiley & Sons 许可引用[1]）

中，设计者最终开发出一个安装在设备里、基于压电晶体的人体活动传感器。如图 8.6 所示，从概念上讲，病人的活动呈现多样性，终端计数器会动态地调整以达到最佳的心率。终端计数器对于活动的敏感阈值由临床医生选择确定。一旦在医院经设置和校准后，设备将启动并为病人自主工作。

“直接”和“间接”生理信号的测量考量：以上简述为工程师在设计闭环系统时提供了两个关键出发点：首先，自适应刺激滴定法有潜力为身体提供更理想的驱动；其次，与生理变量高度相关的“间接”测量值有时会充分改善功效，

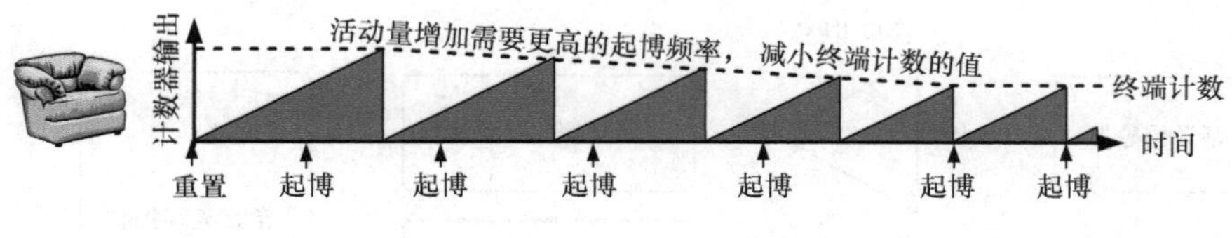

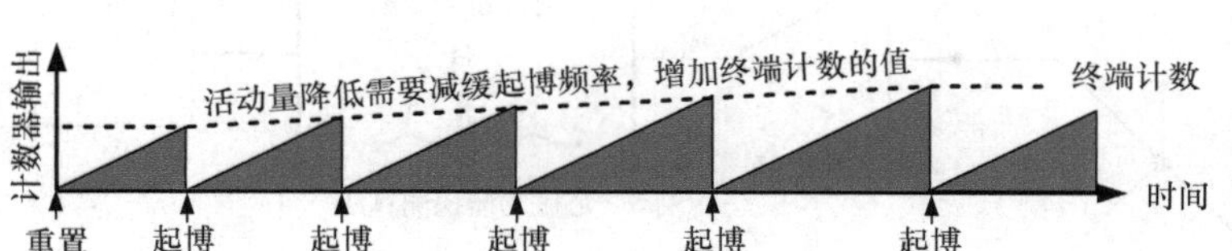

图 8.6 心率应答式起搏（终端计数设置仍然决定了最低起搏频率，但现在通过监测病人的活动来动态设置。这允许起搏器系统提供更多的适当的满足病人的紧急需求的血流动力学变量设置）（经 John Wiley & Sons 许可引用[1]）

考虑到加工制造稳定性和高可靠性需求，后者显得尤为重要，只是其相应的更复杂的传感器系统也更具挑战。这个观察催生了分析智能传感器系统的一个观点，即考虑其是否是一种基于高度相关性的对于生理活动的“间接”测量方法，还是一种对生理活动的“直接”测量方法。实际上，在现实生理测量中，这并不太容易区分，而且其定义也需要做解释说明，但它的确强调了对系统设计人员可能有用的变量，这将接下来的章节中讲述。

8.4 “间接”智能传感方法的应用实例：一个针对慢性疼痛的姿态响应脊髓刺激案例研究

8.4.1 姿态响应型控制系统概述

传统脊髓刺激（SCS）系统为病人提供了一个程序控制器，以方便手动地调整刺激达到想要的效果，它常常被描述为感觉异常，这也是 SCS 系统减轻疼痛的核心机制[19]。与上面的起搏器例子类似，最近的研究表明，疼痛和感觉异常的动态成分会随着某些患者的姿势和活动的变化而变化[19]。

基于这些观察，位置自适应型刺激成为一种新的治疗模式，它增加手动控制并能自动调整刺激强度。这个功能基于加速度传感器感测身体的位置和活动，配合基于惯性状态的滴定刺激算法。它的目的是保持最有利于满足特定病人需要的有效治疗方式。一种方法是运用一个前馈算法，可以映射出刺激参数与所检测到惯性状态。这个系统设计的关键元素可以应用智能传感器架构在脊髓神经调节动态控制系统的框架中开发。具体来说，我们现在阐述图 8.3 中讨论的几个关键技术模块，以及与此相关的几个应用案例。

8.4.2　设计的挑战：定义病人预期状态

正如前面所讨论的，构建闭环系统的关键设计输入是定义系统的驱动目标。神经刺激的目标之一是获取对有利于临床治疗的神经结构实施最佳特异性激活或抑制，并同时避免刺激那些导致副作用的神经结构[11,12]。在脊髓刺激中，人们认为脊髓背束和脊神经背根纤维在刺激过程中是主要的。脊髓背束主要包含从外围传递感官信息到大脑的神经。刺激脊髓背束纤维导致病人在嵌入刺激阴极位置上的几个皮节发现感觉异常。相比之下，脊神经背根纤维可能不仅含有传递感官信息的神经，而且还有参与运动反射和疼痛通路的纤维；刺激病人的脊神经背根纤维可能会出现问题。因此，人们普遍认为神经刺激的目标应该是脊髓背束，同时避免过度刺激脊神经背根，最终实现针对病人的疼痛面积（s）的普遍感觉异常的获取，并使运动神经的激活和不舒服的感觉（感觉迟钝）最小化。通过电场和刺激参数进行精确控制，就可以实现脊髓背束纤维对脊神经背根纤维的特意选择性。

疼痛的方式和强度以及刺激效果会因病人每天或每小时之内在出院活动时其姿势和其他变量的变化而不同。具体来说，病人躺下时与站立或坐着时相比，刺激的振幅和/或能量会呈现平均差 11% ~35% 的范围内的显著降低[16-19]。脊髓在蛛网膜下腔内的运动与姿态的变化导致刺激电极（电极位于蛛网膜下腔外）和脊髓内神经元距离的变化，如图 8.7 所示[20]。脊髓会在仰卧时靠近电极，而在俯卧时远离电极，这很大程度上归因于重力的影响。电极和脊髓之间的距离主要是由背侧脑脊液（dCSF）的厚度决定。dCSF 随椎体水平以及电极位置的不同

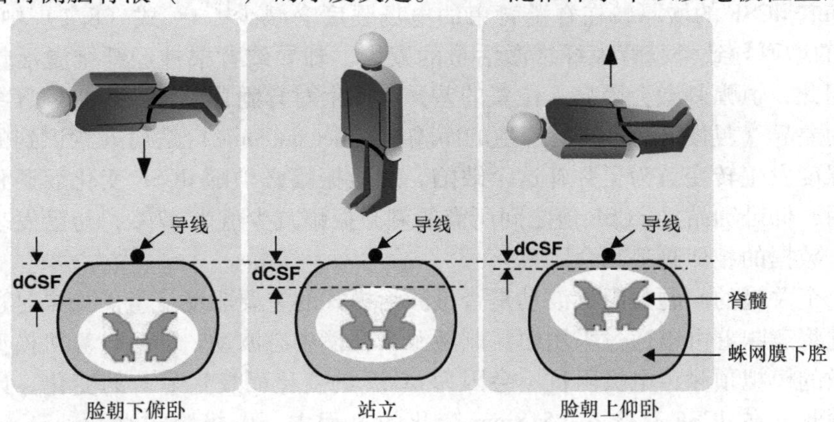

图 8.7　姿态引起的脊髓位置的 dCSF 变化的抽象模型（经 John Wiley & Sons 许可引用[1]）

会导致有效刺激所需的振幅的变化[16,21-25]。直观地说，随着 dCSF 厚度的增加，需要更大的振幅来激活纤维。个体在解剖学或脊柱动态过程中的差异也会影响这些参数，而且病人与病人之间的这种差异可能会很大。

这一观点可以从生物电系统的第一原理分析的角度进行理解。在对病人脊髓刺激过程中，振幅范围通常在感知阈值和不适阈值之间确定。感知阈值是病人可能发现感觉异常的最低幅度。如上所述，SCS 的一个混杂的问题是滴定治疗随病人的姿态和活动的不同而不同。对于这种差异的原理上的理解来自于对神经元作为电极位置的函数的阈值进行建模的过程。神经元达到去极化阈值所需的电流（I_{th}）正比于神经元与电极（r）间距离的平方，这可以表述为电流—距离关系方程：

$$I_{th} = I_0 + kr^2 \tag{8.1}$$

式中，I_0 是偏移量；k 是斜率，假设轴突是一个对称圆柱体[13,14]。k 值是一个描述中枢神经系统神经元激活的变量，在使用 0.2ms 脉冲时，它可在 $100\mu A/mm^2$ 到 $4000\mu A/mm^2$ 之间变动[13]。这一过程的临床结果是，随着振幅不断增加并高于感知阈值，病人意识到感觉异常的强度增加，以及电极刺激诱发的感觉异常的区域扩大。最终，振幅将达到不适阈值，即导致无法忍受的副作用的幅度，如异常运动、疼痛或不适感觉（如振动或抖动）。感知阈值和不适阈值之间的范围称为可使用范围或可治疗范围。不适和感知阈值之间的一个典型比例在 1.4 ~ 1.7 之间变化，但当使用横向三极（tripole）配置时可能高达 2.8[10,15]。为确保幅度摆动的灵活性，倾向于选择不适阈值和感知阈值有更大的差异[11]。

对于 dCSF 是如何改变对有效治疗所需的人体组织激活剂量的影响，通常借助计算机模型以加深进一步理解。这些模型表明，给定一个固定位置的刺激电极，随着 dCSF 的增厚，在脊髓背束的电场强度会减少[25]。式（8.1）中提出，dCSF 的增厚导致脊髓背束纤维激活量的减少，却导致背根神经纤维激活量的增加。因此，恒幅刺激会因病人位置的差异而产生对脊髓背束和背根神经纤维的激活量的差异（见图 8.8a）。所产生的净输出（net outcome）是病人意识到的感觉异常强度发生转变。为了弥补这个缺陷，刺激振幅必须随 dCSF 变化而调整。模型表明，仰卧和站立 dCSF 值之间所需的刺激振幅减少值为 47%，与已发表文献中临床数据的相似趋势吻合[16,18,19]。

一个关键的问题是阻抗波动是否是激活模式的主要驱动变量。如果是这样的话，这将意味着可以通过采用恒流刺激源来补偿姿态波动。回到计算机模型，恒流刺激的模拟预测，电极阻抗不会因为 dCSF 的变化而发生显著的变化。计算机模型预测，在 dCSF 从 3.6 ~ 5.8mm 变化的过程中，电极阻抗变化小于 0.3%。因此，蛛网膜下腔内的脊髓运动对电极阻抗有一个非常温和的影响。这是因为大多数的阻抗是由以下因素决定的：一个电极上密封层的电导率和厚度，以及电极

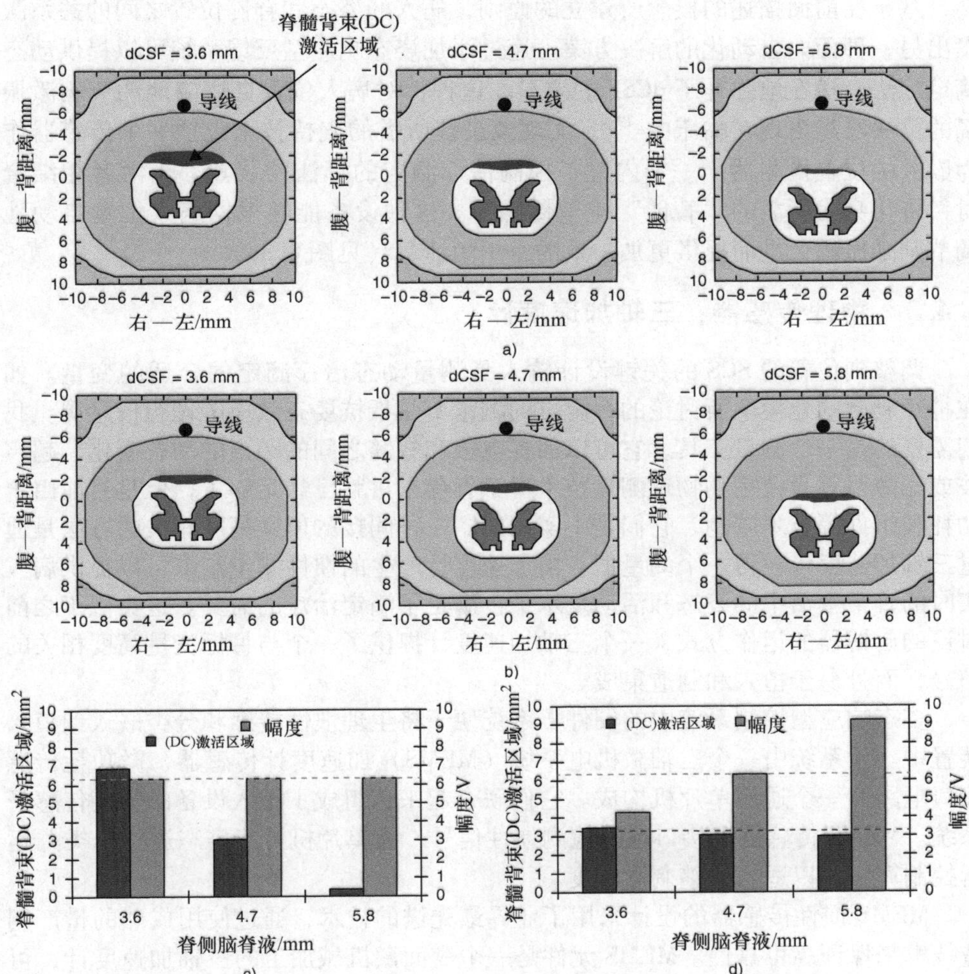

图 8.8　建模得到 SCS 在不同 dCSF 值下所产生的神经激活模式（3.6mm、4.7mm 和 5.8mm）

a）恒幅刺激作用于脊柱时的激活区域示意图　b）不同振幅的刺激作用于脊柱时的激活区域示意图

c）不同 dCSF 值的恒幅刺激的柱状图　d）不同 dCSF 值且不同振幅刺激的柱状图

注：两列图表显示作为 dCSF 值的函数的脊柱区域（DC 区域以 mm^2 为单位，左）和刺激振幅（以 V 为单位，右）（经 John Wiley & Sons 许可引用[1]）

附近的组织的电导率，包括硬脑膜和脂肪的电导率[22,27,28]。随着 dCSF 值的变化，阻抗变化较小，也可以归因于高导电的脑脊液，这导致 80% ~90% 的刺激电流通过脑脊液。因此，这个高导电介质内的脊髓运动对阻抗的影响不大[22,25,29]。在临床研究中，作为病人位置的函数，阻抗的非显著性差异已被证实[18,19]。因此，恒流并不被认为是解决这个姿态相关问题的方法。

基于在前面描述的概念所建立的原则，病人的姿态和脊髓位置之间的关系激发出另一种面向自动化的解决方案。通过添加姿态响应型反馈系统可以提供动态滴定疗法，潜在地弥补了 dCSF 的差异。这种针对病人位置自适应地调节刺激振幅的算法已经出现在临床中[19]。实现该系统所需的支持技术包括一个传感器作为嵌入的位置检测器，一个内置了控制治疗滴定的算法的装置。当两者相结合时，将化身为所需的“智能”生理传感器。这种设备能够根据病人位置自动地调节刺激振幅，进而提供更加一致的组织激活量（见图 8.8a）。

8.4.3 物理传感器：三轴加速度计

调整到位置的 SCS 的关键设计输入是测量动态治疗滴定的合适的变量。如在神经刺激的建模中所讨论的，阻抗的测量不是抵抗姿态效应的理想信息源。我们需要的是一个测量工具，它可以捕捉电极和脊髓之间的距离的动态变化。超声波或光散射等直接生物物理测量技术对于脊髓来讲就已经足够了，但是目前由于功耗和组件等技术限制，它们是不实用的。一种间接的但又高度相关的方法是通过三轴加速度计获得一个测量值。由加速度计产生的惯性测量结果可以提供病人实时的日常生活中的姿态和活动量水平，满足了滴定治疗的需要。这类似于之前讨论的起搏器的运作方式，一个三轴加速度计提供了一个与目标变量高度相关的信号，而且易于植入和制造集成。

姿态响应型控制系统中的硬件子系统便于将生理惯性传感和分类嵌入到植入装置中。子系统由一个三轴微机电系统（MEMS）加速度计传感器、微功耗传感接口电路和一个通用单片机构成。它们联合起来，组成了植入设备的智能传感子系统。MEMS 传感器和接口电路检测惯性信号，而单片机可将姿态进行分类并运行控制算法，以适当调整刺激幅度。

MEMS 惯性传感器的设计采用了业界最先进的技术，通过使用成熟的量产制造技术来保证高可靠性。MEMS 元件是一个表面微机械加工的三轴加速度计，可以应对超过 10000G 的冲击，同时保持 1/100g 的分辨率。MEMS 元件上可动梳齿可以与固定梳齿间形成一个变化的电容器。传感器电容值随着对应方向上的重力和/或病人运动[35]的变化而变化。如图 8.9 所示，MEMS 传感器和接口电路通过引线键合实现互连。接口电路能将传感器 x、y 和 z 轴的电容信号独立地转换为时间连续的模拟电压信号，此信号再由单片机转换为数字信号数据流。传感器的灵敏度和补偿在加工制造的过程中可以校正，校正的代码存储在设备的非易失性存储器中[30]。下一节提供了实际接口电路的关键细节。

8.4.4 三轴加速度计的具体设计

8.4.4.1 结构框架

在低频率时运动传感器使用动态偏移补偿（Dymamic Offset Compensation，

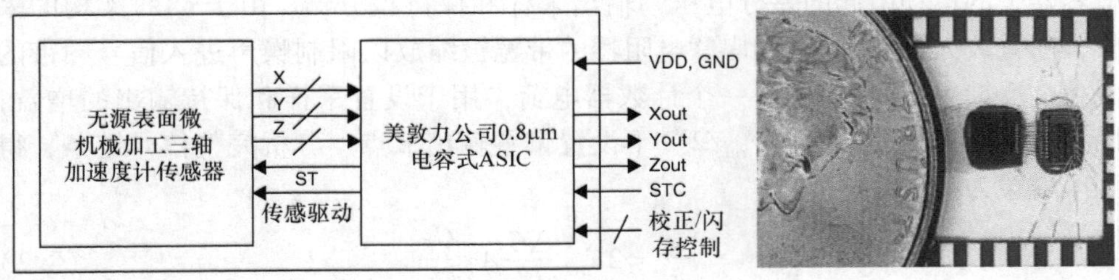

图 8.9 惯性传感细节：具有 MEMS 传感器的加速度传感器在左边，自定义集成感应接口电路在右边，物理连接展示在照片的右边，最终传感器进行封装以完成制作加工［经 IEEE（Ref：2987780851019）许可引用］

DOC）技术实现低噪声。传感器包含两个主要模块：一个无源 MEMS 加速度计和一个面向特定应用的接口集成电路（ASIC）。MEMS 传感器是一个无源表面微机械加速度计，具有 1fF/g 的分辨率。由于寄生效应分流了系统和典型时钟电压，假设传感器的输出电压是 1mV/g，这样小于 5mg 的传感器分辨率要求需要在 0.1～10Hz 带宽内 5μV 的前端电压稳定性。这种稳定性要求是可以依靠面积大的晶体管来实现，但是受限于有限的空间，只好应用 $1/f$ 噪声偏高的小尺寸晶体管。电容式 MEMS 传感器的读出需要交流励磁，相关双采样（CDS）技术用于抑制接口电路的 $1/f$ 噪声。

8.4.4.2 接口电路概述

为了达到可靠精密的传感，我们设计了一个基于 0.8μm 工艺的互补金属氧化物半导体（CMOS）ASIC 接口电路[12]。ASIC 既包含传感接口电路以便传感电容，也包含支撑辅助电路，比如基准源，用于偏移量和敏感性修剪的非易失性存储器，以及时钟状态机。为了抑制偏移和 $1/f$ 接口电路噪声的缺陷，我们在前端使用了相关双采样（CDS）技术[32]。选择 CDS 而不是斩波稳定技术（Chopper Stabilization，CHS），是因为需要低通滤过运动信号，而 CDS 的结构更适合采样电路的结构[33]。

传感器接口电路链的设计主要是为了将小电容的变化转换成一个模拟输出信号，此信号在人体姿态和活动应用检测方面有着充足的噪声容限。参考图 8.10 的电路和时钟方案，传感器接口节点在主时钟相位 Φ'_1 的减小间隔期间复位，而前置放大器输出解调电容器 C_S 与参考（地）相连。在 Φ_1 周期内开通 Φ'_1 开关足够早，则可以允许电荷注入误差，传感器接口的 kT/C 噪声，直流偏移和放大器的 $1/f$ 噪声在 Φ_1 的后半段被采样到解调电容上[34]。在不排除输入 kT/C 噪声的情况下，该噪声源可以容易地限制系统在 500Hz 时钟的整体系统性能，对传感器性能没有提升空间。在 Φ_2 期间，传感器被激励，并且放大器驱动由采样电容器上的运动引起的差分电压到输出采样和保持积分器。由于 CDS 架构的采样，前置放大器和 C_S 上的串联电阻器的带宽被缩放以限制噪声进入信号频带的混叠。反馈电容 C_{fb} 提供了一个计数器电荷，用于设置采样和保持输出的增益，以及在用户提供的参考“$V_{ref}/2$”下设置偏置输出节点。分析完整信号链条，得到净增益为

$$\frac{V_{out}}{g}=2V_{ref}\frac{\Delta C}{gC_{tot}}A_o\frac{C_S}{C_{fb}} \tag{8.2}$$

式中，V_{ref}是比例运算的电源电压；C 是传感器电容；C_{tot}是在放大器输入端的总并联电容；A_o 值为50；$\Delta C/g/C_{tot}$值为$0.5\times10^{-3}/g$；C_S/C_{fb}值为1.5。通过调整 C_S，净收益在1.8V时被微调为100mV/g。

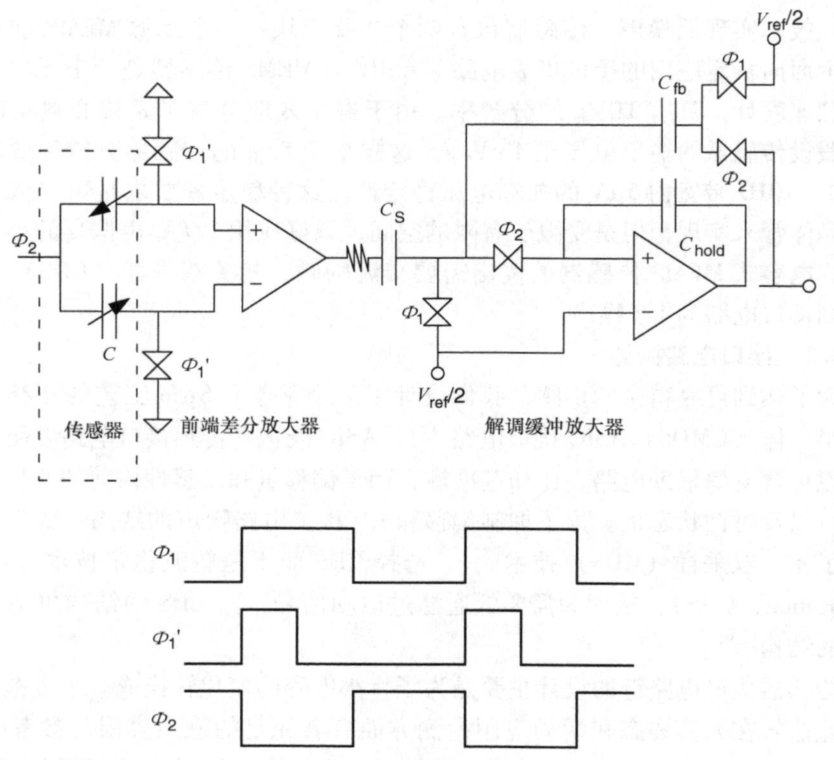

图8.10　具有传感节点阶段式复位功能的相关双采样器，采样电容采样过程中，通过允许复位电荷注入以及采样电容进行噪声采样，kT/C 噪声和注入漂移在测量中被抑制［经 EEE（Ref：2987780851019）许可引用］

8.4.4.3　基于 CDS 的加速度计结果概述

进行了完整的三轴加速度计原型开发，并最终满足人体的使用要求；典型的

设计性能结果总结在表 8.1 中。灵敏度、噪声和非线性与 SpectreRF 模拟和理论计算结果相吻合。对于限定功率的加速度计，噪声性能是其主要设计指标。参照本章参考文献［35］，为广义电容式传感器定义了噪声效率的品质因数，以判断该设计的相对优点。对比这一指标，这里所阐述的 CDS 架构代表了最先进的低压微功耗电容式传感技术，并满足了慢性生理运动传感器的需要。

表 8.1　CDS 加速度计的主要参数

技术参数	数值	单位/注释
电压供给	1.7 ~ 2.2V	
电流供给	1.05μA	
灵敏度（未修整）	125mV/g	
噪声（X，Y 通道）	3.5mg rms	0.1 ~ 10Hz
噪声（Z 通道）	5mg rms	0.1 ~ 10Hz
非均匀性	<1%	谐波畸变
使用温度范围	20 ~ 45℃	偏移 <0.25g 功耗 <2μW
可工作温度范围	−20 ~ 105℃	部分响应
经受冲击	>10000g	

8.4.5　采用状态评估使传感器“智能化”：位置检测算法和刺激算法

设计过程的下一步是将原始加速度测量值转化为有意义的姿势和活动评估，以实现刺激滴定。这种翻译转换的关键是在分类和适应性刺激控制的分阶段实现的。首先，微控制器对来自加速度计的模拟输出进行采样。然后嵌入在微控制器中的固件执行额外的低通滤波和数据处理以确定姿态取向和活动水平。基于适应的方向和规则，该算法向主治疗控制器发送调节信号。这种分割的策略将传感和刺激算法隔离，以确保新颖的姿态检测算法不会影响在设备中建立的治疗传递。

所感测到的姿态或活动状态在感兴趣区域被定义为可以映射到主治疗处理器中可用的离散治疗程序。初步评估病人的状态主要靠经验，假定患者每一个动作，比如仰卧位、右侧卧、左侧卧、俯卧位和直立位置，在这些位置中患者的平均三轴加速度表示为矢量 V_S、V_R、V_L 和 V_{UP} 分别测量。这些初始姿态的评估被称为方向向量。为了清楚起见，这里提供了示例来理解：

1）检测直立：直立姿态几何示意图如图 8.11a 所示，类似于一个集中在以向上向量（V_{UP}）为中心的圆锥体。其弧度角为 Θ_{UP}。如果实时加速度与向量之间的夹角表示为姿态趋势向量，然后 V_{UP} 角小于 Θ_{UP}，那么病人就会被分类为直立姿态。参数 Θ_{UP} 可以因人而异。

2）检测躺下（平躺姿态、右侧卧、左侧卧或俯卧姿态）：躺卧姿态几何示意图如图 8.11b 所示。如果姿态趋势向量之间的夹角和 V_{UP} 角大于 Θ_{LD} 病人，那么病人归类为躺卧的姿势。特殊的躺姿（仰卧位、右侧卧，左侧卧或俯卧）由实时加速度向量和 V_S、V_R，V_L 和 V_{UP} 其中一个最小角的位置之间的夹角来定义的。V_P 是卧姿平均加速度矢量，取决于 $V_P = -V_S$。参数 Θ_{LD} 也因人而异进行设置。

3）迟滞过渡区：图 8.11c 是直立区和躺卧区中间的过渡区域。这个区域提供迟滞作用，当病人在直立区域边缘倾斜或者摇摆的情况下，可以用来防止已检测的位置在直立和躺卧在病人之间的变动，如果病人在这个位置倾斜或者摇摆，那么直立位置会被检测到。在这种情况下，当且仅当姿态趋势向量超出过渡区而到躺卧区域，躺卧才会被检测到。

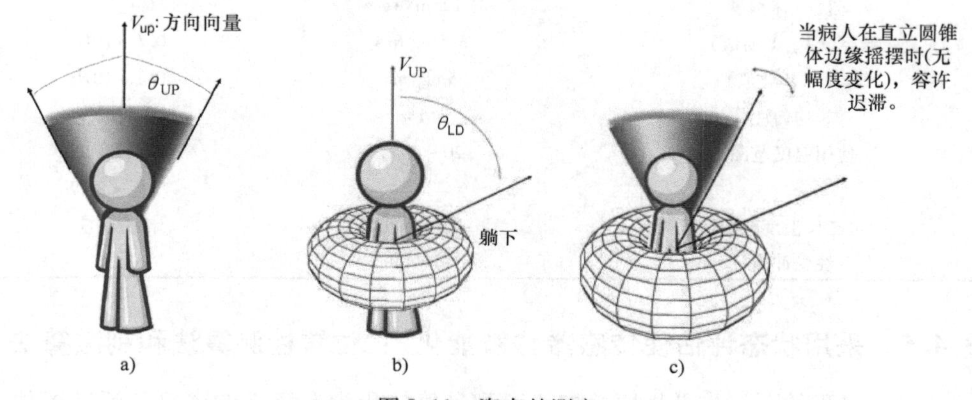

图 8.11　姿态的测定

a）直立椎体分类测定　b）躺卧椎体分类测定

c）转换期间的迟滞考虑（经 John Wiley & Sons 许可引用[1]）

4）检测活动：姿态检测算法还可以根据直立锥形几何图（见图 8.11a）检测病人何时直立 + 移动（主动）。直立 + 移动侦测包含强度水平和时间分量。在被分类为直立 + 移动之前，病人必须先直立。被检测为直立后，如果超过可编程强度水平超过约 30s，患者将被分类为直立 + 移动。

5）客观病人数据：由于可以检测到病人位置和活动情况，这一技术可以收集目标患者身体活动数据，包括躺着、直立或移动的时间以及位置变化的类型，频率和持续时间的统计。此外，该技术还可收集活动时间的数量、持续时间和强度。临床医生可以客观地跟踪患者的行为发展随时间的推移，以作为标注慢性病管理的一部分，还可以主观评估在这些位置病人得到的缓解量，从而评估算法的有效性。

8.4.6 “闭环”：将惯性信息映射到基于姿态的自适应治疗的刺激参数

通过将病人的姿态和运动惯性信号映射为适当的刺激参数，从而实现闭环治疗系统的设计，其目标是自动维持患者进行日常生活活动时身体组织所需的定量刺激。这个高级系统流程图如图 8.12 所示。这个位置检测算法可以检测区分仰卧位、右侧卧、左侧卧、俯卧、直立站立位置（坐/站）以及当病人移动（如步行）时的姿态。针对位置和运动种类的不同以及不同医生处方，可以进行个性化的治疗程序定制以实现独一无二的治疗效果。

位置自适应刺激系统也有一个由病人手动触发控制的学习型反馈系统。通过手动调整其关联到一个特定的位置或移动种类，将会更新位置自适应控制器的存储器的治疗振幅。因此，该系统可以通过病人的反馈将所需的治疗模式与病人的感觉异常相关联，并保持一定水平的自动持续刺激滴定疗法。

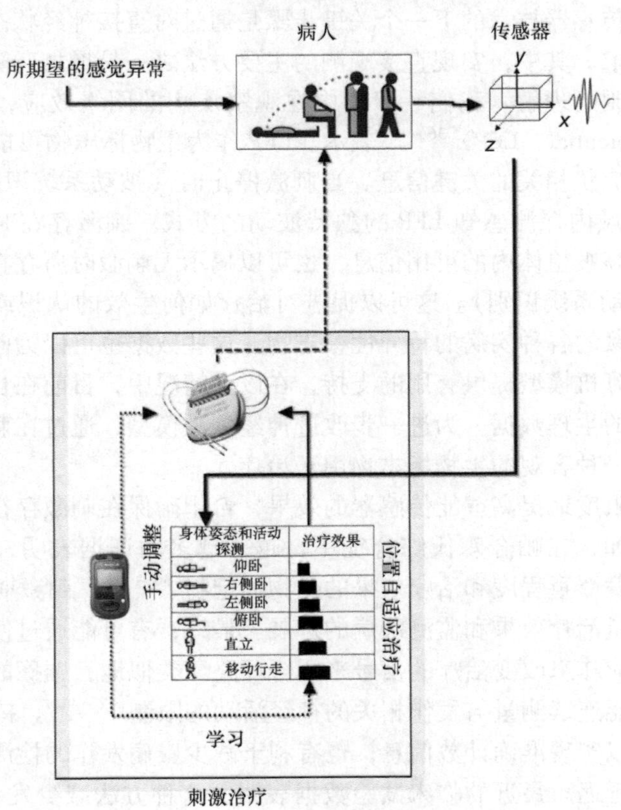

图 8.12　脊髓刺激器的脊髓刺激反馈控制（经 John Wiley & Sons 许可引用）

这个结构体现在 RestoreSensor®系统中，这是第一个具有 CE 标志和 FDA 批准的用于神经错乱治疗的响应神经调节设备。这个系统的设计，说明了设计一个“间接”的智能传感器并将它集成到神经植入物关键的原则，并且使用相关联的惯性传感映射到所需的刺激参数。下一节将讨论如何在未来可能更多地使用直接传感方法，以拓宽这些技术的使用范围。

8.5 神经状态的直接感知：智能传感器用于测量神经状态和实现闭环神经系统的案例研究

随着对神经系统疾病的发病机制理解的不断提高，研究并动态调控神经系活动引起越来越多的关注，以提高对各种神经系统疾病的治疗效果，最终实现闭环治疗系统的目标。闭环神经系统的调控目标包括：更有效的疾病控制，灵敏治疗调整响应，最小化临床和患者的负担。

开发智能传感器技术的下一个关键步骤是通过对直接神经状态的感知来满足未知的临床需求。其中，实现直接观测的主要方法之一是增加对隐藏在疾病之下的神经发病机制的理解。我们一般集中在观察疾病的网络效应，以局部电势场（Local Field Potential，LFP）[36-44]表示。LFP 作为生物标志物可能含有关于神经网络与疾病的症状相关的关键信息。当刺激停止时（被动系统识别），经常采用在信号的频谱域内探测感知 LFP 的独特波动的方式。刺激存在时对系统进行观测不仅可以提高被检体内的可用信息，也可以揭示无刺激时所存在的独特的神经活动模式（主动系统识别）。这可以促进对治疗如何生效的认识或揭示之前刺激存在情况下隐藏的各种疾病的特异性标志物。这些数据也可以为验证患有神经疾病的动物和计算机模型提供有用的支持，在以上情况中，目前在自然环境中无法获得其慢性病的生理数据。为进一步改进神经刺激模型，通过在刺激过程中使用神经反应作为一种客观的生物标志物用于治疗。

为了最大限度地提高智能传感器的效果，希望确保在刺激存在的情况下感知神经活动。例如，在帕金森氏综合征中，越来越多的证据表明，基底神经节 β 带可以作为疾病严重程度和治疗效果的生物标记物[36-41]。刺激期间 β 带的活动性可以用来衡量治疗效果和监测疾病的进展。最终，有可能通过使用对刺激产生的瞬时神经响应作来改变治疗的信号来闭合环路。类似地，癫痫的临床研究受到由于刺激而不能连续测量与发作相关的神经活动的限制[42-44]。持续刺激和神经感应，不仅可以实现准确计数信息，也有利于减少癫痫发作的检测和刺激的适应性之间的时间延迟。最近的临床试验数据表明，这种方法减少发作次数[74]，然而，目前还不清楚，闭环刺激疗法是否比开环刺激更有效[75]。刺激期间保持感知检测，而不是简单地消隐无效刺激期间的信号链和消除数据，对闭环的神经系统也是有用的。最后，通过直接使感知反馈到神经结构，采用并发感知和刺激的方式可能为改善脑机接口（Brain Machine Interface，BMI）技术的性能提供了一条途径。其中一个例子是通过提供模拟触觉反馈来增强这些系统的长期慢性表现[50]。

并发感知和刺激的主要挑战是刺激振幅通常比相关的潜在神经活动大 100 ~ 120dB（5 ~ 6 个数量级），由于放大器的饱和、非线性、下调和混叠，很难分离神经信号。此外，现有电流神经调节疗法往往在很宽的频率范围内连续输送刺激，从小于一百至几百赫兹或更大，使得信号消除和信道消隐较困难。几个研究小组一直在研究同步感知和刺激，精确的时间和空间分辨率下，单动作电势已经得到证明[45 - 49]。由于我们的工作是针对慢性植入，我们的感应架构已被优化用于鉴定新出现的神经疾病生物标志物，而不消耗损害植入物寿命的能量。

本章的这一节描述了一种双向脑机接口（BMI）的能力，为并发感知和刺激的设计和验证提供了方法。该设计提供了通过应用电测引导神经系统，包括体内一个完整的闭合动态系统建模，智能传感技术的案例研究。本章参考文献［76］提供了这些方法的详细介绍。在写这篇文章的时候，该技术在本质上仍是研究性的，而不是商业化的成熟技术。

8.5.1　植入式双向脑机接口系统设计

8.5.1.1　电学系统整体架构

双向 BMI 的整体系统架构如图 8.13 所示。该原型建立在现有的神经刺激器结构上，以利用可用于慢性植入的成熟技术。为了从大脑中提取信息，增加了定制的大脑活动传感接口集成电路（Brain Activity Sensing Interface IC，BASIC），用于感知神经活动。从感知和刺激电子器件到电极的连接是通过设备头部的一组开关矩阵和隔离保护电路进行的；然后将电极组合连接在该块处，用于灵活的 BMI 架构。此外，包括来自先前案例研究的定制三轴加速度计，以提供姿态和活动的感测。感测的信号被传递到微处理器以执行控制和算法。原始神经刺激器与算法微处理器之间的相互作用是通过中断向量和 I^2C 端口建立的，类似于前述的间接惯性系统。包含静态随机存取存储器模块用于记录事件和通用数据记录。遥测子系统允许将新算法下载到设备中并将数据上传到外部数据记录器。本节的其余部分强调了 BMI 架构的主要设计特点。

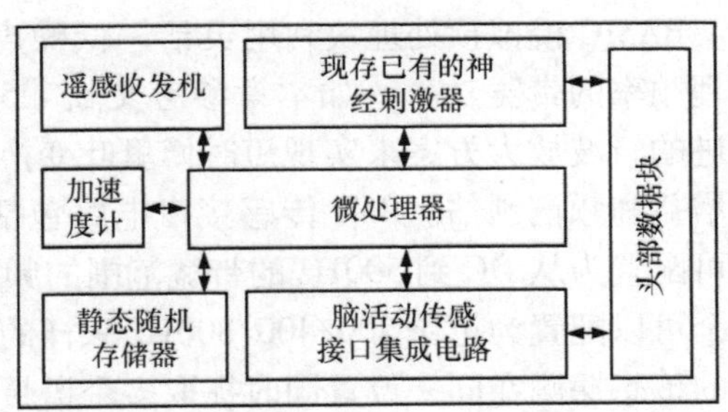

图 8.13　可植入式 BMI 的电气系统框图
［经 IEEE（Ref：2987780190113）许可引用］

8.5.1.2　传感策略和 BMI（脑机接口界面）传感架构

神经记录策略的选择是信息内容与技术可行性之间的平衡折中。虽然单细胞记录和脑电图数据对于许多应用是可行的，但通过对局部电势场（LFP）的记录和分析，可以很好地平衡我们的应用。LFP 通常代表电极周围的体内神经群体的整体活动，并被认为具有更长期的稳健性[51]。此外，LFP 为神经疾病编码高度有意义的数据[36]，并且它们正在成为 BMI 应用的可行候选者[51]。目前的神经科学理论正在提出 LFP 从神经网络的集合中编码网络活动。网络周期性被认为编码大脑区域在执行计算时的绑定；在这个主题的基础上，神经系统疾病被认为是部分地来自这些频谱波动的异常，并提供疾病状态的“光谱指纹”[70]。在我们看来，LFP 代表电极系统的当前技术限制和与病理神经活动相关的有意义的生物标志物之间的最佳平衡，特别是当限制对可用于当前神经调节装置的电极的讨论[52]。此外，疾病的光谱指纹的概念激励了我们设计智能传感器的方法。

高信号分辨率和低的系统功耗，这是用于可植入式 BMI 必不可少的，但即使对于具有中等频率的 LFP，实现起来也有一定难度。然而，LFP 频带功率波动通常至少比在它们所编码的频率慢一个数量级。这促使产生 BASIC（大脑活动传感接口集成电路）基本架构，其直接提取核心神经群的能量，并在数字化和算法分析之前跟踪之前相对较慢的功率波动；这与在复杂的处理之前提取高频载波信号之前的音频信号调幅解调的光谱处理范例的情况有些类似[52,66]。

BASIC 模拟预处理块利用灵活、低噪声、高效能的架构，从 LFP 提取关键生理频率的带宽功率。如本章参考文献［52］所述，BASIC 的信号链通过使用改进的斩波放大方案来实现短时傅里叶变换（STFT）。该架构提供功率效率处理的增益和频谱预估。BMI 传感接口电路包括 BASIC 的 4 个传感通道，此传感通道可配置为从 DC 到 500Hz 的带宽范围的频谱带的功率传感通道。4 个通道中的两个可以配置为记录 200/400/800Hz 采样的时域波形。功率通道可以通过同一电极的传感探测在同一位置同时提取多个谱带信号，此外，还可以帮助表征与大脑状态相关联的特征谱指纹。接下来的章节将详细介绍 BASIC 接口电路放大器。

8.5.2 斩波稳零 EEG 仪表放大器设计概述

8.5.2.1 架构策略

动态偏移消除（Dymamic Offset Cancellation，DOC）技术的目的是处理过量的低频噪声，但在低功耗设计[32,33]时遇到挑战。当选择斩波稳零（Chopper Stabilization CHS）技术和相关双采样（Correlated Double Sampling，CDS）作为神经的放大器时，CHS 更具有吸引力，因为它不会引起噪声的显著混叠，由此具有最低的理论噪声。考虑到更低噪声的潜能，CHS 已用于探索多种生物医学应用[53-55]。但是，在低功耗中，斩波器信号链的有限带宽可能会产生问题。特别是，放大器有限的稳定时间将会产生偶次谐波并由此导致失真和灵敏度误差。技术上弥补失真是可行的，但通常会导致过量的电流和信号路径的复杂性[53]。

这里介绍的斩波器结构巧妙地采用反馈避免畸变失真的问题；细节设计见本

章参考文献［55］。此 CHS 架构的目标是通过结合交流（AC）的反馈和仅限于信号路径内低阻抗节点的斩波技术克服斩波放大器的动态限制。图 8.14 说明了这一概念的时域呈现。在输入步骤之后，上调制的误差信号通过斩波稳零的跨导并被积分为基带信号。然后，积分器的输出被上调制，并通过缩放的分流路径反馈，直到消除误差信号。通过仅在低阻抗节点处实施斩波并使用基带积分，对约束设置条件放宽，谐波失真被抑制。

采用交流反馈也能提高灵敏度精度。由于信号现在是交流电，所以可以通过片上电容器的比例来设置增益，并提供极好的灵敏度公差。然后通过输入和反馈路径中所设置时间常数的差异来设置净灵敏度误差。斩波频率的缩放或建立时间的平衡将二次谐波抑制到相对微小的量级。

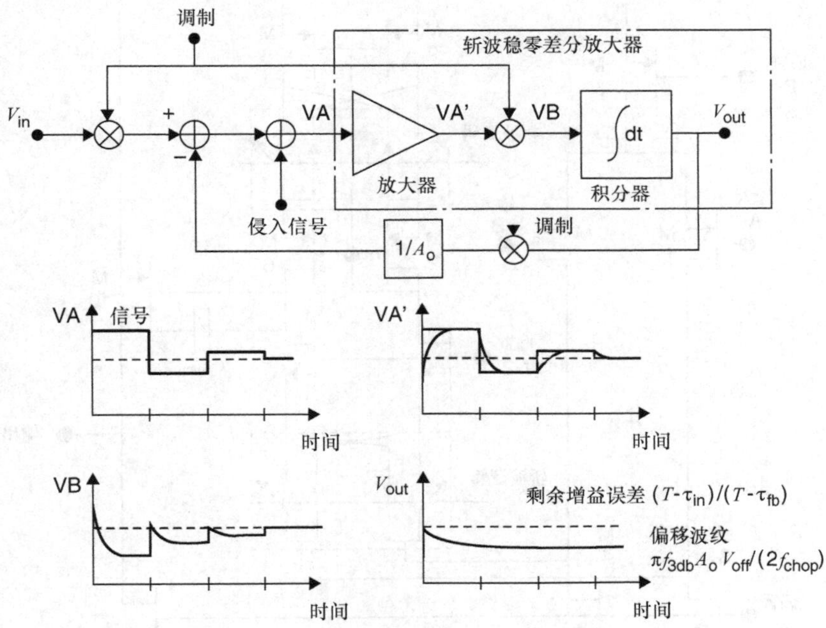

图 8.14　基于上调制的信号反馈显著抑制失真并增加动态余量，交流反馈的使用可以通过芯片上的电容器将信号进行缩放调制，并且信号链可以在低阻抗节点切换［经 IEEE（Ref：2987780427485）许可引用］

AC 反馈架构的最终好处是，它通过预过滤上调制偏置，收获更大的前端增益。在输出端，剩余的 AC 偏置信号是 $\pi f_{3db} A_o V_{off}/(2f_{chop})$，其中 f_{3db} 是反馈环路的低通转角频率，A_o 是净增益，f_{chop} 是斩波频率。补偿滤波允许在前端放大器承担更多增益，以抑制灵敏度到第二级缺陷。接下来为 CHS 放大器原型的详细介绍。

8.5.2.2 微功耗混合放大器

CHS 仪器放大器的核心元件是“混频放大器”。正如上一节中所描述的，斩波（调制）的局限在低阻抗节点可以通过调整一个折叠共射放大器来实现[55]，允许电流进行分流处理，以减少噪声。参考图 8.15，折叠的共射性结构仅仅需要两个额外的开关：第一个偏压 N2 的源极，解调 AC 信号和上调制前端偏置，而第二个被嵌入到自偏压共射端，主要为了上调制 M8/M9 误差。M6/M7 和偏压 N2 源的老化削弱了偏置和过量噪声。跨导级的输出在基带，允许积分器补偿反馈环以及上调制滤波器的偏置和噪声。输入和反馈结构加入到该混频器放大器以期实现所需的信号处理。

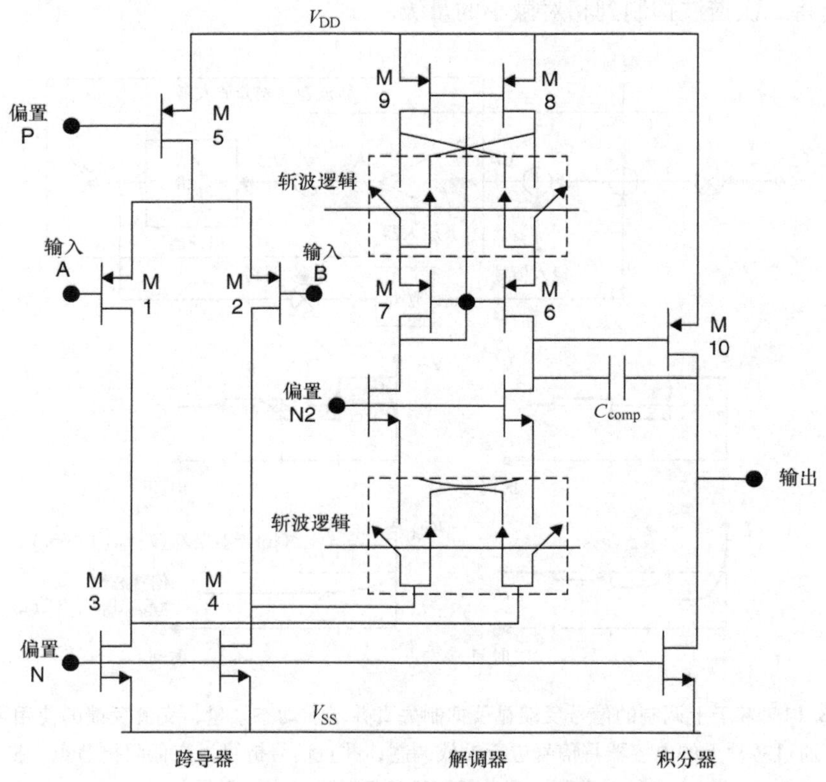

图 8.15 集成调制开关的经典折叠共源共栅放大器，提供斩波稳零放大器的核心［经 IEEE（Ref：2987780427485）许可引用］

8.5.2.3 时域放大：灵敏度和高通滤波的反馈方案

所设计的放大器可以在两种工作模式下运行：时域放大和频谱处理模式。在时域工作模式下，仪器放大器的增益和滤波特性通过在混频器、放大器周围增加连续时间的开关电容网络来设定。参考图 8.16，输入差分电压由交叉耦合开关

上调制到输入电容 C_i，为混频器放大器提供差分输入。这种方法在测量带中产生高共模抑制，并允许轨到轨输入摆幅。为了为单端输出提供交流调制和设定点，C_{fb}的电压在混频器输出和用户提供的参考电位 V_{ref}之间切换。第二个并联反馈回路设置放大器的高通特性。最初这种高通特性通过数字控制既能实现高精确度，又便于滤波边界调整。高通积分器的一个关键属性是在放大和低通滤波后对信号进行采样，从而最大限度地减少从这个采样数据反馈架构失真。对于高通滤波的替代可选方案包括无源前端滤波，对后续将看到的一些运行的案例是有益的。

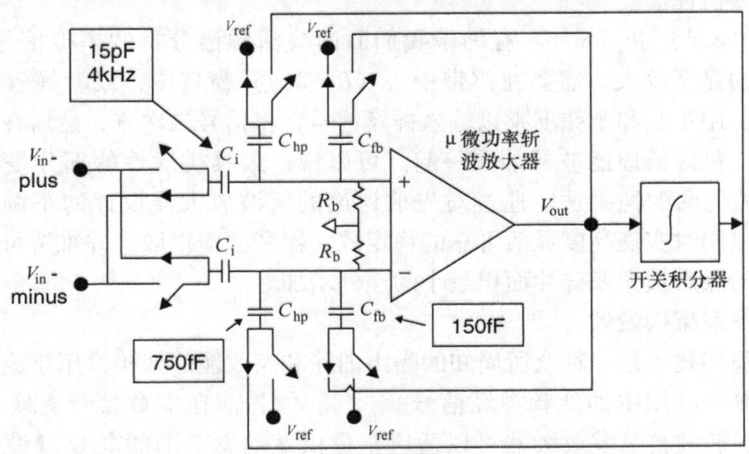

图 8.16　适用于可植入 EEG 记录的仪表放大器的简化电路实现

［经 IEEE（Ref：2987780427485）许可引用］

8.5.2.4　谱评估：近似短时傅里叶变换的硬件方案

神经信号处理：谱分析和斩波策略

BASIC 的另外一种模式是直接从 LFP 中提取生物标记物的谱成分信息。模拟预处理电路用于在神经电势场数字化处理之前提取关键生物标记信息，以减少功耗。为了实现这一功能，信号链必须从由频带定义的指定频带中心 δ 提取能量，带宽 δZ 由 f_{BW}定义。由于电势场的科学研究也随着时间在快速发展中，我们尽可能在设定 δ 和 f_{BW} 两者方面保持其最大灵活性。

接下来频谱分析数学处理有助于支持我们的电路架构方案。所需的信号的频谱密度是傅里叶变换的产物，包括一个与带宽 f_{BW} 相关联的窗口函数 $w(t)$。

$$\phi(f) = \frac{X(f)\ ^*\ X(f)}{2\pi}$$

$$\text{其中}, X(f) = \int_{-\infty}^{\infty} x(t)\,w(t)\,\mathrm{e}^{-\mathrm{j}2\pi ft}\,\mathrm{d}t \tag{8.3}$$

使用欧拉恒等式展开光谱功率 $\phi(f)$，我们看到的净信号能量可以通过两个正交信号源的叠加来表示：同相位和正交（90°相位差）：

$$\phi(f) = \left|\int_{-\infty}^{\infty} x(t)w(t)[\cos(2\pi ft)\mathrm{d}t\right|^2 + \left|\int_{-\infty}^{\infty} x(t)w(t)[\sin(2\pi ft)]\mathrm{d}t\right|^2 \tag{8.4}$$

由于体内的神经电路和接口集成电路之间的相位关系不相关，因此以上两者都应该加以考虑。请注意，这就是在非相干调幅通信系统中会遇到并被处理的相同的相位多值性。

方程（8.3）和（8.4）有助于我们面向灵活频谱分析的模拟信号链设计。随着信号的显著放大，需要在谱带中心（$\delta = 2\pi f$）窗口中，或者等效设置的有效带宽中，用正弦和余弦项乘以输入神经信号，将信号二次方，然后在数字化之前将它们与最终低通滤波器加在一起。可以说，最具挑战性的部分是神经信号 $x(t)$ 与 δ 的色调的纯乘法。通过对先前讨论的斩波放大器设计的小调整[55,56]，我们就可以同时实现高度灵活可靠的稳定放大器和频谱提取，并维持可接受的功耗、适度的噪声损失及硅片面积最小的额外增加。

频谱提取架构设计

斩波稳零技术是一种众所周知的噪声消除和高效能的架构，用于放大低功率生物医学领域应用中的低频神经信号[55-57]。如先前在本章参考文献［58］中所讨论的，斩波自稳零放大器可以适应于提供宽动态范围的高 Q 滤波器。与本章参考文献［56］的关键设计不同的是，在斩波放大器内的时钟频率的偏移，以类似于超外差 AM 接收机的方式将目标信号频带重新集中到 DC 中心[59]。如图 8.17 中的节点 V_A 所示，我们使用等效调制策略来实现经典的斩波器稳定，使得初始的 Fclk 调制频率使信号远高于超低频噪声拐角（1/f：闪烁噪声）[32]。

放大后，作为来自经典斩波器的转移，以第二时钟频率 $F_{clk2} = F_{clk} + \delta$，执行解调，该频率从第一时钟偏移至所需的频带中心。调制信号与第二时钟的频率卷积将神经信号初始化为 δ 至节点 VB 处的 dc 和 2δ。由于生物标志物被编码为频谱功率的低频波动，所以我们用带宽定义为 $f_{BW}/2$ 的片上低通滤波器滤除 2δ 分量；δ 两侧的信号在 V_{OUT} 处折叠成通带。外差斩波器将谐波抑制为谐波次数的二次方，产生净传递函数如下：

$$V_{out}(f) = \frac{4}{\pi^2}\sum_{n\_odd}\frac{1}{n^2}V_{in}(f+\delta n)\cos(\varphi) \tag{8.5}$$

式中，n 为谐波级数；φ 为时钟 δ 和输入电势场之间的相位差。

对于一阶，所提出的斩波器通过时钟分离 δ 来缩小信号的频率含量，比例因子为 $4/\pi^2$。该设计的稳健性来自于使 AM 外部无线电应用具有吸引力的相同功能——中心频率由可编程时钟差设置，这是相对简单的片上合成，而带宽和有效 Q 值由一个可编程低通滤波器独立设置。额外的奇次谐波确实成倍变化，但下降

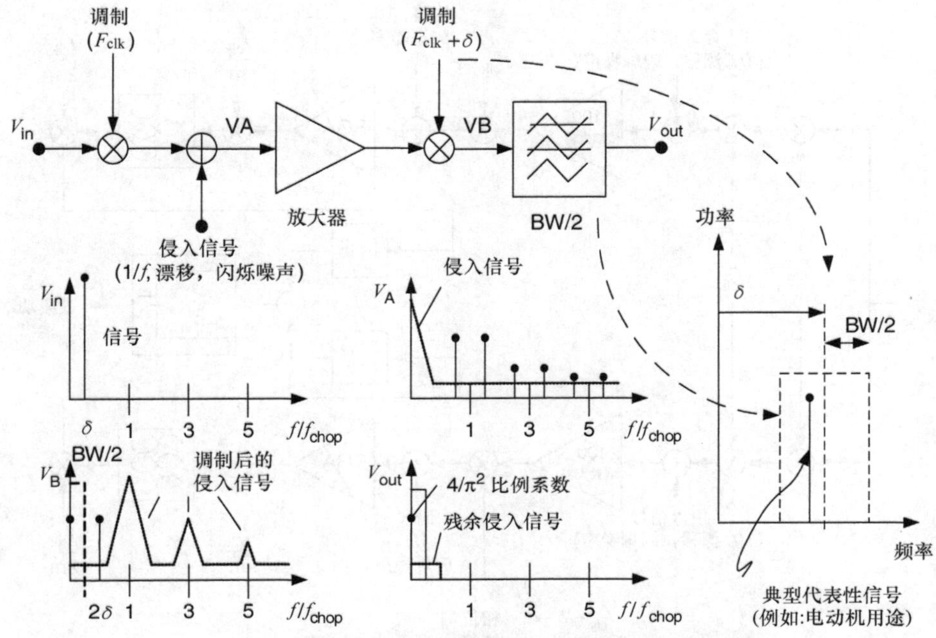

图 8.17　合并外差和斩波稳零的灵活通带选择的概念
[经 IEEE（Ref：2987780715658）许可引用]

比例与阶数成正比。

如图 8.18 所示，方程（8.3）所示的操作在并行同相（I）和正交（Q）路径中使用从斩波器频率的两倍导出的时钟在 BASIC 上实现。如图 8.18 中的信号链框图所示，最终的功率提取是通过叠加二次方的同相和正交信号来实现的，从而产生整个信号链的传递函数：

$$V_{\text{EEG\_Power}}(f) \propto \left[\frac{4}{\pi^2}\sum_{n\_odd}\frac{1}{n^2}V_{\text{in}}(f+\delta\cdot n)\right]^2 \tag{8.6}$$

在我们的应用中，对奇次谐波的残余灵敏度不是主要问题，因为皮层电路中的信号功率通常按照 1/f 规律衰退[60]。这意味着三次谐波处的神经元信号的净测量功率实际下降了 48dB，因此对相关频带保持了可接受的选择性。对于需要更好的谐波衰减的应用来说，可以采用抑制高阶谐波含量的多级时钟方案来实现[61]。

整体斩波调制方案

实际上，有几种不同的调制技术需要采用 NPIC 的光谱分析策略来实现微伏量级信号的分辨率。具有调制的总信号链如图 8.18 所示。如前一节所讨论的“核心”斩波调制，由 δ 分开的两个时钟提供了选择感兴趣频带的机制。虽然这样做可以实现必要的频率外差，但仍然存在两个实际问题。

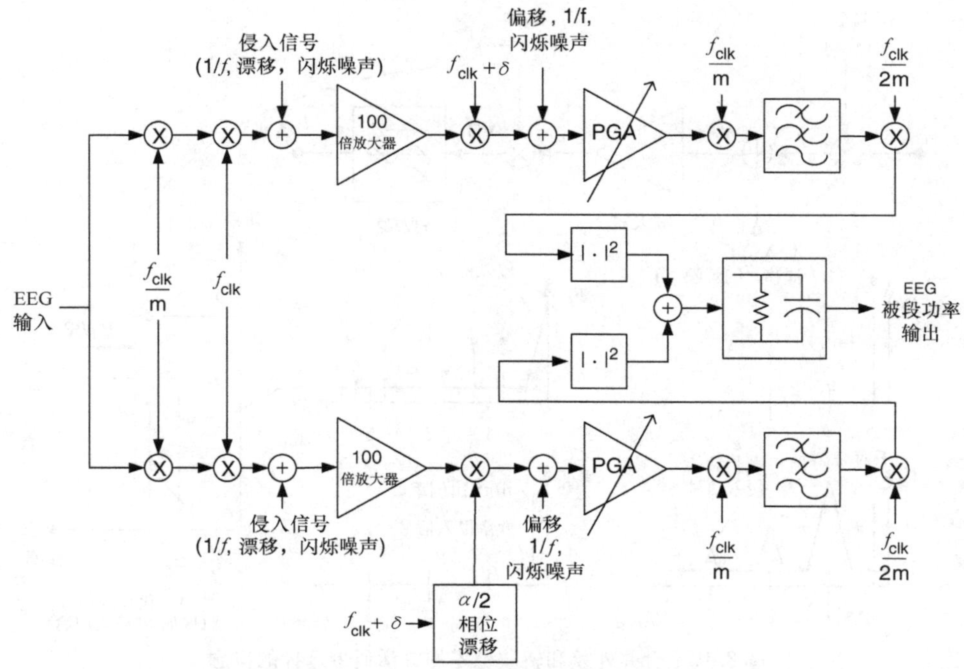

图 8.18　可调谐外差神经接收器在生理相关频带内提取信号功率，双嵌套斩波器架构使用两个不同的斩波频率来改善功率带宽折中，同时消除偏移和低频噪声［经 IEEE（Ref：2987780715658）许可引用］

第一个问题是核心斩波器中的残余偏置电压可以在几微伏量级。这个残余偏置电压带来的问题是它叠加在感兴趣的目标信号上，当生物标记的相位与 δ 时钟相撞时，这会在输出信号中产生显著的信号扰动。为了解决这个问题，我们在第一个斩波放大器之前和可编程增益放大器（Programmable Gain Amplifrer，PGA）之后引入了一个“嵌套”斩波开关组[62,63]。然后，使用 $f_{BW}/2$ 选通滤波器对小的失调电压进行上调制和滤波。嵌套循环以 F_{clk}64、128Hz 速度运行，以抵消残余电荷的注入补偿，但对于减少低频的动态扰动已经足够快[62,63]。由于 PGA 也嵌入在环路中，所以其残留的 $1/f$ 噪声和偏置也在低频处被抑制。在 $f_{BW}/2$ 选通模块中使用无源低通架构可以最大限度地减少在嵌套斩波器之后带来信号链的附加偏移。

第二个问题是，输出乘法器的剩余失调电压产生了一个互调的产物，当试图处理微伏信号时，它也将产生显著的失真。在乘法器之前使用低频斩波器可以纠正该问题；需要注意的是，因为乘法器对信号进行二次方，不需要后续一个单独的下调制模块，偏移量仅产生一个可以被抵消的稳定偏置。最近的研究工作已经使用类似的技术来使宽范围的乘法电路和混频器稳定工作[64]。

8.5.2.5 CHS BMI 传感放大器结果汇总

总的来说，这里研发的 CHS BASIC 放大器架构在探测神经活动方面有许多核心优势。输入和反馈信号使用时间连续调制以及通过使用片上电容提供高增益精度和线性度。此外，两个电容器之间的输入切换提供了会共模抑制比（CMRR）和轨到轨共模输入摆动，这对激励系统非常重要。在整个设计过程中连续时间技术的使用降低了噪声，主要归功于混叠信号或 kT/C 源微小混频失真。最后，斩波放大器中外差开关技术的使用允许短时傅里叶变换实现低功耗。

采用 0.8μm 工艺实现了 CHS BASIC 放大器设计原型。样片测试结果与理论计算和 SpectreRF 模拟仿真预测的相符，结果总结于表 8.2。这种设计的主要目标是在 0.5Hz 和在 100Hz 之间的 LFP 信号频带实现低噪声。为了与近期最新文献中其他人的研究成果进行对比，我们选取本章参考文献［65］中描述的噪声效率因子作为对比量。所选取的用于判别 LFP 设计的参数 3.6 是迄今为止报道过的最小值，其主要通过消除低频时过量 $1/f$ 噪声来实现。利用频谱处理技术的确仅可在一定程度上影响系统的信噪比，但这被认为是考虑到系统级功耗情况下可接受的折中选择方案，视不同条件分别具体讨论。

最近的工作建立在探索这个大脑接口 IC 的核心原则上。包括心脏感知和检测的应用空间已经被扩展[71]，通过正反馈回路提高了输入阻抗[72]。额外的原型技术工作将集中在开发这个前端界面，以便形成一个完整的癫痫发作检测系统[73]。

表 8.2 系统性能概要

可探测的最小信号功率	< $(0.5\mu V_{rms})^2$
噪声谱密度（时域）	$150nV/\sqrt{Hz}$
频带功率的中心频率	直流 ~500Hz，可编程
谱估算带宽	1 ~20Hz，可编程
BASIC + 分类算法的功耗	25μW（典型值）
实时无线数据上传容量	11.7kbit/s@ 175kHz（ISM）

8.5.2.6 使 BMI 智能化：信号处理和算法架构

除了 BASIC 处理流程以及对神经信号进行放大，还需要额外的分类识别器以识别重要的大脑状态，才能使其成为一个真正意义的智能传感器。信号处理的挑战是如何平衡功耗、灵活性和性能。由于已通过 BASIC STFT 方法得到所感兴趣的生物标记物的谱功率，与编码生物标记物的 LFP 频率相比，生物标记物的谱功率变化较缓慢，采样和处理可以在 Hz 量级采样率完成。可以考虑如图 8.19 所示的系统级模块划分，通过模拟预处理提取关键信息同时减小动态范围，在低时钟速率下运行复杂的数字化算法。通常来说，这个模块划分可为长期植入功率装置带来可接受的功耗；类似的“神经形态”在本章参考文献［66］的一系列范围应用均有讨论，包括人工耳蜗和人造视网膜。

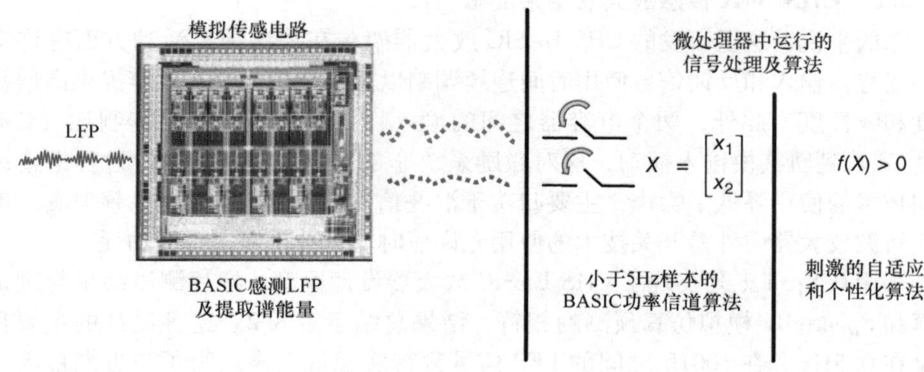

图 8.19 信号处理和算法模块划分［经 IEEE（Ref：2987780190113）许可引用］

鉴于“理想”神经反馈策略的未知性质，系统必须具有高度可配置性。在本案例研究中，微处理器通过控制寄存器控制 BASIC 芯片，通过遥测和算法控制实现调节增益，STFT 参数的频谱估计和电极连通性。为了最大限度地发挥灵活性，可以随时通过遥控固件更新来调整算法。

处理器中运行的算法用于对信号进行适当分类并评估患者状态。这允许 BMI 适当地启动刺激治疗和（或）测量关键诊断指标。最近的研究表明，患者特异性算法可用于提高此分类的敏感性和特异性。临床医师监督机器学习是完成患者个性化算法的好方法，该系统旨在以更高能效的方式实现患者特异性的定义[67]。由于 BASIC 和检测算法的合并对于脑状态检测的“智能传感器”的设计至关重要，所以在闭环验证示例中，将通过探索绵羊脑丘脑——皮质电学回路更加充分地开发该理念。

8.5.3 大脑的神经智能感知探索：动物样本原型试验

8.5.3.1 双向 BMI 系统特征

涉及的电子系统构建如图 8.13 显示，其他一些关键的阻碍来自于系统操作装置。为了驱动神经网络，我们把美敦力公司的产品，神经刺激器运用到该系统来开展刺激疗法。同样，这个神经刺激器也被用来作为双向 BMI 系统的操作平台。这台机器通过无线遥感技术为系统提供链接，算法运算以及数据上传。该平台上的 1 MB 存储器用来存储清晰的数据运算以及外部产生的数据，如时域波形数据和一般的数据记录。

参考图 8.13 中的电路系统架构图，该设备中还包含几个其他关键模块，用于保证系统运行。为了启动神经网络，在用于刺激治疗的系统中使用现有的美敦力神经刺激器，其也用作整个双向 BMI 系统的平台。该设备通过无线遥测设备进行通信，用于系统配置、算法编程和数据上传。平台上包含 1MB SRAM，用于记录算法定义或外部产生的事件、时域波形和一般数据记录。可以通过无线链路下载数据，以使用 175kHz ISM 频段和 11.7kbit/s 速率进行分析和调查。

8.5.3.2 系统集成

使用已建立的最先进的医疗设备技术实现了完整的植入式 BMI 系统原型机开发。原型系统显示为图 8.20 中的剖视图。BASIC 采用 0.8μm 的 CMOS 工艺制造，并堆叠在 SRAM 上，以形成具有小外形尺寸的模块。电极互连和算法处理器非常接近以保持信号完整性。图 8.20 的右侧是包含新的感应和算法电子装置的混合电路的一侧的特写。另一侧（图中未标出）包含一个刺激电子设备。该设备具有完整的双向 BMI 功能，非常适用于慢性疾病临床前的研究工作。

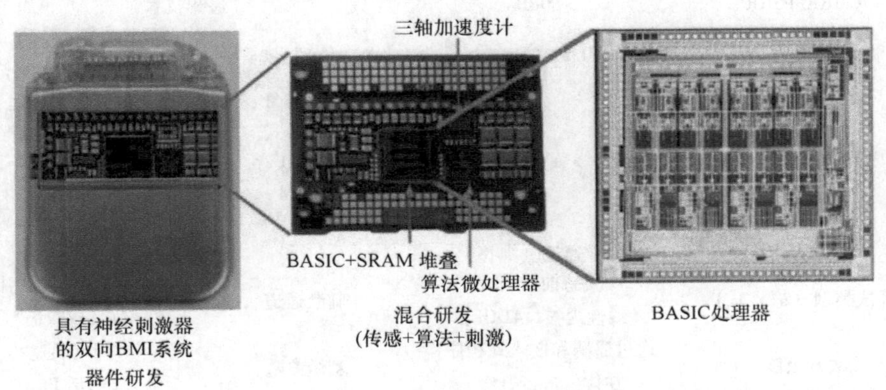

图 8.20 可植入双向 BMI 系统及关键组件原型
[经 IEEE（Ref：2987780190113）许可引用]

8.5.3.3 总体系统概述

包括可植入电路，电极和遥测的原型系统在具有记录患者数据的盐水箱中进行了测试。BASIC 被验证从 2V 电源供电时需要消耗 10μA 电流，对于两个通道操作（一个/半球）的 5Hz 功率谱评估，实现了 <1μVRMS 的信号分辨率。线性支持向量分类算法为了对信号进行 1 秒钟的实时评估更新，增加了额外 5μW 的功耗。除了证明满足基本的 BMI 功能外，该系统经验证还可以承受静电放电（ESD），电烙铁工艺和除颤的考验，这对于要求可靠实用的 BMI 系统至关重要。性能总结在表 8.3 中，其给出了具有智能感测能力的最先进的双向 BMI 的代表性简介。

表 8.3 双向 BMI 传感模块、嵌入式算法、刺激和遥测模块的主要性能参数概要
（注意，刺激子系统具有与现有的基于商业化设计一致的能力）

LFP/ECoG 传感		惯性传感器（可扩展）	
运行功耗（时域）	100μW/通道	运行功耗（3 轴）	2μW
运行功耗（谱模式）	5μW/通道	惯性算法功耗	25μW
运行模式	时域/频带功率	灵敏度	125mV/g（0.01g/LSB）
MUX，通道可用 PC 双引线植入系统	允许输入多路复用器 12 - > 4DOF 选择最佳通道进行上传	动态范围	±5g（跌落、步行以及高冲击性活动）
最小可检测信号	$<1\mu V_{RMS}$	噪声（X，Y 轴）	$3.5mg_{RMS}$（0.1～10Hz）
点（spot）噪声谱密度	150nV $\sqrt{Hz}$	噪声（Z 轴）	5mgRMS（0.1～10Hz）
频带功率中心频率	直流～500Hz	非线性	<1%
谱估算带宽	1～20Hz	经受冲击	>10000g
CMRR/PSRR	>80dB	遥测技术	
高通角	0.5～8Hz	物理层	已获确认的 175kHz（ISM）
		数据容量	4DOF/预处理
输入范围（遵从 Stim）	> ±10V	训练模式	2DOF/原始高数据率（监视诊断）
		存储器缓存 SRAM	8MB
嵌入式算法特征			
算法功耗	5μW/通道（典型）	刺激能力	
算法类型（嵌入式）	支持向量机（线性内核，4DOF）	刺激通道	双向 8 通道（4 /引线）（单极/双极）
算法升级能力	通过遥测和嵌入式程序在体内进行升级	刺激参数	判定通过（激活 PC）

8.5.3.4 智能感知的实际考虑：控制刺激 - 传感交互作用

正如我们引言中重点强调的那样，在双向 BMI 中将传感和刺激相结合的重大挑战是处理信号污染。我们感兴趣的信号是微伏量级，而我们引入的信号（刺激）是伏特数量级。提取比治疗刺激低 6 个数量级的生物标志物的信号是一个重大挑战。

在原型中采用几种方法同时实现传感测量和刺激加载。其中一种方法是简单地为每个功能分离引线；但这是以增加外科手术复杂性为代价的，我们经常想要测量我们刺激目标附近的活动。为了从同一个引线同时进行传感和刺激，需要参照利用电磁互易定理仔细放置引线以及进行刺激配置设置，可以利用电磁互易定理。在数学角度出发，试图设计电极和解剖学方法，例如

$$\phi_A - \phi_B = \frac{\overrightarrow{E_{AB}} \cdot I\overrightarrow{d}}{I_{AB}} \rightarrow 0 \tag{8.7}$$

直观地来看，我们认为这个数学逻辑关系，对传感 - 刺激信号装置施加了一

个对称约束。图 8.21 显示了一个例子，其中传感偶极子（A↔B）与远场返回的单极刺激电极（C↔D）对称放置。如图 8.22 所示，显示了电极是如何连接到仪器上。当来自治疗刺激的偶极子信号与生物标志物传感矢量正交时，我们提取信号的机会大大增加，而这个问题是现在的一个经典共模抑制问题之一。

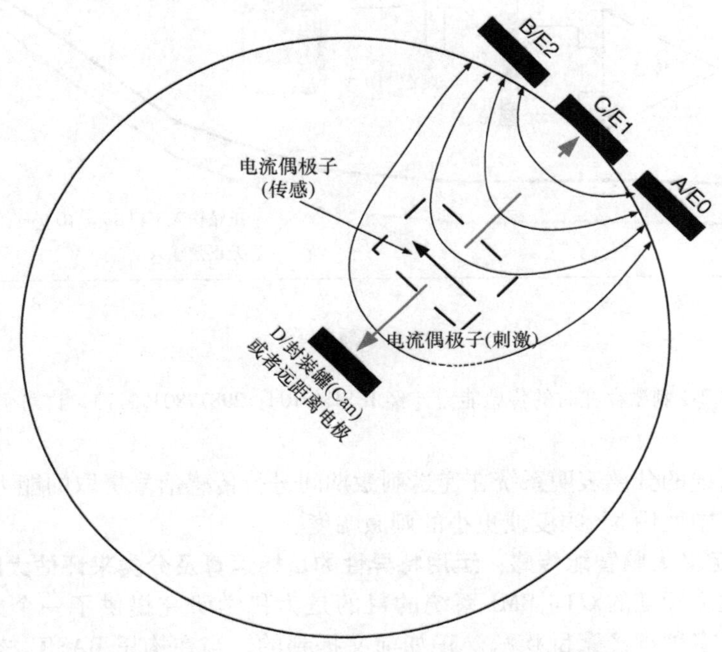

图 8.21　利用互易关系实现引线位置和刺激配置的示意图

[经 IEEE（Ref：2987780190113）许可引用]

所有电极配置中使用的另一个关键方法是利用 BASIC 的光谱滤波特性。需要特别指出的是，BASIC 的架构能够排斥超出其调谐频带的信号。通过在作为 STFT 处理的一部分的较大增益之前对信号进行滤波来避免饱和。这项技术用一根引线但是不同电极使刺激治疗信号与感应信号通过两个不同的光谱频率来同时传递成为可能。这种约束与许多深部脑刺激（DBS）系统兼容，其具有从治疗刺激和感测偶极子界定单极驱动刺激靶标的光谱分离的生物标志物。这些技术显示了同时刺激和感测相同神经线路的前景，为实时适应性滴定疗法提供了可行性。

在盐水箱模型中测试了这里描述的用于使得系统在输送刺激期间进行感测的概念。图 8.22 显示了在触点 1 和神经刺激器之间递送 145Hz 刺激的测试结果。将具有 $10\mu V_{PP}$ 振幅的典型 β 频带生物标志物的 24Hz 信号注入到盐水箱中，并使用 BASIC 在触点 0 和 2 上感测。将其与使用相同刺激而无测试结果的情况进行比

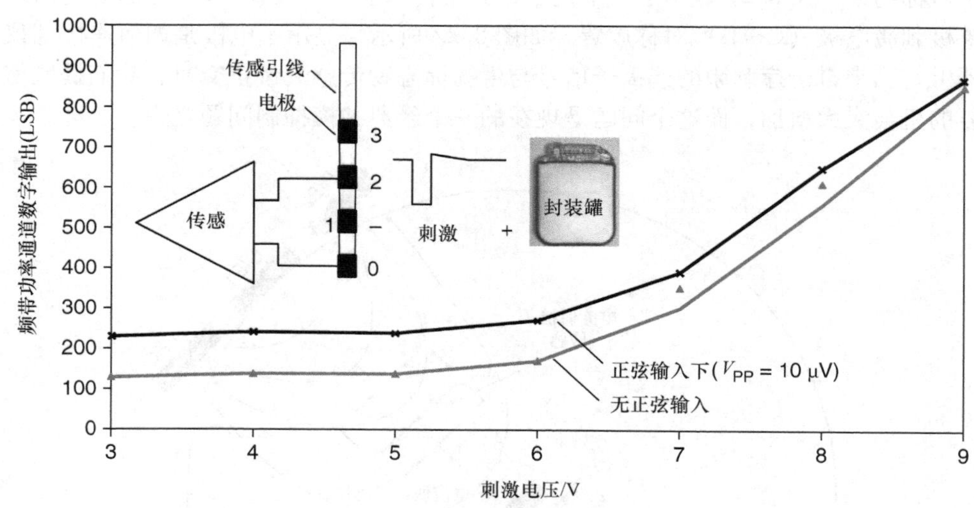

图 8.22　刺激存在时的传感能力［经 IEEE（Ref：2987780190113）许可引用］

较，两条曲线的分离表明系统在递送刺激期间进行传感信号提取的能力，特别是在临床治疗中使用 5V 幅度或更小的刺激幅度。

8.5.3.5　定义大脑智能传感：运用特异性的目标运算及分类来评估大脑状态

构建这个标准的双向 BMI 系统的目的是为科学研究提供了一个好的平台，可以适应于多种神经紊乱疾病。正如前文提到的，当在构思 BASIC 核心以及智能感应策略的时候，针对这些神经紊乱疾病的常规思路，就是利用低频周期信号在频率波谱中的不同波动，来传递生物标记分子。通过适当的引线替代以及 BASIC 调频，就可能区分不同的神经状态，利用这些信息就可以在诊断与治疗方法上发挥作用。

例如图 8.23，就是从帕金森病人深部脑刺激电极检测中收集到的低频周期信号光谱，这种生理紊乱，使 β 频带中的能量与生理症状呈现出显著的相关性。在“关”的状态下，这些病人表现出未服用药物时的症状，例如发起和执行动作困难，同时，也会在 β 频带检测出较高的能量状态。当病人服用 L－多巴胺 10min 后，病人的 β 频带能量会下降，同时症状也会显著减轻。

智能传感器的主要功能包括使用 BASIC 放大器检测这些信号，并随后将它们适当地分类以评估大脑状态。图 8.24 显示了这些频谱数据如何具有高灵敏度和特异性，以及实时对患者临床状态进行分类的可能性，将原始控制器“受过训练”的支持向量分类应用于类似于本章参考文献［67］中所述的监督学习过程。然后，分类状态被馈送到治疗/诊断原型控制器，以使用算法来探索刺激器

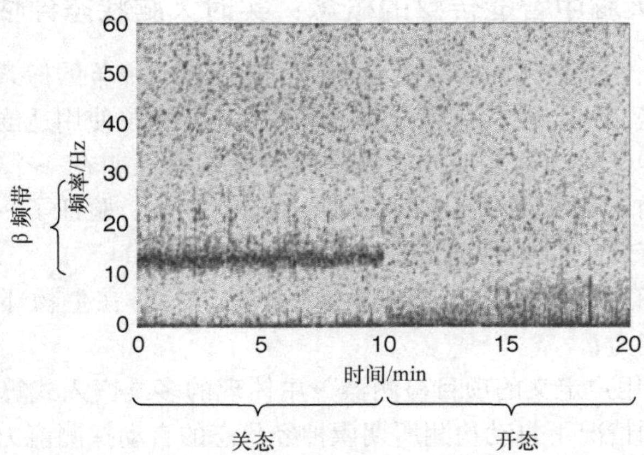

图 8.23　采集自帕金森病人的 LFP 数据频谱图
［经 IEEE（Ref：2987780190113）许可引用］

治疗设置，或者基于定量诊断来给临床医生提供反馈。下一节内容，证明了此理论在动物体内实验模型中的应用，即用该方法探索丘脑 - 皮质与癫痫相关的电路。

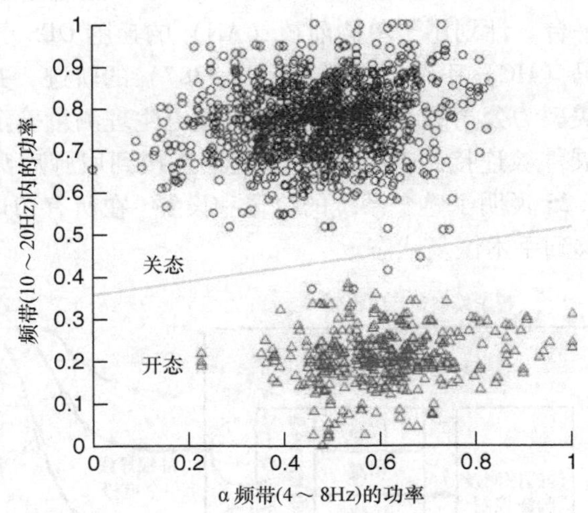

图 8.24　基于下载到 BMI 中的受监督的患者特定机器学习算法对帕金森病患者状态进行分类，在这个时期，针对这名患者的分类识别具有 >95% 的灵敏度和特异性［经 IEEE（Ref：2987780190113）许可引用］

8.5.4 展示大脑中智能传感的概念：实时大脑状态评估和刺激法

到目前为止，所描述的研究工具进行了长期植入绵羊的探索测试，以探索与癫痫相关的神经回路。在这个实验中，通过对正常绵羊使用适当的刺激参数以模仿类似癫痫的神经活动。系统校验准则的目标就是证明在一个典型的预期应用中，本章中所描述的智能传感器的设计原则有代表性。验证了一系列不断增加的复杂性协议是有效的，其目的在于：

1）证明在存在和不存在治疗刺激水平的情况下，在生物环境中测量疾病相关神经数据的能力；

2）使用“用户定义的项目检测器”中体现的多维嵌入式算法，演示在存在和不存在刺激的情况下自动检测所期望神经状态的自动探测能力；

3）为了可扩展性目的，展示基于实时神经状态和基于嵌入算法探测状态，对刺激参数的实时变化调整能力；

同时，这个协议使用一个复杂的神经系统反馈回路，展示了智能传感器评估大脑状态的所有关键准则。

8.5.4.1 方法：采用长期绵羊样本以收集数据

为了证明有效，研究系统长期植入患有癫痫疾病的大绵羊。该研究是根据IACUC批准的方案进行的。麻醉后，收集1.5T MRI（磁谐振成像）结果并转移到外科手术方案平台。计划用于单侧前核（AN）的丘脑DBS引线（美敦力型号3389）和单侧海马（HC）引线（美敦力型号3387）的轨迹，并使用无框架立体定向系统（来自美敦力公司的NexFrame）。根据电生理测量确定导管位置后，美敦力37083型扩展件被连接到DBS引线，隧道连接到肩胛后窝，并连接到长期可植入装置。图8.25说明了整个系统的位置和设置。在所有切口闭合后，中止麻醉，并将动物转移到手术恢复状态。

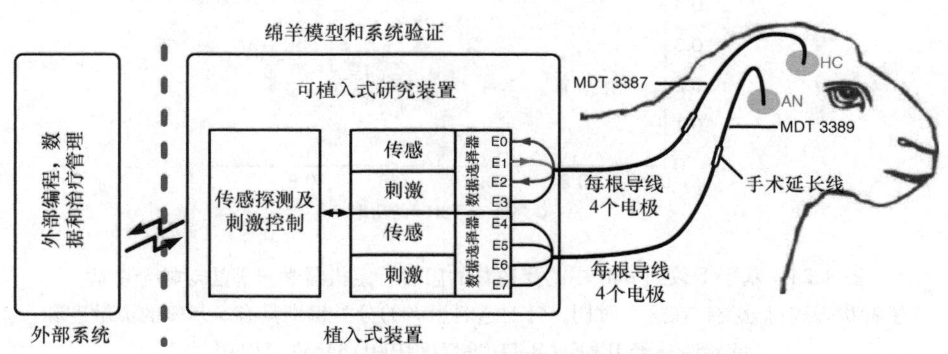

图8.25 植入绵羊样本的神经调节系统的位置和装置

［经IEEE（Ref：2987780619986）许可引用］

为期两周的恢复期后，当动物在吊索中休息时每周大约两个小时的时间进行刺激和记录。为更准确地反映更相关的神经动态特性，在这些环节期间对样本绵羊不实施麻醉。与一系列没有刺激时相对比，刺激海马和丘脑时的反应特征通过传感系统来表示，然后，两个目标区的刺激电压幅度缓慢地增加为 3.5V。优化选择用于电流测量的接触电极以及刺激条件，以使刺激失真降到最低。根据测量经验，刺激固定在 120Hz 的频率，以减少 β 频带混叠。脉冲宽度设置为 90μs。虽然这并不一定导致癫痫发作，但是大约一半 2.5V 以上的刺激导致类似癫痫相关活动，使这个样本生成一个有用的验证系统的信号。最大幅度由此频率下出现副作用时的行为来触发设定。大多数的数据收集情况，刺激持续时间是 30s。对于闭环数据收集，刺激依赖于分类器的输出。一个周期完成后，进行数据下载和离线数字频谱分析以证实结果。在两个监测周期之间，当动物在自己的生活环境里自由行走运动时，采用嵌入式循环记录器定期进行数据收集，在后续的监测周期进行数据下载。

8.5.4.2　结果：验证设备在刺激过程中保持有意义的传感

该系统的关键挑战之一是确保观测结果不代表刺激伪像或失真。大约一半大于 2.5V 单侧海马（HC）的刺激导致类似癫痫的活动放电行为的出现作为一个有用的验证信号。由于放电后出现幅度约 $20\mu V_{\mathrm{rms}} \sim 30\mu V_{\mathrm{rms}}$ 的电压信号，在刺激周期之内的时域观察到了在这之前潜在发作的癫痫活动。然而，可以通过使用频域分析观察到类似癫痫活动的证据。图 8.26 显示了在 HC 刺激开始大约 7s 后被认定为癫痫发作的证据。这个活动不是一个干扰刺激，因为它并不出现在所有刺激周期之内。第二个刺激波形没有诱发癫痫发作，并且在大刺激输入的情况下，它可用作对性能感知通道特征的控制。

HC 区的类似癫痫活动集中在大约 20Hz 附近，此时，存在多个带外干扰刺激信号。注意，在频谱图上这些刺激信号是高 Q 值的固定频率；因此，它们可以容易地与真正的神经活动区分开来。然后使用这些频带通过“训练”支持向量设备来进行实时检测，以区分各种状态，包括作为输入的刺激干扰的测量。

8.5.4.3　验证刺激过程中算法有效探测

使用对应癫痫发作（β 频带）的功率频带和刺激频率（到 80Hz）训练嵌入到设备中的线性判别分类器，以便探测癫痫活动。这个位于后端微处理器的探测器，当提取到 BASIC 的频带后，以大约 5Hz 频率进行数据处理。注意，仅仅调整到刺激频率将使信道饱和，所以，考虑到刺激的人为影响选择不会饱和的 80Hz。使用监督机器“学习”和支持向量机的 4 个步骤流程来进行线性判别系数的确定。

1）第一步，所有电极组合进行时域信息收集，以确定与类似癫痫活动最相关的一对。如图 8.26 所示，5 ~ 20Hz 频带活动对应推测的癫痫发作，而 40Hz 的

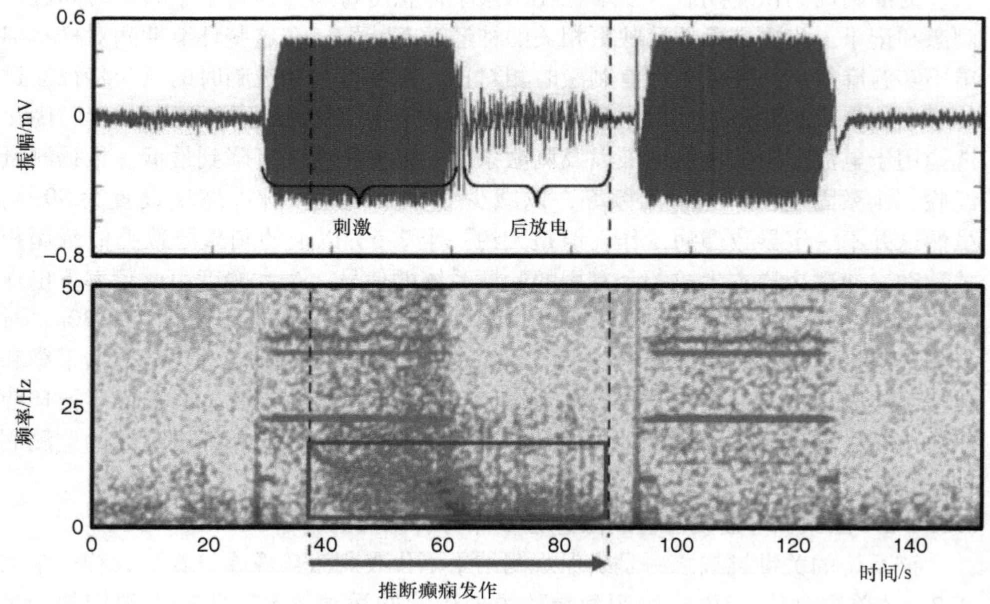

图 8.26 两个连续周期 HC 区域刺激的时域和频谱图（第一个刺激块导致了后放电，而第二个刺激块则没有导致后放电）［经 IEEE（Ref：2987780619986）许可引用］

活动带则主要是刺激信号。

2）第二步，通过对设备进行编程来测量这些感兴趣的频带，以提供采用传感通道的外差法模式算法开发的原始数据。这是一个必要步骤，主要是由于使用该设备进行功率信道提取以及时域信号的离线数字化处理两者之间功率估算在量程上有一定差异。

3）第三个步骤，采用离线支持向量机算法计算一个线性判别函数的系数，使用功率通道作为独立变量，和由时域测定的真正的癫痫作为因变量。真正的癫痫发作被定义为 β 频带的活跃行为。

4）在最后一步中，线性判别系数被上传到设备中以便实时进行癫痫分类评级。

当观察从包含刺激伪影假象的时域数据导出的光谱图时，水平线与在存在刺激下的模拟和/或采样信号相关。当刺激引擎打开或关闭时，短暂的宽带剂量的能量通过感测电路发送。这导致垂直线出现在频谱图中。真实的生理标志物通常不具有这些垂直或水平特性，因此可以区别于这些假象。

图 8.27 显示了如何将提取的功率数据分为认定的癫痫发作和非癫痫两类。x 轴表示测量到的刺激功率、y 轴代表 β 功率。此处，采用 2D（二维）分类是必

要的，因为单独使用癫痫频段不能充分区分无刺激条件下的癫痫发作与基于刺激时频谱泄漏到 β 频带这种刺激条件下的非癫痫情况。

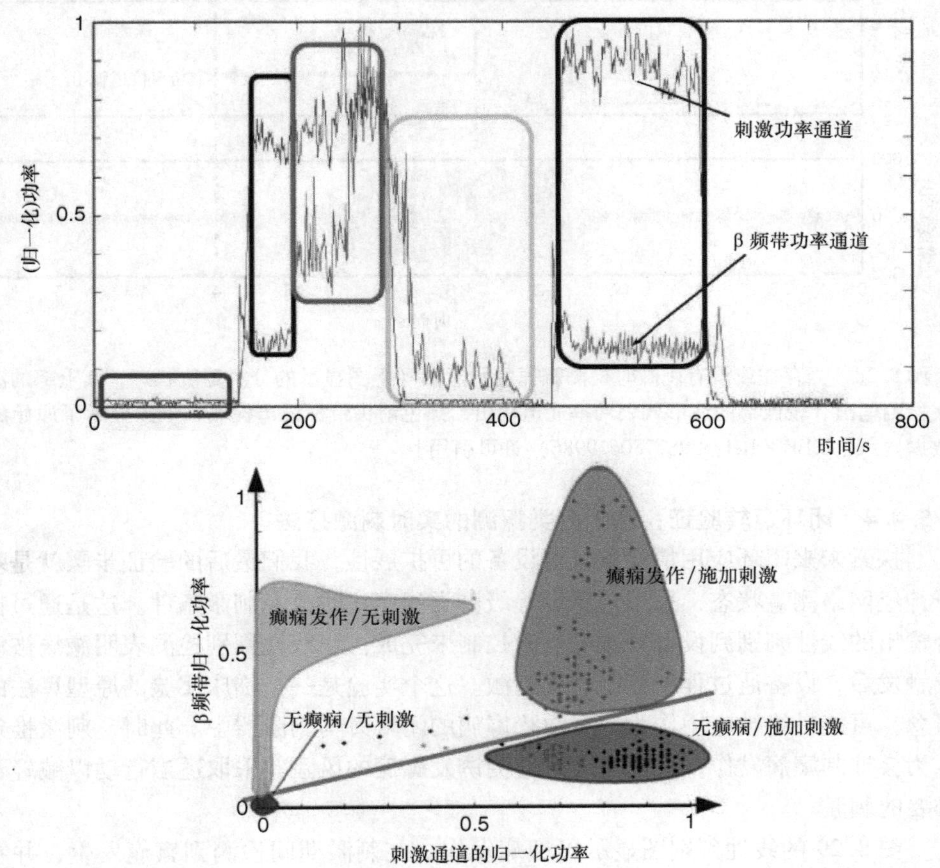

图 8.27　在并行刺激存在和不在两种情况下，区分癫痫和非癫痫的分类算法示意图（这里显示的是测试数据，区别于用于开发的算法的训练数据）
[经 IEEE（Ref：2987780619986）许可引用]

探测算法长期在体内被测试验证。在被上传到癫痫检测的设备后，线性判别系数在五个星期内保持不变，在癫痫疾病探测性能上没有任何明显的损失。图 8.28 显示了一个代表性监测器的癫痫检测的结果。刺激期间检测到癫痫疾病，当刺激结束后仍持续几秒钟。刺激结束后，算法在时域表现较好。刺激期间，嵌入算法仍然保持检测到癫痫发作的能力，而这在时域不被轻易观察到。在原型系统中，生理反应刺激仍然存在并可测量，如果给出刺激效应的临界观察值。这种反应往往在现有的可植入式研究系统中是被忽视的，主要由于在刺激出现时没有感知探测能力。

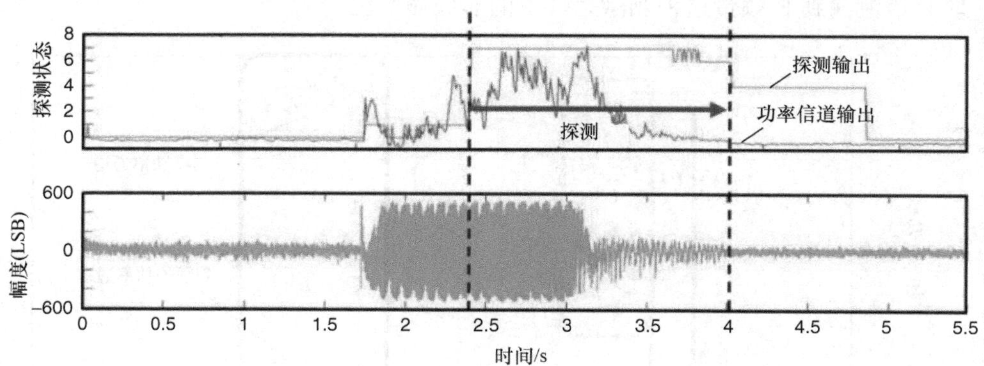

图 8.28 当存在或没有刺激时检测癫痫的示意图（上图显示的分类算法状态，其上部的波形代表检测输出、较低部的波形代表功率通道输出，黑色箭头带标记出检测，下图显示了原始的时域数据）［经 IEEE（Ref：2987780619986）许可引用］

8.5.4.4 闭环运转验证：基于分类探测的实时刺激疗法

探索未来闭环应用情况下仪器设备的可扩展性，我们最后的验证步骤就是基于神经网络测量状态，采用传感和等级分类程序实时改变刺激条件。这是通过耦合输出的线性判别到设备装置的刺激控制来完成。当线性判别检测表明癫痫被诱导触发后，设备通过程序控制关闭刺激。这个实验是一个临床实验的原型算法的概念，可能最终被应用作为一个治疗癫痫的闭环海马刺激器中。此时，刺激推定认为会抑制癫痫发作，系统将通过监测诱发癫痫的风险并采取适当行动以减轻不必要的刺激。

图 8.29 的线性判别图显示了癫痫发作。在刺激期间检测到癫痫发生，并在时域图中不能被识别。虽然在时域图中不能发现癫痫发作，但在频域中可以看到在 5 ~ 20Hz 频率间的活动。图 8.29 还显示，通过线性判别法检测癫痫的发作，导致在第二次刺激期间立即关闭刺激。这与第一刺激周期形成对比，作为一种自我控制，其中没有发生癫痫，因此，没有检测到癫痫和 30s 刺激超时，而这并不是由线性判别终止。该演示说明了研究系统设计的所有关键组成部分，使刺激与动态闭环操作同时进行：在刺激嵌入式检测器工作情况下进行传感，并具备滴定刺激器的能力。

尽管试图得出的结论认为，立即停止刺激有助于抑制之后的放电，与图 8.26 相比，需要更多的数据收集，以增强此初步观察的数据统计基础。

8.5.4.5 讨论：先进神经治疗系统智能检测的潜能

感觉神经活动和刺激神经组织的能力是神经系统疾病研究和治疗的根本需

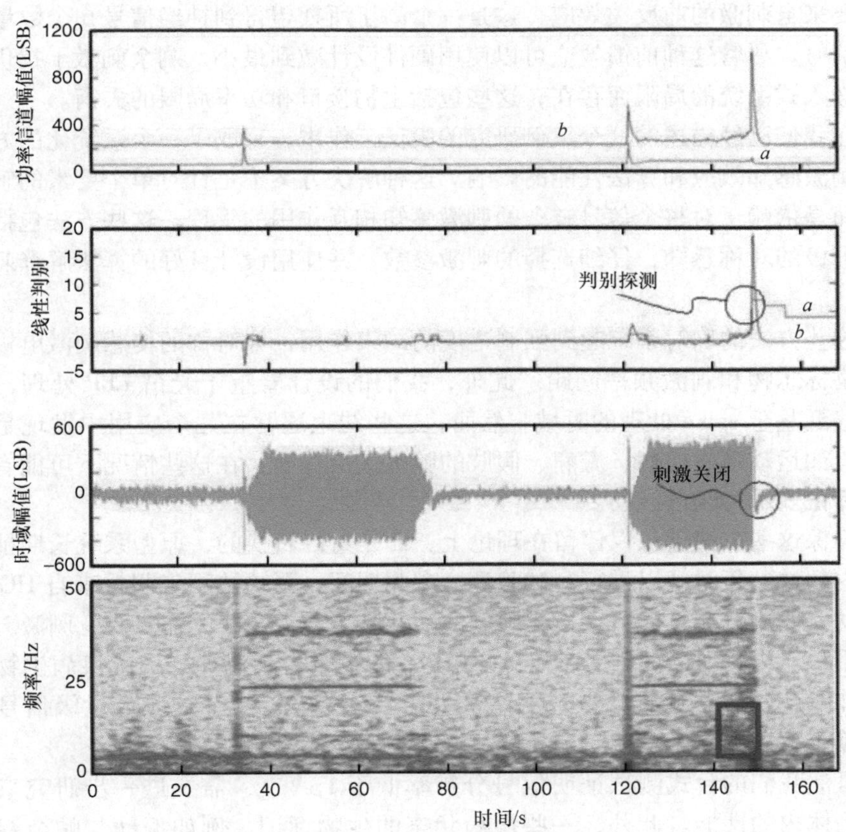

图 8.29　闭环癫痫检测和刺激终止示意图（上图展示了感兴趣的两个波段功率。曲线 a 显示的输出判别，圆圈标示出检测到信号，曲线 b 为检测边界的距离测量，第三和第四曲线图类似于图 8.26，分别显示时域和频域的曲线）［经 IEEE（Ref：2987780619986）许可引用］

要。在这个案例研究中，我们已经验证了使用用户定义参数进行并发神经刺激和感测，嵌入事件检测以及闭环操作的可扩展性的智能感知原型能力。为什么这样会有用?

应用智能神经传感系统的主要挑战是能够并发地感知探测、正确解读传感信号和应用治疗神经系统刺激的能力。这种能力在以下几方面是很重要的：可增加有用的神经数据的数量；减少对生物标记物的响应时间延迟以及神经回路动态特性，这种神经信号仅存在于刺激条件下。这在大多数时间刺激都处于开启状态的治疗情况尤其重要，比如在运动障碍疾病治疗和一个闭环反馈控制方案可能需要刺激的存在的情况下，监控大脑状态和准确的算法控制。同时，传感和刺激的挑战主要来自刺激的前反馈效应，这是一个高于所期望得到神经信号6个数量级幅度的信号。尽管这种前馈效应可以使用硬件设计减到最小，剩余刺激干扰仍由于实际嵌入式系统的局限而存在，这些包括生物接口和功率局限的失衡。

在我们已经描述的这个案例研究的验证工作中，采取了一个系统化的方法来减轻刺激感知效应和算法性能的影响。这种解决方案不是针对单个要素的解决方法，而是依赖于对整个信号链条的刺激感知相互作用的管理。这些方法包括横穿刺激电极的对称感知，仔细选择的刺激参数，并使用设计良好的算法解释刺激的影响。

这些方法的确对系统起到强制适度的约束作用，如对称的传感刺激电极和生理生物标志物和刺激频率间距。此外，我们的设计着重于光谱LFP处理，不容易转移到基于spike处理的时域。然而，这些约束通常在几个应用中发现是可接受的，如运动障碍疾病、癫痫、假肢的脑机接口界面，在这些情况下可能有用的生物标记表示为频谱波动。

确保这些方法不仅仅停留在理论上，而是可以转换的，原型系统长期植入绵羊体内超过一年时间以进行测试验证。在此期间，系统被用来测量来自HC的癫痫活动，使用分类算法自动检测癫痫活动并基于分类算法的输出改变刺激。在这个应用程序中，所需的信号幅度为$10\mu V_{rms}$的量级。其他神经系统疾病生物标志物，如帕金森病，可能需要$1\mu V_{rms}$量级信号分辨率。验证这些低量级信号仍主要依赖于台式测量。

虽然我们的台式测试证明信号分辨率低于$1\mu V_{rms}$，需要进一步研究来验证在生物体内的性能。此外，一些疾病状态的生物标记，例如振动与帕金森病有关，可能不会反映在有用的神经数据上，将促使加速度计传感器系统的使用，以便在未来获取病人评估的重要特征参数。

在本工作中，基于智能感知原型装置的核心特性验证得以验证，基于对神经系统的生理参数观测形成了刺激治疗优化的大量基础工作。最终，通过深入了解神经信号处理、生理学和疾病发病机制，启用智能传感的工具，有可能会帮助更好地优化神经调节治疗效果。

8.6 神经系统智能检测的未来趋势和机遇

本章设定在生物医学系统中使用智能传感器作为闭环系统的关键一环。尽管智能传感器在心脏系统应用上有强大的历史基础，但能够长期使用神经和非神经生物标志物进行检测和病人的状态评估还是比较新颖的。智能传感和算法允许通过动态控制架构进行神经系统的研究。这个架构有助于研究神经系统疾病以及更复杂的治疗方法。最终，它可以进行患者状态连续监测以及状态的评估，并用潜在的更短的时间延迟进行刺激治疗，提高病人治疗效果，并减少患者和临床医生的负担。随着具备多个传感功能的设备上线[31,66,67]，这种机会可能会变得更大。

然而，实现闭环神经调节的途径需要在设备的设计方法上重新审视。具体来说，设计不一定是心脏起搏器与神经调节空间的简单映射。如图 8.30 所示，两个系统之间确实存在架构相似之处。这些包括通过生物电位测量直接监测生物物理状态的智能感知策略，以及通过诸如加速度计的传感器的间接测量。这些传感器可以测量和反馈诸如位置和运动或更直接的症状输出的参数，例如振颤幅度或体内分布。然后可以使用这些信号和算法通过控制管理算法来提供治疗。

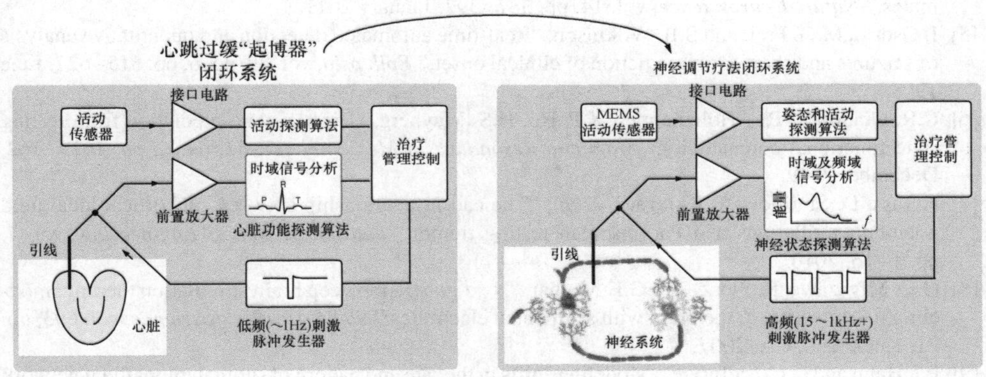

图 8.30　将起搏器架构映射到神经调节系统（设计人员必须注意心脏和神经系统之间的相似性和差异，以避免过度简化现有架构并映射到未来疗法）

心脏和神经系统之间的差异确实需要反馈方法的细微变化。这些细微差异示例包括来自生物电势和惯性传感器变化的信号特征；该信号在幅度上有不同数量级的差异（心脏电势在毫伏级，神经电势在微伏量级）以及不同的信号编码（起搏器为时域，神经刺激为时域 - 频域）。刺激率也显著不同，心脏信号很容易从具有信道消隐的起搏伪影中消除，而神经信号和刺激往往在时间上重叠，并需要比如频谱分析的选择性滤波方法。此外，对患者的治疗效果而言，假阳性和假阴性的风险有很大差异。

我们探讨研究两个案例，有助于我们回溯这些基本原理。特别是，我们介绍神经系统治疗相关的直接和间接的智能传感器的概念。虽然不是完全不同，但间接的传感器主要依靠一个底层隐藏程序的相关性测量，而直接传感器试图实现更多关键状态变量的直接测量。每个类型传感器在新兴的治疗系统中都具有潜在作用。总而言之，它们将有助于我们开创设计用于神经系统疾病治疗的闭环系统的时代。

参考文献

[1] T. Denison and B. Litt. "Advancing Neuromodulation through Control Systems: A General Framework and Case Study in Posture-Responsive Stimulation," *Neuromodulation*, 2014, in press.

[2] M. Rosa, S. Marceglia, D. Servello, *et al.*, "Time dependent subthalamic local field potential changes after DBS surgery in Parkinson's disease," *Experimental Neurology*, vol. 222, no. 2, pp. 184–90, April 2010.

[3] K. Paralikar, P. Cong, W. Santa, D. Dinsmoor, B. Hocken, G. Munns, J. Giftakis, and T. Denison, "An Implantable Optical Stimulation Delivery System for Actuating an Excitable Biosubstrate," *Solid-State Circuits, IEEE Journal of*, vol. 46, no. 1, pp. 321–332, January 2011.

[4] I. Diester, M. Kaufman, M. Mogri, R. Pashaie, *et al.*, "An optogenetic toolbox designed for primates," *Nature Neuroscience*, vol. 14, pp. 387–397, January 2011.

[5] I. Osorio, M.G. Frei, and S.B. Wilkinson, "Real-time automated detection and quantitative analysis of seizures and short-term prediction of clinical onset," *Epilepsia*, vol. 39, no. 6, pp. 615–627, June 1998.

[6] C.R. Craddock, P.E. Holtzheimer, X.P. Hu, H.S. Mayberg, "Disease state prediction from resting state functional connectivity," *Magnetic Resonance in Medicine*, vol. 62, no. 6, pp. 1619–162, December 2009.

[7] P. Tass, D. Smirnov, A. Karavaev, *et al.*, "The causal relationship between subcortical local field potential oscillations and Parkinsonian resting tremor," *Journal of Neural Engineering*, vol. 7, pp. 1–16, 2010.

[8] G.C. Miyazawa, R. Stone, and G.F. Molnar, "Next generation deep brain stimulation therapy: modeling field steering in the brain with segmented electrodes," *Society for Neuroscience*, vol. 693, no. 21, San Diego, CA, 2007.

[9] P.J. Hahn and C.C. McIntyre, "Modeling shifts in the rate and pattern of subthalamopallidal network activity during deep brain stimulation," *Journal of Computational Neuroscience*, vol. 28, no. 3, pp. 425-441, 2010.

[10] J. Holsheimer, B. Nuttin, G.W. King, W.A. Wesselink, J.M. Gybels, "Clinical evaluation of paresthesia steering with a new system for spinal cord stimulation," *Neurosurgery*, vol. 42, no. 3, pp. 541–547, 1998.

[11] G. Barolat, S. Zeme, and B. Ketcik, "Multifactorial analysis of epidural spinal cord stimulation," *Stereotactic and Functional Neurosurgery*, vol. 56, no. 2, pp. 77–103, 1991.

[12] J. Holsheimer and W.A. Wesselink, "Optimum electrode geometry for spinal cord stimulation: the narrow bipole and tripole," *Medical and Biological Engineering & Computing*, vol. 35, no. 5, pp. 493–497, 1997.

[13] E.J. Tehovnik, "Electrical stimulation of neural tissue to evoke behavioral responses," *Journal of Neuroscientific Methods*, vol. 65, no. 1, pp. 1–17, 1996.

[14] S.D. Stoney, W.D. Thompson, and H. Asanuma, "Excitation of pyramidal tract cells by intracortical microstimulation: effective extent of stimulating current," *Journal of Neurophysiology*, vol. 31, no. 5, pp. 659–669, 1968.

[15] R.B. North, D.H. Kidd, J.C. Olin, and J.M. Sieracki, "Spinal cord stimulation electrode design: prospective, randomized, controlled trial comparing percutaneous and laminectomy electrodes-part I: technical outcomes," *Neurosurgery*, vol. 51, no. 2, pp. 381–389, 2002.

[16] T. Cameron and K.M. Alo, "Effects of posture on stimulation parameters in spinal cord stimulation," *Neuromodulation*, vol. 1, no. 3, pp. 177–183, 1998.

[17] J.C. Olin, D.H. Kidd, and R.B. North, "Postural changes in spinal cord stimulation perceptual thresholds," *Neuromodulation*, vol. 1, no. 4, pp. 171–175, 1998.

[18] D. Abejon and C.A. Feler, "Is impedance a parameter to be taken into account in spinal cord stimulation?" *Pain Physician*, vol. 10, no. 4, pp. 533–540, 2007.

[19] C.M. Schade, D. Schultz, N. Tamayo, *et al.*, "Automatic adaptation of spinal cord stimulation intensity in response to posture changes," *North American Neuromodulation Society*, Las Vegas, December 2–6, 2009.

[20] J. Holsheimer, J.A. den Boer, J.J. Struijk, and A.R. Rozeboom, "MR assessment of the normal position of the spinal cord in the spinal canal," *American Journal of Neuroradiology*, vol. 15, no. 5, pp. 951–959, 1994.

[21] J.J. Struijk, J. Holsheimer, G. Barolat, J. He, and H.B. Boom, "Paresthesia thresholds in spinal cord stimulation: a comparison of theoretical results with clinical data," *IEEE Transactions on Rehabilitation Engineering*, vol. 1, no. 2, pp. 101–108, 1993.

[22] J. He, G. Barolat, J. Holsheimer, and J.J. Struijk, "Perception threshold and electrode position for spinal cord stimulation," *Pain*, vol. 59, no. 1, pp. 55–63, 1994.

[23] G. Barolat, "Epidural spinal cord stimulation: Anatomical and electrical properties of the intraspinal structures relevant to spinal cord stimulation and clinical correlations," *Neuromodulation*, vol. 1, no. 2, pp. 63–71, 1998.

[24] J. Holsheimer and G. Barolat, "Spinal geometry and paresthesia coverage in spinal cord stimulation," *Neuromodulation*, vol. 1, no. 3, pp. 129–131, 1998.

[25] J. Holsheimer, G. Barolat, J.J. Struijk, and J. He, "Significance of the spinal cord position in spinal cord stimulation," *Acta Neurochiropodists Supplement*, vol. 64, pp. 119–124, 1995.

[26] G.C. Molnar, E. Panken, and K. Kelley, "*Effects of spinal cord movement and position changes on neural activation patterns during spinal cord stimulation*," *American Academy of Pain Medicine*, San Antonio, Texas, 2010.

[27] C.R. Butson, C.B. Maks, and C.C. McIntyre, "Sources and effects of electrode impedance during deep brain stimulation," *Clinical Neurophysiology*, vol. 117, no. 2, pp. 447–454, 2006.

[28] K. Alo, C. Varga, E. Krames, J. Prager, J. Holsheimer, L. Manola, *et al.*, "Factors affecting impedance of percutaneous leads in spinal cord stimulation," *Neuromodulation*, vol. 9, no. 2, pp. 128–135, 2006.

[29] W.A. Wesselink, J. Holsheimer, and H.B. Boom, "Analysis of current density and related parameters in spinal cord stimulation," *IEEE Transactions on Rehabilitation Engineering*, vol. 6, no. 2, pp. 200–207, 1998.

[30] T. Denison, W. Santa, G. Molnar, and K. Miesel, "*Micropower Sensors for Neuroprosthetics*," *IEEE Sensors Conference*, Atlanta, GA, October 2007.

[31] A.G, Rouse, S. Stanslaski, P. Cong, R. Jensen, P. Afshar, D. Ullestad, R. Gupta, G. Molnar, D. Moran, and T. Denison, "A chronic generalized bi-directional brain–machine interface," *Journal of Neural Engineering*, vol. 8, no. 3, 2011.

[32] C.C. Enz and G.C. Temes, "Circuit techniques for reducing the effects of op-amp imperfections: autozeroing, correlated double sampling, and chopper stabilization," *Proceedings of the IEEE*, vol. 84, no. 11, pp. 1584–1614, 1996.

[33] K. Makinwa, "Dynamic Offset Cancellation Techniques in CMOS," ISSCC 2007 tutorial.

[34] M. Lemkin and B.E. Boser, "A three-axis micromachined accelerometer with a CMOS position-sense interface and digital offset-trim electronics," *IEEE Journal of Solid-State Circuits*, vol. 34, no. 4, pp. 456–468, 1999.

[35] T. Denison, K. Consoer, W. Santa, M. Hutt, and K. Mieser, "A 2μW Three-Axis Accelerometer," *IEEE Instrumentation and Measurement Conference*, Warsaw, 2007.

[36] A. Kühn, F. Kempf, C. Brücke, *et al.*, "High-frequency stimulation of the subthalamic nucleus suppresses oscillatory β activity in patients with Parkinson's disease in parallel with improvement in motor performance," *The Journal of Neuroscience*, vol. 28, no. 24, pp. 6165–6173, June 11, 2008.

[37] L. Rossi, S. Marceglia, G. Foffani, *et al.*, "Subthalamic local field potential oscillations during ongoing deep brain stimulation in Parkinson's disease," *Brain Research Bulletin*, vol. 76, no. 5, pp. 512–521, 2008.

[38] N.F. Ince, A. Gupte, T. Wichmann, J. Ashe, T. Henry, M. Bebler, L. Eberly, and A. Abosch, "Selection of optimal programming contacts based on local field potential recordings from subthalamic nucleus in patients with parkinson's disease," *Neurosurgery*, vol. 67, no. 2, pp. 390–397, 2010.

[39] F. Yoshida, I. Martinez-Torres, A. Pogosyan, *et al.*, "Value of subthalamic nucleus local field potentials recordings in predicting stimulation parameters for deep brain stimulation in Parkinson's disease," *Journal of Neurology, Neurosurgery & Psychiatry*, vol. 81, pp. 885–889, 2010.

[40] M. Weinberger, N. Mahant, W.D. Hutchison, A.M. Lozano, E. Moro, M. Hodaie, A.E. Lang, and J.O. Dostrovsky, "Beta oscillatory activity in the subthalamic nucleus and its relation to dopaminergic response in Parkinson's disease," *Journal Neurophysics*, vol. 96, pp. 3248–3256, 2006.

[41] B. Wingeier, T. Tcheng, M. Koop, B.C. Hill, G. Heit, and H.M. Bronte-Stewart, "Intra-operative STN DBS attenuates the prominent beta rhythm in the STN in Parkinson's disease," *Experimental Neurology*, vol. 197, pp. 244–251, 2006.

[42] W.C. Stacey and B. Litt, "Technology insight: neuroengineering and epilepsy- designing devices for seizure control," *Nature Clinical Practice Neurology*, vol 4, no. 4, pp. 190–201, 2008.

[43] C.H. Halpern, U. Samadani, B. Litt, J.L. Jaggi, and G.H. Baltuch, "Deep brain stimulation for epilepsy," *Neurotherapeutics*, vol. 5, no. 1, pp. 59–67, 2008.

[44] B. Litt and A. Krieger, "Of seizure prediction, statistics, and dogs: a cautionary tail," *Neurology*, vol. 68, no. 4, pp. 250–251, 2007.

[45] S. Venkatraman, K. Elkabany, J.D. Long, Y. Yao, and J. Carmena. "A system for neural recording and closed-loop intracortical microstimulation in awake rodents," *IEEE Transactions on Biomedical Engineering*, vol. 56, no. 1, pp. 15–21, 2009.

[46] A. Jackson, J. Mavoori, and E. Fetz. "Long-term motor cortex plasticity induced by electronic neural implant," *Nature*, vol. 444, no. 2, pp. 56–60, 2006.

[47] J. Mavoori, A. Jackson, C. Diorio and E. Fetz. "An autonomous implantable computer for neural recording and stimulation in unrestrained primates," *Journal of Neuroscientific Methods*, vol. 148, pp. 71–77, 2005.

[48] M. Azin, D.J. Guggenmos, S. Barbay, R.J. Nudo, and P. Mohseni, "A battery-powered activity-dependent intracortical microstimulation IC for brain-machine-brain interface," *IEEE Journal of Solid-State Circuits*, vol. 46, no. 4, pp. 731–745, 2011.

[49] M. Azin, D.J. Guggenmos, S. Barbay, R.J. Nudo and P. Mohseni, "A miniature system for spike-triggered intracortical microstimunlation in an ambulatory rat," *IEEE Transactions on Biomedical Engineering*, vol. 58, no. 9, pp. 2589–2597, 2011.

[50] S.S. Hsiao, M. Fettiplace, and B. Darbandi, "Sensory feedback for upper limb prostheses," *Progress in Brain Research*, vol. 192, pp. 69–81, 2011.

[51] A. B. Schwartz, X. T. Cui, D. J. Weber, and D. W. Moran. "Brain-controlled interfaces: movement restoration with neural prosthetics," *Neuron*, vol. 52, pp. 205–220, 2006.

[52] A. Avestruz, W. Santa, D. Carlson, R. Jensen, S. Stanslaski, H. Helfenstine, and T. Denison, "5μW/Channel spectral analysis IC for chronic bidirectional brain-machine interfaces," *IEEE Journal of Solid-State Circuits*, vol. 43, no. 12, pp. 3006–3024, December 2008.

[53] P. Yazicioglu, R. Merken, R.F. Puers, and C. Van Hoof, "A 60uW 60 nV/rtHz Readout Front-End for Portable Biopotential Acquisition Systems," *ISSCC Digest of Technical Papers*, San Francisco, CA, February 2006.

[54] R. Burt and J. Zhang. "A Micropower Chopper-Stabilized Operational Amplifier using a SC with Synchronous Integration inside the Continuous-Time Signal Path," *ISSCC Digest of Technical Papers*, San Francisco, CA, February 2006.

[55] T. Denison, K. Consoer, K. Kelly, A. Hachenburg, and W. Santa, "A 2μW, 94 nV/rtHz, chopper-stabilized instrumentation amplifier for chronic implantable EEG detection," *ISSCC Digest of Technical Papers*, pp. 162–594, San Francisco, CA, February 2007.

[56] T. Denison, K. Consoer, W. Santa, A.T. Avestruz, J. Cooley, and A. Kelly. "A 2 μW 100 nV/rtHz Chopper-Stabilized Instrumentation Amplifier for Chronic Measurement of Neural Field Potentials," *IEEE Journal of Solid-State Circuits*, vol. 42, pp. 2934–2945, 2007.

[57] R.F. Yazicioglu, P. Merken, R. Puers, and C. Van Hoof, "A 200mW Eight-Channel Acquisition ASIC for Ambulatory EEG Systems," *ISSCC Digest of Technical Papers*, pp. 164–603, San Francisco, CA, February 2008.

[58] T. Denison, W. Santa, R. Jensen, D. Carlson, G. Molnar, and A.-T. Avestruz. "An 8 μW Heterodyning Chopper Amplifier for Direct Extraction of 2 μVrms Neuronal Biomarkers," *ISSCC Digest of Technical Papers*, pp. 164–165, San Francisco, CA, February 2008.

[59] W. Siebert, *Circuits, Signals and Systems*, MIT Press, 1986.

[60] W.J. Freeman, L.J. Rogers, M.D. Holmes, and D.L. Silbergeld, "Spatial spectral analysis of human electrocorticograms including the alpha and gamma bands," *Journal of Neuroscientific Methods*, vol. 95, pp. 111–121, February 15, 2000.

[61] S.R. Shaw, D.K. Jackson, T.A. Denison, and S.B. Leeb, "Computer-aided design and application of sinusoidal switching patterns," in 6th Workshop on Computers in Power Electronics, pp. 185–191, 1998.

[62] A. Bakker, K. Thiele, and J. Huijsing. "A CMOS nested chopper instrumentation amplifier with 100 nV offset," *ISSCC Digest of Technical Papers*, pp. 156–157, San Francisco, CA, February 2000.

[63] A. Bakker, K. Thiele, and J.H. Huijsing, "A CMOS nested-chopper instrumentation amplifier with 100-nV offset," *IEEE Journal of Solid-State Circuits*, vol. 35, pp. 1877–1883, 2000.

[64] A. Hadiashar and J.L. Dawson. "A Chopper Stabilized CMOS Analog Multiplier with Ultra Low DC Offsets," in *Proceedings of the 32nd European Solid-State Circuits Conference*, pp. 364–367, 2006.

[65] R.R. Harrison and C. Charles, "A Low-power Low-noise CMOS Amplifier for Neural Recording Applications," *IEEE Journal of Solid-State Circuits*, vol. 38, no. 6, pp. 958–965, 2003.

[66] R. Sarpeshkar, "Brain power: Borrowing from biology makes for low–power computing," *IEEE Spectrum*, pp. 24–29, May 2006.

[67] A. Shoeb, D. Carlson, E. Panken and T. Denison, "A micropower support vector machine based seizure detection architecture for embedded medical devices," *EMBC 2009*, pp. 4202–4205, 2009.

[68] F.T. Sun, M.J. Morrell and R.E. Wharen, "Responsive cortical stimulation for the treatment of epilepsy," *Neurotherapeutics*, vol.5, pp. 68–74, 2008.

[69] H.W. Moses and J.C. Mullin, "Rate-Modulated Pacing," in *A Practical Guide to Cardiac Pacing*, Lippincott Williams & Wilkins, 2007.

[70] M. Siegel, T.H. Donner and A.K. Engel, "Spectral Fingerprints of Large Scale Neuronal Interactions," *Nature Neuroscience Review*, vol. 13, no. 2, pp. 121–34, 2012.

[71] R.F. Yazicioglu, P. Merken, R. Puers, and C. Van Hoof. "A low power ECG signal processor for ambulatory arrhythmia monitoring system," *IEEE VLSI Symposium*, pp. 19–20, 2010.

[72] Q. Fan, F. Sebastiano, H. Huijsing, and K. Makinwa. "A 1.8 μW1μV-offset capacitively-coupled chopper instrumentation amplifier in 65 nm CMOS," *Proceedings of the European Solid-State Circuits Conference*, pp.170–173, September 2010.

[73] J. Yoo, L. Yan, D. El-Damak, M. Bin Altaf, A. Shoeb, and A. Chandrakasan, "An 8-channel scalable EEG acquisition SoC with fully integrated patient-specific seizure classification and recording processor," *ISSCC Digest of Technical Papers*, pp. 292–294, San Francisco, CA, February 2012.

[74] R. Fisher, V. Salanova, T. Witt, R. Worth, T. Henry, R. Gross, and K. Oommen, "Electrical stimulation of the anterior nucleus of thalamus for treatment of refractory epilepsy," *Epilepsia*, vol. 51, no. 5, pp. 899–908, May 2010.

[75] M.J. Morrell, "Responsive cortical stimulation for the treatment of medically intractable partial epilepsy," *Neurology*, vol. 77, no. 13, pp. 1295–1304, September 2011.

[76] S. Stanslaski, P. Afshar, P. Cong , J. Giftakis, P. Stypulkowski, D. Carlson, D. Linde, D. Ullestad, A. Avestruz, T. Denison, "Design and Validation of a Fully Implantable, Chronic, Closed-Loop Neuromodulation Device With Concurrent Sensing and Stimulation," *IEEE Transactions on Neural Systems and Rehabilitation Engineering*, vol. 20, no. 4, pp, 410–421, 2012.

第 9 章　微能源产生：原理和应用

Ruud Vullers, Ziyang Wang, Michael Renaud, Hubregt Visser,
Jos Oudenhoven 和 Valer Pop
比利时微电子研究中心/霍尔斯特，埃因霍温，荷兰

9.1 引言

随着硅基电子元器件功耗的持续减小，使得手持式，可穿戴式，甚至可植入式装置成为可能。各种各样电子器件的典型功耗和电池可持续供电时间如表 9.1 所示。可以看出，不同电子元器件的功耗横跨六个数量级。

一个紧凑、低成本、重量轻、便携同时能长时间供电的电源是任何器件都需要的。现今，电池作为主要能量来源为表 9.1 中器件以及相似器件供电。实际上，尽管在过去的 15 年内电池的能量密度提高了三个数量级，但在许多情况下，电池仍然对器件的几何尺寸和运行成本产生了很大的甚至根本性的影响。因此，寻求可替代的能源成为世界范围内研究和发展的热点。其中一种可能性是使用高能量密度的储能系统来代替电池，比如小型化燃料电池等[1]；另外可以以无线的方式向相关器件提供所需要的能源，这种方法已经被用在射频识别（RFID）标签中，同时可以被延伸到更多能源需求较高的器件中，但是这种无线供电的方法需要专用的传输结构。第三种方法是从周围环境中获得能量并转换为电能，例如余热、振动/运动能量或者射频辐射转化成电能。

表 9.1　装备电池的电子设备的功耗和能源自主供给

设备类型	耗电量	使用时间
智能手机	1W	8h
MP3 播放器	50mW	15h
助听器	1mW	5 天
天线传感器节点①	100μW	生命周期
心脏起搏器	50μW	7 年
石英钟	5μW	5 年

① 通过能量采集器和能量存储装置供电。

Elsevier 许可引用。

提高能量采集技术被广泛认为是无线传感器网络发展的有力推进要素。无线传感器网络主要由大量小的、低功耗的传感器网络组成。这些节点共同协作来采

成本的考虑显然与最终的目标应用领域紧密相关。例如，在预测性维护的基础设施监控的案例中，单个 WSN 的价格可以相对较高，因为累积的成本降低远远大于初始的投资。基础设施的状态监控应用正好是第一批能量采集器出现在市场的领域。另一方面，对于大多数其他应用，目前的能量采集技术仍然太贵了。成本更低廉的能量采集器件的可行路线是使用微加工技术进行制造。由于器件能够在晶圆级进行批量生产，可以有效地降低成本。然而，减小采集器件的尺寸不仅影响成本而且影响输出功率。

得益于学术界和工业界的广泛关注，能量采集技术在未来几年内有望得到显著提升。本章聚焦于微机械能量采集器件和能量存储器件。在本章中将要介绍 4 种能量采集器：分别主要是基于温差原理、振动和运动原理、RF 辐射以及光伏（PV）原理。主要介绍基于微机械加工制造的基本原理和具体实施案例。我们从电池和超级电容器［一般称为能量存储系统（ESS）］的性能开始讨论，主要原因是这样可以使我们较好理解能量采集器的输出电压怎样匹配到 ESS。能量采集器和 EES 之间的差距通过电源管理来调整，这一点将在每一节最后进行非常简略的讨论。

9.2　能量存储系统

9.2.1　简介

能量存储系统（ESS）常常应用在能量采集器件中主要是由于以下几个原因。首先，当能量采集器提供的能量小于希望的输出功率时，它们可以作为备用电源来确保稳定的供电。第二个功能是作为能量缓冲器：一些无线传感器在发射和接收过程中需要消耗相对高的峰值电流，而静态功耗较低（见图 9.2）。传感器可以从 ESS 中获得能量，而 ESS 可以从能量采集器持续不断地获得再充电。ESS 为输送高峰值的电流提供了保障。ESS 的第三个应用领域是在传感器中 ESS 自身作为主要的能量来源。

不同的功能对 ESS 提出了不同的要求。作为备用电源，可充电 ESS 需要具有相对大的蓄电容量来实现长时间的续航。它的容量通常大于一个能量缓冲器的容量但是比电源容量低。另外，它必须有相对低的自放电速率，因为它的能量存储器功能需要电能可以被长时间存储。同时作为能量缓冲器，高峰值电流相对频繁，能量存储时间相对较短。当 ESS 被用来作主要能量来源时，需要具有较大的容量且自放电速率低。但不必是一个可再反复充电的系统。

有三种主要种类的微型 ESS：超级电容器、微电池（典型的如锂电池）、固态薄膜电池。它们的性能参数对比见表 9.3。对于一些特别的应用，ESS 的选择由传感器系统总的需求和 ESS 的能力相匹配来决定。在接下来的章节中，将对超级电容器、微电池和固态薄膜电池的基本原理以及在智能传感器系统的应用展开论述。

表 9.3　3 种类型 ESS 的典型特征参数[6]

	超级电容器	电池	
		锂离子电池	薄膜电池
工作电压/V	1.25	3 ~ 3.7	3.7
能量密度/(Wh/L)	6	435	<50
兆能/(Wh/kg)	1.5	211	<1
在 20℃时自放电率（%/月）	100	0.1 ~ 1	0.1 ~ 1
循环寿命/次	>10，000	2000	>1000
温度范围/℃	−40 ~ 65	−20 ~ 50	−20 ~ 70

Elsevier 许可引用。

9.2.2　超级电容器

超级电容器通常被认为是电化学电容器或者电化学双层电容器（Electrochemical Double – Layer Capacitor，EDLC），由两侧电极、电解质和分离器组成（见图 9.3a）[7]。当外部施加电压时电极被充电，电解质（离子）中的载流子靠累积在电极和电解质的交互面进行电荷补偿。这种效应是超级电容器的基本电荷存储机制。电极的表面积是决定累积在电极表面的离子数量的关键因素。为了增加超级电容器的容量，高表面积材料，例如活性炭，通常被用来做电极。但是，需要清楚的一点是：孔隙小于电解质中离子的可渗透电极不能增加电容量。

超级电容器的电压与电荷状态线性相关。在最大电压下，超级电容器的稳定性是由电解液的电化学稳定性决定的。当使用含水电解质时，电压上限大约为 1.2V。相比较而言，使用有机电解质的超级电容器的电压可以达到 3V。

超级电容器用作能量缓冲器时尤其有用。因为从电极到电解质，无论是电化学反应还是电荷电转移都没有涉及，所以超级电容器运行非常快并且可以提供高的电流脉冲。但是，其能量密度相对比较低，且自放电率高。因此，超级电容器作为后备电源或者主要能量来源不太适合，因为这种场合需大量能源被长时间存储。

9.2.3　锂离子电池

与超级电容器相似，锂离子电池由两个电极、电解质、分离器组成（见图 9.3b）。[7]电解质是包含锂元素的不含水液体。正电极和负电极常使用的材料分别是二氧化钴锂（$LiCoO_2$）和石墨碳。锂离子电池电荷存储机制稍微比超级电容器复杂。不仅是因为基于电解质中的电荷分离，也和发生在电极中的电化学反应相关。当电池充电时，锂从 $LiCoO_2$ 中被释放，化学反应式如下：

$$LiCoO_2 \underset{放电}{\overset{充电}{\rightleftharpoons}} Li_{1-x}CoO_2 + xLi^+ + xe^- \quad 0 \leqslant x \leqslant 0.5 \tag{9.1}$$

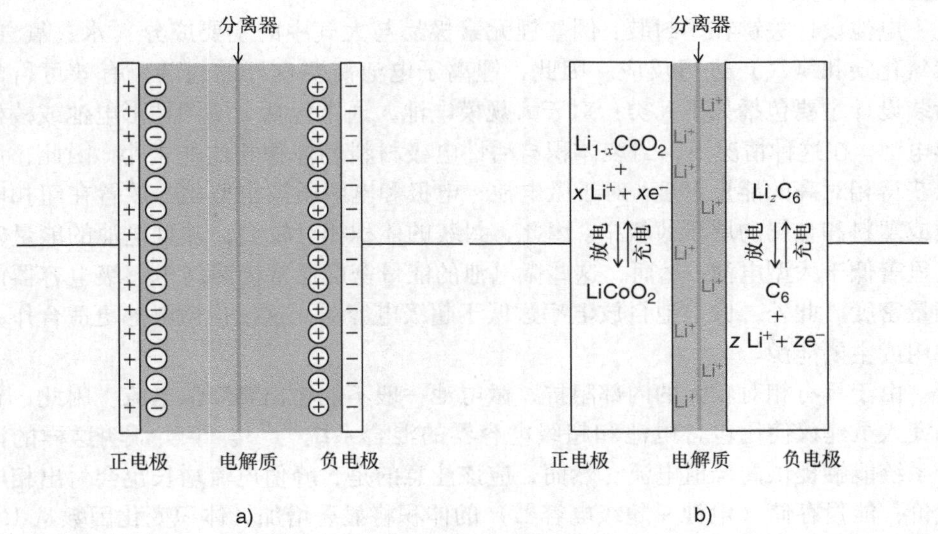

图 9.3　原理概述

a）超级电容器　b）锂离子电池

在一个 $LiCoO_2$ 中，0.5 个锂离子将被释放（每两个 $LiCoO_2$ 释放一个锂离子）。在式（9.1）中获得的锂离子通过电解质被传输到负电极上。发生在阳极的化学反应如下式：

$$C_6 + zLi^+ + ze^- \underset{放电}{\overset{充电}{\rightleftharpoons}} Li_zC_6 \quad 0 \leqslant z \leqslant 1 \tag{9.2}$$

通常，一个锂离子与 6 个碳原子发生反应。当电池放电时，反应逆向进行。

与超级电容器的情况相反，不是电极的表面积，而是材料的数量并且最终是电极的体积决定了锂电池的容量。因此，可以获得更高的体积能量密度。但是锂电池的最大电流通常比超级电容器的电流小，因为化学反应和电荷转移过程比双层效果慢很多。

与超级电容器不同，电池的开路电压在很大程度上取决于充电状态。这主要是因为电化学势与式（9.1）和式（9.2）式中氧化还原反应直接相关。基于反应式（9.1）和式（9.2）的典型锂离子电池具有 3.7V 左右的开路电压。实际上，由于电池的内部电阻和电极内阻的限制，放电条件下的端电压将稍微降低一些。内阻增加与质量转移和反应速率动力学等因素有关。由于欧姆定律和内阻的存在，电流大小是影响电池端电压的另一因素。因此，大电流将会导致较低端电压输出。同时，在较大电流下运行的电池将导致更低的能量输出。另一方面，由于放电端电压和能量输出降低导致电池需要更高的充电电压和能量，引起电池的能量效率降低[8]。

电池设计关键在于封装：例如锂元素极易与大气中的主要成分（水、氧气、二氧化碳和氮气）进行反应。因此，锂离子电池需要良好的封装。有效可行的封装设计主要包括如下几类：对于大规模电池，通常包括金属圆柱形电池或棱柱形电池。在这种情况下，封装体积与活性电极材料的体积相比非常小。因此，可以获得相对高的能量密度。对于微电池，电极和电解质被小型化并放置在纽扣电池或塑料和金属的层压薄板中。因此，封装的体积相对较大，并且电池的能量密度显著低于大型电池。然而，这些微电池的能量密度通常仍然高于超级电容器的能量密度。此外，微电池自放电率远低于超级电容器，这使得微电池更适合作为备用或主要能源。

由于具有相对较大的内部阻抗，微电池一般不能输出高峰值电流。因此，有研究人员建议使用包含电池和超级电容器的混合系统[9,10]。事实证明这样的混合系统能够提供高峰值电流。然而，应该注意的是，峰值电流增长也会付出相应代价：能量存储（电池 + 超级电容器）的体积将显著增加，体积变化因数从 1.5 增加到 10。所以，很多研究在尽力减少（微）电池的阻抗。

9.2.4 薄膜锂离子电池

薄膜锂离子电池是一种非常特殊的锂离子电池。它们的运行原理本质上和流体电解质电池是一样的。但是，其电极和电解质由微米级厚度的固体薄膜组成。这些薄膜通常沉积在硅、玻璃或者一些聚合物材料衬底上，堆叠后被一些密封材料密封在一起，如图 9.4a 所示。

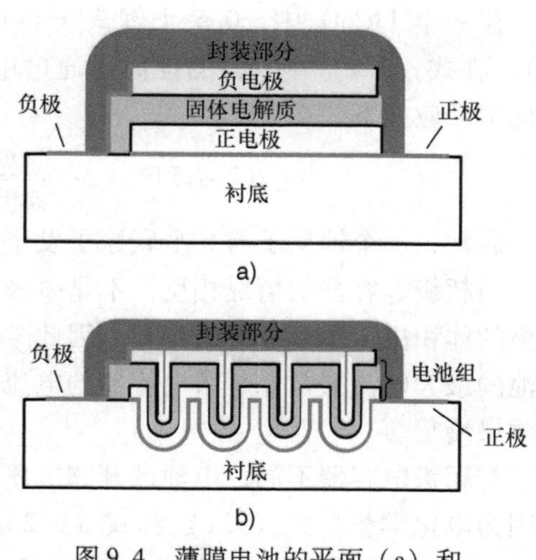

图 9.4 薄膜电池的平面（a）和 3D（b）几何结构示意图

薄膜锂离子电池电解质的厚度远小于传统电池。薄膜电池包含的固体电解质层典型厚度为 1μm，而传统电池的分离器正常大约 20μm。这意味着同样尺寸薄膜电池的体积能量密度理论上应高于传统电池。但是，因为薄膜电池的衬底（封装）相对较厚，所以优势消失了。固体电解质系统的第二个优势是避免了有机流体电解质从而消除了漏电流风险，因此被更广泛地应用。固体电解质在更高温度时也更加稳定，拓宽了其应用范围，同时在器件制造过程中增加了工艺步骤的灵活性。另一方面，固体电解质有一个劣势。因为总的来说，它们的离子电导率低于流体电解质，由于离子在固体电解质中传输，所以会引起大的电压下降。

为了解决这个问题，许多研究小组提出了一个使用 3D 薄膜电池的方法。3D 电池的目标是增加正电极和负电极表面面积，但不增加电池的封装面积。例如，使用多微孔衬底或者 3D 结构的电极。3D 电池的原理图如图 9.4b 中显示。从这幅图中可以看出，电池尺寸仍然是一样的，但是电池堆叠（正电极/固体电解质/负电极）的有效面积增加了。当相同电流（A）施加在 3D 电池中，电池堆叠内部的电流密度（A/cm^2）是较低的。所以相应的，电压下降也会相对减小。电池电压的增加将会导致 3D 电池相比于普通平板结构的等价电池能量密度增加了。因此，更大的表面积将带来更大的电极容量。容量的进一步升高将会导致能量密度的进一步提升[11]。

9.2.5　能量存储系统应用

实现在智能传感器中成功应用 ESS，需要先解决处理一些重要的技术问题。首先是在之前的章节中已经讨论过的功率相关问题，包括能量、电压、续航和寿命等。此外是 ESS 的形状问题，尤其与限制尺寸相关，也非常重要。例如，纽扣电池是电池和电容器的一种标准形状。尽管相对尺寸较小，但当需要的电池厚度非常小时，它们可能不适用。这时，分层电池或者薄膜电池会更加合适。这些电池通常具有比纽扣电池更大的面积，但是厚度小于 1mm，因此，更容易在智能封装和智能卡中使用。再比如，基于箔金属片的电池是柔软的，可以被集成到可弯曲的表面，避免了较多的系统设计限制。图 9.5 中列出了几种常见的 ESS 的形状。

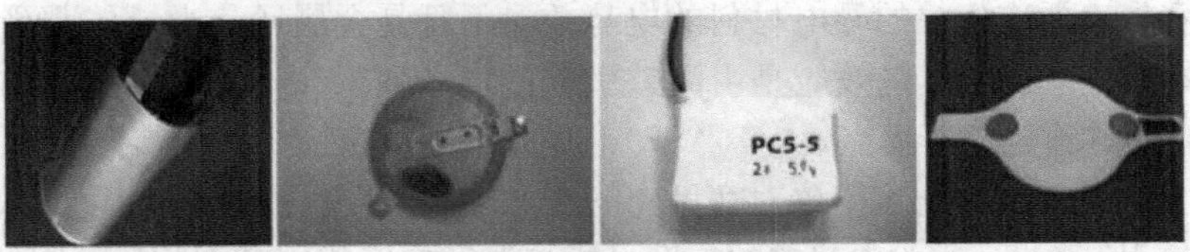

图 9.5　ESS 的各种形式（从左至右为薄层箔片电池，纽扣电池、方形电池和打印薄膜电池）

对于 ESS 的应用，不能仅仅关注技术需求，也需要保持对器件所在使用国家的规则和法律发展及时地掌握了解。

智能传感器系统中 ESS 的器件寿命终结后的处理和再循环也是需要着重考虑的。在欧盟，还没有普遍适用于超级电容器的规则。总的来说，需要满足 WEEE（Waste Electrical and Electronic Equipment，废弃电子与电气设备）规则，包括各种可污染物质的数量，例如铅、水银、镉的含量，同时器件的制造商和进口商需要确保产品具有正确的回收方案[12]。

电池同时还需要满足其他法规的要求，并且欧盟在推动相关的循环回收政策。制造商和进口商需要提供一份对电池的回收时间表。此外，电池必须安装在一个容易拆下来的电子系统中。但对一些特殊情况，比如由于安全、性能、医疗或者信号完整性原因，电源必须持续供电以及电器与电池需要一直连接在一起等情况，不适用此规则[13]。

美国同样颁布了一系列电池相关法律，以确保某些金属从电子废物中回收，并刺激一次性和可充电电池的回收利用[14]。然而，这些法律不如欧洲严格。

9.3 热电能量采集

9.3.1 简介

热电效应通常包括3个不同但相关的物理现象：塞贝克效应、帕尔帖效应和汤姆逊效应。最初，对热电效应的研究兴趣是受到探索采用塞贝克效应来发电的驱使。然而，直到20世纪50年代以后，随着高品质的半导体材料被发现，各种现代热电器件才得以成功应用。包括放射性同位素热电发电机（Radioisotopes Thermoelectric Generator，RTG），将放射性同位素释放的热能转换成电能。由耐高温硅锗（SiGe）合金制成的RTG可以在Voyager I号航天器中在无人值守情况下正常运行20多年[15]。近来，相关人员逐渐认识到借助热电效应进行废热回收具有一定的潜力。德国汽车制造商BMW AG采用在废气管道和冷却液管道之间安置商用热电发电机（TEG）模块，在130km/h基准测试速度下，回收到大约200W的输出功率[16]。

与赛贝克效应相关的导电材料的电势差，不管是金属还是半导体都受制于温差。从本质上来说，热电效应是由温差引起的电效应[15]。对于孤立的导电材料，上述现象被称作绝对赛贝克效应（ASE）。原理如图9.6a中所示。绝对赛贝克系数（α）被定义为在给定温度下绝对赛贝克电压V_{SA}对温度变化的敏感程度，数学表达式为$\alpha = dV_{SA}/dT$。因为电势差的梯度可能与温度梯度相同或者相反，因此α（通常单位用μV/K表示），可能是正的或者负的。

利用塞贝克效应的最常见的方法是通过将两个不同的导体电连接在一起制成热电偶。当热电偶的闭合端和开路端之间存在温差时，如图9.6b所示，将会在末端产生一定数值的电压，称为相对塞贝克电压。与α类似，相对塞贝克系数α_{AB}定义为$\alpha_{AB} = dV_{SR}/dT$。对于由两种不同导电材料A和B组成的热电偶，其α_{AB}为$\alpha_{AB} = \alpha_A - \alpha_B$，其中$\alpha_A$和$\alpha_B$分别是材料A和B的绝对塞贝克系数。因此，为了获得大的α_{AB}，需要两种导电材料具有相反符号的绝对塞贝克系数。由于在不同的文

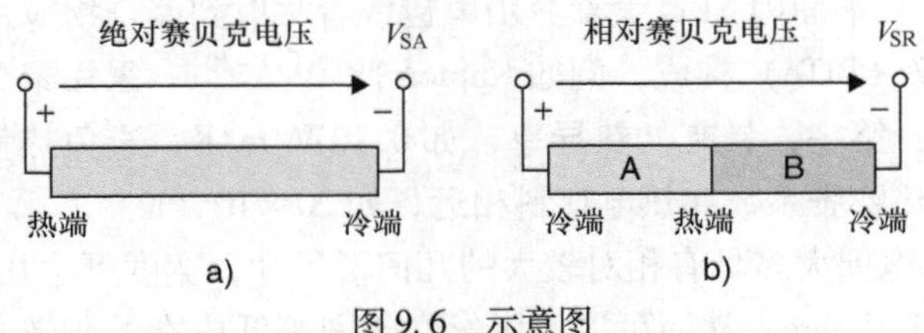

图 9.6 示意图

a）一个孤立的导电材料中温差存在时的绝对塞贝克电压 V_{SA}

b）在温差存在时，两种不同的导电材料（A 和 B）组成的热电偶产生相对塞贝克电压 V_{SR}

章著作中，α 和 α_{AB} 都被用来表示导电材料的塞贝克系数，因此，本章后续阐述两者也不作明确区分。对于塞贝克电压的情况也是如此。

9.3.2 最新技术

热电能量采集基于许多串联连接的热电偶结构在共同的温差下产生。所产生的塞贝克电压通过连接到热电偶链的开口端的外部负载来产生驱动电流。与从环境中获取能量的其他方法相比，热电能量采集具有一系列独特的优点，例如可以广泛适用于不同目标对象，由于没有运动部件而带来的高机械可靠性要求，以及不受天气影响可保持不间断地运行。

随着过去十年 MEMS 技术的不断发展，TEG 的小型化逐渐变成现实。在已开发的器件中，器件的几何形状、整合规模、材料选择和制造方法等方面存在较大差异。然而，无论是硅衬底还是柔性聚合物箔，根据热电偶相对于衬底的方向大多数微小型化 TEG 可以分为如下两类：热电偶腿平行于衬底的平面内器件以及热电偶腿垂直于衬底的面交叉器件，结构如图 9.7 所示。由于可以通过使用厚膜和薄膜技术制造面交叉器件，因此根据所使用的制造方法可将该类别进一步分为两种亚类。

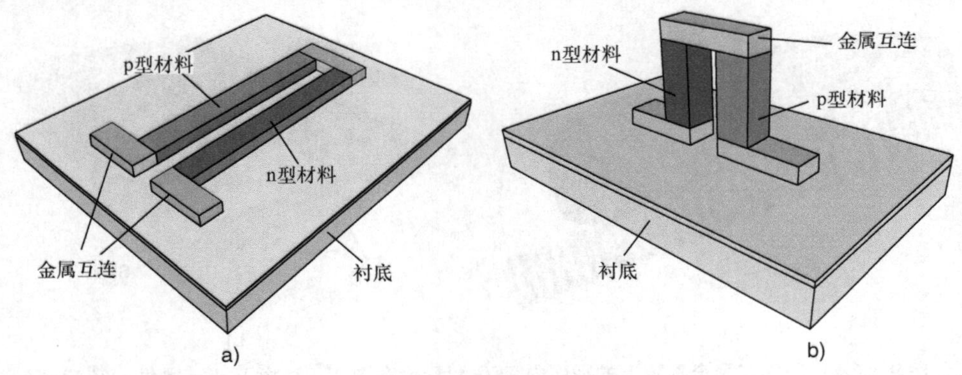

图 9.7 热电偶结构示意图

a）平面内 TEG 器件 b）面交叉 TEG 器件

平面内 TEG：平面内 TEG 大部分由电镀或者溅射到聚合物薄片上的锑（Sb）、铋（Bi）、碲化铋（BiTe）构成，例如 Kapton 薄膜[17-19]。采用聚合物薄片作为基板具有以下优点：第一，具有低热导率，如 0.12W/m/K，避免热量通过聚合物薄片耗散。第二，热膨胀系数和热电材料相近，如 $20\times10^{-6}K^{-1}$。第三，低成本[18]。平面内 TEG 的热电偶大多具有相对较大的几何形尺寸，宽度可达几十 μm，而长度可达几百 μm 甚至几 mm，从而可以使用丝网印刷等低成本的制造方法，而不必使用传统的 MEMS 微细加工技术。由于聚合物箔的结构灵活性，平面内的 TEG 可以卷起成螺旋状，使得所得到的装置可以以自立的方式竖立。如图 9.8a 所示，该方案可以使每单位面积能够装配更多的热电偶[17]。平面 TEG 的另一个优点是因为热电偶几何形状没有限制，可以实现热电偶的高纵横比。这样可以使每个热电偶的热阻显著增加。同时，通常热电材料和金属互连之间的接触面积较大，可以降低接触电阻。平面内 TEG 的主要缺点是热电偶接头与热源或散热器之间的热接触不良[17]。通过应用热界面材料（Thermal Interface Material，TIM），如各种类型的导热油脂，可以一定程度上缓解这个问题。第二个缺点是与热电偶热并联的聚合物箔的热分流效应。解决的方法包括采用更薄的聚合物箔，或者在一定的条件下，部分甚至完全地剥离聚合物箔。

平面内 TEG 也可由硅衬底而不是聚合物薄片制成。欧洲微电子/霍尔斯特中心成功制备了一系列面内平板 TEG，其中有一种结构仅由独立多晶硅或者多晶锗硅热电偶组成，原理图如图 9.8b 所示[20]。尽管完全去除薄膜热电偶下的支撑层是非常有挑战性的任务，但还是可以通过精细调整薄膜堆叠层的压力而实现。依靠一系列电学装置串联起同一个衬底上排布的几个面内平板热电堆芯片也是一种提升输出性能的潜在方案。IMTEK 发展了一种在二氧化硅薄膜上基于 n 型多晶硅和铝的面内平板 TEG 器件，可以作为一种结构支持，同时也是一种热分流路径[21]。

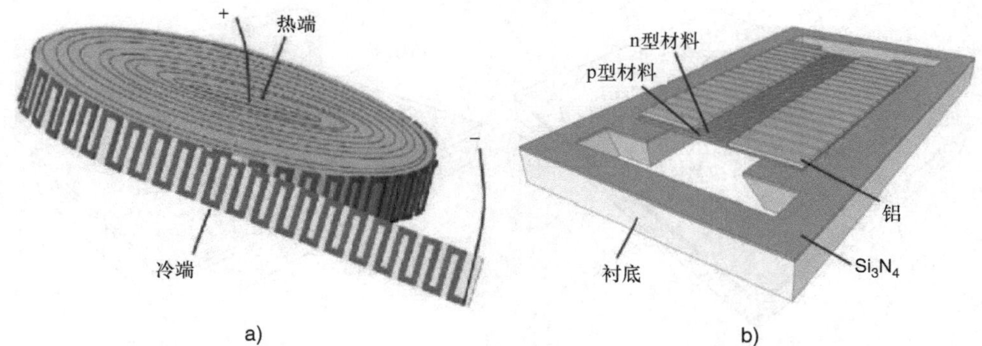

图 9.8 a）制作在聚合物膜上的平面内 TEG 配置示意图[17]（由 Weber 提供，经 Elsevier 许可引用）；及 b）Si 衬底上自由支撑的多晶 Si－Ge 面内平板 TEG 器件[20]（得到 Springer 科学与商业媒体 B. V. 的许可）

表 9.4 中比较了本节包含的各种平面内 TEG 器件。为了便于比较，输出电压和输出功率对于温差和面积都做了归一化处理。由表可以看出，平面内 TEG 器件具有相对较高的输出电压，而输出功率较低。这主要是因为平面内 TEG 具有较大的内部电阻。

表 9.4　各种平面内 TEG 器件性能对比

机构	D. T. S[18]	TU Dresden[19]	Holst Centre[20]	IMTEK[21]
衬底	有机	环氧树脂	硅衬底	硅衬底
材料	BiTe	Sb - Bi	Poly - Si/SiGe	Poly - Si - Al
加工	溅射	电镀	薄膜沉积	薄膜沉积
几何结构	50μm 宽	40μm 宽	100μm 长	120μm 长
热电偶总数	2250	93	278	7500
输出电压/(mV/K/cm²)	310	N/A	390①	166
输出功耗/(μW/K²/cm²)	0.087	N/A	0.01	1.37×10^{-3}

① 假设芯片立在侧壁上。

面交叉厚膜 TEG：面交叉厚膜 TEG 膜厚在十微米数量级到百微米数量级。如此厚的膜组成的热电偶通常可以通过预先设计好的模具、传统的机械制造甚至手动操作来制造。因此，热电偶的尺寸相对较大，尤其相比于在接下来内容中阐述的面交叉薄膜 TEG 器件。例如，日本精工集团开发的 TEG 器件上的热电偶腿的尺寸为 $80\mu m\times80\mu m\times600\mu m$，如图 9.9 所示[22]。面交叉厚膜 TEG 通常只包含有限数量的热电偶，大多不超过 200 根。同时由于 BiTe 化合物的较低的热电转换特性，使得面交叉厚膜 TEG 输出电压在中等范围。

图 9.9　由日本精工开发的 TEG 中的热电偶的 SEM 照片（由 Kishi 提供[22]），每个热电偶腿尺寸为 $80\mu m\times80\mu m\times600\mu m$（经 IEEE 许可引用）

表 9.5 列出了相关文献中报道的面交叉厚膜 TEG 的技术细节。注意，参考文献中没有明确给出的参数是通过图表或者数字中提取的。对于面交叉厚膜 TEG，单位温差下的输出电压通常在 mV 级别，而输出功率可以达到 μW 级别。这主要是因为面交叉厚膜 TEG 具有相对大的几何结构和金属互连较大的接触面积产生了较低的内部电阻。喷气推进实验室制造的碲化铋 TEG 器件的内部电阻仅有 12 ~ 30Ω[23]。

表 9.5　各种面交叉厚膜 TEG 器件性能对比

机构	Seiko[22]	JPL[23]	Micropelt[24]	ETH[25]
衬底	Si	Si	Si	Si
材料	BiTe	BiTe	BiTe	BiTe
加工	热压	电镀	溅射	电镀
几何结构①	600μm（高）	60μm（直径）	20μm（高）	210μm（直径）
热电偶总数	104	126	540	99
输出电压/($V/K/cm^2$)	0.52	0.2～0.5	0.98	N/A
输出功耗/($\mu W/K^2/cm^2$)	27	0.016～0.1	114	0.25

① 注意不是所有的结构参数都在文献中报道过。

面交叉薄膜 TEG：面交叉薄膜 TEG 通常采用由多晶硅和多晶锗硅薄膜组成，可由 MEMS 技术批量制造，因而具有相对较低的制造成本。因为采用了薄膜技术，面交叉薄膜 TEG 消耗较少的热电材料，而部分材料价格昂贵。相比于其他种类的 TEG，面交叉薄膜 TEG 的特征尺寸被严格限制地非常小，降到了几微米级。与此同时，热电偶的数量可达几千个到几万个，如图 9.10 所示。英飞凌在面积为 $6mm^2$ 的芯片内集成了大约 15000 根热电偶[26]。大量串联的热电偶提高了单位芯片面积在单位温差下的开路输出电压。但小尺寸和较长的连接结构会导致较大内部电阻，这是因为连续的互连使得接触电阻显著增加。例如，A * STAR 开发的 TEG，当尺寸调整到 $1cm^2$ 时，内部电阻为 52.8MΩ，其中 23MΩ 来源于多晶硅和金属之间的接触电阻[27]。另一个连锁反应是这类 TEG 通常具有较低的热电阻。例如在 A * STAR 开发的 TEG 中，由于所有的热电偶都是并联连接，导致总热阻低得多，使沿热电偶方向温差很小。

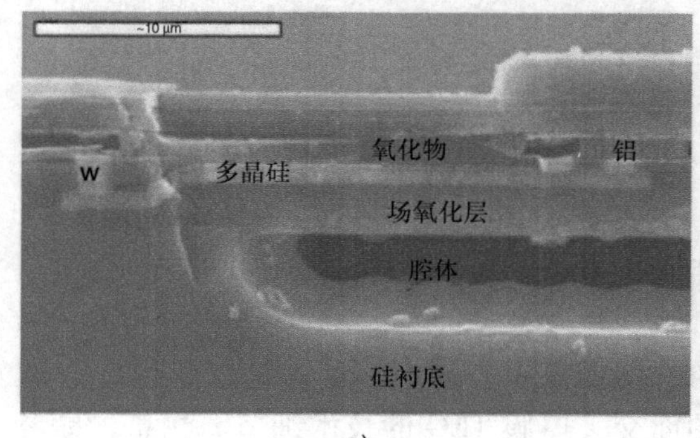

a)

b)

图 9.10　a）英飞凌开发的 TEG 中单个热电偶横截面的 SEM 照片（由 Strasser 提供[26]，经 Elsevier 许可引用）；Si 衬底被底部掏空以在热电偶下面形成空腔，改善热隔离；b）由 A * STAR 开发的 TEG 中的热电偶的顶视图（由谢[27]提供）；p 型和 n 型热电偶腿曲折蜿蜒排列

为了充分利用薄膜 TEG 的优势，一方面需要提高单根热电偶的热阻，同时减少其内部电阻，尤其是半导体材料和金属之间的接触电阻。最近，欧洲微电子/霍尔斯特中心成功发明了一种由高表面形貌热电偶组成的微机械热电堆，其热阻相较于之前的平面热电偶增加了大概 10 倍[28,29]。图 9.11 中并列给出的两代产品图，显示了其技术的进步。表 9.6 包含了在各种面交叉薄膜 TEG。

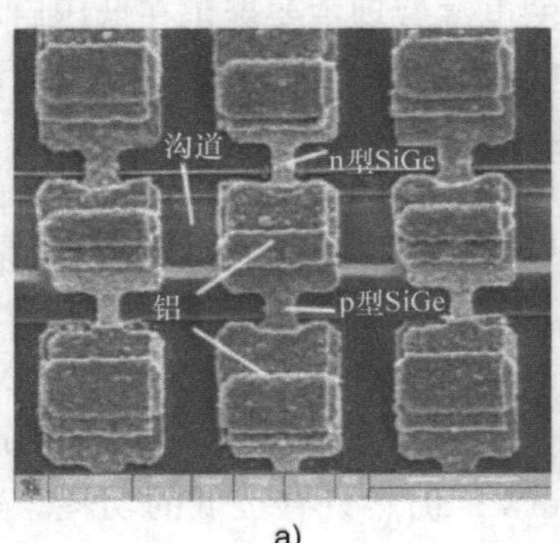

a)

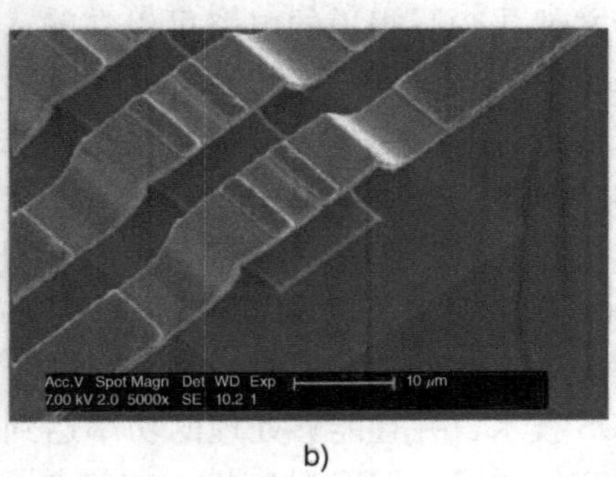

b)

图 9.11　a）平面热电偶的 SEM 照片[28]（经 Elsevier 许可引用）和 b）在 6μm 高度区域上制造的热电偶（由 Su[29]、IOP 出版社提供，由 IOP 出版社许可引用）（两者均由 imec/Holst 中心开发）

表 9.6　各种面交叉薄膜 TEG 器件性能比较

机构	Infineon[26]	A * STAR[27]	Holst Centre[28]	Holst Centre[29]
衬底	硅衬底	硅衬底	硅衬底	硅衬底
材料	Poly - Si/SiGe	Poly - Si	Poly - SiGe	Poly - Si/SiGe
加工	薄膜沉积	薄膜沉积	薄膜沉积	薄膜沉积
几何尺寸/μm^2	49 × 10.9	16 × 5	30 × 16	34 × 10
热电偶总数	15872	31536	2700	1500
输出电压/($V/K/cm^2$)	2.2	0.125	2.08	10.32
输出功耗/($\mu W/K^2/cm^2$)	0.035	7.8×10^{-5}	0.006	0.047

9.3.3　转化效率

总的来说，TEG 的转化效率由两个部分决定：温差和材料性能。数学上，转化效率的公式为

$$\eta = \frac{T_h - T_c}{T_h} \cdot \frac{M-1}{M + T_c/T_h} \approx \frac{T_h - T_c}{T_c} \cdot (M-1),\ M = \sqrt{1+ZT} \quad (9.3)$$

式中，T_h 和 T_c 分别为热端的温度和冷端的温度；M 为材料系数；ZT 为材料的热电优值。此外，ZT 通常被定义为

$$ZT = \frac{\alpha^2 T}{\rho\kappa} \tag{9.4}$$

式中，α 为赛贝克系数；ρ 为电阻率；κ 为热导率；T 为绝对温度。

9.3.4 电源管理

由于热采集器的输出电压非常低，相关的电源管理主要聚焦在低压启动。本章参考文献［30］报道的电路可以在输入电压为 0.13V 下开始工作，设计的传递功率大约 2mW。控制功率高达 0.4mW，但鉴于能量采集器只能产生毫瓦级功率，因而是可以接受的。本章参考文献［31］提出了两个电源的电源管理电路。它能够转换热采集功率和 RF 功率。对于热功率管理，采用了带外部电感的集成升压转换器。电路消耗 70μW，可传输转化约 1mW。

2008 年，用于低功率应用的电源管理电路被开发出来，如本章参考文献［32］所示。随后一个改进的版本被报道[33]，这个版本基于一个标准的 0.35μm 的 CMOS 技术，并且能够处理的功率达到 1mW，仍然只有很低的功耗。这种转化原理充分利用了 TEG 的特性。它包含了一个电容为 2.45nF 的充电泵，最多有 8 阶，总面积为 $59mm^2$。测量的整个系统的效率、级数 M、阻抗为 11kΩ 的 TEG 的转化频率 f 列在图 9.12 中。电路在 TEG 的开路电压达到 0.6V 时启动，测量的峰值效率为 70%。

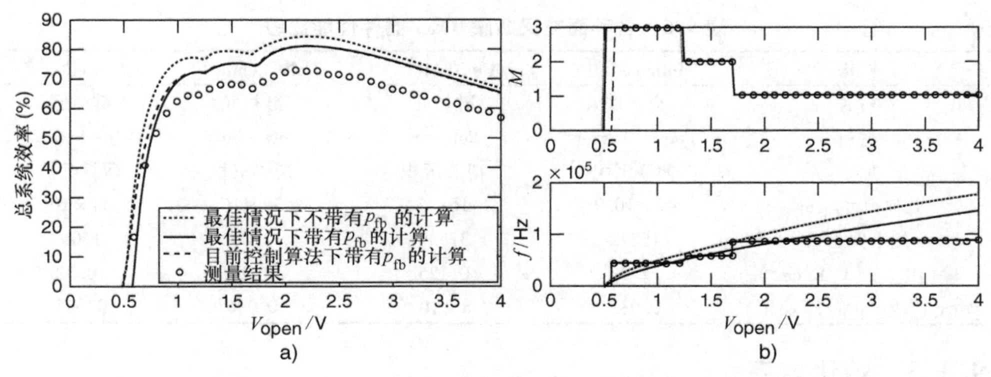

图 9.12　连接到 TEG 的系统的计算和测量结果

a）系统效率（P_{fb}是反馈电路消耗的功率）　b）级数 M 和开关频率 f[32]（经 IEEE 许可引用）

9.3.5 小结

为了发展热电能量采集，尤其在有限的温差内，需要处理两个方面的问题。第一个是器件设计时致力于增大随着热电偶下降的温差。当寄生的串联的热电阻存在时，全部温差只有一部分随着热电偶下降。第二个是选择最优的热电材料最终获得较高的品质因数 ZT。就面交叉薄膜 TEG 的小特征尺寸而言，一个不能忽视的因素是半导体材料和金属的接触电阻的影响。随着接触面积的减小，接触电阻在确定内部电阻时往往起着更重要的作用。

9.4　振动与运动能量采集

9.4.1　简介

机械振动或者运动无处不在，因此是用于产生电能的有吸引力的能量源。基于偏心质量的自供电电子手表就是有名的商业典范[34]。最近，随着低功率便携式设备的发展，小型化振动能量采集器逐渐受到关注。这个器件通过电机械换能器将机械能转化为电能。最通常使用的换能器包括电磁式[35,36]、静电式[37-39]和压电转换[40-44]。同时也存在一些非主流的转换方法，例如磁致伸缩[45]，性能具有较大的提升空间。

运动驱动发电机通常被分成两种截然不同的种类：带有刚性连接到振动/运动源的电机械传感器的运动驱动发电机和为了驱动传感器使用惯性力作用在可移动检测质量的运动驱动发电机。前一类能量采集器通常指基于应力的能量采集器。这种器件允许提取相对大量的能量。此外，此类能量采集器一系列面向人体的应用已经商业化了。最著名的例子就是能量采集鞋[46,47]。这些鞋子产生的输出功率到几个瓦特量级，足够给大量的应用程序提供电能。

但是，基于应力的能量采集器大部分体积较大并且需要弹性的传感器设计。因此，它们不满足无线传感器网络的需要，对于这个采集原理的主要目标应用在这一章节中展现。另一方面，最小化的惯性能量采集器可以使用 MEMS 技术实现，且允许大规模低成本制造。制造的器件受专用封装保护来抵抗严酷的机械条件。

无线传感器网络对于机械和人体应用都具有巨大潜力。轮胎压力监测系统[48]和患者健康监测系统[49]分别是这些应用的具体实例。在这两个环境中振动特性有明显差异。基于实验结果，Roundy 得出结论，在包括汽车在内的各种机械附近发生的振动具有 60 ~200Hz 之间的主要分量，加速度幅度范围为 10^{-2} ~$10m/s^2$[50]。在人体上，冯·布伦（Von Büren）确定观察到的运动的主要频率低于 5Hz[51]。鉴于频率范围之间的巨大差异，分别部署在机器和人体上的无线应用需要独特的惯性振动能量采集器设计。

对于机械应用，惯性采集器的经典设计是基于谐振方案。也就是说，换能器的机械元件由谐振器组成，通过激发谐振器处于某一种谐振模式来提供最大输出功率。对于与人体相关的低频信号而言，需要不同的基于非线性和非谐振原理的方法，例如频率或者冲击的上转换。两种不同的方法将会在接下来的章节中分别讨论。

9.4.2 机械环境：谐振系统

谐振采集器受到了各国研究人员的广泛关注。精细的机械加工版本是最早期出现的商业器件[52,53]，另一方面虽然微加工版本还不成熟，但其是一种提供成本效益生产的方法。它们的功率等级需要被提高，可靠性需要被提高。大部分小型化的能量采集器（$\approx 1\mathrm{cm}^3$）可提供数十到数百微瓦范围的功率，谐振频率通常为几十或几百赫兹。本章参考文献［54，55］对现有的惯性采集器的性能进行了综述。

本节首先对惯性能量采集器的基本原理进行阐述。然后，讨论3个主要种类的电机械换能器，并针对已有器件进行说明。最后，详细阐述惯性采集器输出功率的优化方法。

普遍原理：谐振惯性振动采集器的普遍原理可以通过图9.13给出的一个集总模型理解。机械谐振器由一个质量块m代替，质量块被连接到一个刚度为k的悬置元件上。寄生耗散被阻尼系数为D_{V}的阻尼器引进。封装受制于振动$z(t)$，由于惯性，质量块发生了相对平衡位置的位移，位移量为$z(t)$。质量块m被连接到一个电机械换能器上，用于将质量块携带的动能转移到电力负载电路，之后能成为供电的应用或者能量存储系统。

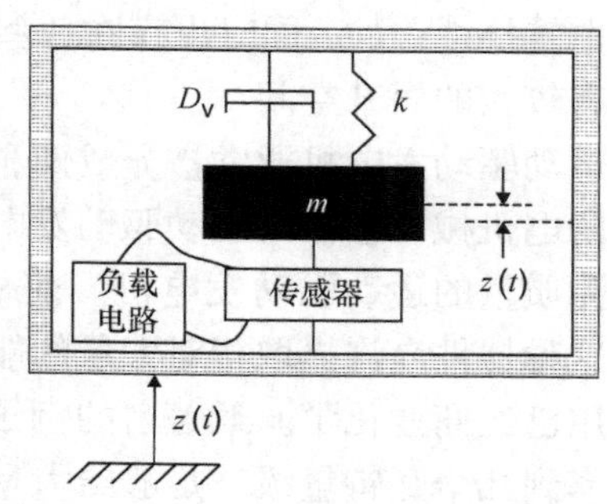

图9.13　一种谐振式惯性振动能量采集器的通用集总动力学模型

在一个封装好的参考框架内，控制系统动力学的微分方程可以表示为

$$m\frac{\mathrm{d}^2z}{\mathrm{d}t^2}+D_{\mathrm{v}}\frac{\mathrm{d}z}{\mathrm{d}t}+kz+F=-m\frac{\mathrm{d}^2Z}{\mathrm{d}t^2} \tag{9.5}$$

式中，F是换能器产生的用来反作用质量块位移的力，采集的能量通过计算F的做功来获得。

采用一级近似，电机械传感器和回路电流的联系由黏滞阻尼器D_{e}代替，产生了一个与质量块的速度成正比的力。在电气领域，黏滞阻尼器相当于一个电阻器。采集的功率P相当于在D_{e}耗散的功率。在正弦输出振动$Z(t)=Z_0\sin(\omega t)$和假设稳定状态运行的情况下，P在频域中被表述为

$$P=\frac{1}{2}D_{\mathrm{e}}\omega^2\left|\bar{z}(\omega)\right|^2 \tag{9.6}$$

其中一字线上标表示相应变量的复杂变换。

当输入振动频率 ω 和机械系统谐振频率 $\omega_0=\sqrt{(\mathrm{k/m})}$ 相等且 $D_e=D_v$ 时，式（9.6）最大化。此时的最大输出功率被表示为

$$P_{\max}=\frac{1}{8}m\omega_0^3Q_mZ_0^2 \tag{9.7}$$

系统的机械品质因数 Q_m 等于 $m\omega_0/D_v$。

在考虑最大输出功率时，输入振动的频率 ω 和幅度 Z_0 是最主要的参数。这些参数由振动源产生。接下来，质量块 m 和机械品质因数 Q_m 必须最大化，因为 $P_{\max}$ 随着它们成比例增加。注意到，当忽略寄生阻尼的影响时，非物理性结果可以从式（9.7）中获得。也就是说，当 Q_m 无限大时，输出功率也是无限大。在这个案例中，如果违反一些物理约束，例如最大允许位移，式（9.7）将不成立。

实际上，电机械换能器不仅可用作单纯的耗散元件，而且还表现出一定反应性（reactive）或电感（inductive）行为。此外，它还具有非线性特性。如果不考虑非线性效应，式（9.7）中给出的表达式表示可获得的输出功率的理论极限。如下一节所示，达到这一理论极限需要合理的设计。

转换机制

• 静电式换能

静电式换能是基于一个电容方式，其中一个可动电极通过质量块代替。对于线性负载的电路，只要电容器由于外部的电压 V_0 或者内置的电荷 Q_0（基于器件的电介质）而产生偏置，可动电极的运动就会产生一个电能量。

MEMS 静电能量采集器通常被做在梳齿驱动结构中，例如图 9.14 中描述[37]。允许每个单元质量块的偏移引起大的电容变化。图 9.14 显示的器件用两片晶圆的堆叠实现。第一个晶圆包括电极化源，由电介质组成，换言之，就是一个永磁体的静电等价物。第二个包含可变电容的晶圆键合到第一个晶圆上。当前，工艺的不断发展来解决剩下的技术问题，主要是电介质的时间稳定性。可以预测的是当加速度的范围是 $10\mathrm{m/s^2}$ 时，完全成熟的器件产生的输出功率可以达到数十个 μW。

• 压电式换能

在压电材料中，当发生变形时，一个压电晶体单元中的正电荷和负电荷的质心彼此不完全重合。这样的失配导致电池电极化。这个非独立变形的极化被用来从连接到压电材料表面的导体中抽取电荷。

大多数压电能量采集器是基于弯曲的机械元件，那就是悬臂梁或者薄膜，因为它们允许的谐振频率的范围是数十到几百 Hz。这个频率范围能够匹配周围环境振动的主频率[50]。钛酸铅（PZT）化合物是能量采集器中最常用的压电材料。

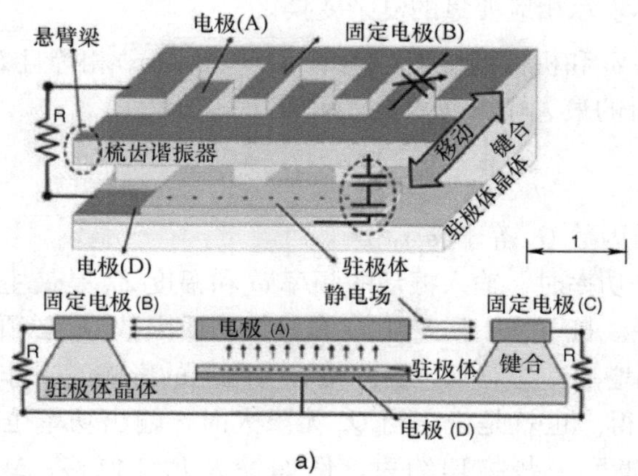

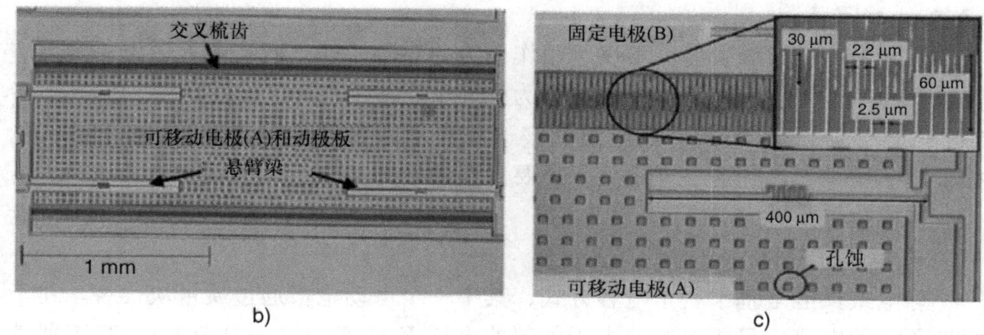

图 9.14　a）基于驻极体的能量采集器示意图　b）通过 MEMS 工艺制造的器件的顶视图　c）交叉梳齿区域的特写视图（由 Sterken 提供[37]，经 IEEE 许可引用）

由于其适用于标准的溅射沉积技术，氮化铝（AlN）近年来获得了更多的研究关注。在输出功率方面，基于 PZT 和 AlN 的能量采集器具有相同的性能。

一个基于 AlN 的 MEMS 能量采集器的例子显示在图 9.15 中，由 3 片晶圆堆叠构建。顶部和底部晶圆就作为主要的封装结构，夹在两者之间的中间晶圆作为转换器自身。这些器件在谐振频率时产生的输出功率在 10～100μW/g^2之间，频率范围在 300～1000Hz 之间。

- 电磁式换能

根据法拉第电磁感应定律，电磁转换器依靠由通过导体线圈的磁通量变化而引起的电动势。对于能量采集器，磁通量 B 的来源通常是永磁体。连接到线圈或者磁铁的质量块的运动引起了磁通量的变化，在线圈中产生电流。

电磁采集器的一个例子显示在图 9.16 中。在这个系统中，线圈是固定的，NdFeB 磁铁附着于一个悬臂形状的振动结构中。这个器件的质量块质量为

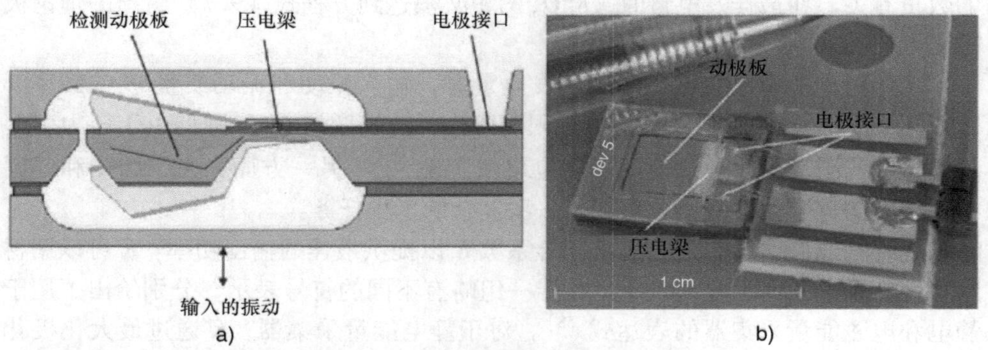

图 9.15 a）基于 AlN 的 MEMS 压电振动能量采集器的原理图设计 b）器件照片（由 Elfrink[56] 提供，IOP 出版。经 IOP 出版社许可引用）

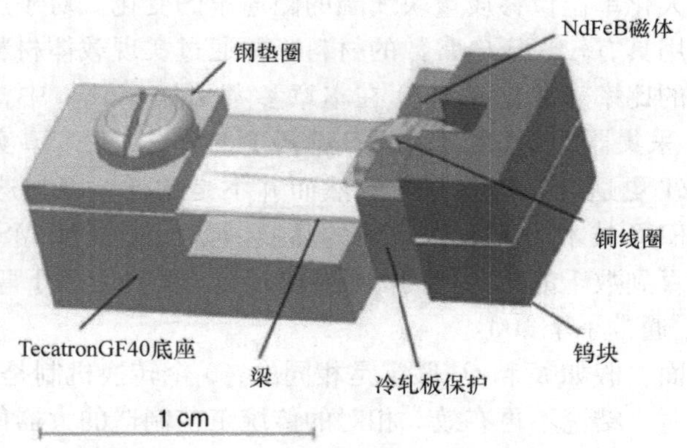

图 9.16 基于 NdFeB 磁体的电磁能量采集器（由 Beeby 提供[57]，IOP 出版，经 IOP 出版社许可引用）

0.06g，振动频率为 52Hz 时，能产生的 46 μW 功率。

输出功率的优化：Sterken 发展了描述转换器的线性化模型，对于质量块的小的位移是有效的[58]。从这些模型中，可以导出消散到外部负载电阻 R 的功率的封闭形式表达式。对于上面描述的 3 种转换机制，采集功率的表达式能够用同样一个表达式来表明。此外，当正弦输入振动频率 ω 等同于机械谐振器的谐振频率 ω_0 时，能够获得功率最大值 P_m。此外，电阻必须匹配采集器阻抗的绝对值。P_m 的表达式在方程式（9.8）中给出。

$$P_m = \frac{m\omega_0^3 Z_0^2 Q_m}{4} \frac{1}{1 + \sqrt{1 + \frac{1}{K^4 Q_m^4}}} \tag{9.8}$$

式中，K 为采集器的有效机电耦合系数，它与在一个振荡周期机械能转化为电能的数量有关。在最佳发电量时，K^2Q_m的积必须达到方程式（9.7）给出的理论极限最大值。

正如讨论的简单模型，在考虑发电量时，输入振动和振动质量 m 的频率 ω 和振幅 Z_0是主要的参数。也应通过限制寄生耗散来增加 Q_m。降低由于压力引起的不希望的阻尼可以通过使用真空包装来实现[59]。另一方面，由于结构和锚固损耗导致的寄生耗散最小化仍然是一项复杂的工程任务。

此外，还应增加有效的机电耦合系数 K 以提供最佳的输出功率。K 可以用材料特性和系统几何尺寸来表示。基于一组略有不同的符号表示，分别给出了用于静电和电磁能量采集器的表达式[58]。对于静电能量采集器，K 通过最大化极化电压和振动引起的单位位移的电容变化（由于这个原因使用梳齿驱动设计）来优化。在采用电磁换能的能量采集器的情况下，具有小电感的线圈是必不可少的，并且应该最大化单位位移质量块线圈的磁通量的变化。对于压电复合材料弯曲结构，通过使用具有较大压电常数的材料，并通过实现载体材料的厚度与压电材料的厚度之间的比率来优化 K[60]。在本章参考文献［61］中，K 值范围从基于 MEMS 的 AlN 采集器的 0.05 到基于陶瓷 PZT 的 0.3。这个事实表明，基于弯曲结构的陶瓷 PZT 更适合于能量采集。然而并不是这样，因为这些器件的品质因数小于基于 MEMS 技术的 AlN 采集器的品质因数。使用 MEMS 制造的压电采集器可以获得数百到数千的范围内的品质因数[59]，而使用基于弯曲陶瓷 PZT 获得的品质因素 Q_m通常小于 100。

在发电量方面，假如 K 和 Q_m假定是相同的，3 个转换机制是等价的。但是，当考虑制造技术时，结论不再有效。相对的传统工艺制造的大器件，电磁转换通常被优先选择，因为相关的制造工艺便宜且良好。对于通过 MEMS 技术制造的小型化器件，情况并非如此。从与硅技术兼容的工艺制程的互连观点看，磁性材料是有问题的。这个微机械线圈的设计也不明确。从这个方面看，静电和压电系统（基于 IC 工艺兼容的材料，例如氮化铝）更便于实现。通常，这种 MEMS 能量采集器的质量 m 从数十到数百 mg，谐振角频率 ω_0的范围从 500～10000rad/s。通常遇到的 K 和 Q_m的值已经在前面提到了。

9.4.3 人类环境：非谐振系统

上述提及的谐振能量采集器可以适应于例如在机器环境中相对较高频率的振动。针对人体的案例情况，观察到的运动特征在于低频和高振幅。设计这种小尺寸器件可能在低频谐振时不是很明显。此外，外部运动的振幅通常大于检测质量块允许的位移。因此，应该开发利用非线性原理的替代设计。

质量块的旋转而不是线性内部运动适用于低频输入运动。最显著的例子是自动上弦自动腕表。本章参考文献［62］提出了旋转质量发电机可能的运行模式和功率极限的分析。

针对低频，Miao 提出了基于静电转换的系统，如图 9.17a[63] 所示。采集器的结构非常类似于先前讨论的谐振器件的结构。也就是说，它由构成可变电容器的可移动板的检测质量块组成，通过弹性悬架连接到封装结构。然而，工作原理是不同的。在图 9.17 中，使用充电或电压源对固定电极进行充电，其结果是最终检测质量块被卡住。检测质量块保持在该位置，直到由外部加速度引起的惯性力克服静电吸引。只要平衡被打破，检测质量块就被释放。由于位移，可动电极抵抗静电力进行工作，导致电荷积聚。当检测质量块到达位于器件另一边的接触焊盘时，这些电荷被提取。这个配置的第一个原型器件体积为 0.6cm^3，当被 1g 的正弦加速度以 30Hz 频率激励时，输出功率大约为 4μW。借此概念，输出功率可以进一步提高，而且甚至也可以达到更低的激励频率。

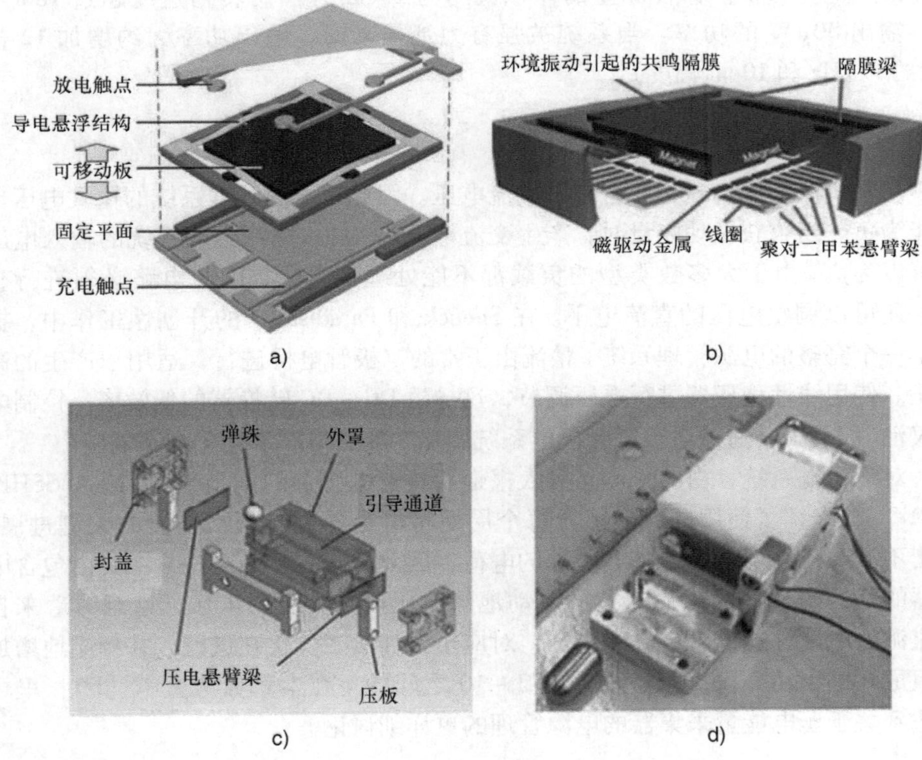

图 9.17　用于人体应用的惯性能量采集器示例

a）由 Mitcheson 提供[63]，得到了 Springer Science 和 Business Media B. V 的许可

b）由 Kulah 提供[64]，经 IEEE 许可引用　c）和 d）来自本章参考文献［66］，IOP 出版社拥有版权，经 IOP 出版社许可引用

低输入频率的几个上变频原理也被提出。如图 9.17b 所示，Kulah 描述了一个器件，由一大块铁磁质量块靠软悬浮聚合物附着于封装上组成[64]。这允许与环境低频振动产生谐振的系统设计。为了努力促进能量采集，运用了一个非线性能量提取机制。支持线圈和小的金属质量块的高谐振频率悬臂梁，被设计靠近大的铁磁质量块。当大的质量块振荡时，在经历自由振动之后，交替抓取和释放悬臂梁。等效为在顶部的线圈也经历了一个变化的磁场，因此产生了感应电流。近期，一个 MEMS 能量采集原型器件被制造出来，但是没有输出功率的完整特征参数报道[65]。初步测量结果表明，在功率密度方面，所提出的概念胜过传统的方法。另一种适用于人体应用的能量采集器是基于冲击的系统。一个例子在图 9.17c 和 d 中给出[66]。它由一个包含用于自由滑动金属投射物引导沟道的框架组成。两个压电悬臂梁附着于框架的外围，因此，当框架摇动时，投射物不定期地撞击压电弯曲机。器件原型的体积大约为 $14cm^3$，当旋转角速度超过 180°/s 时，输出 50μW 的功率。当系统被强有力地摇动时，输出功率大约增加 12 倍（大约 9.7Hz 和 10cm 幅度）。

9.4.4 电源管理

当采集振动能量时，产生一个交流电压。因此，电源管理系统的输入电压也可能为负。当收获振动能量时，产生交流电压。因此，电源管理系统的输入电压也可以为负。由于大多数类型的负载都不能处理负电压，因此电路必须进行整流，还可以调整电压的直流电平。在 Shenck 和 Paradiso[67] 的开创性工作中，提出了一个完整的电源管理系统。整流由正常的二极管电桥进行，适用于产生的高电压。使用线性稳压器进行电压调节，这导致 DC - DC 转换器的低效率。控制电路仅消耗 15μA。通过进行联合机电系统优化，能够进一步优化功率输出。

对于压电系统，由 Guyomar 等人报道的具有电感器的同步开关采集（SSHI）技术[68]，介绍了使用开关电感器每个周期将电容器翻转两次电荷的关键进展。由于不需要从外部电源中抽取额外的电荷，因此损耗可能最小——主要由包含电感器的路径的有限 Q 限制。它们主动地修改压电电容上的电压，这意味着来自电流源的电荷被迫进入更高的电压，对应于增加的工作正在进行，并相应地增加电阻尼和输出功率。据报道增益在 2 ~ 10 之间的。在本章参考文献［69］里可以找到关于压电能量采集器的电源管理的更详细讨论。

9.4.5 小结

在可以找到无线传感器网络的应用的许多环境中存在机械振动。它们构成了一种有趣的能源，其可以转化为电能为网络的节点供电。这种机电转换可以通过压电、电磁和静电换能器来实现。当考虑机械环境时，现有存在的振动的典型频率范围在几十到几百赫兹。基于惯性设计的能量采集器适应这些类型的情况。总体尺寸为几个立方厘米的 MEMS 制造的惯性能量采集器可以在机械环境中产生数十和数百微瓦的功率，这足以为简单的传感器供电。然而，惯性设计不适合于所遇到振动的典型频率低于 10Hz 的人体环境。在这种情况下，需要基于非线性原理的替代设计。

9.5 远场 RF 能量采集

9.5.1 简介

在温度梯度、振动或者环境光线不能被用来进行能量采集的环境中，可以考虑使用微波功率传输（Microwave Power Transmission，MPT）方式。MPT 可以被直接用于驱动传感器节点或者在远处给电池或者电容充电，二者轮流驱动 WSN。无线传输信号的中断功率与采集孔径的大小成比例。大量的微型自动传感器的特征是极低功耗或者低占空比，例如温度传感器和在场探测器。因此，具有相对小的采集孔径的微型射频（RF）能量采集装置的应用已经变得可行。

使用无线电波（不包括近接触感应式或者磁谐振功率传输[70]）的远场无线功率传输的历史可以追溯到 Heinrich Hertz 在 1880 年的实验。Hertz 进行实验来证实麦克斯韦的电磁场理论[70]。无线功率传输的现代历史开始于 Brown 在 1960 年做的实验，产生了微波动力模型直升机[70,71]。这些实验为 Glaser 提出太阳能发电卫星（Solar Power Satellite，SPS）概念提供了基础[72,73]。根据 SPS 概念，空间的太阳能被采集并且随后转换成 RF 能量，然后向地球传播，并最终转换成电能[70,72-77]。SPS 概念为未来提供了一种可选择的能量来源。

由于美国终止 SPS 的开发，在 20 世纪 80 年代到 90 年代，在自由空间输电领域受到极少的关注[76]。从 2000 年开始，对这个领域的兴趣再一次增加，从图 9.18 中可以观察到这一点。

对这个领域产生兴趣开始于短距离器件的引入，这种器件专注于可获得的工业、科学和医疗（ISM）射频波段，大约 0.9GHz、2.4GHz、5.8GHz 或者更高。这些频率，波长足够短，对于微小无线产品是可以实现的，占用的典型体积一到几个立方厘米。一个用于这种系统的 RF 电源由天线（几何尺寸大约为半波长的四分之一）耦合到高频整流电路。整流电路和天线的组合通常表示为整流天线。

9.5.2 基本原理

一个常规的 RF 能量采集系统（包括源）如图 9.19 所示。从左到右，首先是一个连接到传输天线的微波源，其次是由电磁波桥接的自由空间。然后，继续

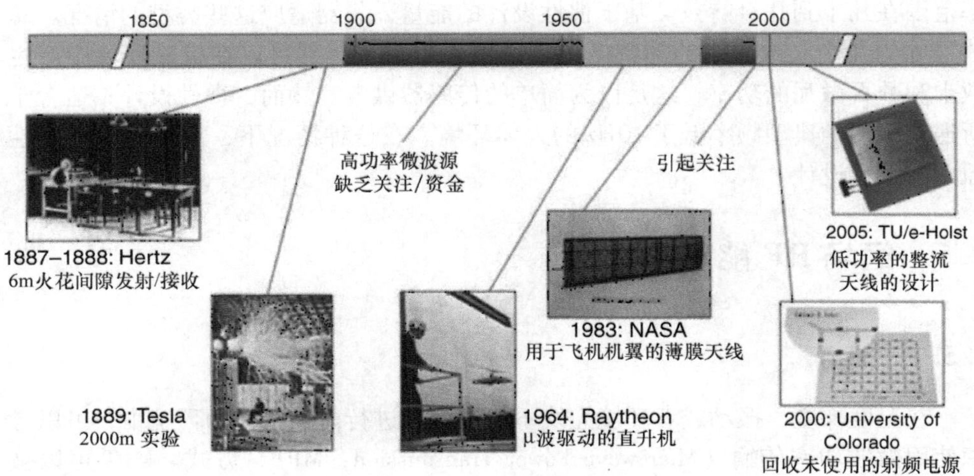

图 9.18　无线能量传输的简史

往右是 RF 采集器，由接收天线、阻抗匹配和滤波网络、整流电路和负载组成。在一些案例中，低通滤波器被插入在整流电路和负载中间。接下来讨论整个系统元件和 RF 采集器的组成。

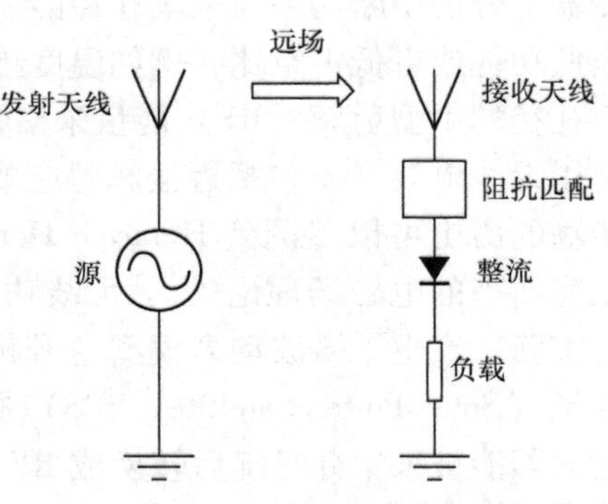

图 9.19　通用 RF 采集系统

Friis 传输方程：将微波源、发射天线和自由空间包括在图 9.19 所示的系统中的目的是为了说明远场自由空间传输的效果，更具体地说是与微波源传输功率的距离。天线的远场被定义为距离天线足够大的有效距离的区域，使得电磁场波局部地表现为横向电磁（TEM）。远场的功率分布只是方向的函数，而不是距离的函数，当然功率幅度是。

对于一个双天线系统，如图 9.19 中左侧第二、第三和第四块所形成的一个天线系统，接收功率 P_R 可以表达为传输功率 P_T 的函数[78]：

$$P_R = P_T \frac{G_T G_R \lambda^2}{(4\pi)^2 r^2} \tag{9.9}$$

式中，G_T 和 G_R 分别为传输天线和接收天线的增益㊀；λ 为所采用的波长的平方；r 是两根天线间的距离。

㊀　增益是一种与假设的均匀辐射或接收天线相比，表征最大辐射出或接收到辐射的品质因数。

方程式（9.9）只有天线在互相的远场区域内才有效。天线 r_{ff} 的远场区域和它的物理尺寸和波长有关[78]：

$$r_{ff} \geqslant \frac{2D^2}{\lambda} \tag{9.10}$$

式中，D 为天线的最大尺寸。对于 $\lambda = 0.125\text{m}$（$f = 2.40\text{GHz}$），对于不同的 G 值，（P_R/P_T）作为 r 的函数被绘制在图 9.20 中。

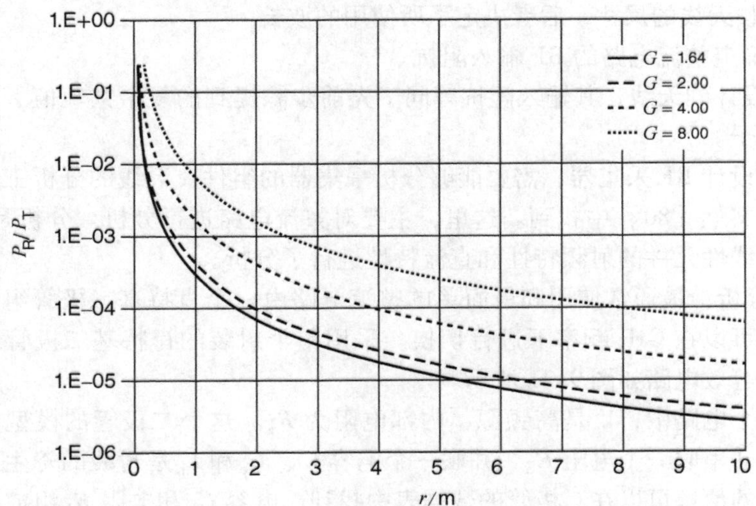

图 9.20　$\lambda = 0.125\text{m}$ 时，接收功率归一化为发射功率随距离的变化关系，曲线以满足式（9.10）所设定远场条件的距离开始

图 9.20 清楚地展示了接收功率随着距离的增加呈现二次方衰减，依靠选择使用更高增益的天线进行衰退的部分补偿。这个图显示在实际情况下，只有很少量功率可以获得利用。因此，很明显，RF 能量必须尽可能转化成可使用的直流功率。

阻抗和滤波网络：为了使 RF 向 DC 的能量转换最大化，接收天线的阻抗需要匹配到整流电路。接下来最大化功率传输，在图 9.19 中的阻抗转换网络有助于达到滤除高次谐波分量的目的。整流电路由一个或者多个非线性元件组成，例如肖特基二极管产生工作频率几倍的信号。阻抗匹配滤波网络防止这些信号利用 RF 采集器的接收天线再次辐射。如果不使用标准天线（例如：输入阻抗为 50Ω），可以设计一个专用天线共轭匹配到整流电路，则可以忽略阻抗转换和滤波网络。

共轭匹配：由于共轭匹配，RF 到 DC 的功率转换得以最大化。高次谐波分量是不匹配到天线的，因此将不会被辐射。在 0dBm RF 输入功率等级[⊖]，忽略阻抗

⊖　dBm 表示相对于 1mW 的功率，以 dB 表示。所以，0dBm 等于 1mW，−10dBm 等于 0.1mW，等等。

转换和滤波网络，能量转换效率已经从40%提升到52%[79]。本章参考文献［80］中给出了一个复杂的输入阻抗天线设计模型。

9.5.3 分析和设计

一个共轭匹配的RF能量采集器的设计过程如下：

1）使用的频率。需要考虑包括：ISM频率的使用、允许传输最大化的功率㊀和接收天线的尺寸，后者决定了所使用的波长。

2）确定整流电路的RF输入阻抗。

3）设计的天线，其输入阻抗等同于先前步骤提到的复杂共轭值。使用天线设计的例子。

为了设计RF采集器，需要能够分析采集器的组件。天线的分析工具能够在本章参考文献［80］中找到。这里，主要对整流电路进行分析。分析是复杂的，因为对非线性元件的射频特性和直流特性进行了分析。

RF分析：最通常使用和最简单的整流电路由一个肖特基二极管组成。肖特基二极管可以在GHz频率下进行切换。采用单个封装的肖特基二极管的负载整流电路的等效电路如图9.21所示。

在这个电路中，V_g是高频源，内部电阻为R_g。这个二极管的模型是一个理想二极管d串联一个电阻R_S，并联一个电容C_j。C_p和L_p是封装的寄生电感和电容。所有的值都可以在二极管的数据表中找到。电容C_L和电阻R_L组成的并联电路是二极管的负载。

图9.21中显示的电路能够在时域使用一个自适应步长的龙格一库塔(Runge－Kutta）方法[81]进行分析。接下来，通过傅里叶变换将结果变化到频域中来得到输入阻抗和直流输出电压。但是，由于系统的不同时间常数（源周期和负载的时间常数），解决方法可能变得不稳定㊁。

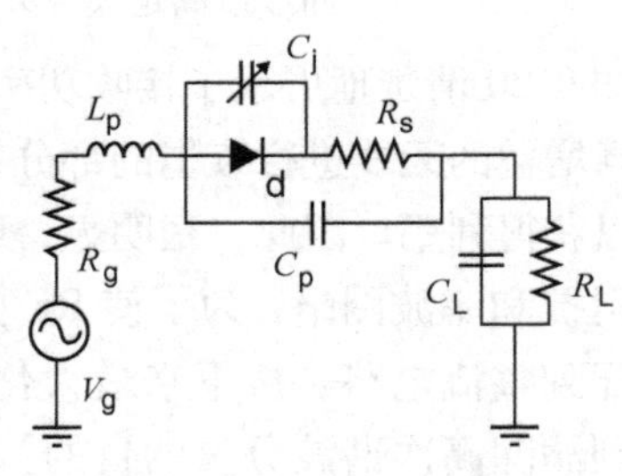

图9.21 采用单个封装的肖特基二极管的负载整流电路的等效电路

为了克服这个问题，我们可以扩大用户提供的电容C_L的值分别进行RF和DC分析。这样的话，对于RF信号而言，电容可以当作短路处理，并且龙格一库塔(Runge－Kutta）的时间步进算法将成为一个分析等效电路很有效的方法。

㊀ 国际和国家规则一般不规定P_T，而P_T和G_T的乘积称为有效各向同性辐射功率（EIRP = P_TG_T）。

㊁ 描述系统的微分方程变得“生硬（stiff）”。

DC 分析：借助负载电容 C_L 将 RF 和 DC 分开进行分析，通过使用 Ritz - Galérkin 平均法分析能够获得 DC 输出电压[82]。最终得到的输出电压 V_0 和可获得的有效功率 P_{inc} 之间的关系为

$$I_0\left(\frac{q}{nkT}\sqrt{8R_gP_{inc}}\right)=\left(1+\frac{V_0}{R_LI_s}\right)e^{\left(1+\frac{R_g+R_s}{R_L}\right)\frac{q}{nkT}V_0} \tag{9.11}$$

式中，$I_0(x)$ 是具有一类参数 x 的零阶修正贝塞尔函数；n 是二极管的理想因子；q 是电荷；k 是玻尔兹曼常数；T 是开氏温度；I_s 是二极管饱和电流⊖。

当连接到天线时，P_{inc} 等价于 P_R，P_R 能用方程式（9.9）计算，电源电阻等价于天线输入电阻的实部。

9.5.4 应用

可以使用两倍电压配置中的双二极管代替单个二极管，使输出电压倍增。图 9.22 中给出了倍增电路示意图。

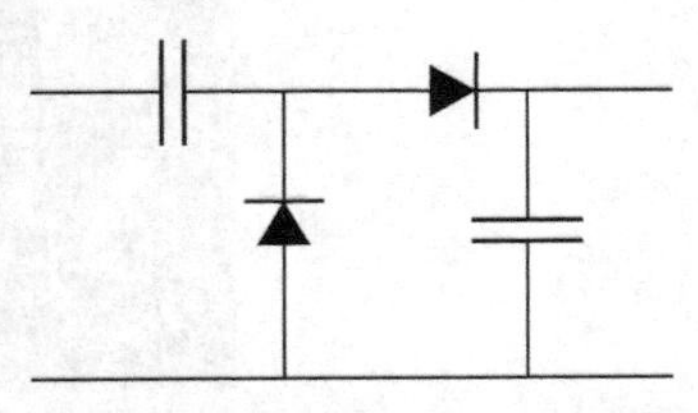

图 9.22　倍压配置中的双二极管

对于射频信号，电容可以被视作短路，等效电路是反向并联二极管。因此，电压倍增器的输入阻抗是单个二极管整流器的一半。对于直流信号，电容可以被视作开路，等效电路由两个 DC 电源组成，也就是说二极管串联。因此，输出电压是单个二极管的两倍。实际上，RF 输入阻抗的一半是正确的，但是 DC 输出电压的两倍是十分粗略的近似。真实的输出电压将会更低，尤其对于更高的输入功率而言。

通过将一个专用的微带线天线共轭匹配到电压倍增电路上，设计并实现了一个硅整流二极管天线。这些元件中的 8 个已经被布置成串联连接，用于从距离长达 6m 的范围内采用 2.45GHz 发射器无线传输供电 1.5V 的壁挂时钟，传输的 EIRP 功率大约为 3W[79,80]。时钟原型如图 9.23 所示。

由于没有 DC - DC 升压转换器，8 个整流天线元件串联设置以传递需要的最小电压 1.2V。在这个应用下，电压需求决定了功率（几微瓦特）需求。

⊖ 式（9.11）中的输出电压是与频率无关的，实际上对于频率范围 0.1 GHz < f < 2.5GHz 内负载电容 C_L > 0.1μF 的情况的确如此，可以看作短路。

图 9.23 无线供电的墙上时钟采用具有倍压整流电路[79,80]的
8 个整流天线元件（经 Wiley 许可引用）

9.6 光伏

光伏电池将入射光子转换成电能。在户外，对于自供电系统，它们是非常好的能源。使用不同材料具有的效率在5% ~30%之间。室内照明光强等级相对较低（10 ~100μW/cm²）时，光伏电池产生的表面功率密度和之前介绍的能量采集器的表面功率密度相似或者稍大些。由于光伏技术不断发展，许多文献详细介绍了此技术（例如本章参考文献［83］），在这里就不做讨论了。当光源具有不同光谱组分或使用更低照明等级的灯时，室内使用的光伏电池的设计需要做相应的调整[84]。

非晶硅太阳电池的输出功率能够从较小的几 μW/cm² 到数百 μW/cm²[85]，室内照明等级和安装的位置以及太阳电池的安装方向等对其输出功率具有较大的影响。为了管理照明度和模块尺寸的变化，需要配置能够有效处理大量程输入功率的电源管理电路。太阳电池的模型是光控制电流源和二极管并联。它的输出电流由输出电压的指数关系决定。在某一点，太阳电池达到了它的最大功率点

(Maximum Power Point，MPP)。这个 MPP 可以通过调节任一输出电压或者负载阻抗从而进行监测追踪[86]。

研究人员设计了一款用于户外环境的太阳电池集成电路（包括一个电感式升压转换器）[87]。这个转换器桥接了一个太阳电池阵列和一个能量存储系统（ESS)，能量存储系统可以是锂电池或者超级电容器。在没有 MPPT 情况下转换器的效率测量如图 9.24 所示。转换器能转换的输入功率范围为 5μW ~10mW，测量的最高效率大约为 87%。当没有转换功率时，全部的控制电路从电池消耗的静电流大约为 0.65μA。当转换最小功率（5μW）和最大功率（10mW）时，电流消耗分别是 0.8μA 和 2.1μA。

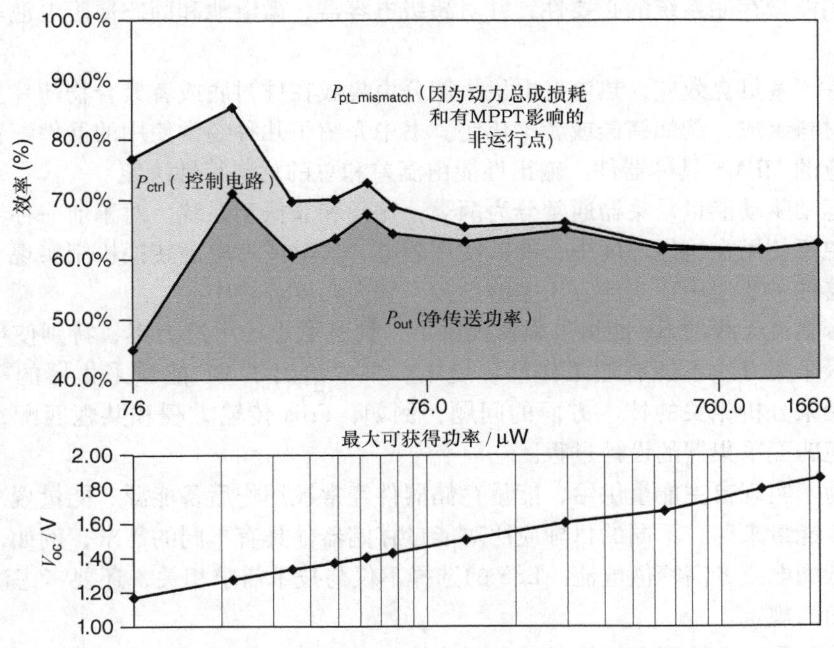

图 9.24　使用离散等效电路作为太阳电池模拟器的实验端到端效率（上图，电池电压 =3V）及（下图）相应的开路电压[87]（经 IEEE 许可引用）

9.7　总结和未来趋势

9.7.1　总结

本章介绍了主要的小型化能量采集器和能量存储器的前沿研究进展，其组合被广泛认为是解决快速增长的无线传感器网络自主性需求的可行解决方案。由无线连接的无线传感器网络组成阵列，有望在各个领域产生巨大的影响。其发展趋势是进一步小型化、更大规模化以及更长时间的自主性供电，这使得传统的能源供给——电池不能完全满足需求。随着科学技术的不断进步，在可预见的未来，电子元件的功率消耗正在稳步减少到能量采集器能够满足的水平。

在这样的背景下，各种能量采集和存储器件已经引起了学术界和工业界的极大兴趣。市场对能量采集技术的接受程度取决于其成本的进一步降低，这可以通过 MEMS 进一步降低成本来实现。在本章，详尽阐述了 3 种能量采集器的普遍原理和最先进技术，即基于温差、振动/运动和 RF 传输等 3 种方式。简要介绍了使用能量存储系统的必要性，并对超级电容器、微电池和固态薄膜电池进行了概述。

基于塞贝克效应，热电发电机大部分由集成在硅衬底或者聚合物薄片上的半导体材料组成，例如锗硅或者碲化铋。书中介绍了几种经常使用的器件配置与各自对应的 MEMS 具体器件。输出性能由温差和总的材料特性决定。

运动驱动能量采集器通常分为两类：振动和非振动系统。对于前一种器件而言，主要使用在机械环境中，能够使用静电、压电或者电磁转换机制实现。另外一种器件主要使用在人体应用中的低频率和大幅度环境中。

带整流天线的 RF 能量采集器提供了一种有意思的可选方案，特别使用在其他能量采集方法不能有效工作的环境中。书中给出了 RF 能量采集器的一般模型，用来分析相关的技术方面的问题，例如，Friis 传输方程和共轭匹配，介绍了共轭匹配采集器的设计过程。

为了实现自主能量供给，能量存储器件经常被用作后备能源、能量缓冲器甚至主要能量来源。不同的目标应用对能量存储器件具有不同的需求，例如，大电容、低漏电或者高峰值电流。ESS 的选择不仅与技术需求相关，还要考虑法律法规方面的规定。

能量采集和能源存储设备的选择应该从系统方面考虑。即通过选择一个智能的能量采集、能源存储设备和传感装置组合，可以使耗能组件的使用最小化，同时可以优化整体效率。

9.7.2 未来趋势

由于在太阳电池中使用储量较少、价格昂贵的碲使其成本大大增加，导致热电能量采集技术的进一步发展面临着严峻挑战。开发新的具有低成本、带有高品质因数 ZT 的热电材料成为迫切的需要。低成本热电材料的范围，例如 Heusler 混合物、方钴矿和笼形结构化合物受到了研究人员的关注。此外，显著降低热导率、多种纳米结构的小尺寸材料，例如纳米线和超晶格，尤其在学术界已经越来越流行。

为了进一步推动振动能量采集器商用化，正在对专用电源控制电路进行开发，同时对低频率或者宽带振动的新的设计概念也已经成为一个活跃的主题。基于器件的 MEMS 的可靠性研究也受到了关注。对于压电 MEMS 器件，高性能薄膜材料的发展也是一个很热的话题。

微型天线传感器商业化应用的可行性已被证实，当前研究的目标是将天线互连到无线自动传感器中，用来给电池或者电容充电。为了保证传感器的小尺寸，天线必须同时具有能量采集和数据传输的功能。此外，集成能量采集天线、通信天线和电池的一体化方案也正在研究之中。

能量存储系统仍然具有很大的研究和探索的空间。新的电极材料的发展和应用有利于增加能量密度，优化的封装结构也能增加超级电容器和电池的能量密度。能量存储系统的大部分空间由无作用的部分占据，例如衬底、阻挡层、封装和其他不能在能量存储中起直接作用的材料。

参考文献

[1] Kamarudin, S., Daud, W., Ho, S. and Hasran, U. (2007). Overview on the challenges and developments of micro-direct methanol fuel cells (DMFC). *Journal Power Sources*, 163, 743–754.

[2] Cook, B.W., Lanzisera, S. and Pister, K.S.J. (2006). SoC Issues for RF Smart Dust. *Proceedings of the IEEE*, 94, 1177–1196.

[3] Mitcheson, P.D., Yeatman, E.M., Rao, G.K., Holmes, A.S. and Green, T.C. (2008). Energy harvesting from human and machine motion for wireless electronic devices. *Proceedings of the IEEE*, 96, 1457–1486.

[4] Torfs, T., Leonov, V., van Hoof, C. and Gyselinckx, B. (2006). Body-heat powered autonomous pulse oximeter. In the *Proceedings 5th IEEE Conference on Sensors*, Daegu, South Korea, pp. 427–430.

[5] Pop, V., Penders, J., van Schaijk, R. and Vullers, R. (2009). The limits and challenges for power optimization and system integration in state-of-the-art Wireless Autonomous Transducer Solutions. In the *Proceedings of 3rd Smart Systems Integration*, Brussels, Belgium, pp. 544–547.

[6] Vullers, R.J.M., van Schaijk, R., Doms, I., van Hoof, C. and Mertens, R. (2009). Micropower energy harvesting. *Solid-State Electronics*, 53, 684–693.

[7] Winter, M. and Brodd, R.J. (2004). What are batteries, fuel cells and supercapacitors? *Chemical Reviews*, 104, 4245–4269.

[8] Bergveld, H.J., Danilov, D., Pop, V., Regtien, P.P.L. and Notten, P.H.L. (2009). Adaptive state-of-charge determination. In *Encyclopedia of Electrochemical Power Sources*, Elsevier, The Netherlands, 1, 459–477.

[9] Penella, M.T. and Gasulla, M. (2007). Runtime extension of autonomous sensors using battery-capacitor storage. International Conference on Sensor Technologies and Applications, Valencia, Spain, pp. 325–330.

[10] Holland, C.E., Weidner, J.W., Dougal, R.A. and White, R.E. (2002). Experimental characterization of hybrid power systems under pulse current loads. *Journal of Power Sources*, 109, 32–37.

[11] Oudenhoven, J.F.M., Baggetto, L. and Notten, P.H.L. (2011). All-solid-state lithium-ion microbatteries: a review of various three-dimensional concepts. *Advanced Energy Materials*, 1(1), 10–33.

[12] Directive 2002/96/Ec of the European Parliament and of The Council of 27 January 2003 on waste electrical and electronic equipment (WEEE).

[13] Directive 2006/66/Ec of The European Parliament and of The Council of 6 September 2006 on batteries and accumulators and waste batteries and accumulators.

[14] Rechargeable Battery Recycling Act, United States Public Law 104–142 – MAY 13, 1996.

[15] Rowe, D.M. (1994). *CRC Handbook of Thermoelectrics*, CRC Press, Boca Raton, US.

[16] Eder, D. (2009). Thermoelectric power generation–the next step to future CO_2 reductions? In the *Proceedings of Thermoelectrics Applications Workshop*, San Diego, US.

[17] Weber, J., Potje-Kamloth, K., Hasse, F., Detemple, P., Völklein, F. and Doll, T. (2006). Coin-size coiled-up polymer foil thermoelectric power generator for wearable electronics. *Sensors and Actuators A*, 132, 325–330.

[18] Stark, I. and Stordeur, M. (1999). New micro thermoelectric devices based on Bismuth Telluride-type thin solid films. In the *Proceedings of the 18th International Conference on Thermoelectrics*, Baltimore, US, pp. 465–472.

[19] Qu, W., Plötner, M. and Fischer, W.J. (2001). Microfabrication of thermoelectric generators on flexible foil substrates as a power source for autonomous microsystems. *Journal of Micromechanics and Microengineering*, 11, 146–152.

[20] Wang, Z., van Andel, Y., Jambunathan, M., Leonov, V., Elfrink, R. and Vullers, R.J.M. (2010). Characterization of a bulk-micromachined membrane-less in-plane thermopile. *Journal of Electronic Materials*, in print.

[21] Kockmann, N., Huesgen, T. and Woias, P. (2007). Microstructured in-plane thermoelectric generators with optimized heat path. In the *Proceedings of the 14th International Conference on Solid-State Sensors, Actuators and Transducers*, Lyon, France, pp. 133–136.

[22] Kishi, M., Nemoto, H., Hamao, T., Yamamoto, M., Sudou, S., Mandai, M. and Yamamoto, S. (1999). Micro-thermoelectric modules and their application to wristwatches as an energy source. In the *Proceedings of the 18th International Conference on Thermoelectrics*, Baltimore, USA, pp. 301–307.

[23] Snyder, G.J., Lim, J.R., Huang, C.K. and Fluerial, J.P. (2003). Thermoelectric microdevice fabricated by a MEMS-like electrochemical process. *Nature Materials*, 2, 528–531.

[24] Böttner, H., Nurnus, J. and Volkert, F. (2007). New high density micro structured thermogenerators for standalone sensor systems. In the *Proceedings of the 26th International Conference on Thermoelectrics*, Jeju, Korea, pp. 306–309.

[25] Glatz, W., Schwyter, E., Durrer, L. and Hierold, C. (2009). Bi_2Te_3-based flexible micro thermoelectric generator with optimized design. *IEEE Journal of Microelectromechanical Systems*, 18(3), 763–772.

[26] Strasser, M., Aigner, R., Lauterbach, C., Sturm, T.F., Franosch, M. and Wachutka, G. (2004). Micromachined CMOS thermoelectric generator as on-chip power supply. *Sensors and Actuators A*, 114, 362–370.

[27] Xie, J., Lee, C. and Feng, H. (2010). Design, fabrication, and characterization of CMOS MEMS-based thermoelectric power generators. *IEEE Journal of Microelectromechanical Systems*, 19(2), 317–324.

[28] Wang, Z., Leonov, V., Fiorini, P. and van Hoof, C. (2009). Realization of a wearable miniaturized thermoelectric generator for human body applications. *Sensors and Actuators A*, 156(1), 95–102.

[29] Su, J., Goedbloed, M., van Andel, Y., de Nooijer, M.C., Elfrink, R., Leonov, V., Wang, Z. and Vullers, R.J.M. (2010). Batch process micromachined thermoelectric energy harvesters: fabrication and characterization. *Journal of Micromechanics and Microengineering*, 20, 104005.

[30] Mateu. L, Pollak, M. and Spies, P. (2007), Power management for energy harvesting applications. Presented at PowerMEMS.

[31] Lhermet, H., Condemine, C., Plissonnier, M., Salot, R., Audebert, P. and Rosset, M. (2008). Efficient power management circuit: from thermal energy harvesting to above-IC microbattery energy storage. *IEEE Journal of Solid-State Circuits*, 43, 243–246.

[32] Doms, I., Merken, P., Mertens, R. and van Hoof, C. (2008). Capacitive power-management circuit for micropower thermoelectric generators with a 2.1 μW controller. In *ISSCC 2008 Digest of Technical Papers*, 300–301.

[33] Doms, I., Merken, P., Mertens, R. and van Hoof, C. (2009) "Integrated capacitive power-management circuit for thermal harvesters with output power 10 to 1000 μW", In *ISSCC 2008 Digest of Technical Papers*, 300–301.

[34] http://www.seikowatches.com/technology/kinetic/

[35] Jones, G., Tudor, M.J., Beeby, S.P. and White, N.M. (2004). An electromagnetic vibration-powered generator for intelligent sensor systems. *Sensors and Actuators A*, 110, 344–349.

[36] Cheng, S., Wang, N. and Arnold, D. (2007). Modeling of magnetic vibrational energy harvesters using equivalent circuit representations. *Journal of Micromechanics and Microengineering*, 17, 2328–2335.

[37] Sterken, T., Fiorini, P., Baert, K., Puers, R. and Borghs, G. (2003). An electret based electrostatic microgenerator. In the *Proceedings of the 12th International Conference on Solid-State Sensors, Actuators and Transducers*, Boston, US, pp. 1291–1294.

[38] Torres, E.O. and Rincon-Mora, G.A. (2006). Electrostatic energy harvester and Li-ion charger circuit for micro-scale applications. In the *Proceedings of the IEEE Symposium on Circuits and Systems*, Kos, Greece, pp. 65–69.

[39] Despesse, G., Jager, T., Chaillout, J.J., Lger, J.M., Vassilev, A., Basrour, S.B. and Charlot, B. (2005). Fabrication and characterization of high damping electrostatic micro devices for vibration energy scavenging. In the *Proceedings of DTIP*, Montreux, Switzerland, pp. 386–390.

[40] Renaud, M., Karakaya, K., Sterken, T., Fiorini, P., van Hoof, C. and Puers, R. (2008). Fabrication, modeling and characterization of MEMS piezoelectric vibration harvesters. *Sensors and Actuators A*, 145–146, 380–386.

[41] Fanga, H.B., Liua, J.Q., Xub, Z.Y., Donga, L., Wang, L., Chena, D., Caia, B.C. and Liub, Y. (2008). A MEMS-based piezoelectric power generator array for vibration energy harvesting. *Journal of Microelectronics*, 39, 802–806.

[42] Keawboonchuay, C. and Engel, T.G. (2007). Design, modeling, and implementation of a 30-kW piezoelectric pulse generator. *IEEE Transactions on Plasma Science*, 30, 679–686.

[43] Kok, S.L., White, N.M. and Harris, N.R. (2008). A free-standing, thick film piezoelectric energy harvester. In the *Proceedings of IEEE Sensors*, Leece, Italy, pp. 589–592.

[44] Roundy, S. (2003). Energy Scavenging for Wireless Sensor Networks, Ph.D. Thesis, Southampton University.

[45] Bayrashev, A., Robbins, W.P. and Ziaie, B. (2004). Low frequency wireless powering of microsystems using piezoelectric-magnetostrictive laminate composites. *Sensors and Actuators A*, 114, 244–249.

[46] Bayrashev, A., Robbins, W.P. and Ziaie, B. (2001). Energy scavenging with shoe-mounted piezoelectrics. *IEEE Micro*, 21, 30–42.

[47] Kymissis, J., Kendall, C., Paradiso, J. and Gershenfeld, N. (1998). Parasitic power harvesting in shoes. In the *Proceedings of the Symposium on Wearable Computers*, Pittsburgh, US, pp. 132–139.

[48] Flatscher, M., Dielacher, M., Herndl, T., Lentsch, T., Matischek, R. and Prainsack, J. (2009). A robust wireless sensor node for in-tire-pressure monitoring. In the *Proceedings of IEEE Solid-State Circuits Conference*, San Francisco, US, pp. 286–287.

[49] Yang, G.Z. (2006). *Body Sensor Networks*, Springer-Verlag, Germany.

[50] Roundy, S.J., Wright, P.K. and Rabaey, J. (2003). A study of low level vibrations as a power source for wireless sensor nodes. *Computer Communications*, 26, 1131–1144.

[51] Von Büren, T. (2006). Body-Worn Inertial Electromagnetic Micro Generators, Ph.D. Thesis, Swiss Federal Institute of Technology.

[52] Perpetuum, http://www.perpetuum.com

[53] EnOcean, http://www.enocean.com

[54] Beeby, S.P., Tudor, M.J. and White, N.M. (2006). Energy harvesting vibration sources for microsystems applications. *Measurements Science and Technologies*, 17, 175–195.

[55] Mitcheson, P.D., Yeatman, E.M., Rao, G.K., Holmes, A.S. and Green, T.C. (2008). Energy harvesting from human and machine motion for wireless electronic devices. *Proceedings of the IEEE*, 96(9), 1457–1486.

[56] Elfrink, R., Kamel, T.M., Goedbloed, M., Matova, S., Hohlfeld, D., van Andel, Y. and van Schaijk, R. (2009). Vibration energy harvesting with aluminum nitride based piezoelectric devices. *Journal of Micromechanics and Microengineering*, 19, 094005.

[57] Beeby, S.P., Torah, R.N., Tudor, M.J., Glynne-Jones, P., O'Donnell, T., Saha, C.R. and Roy, S. (2007). A micro electromagnetic generator for vibration energy harvesting. *Journal of Micromechanics and Microengineering*, 17, 12–57.

[58] Sterken, T. (2009). Micro-Electromechanical Energy Harvesters, Ph.D. Thesis, Katholieke Universiteit, Leuven.

[59] Elfrink, R., Renaud, M., Kamel, T.M., de Nooijer, C., Jambunathan, M., Goedbloed, M., Hohlfeld, D., Matova, S., Pop, V., Caballero, L. and van Schaijk, R. (2010). Vacuum-packaged piezoelectric vibration energy harvesters: damping contributions and autonomy for a wireless sensor system. *Journal of Micromechanics and Microengineering*, 20, 104001.

[60] Renaud, M., Fiorini, P. and van Hoof, C. (2007). Optimization of a piezoelectric unimorph for shock and impact energy harvesting. *Smart Materials and Structures*, 16, 1125–1135.

[61] Renaud, M. (2009). Piezoelectric Energy Harvesters for Wireless Sensor Networks, Ph.D. Thesis, Katholieke Universiteit, Leuven.

[62] Yeatman, E.M. (2008). Energy harvesting from motion using rotating and gyroscopic proof masses. *Journal of Mechanical and Engineering Sciences*, 222, 27–36.

[63] Miao, P., Mitcheson, P.D. and Holmes, A.S. (2006). MEMS inertial power generators for biomedical applications. *Microsystems Technologies*, 12, 1079–1083.

[64] Kulah, H. and Najafi, K. (2004). An electromagnetic micro power generator for low-frequency environmental vibrations. In the *Proceedings of the IEEE Conference on MEMS*, Maastricht, the Netherlands, pp. 237–240.

[65] Sari, I., Balkan, T. and Külah, H. (2010). An electromagnetic micro power generator for low-frequency environmental vibrations based on the frequency up conversion technique. *Journal of Microelectromechanical Systems*, 19, 1075–1078.

[66] Renaud, M., Fiorini, P., van Schaijk, R. and van Hoof, C. (2009). Harvesting energy from the motion of human limbs: the design and analysis of an impact-based piezoelectric generator. *Smart Materials and Structures*, 18, 035001.

[67] Shenck, N.S. and Paradiso, J.A. (2001). Energy harvesting with shoe-mounted piezoelectrics. *IEEE Micro*, 21, 30–42.

[68] Guyomar, D., Magnet, C., Lefeuvre, E. and Richard, C. (2006). Nonlinear processing of the output voltage of a piezoelectric transformer. *IEEE Transactions on Ultrasonics Ferroelectrics and Frequency Control*, 53(7), 1362–1375.

[69] Dicken, J., Mitcheson, P.D., Stoianov, I. and Yeatman, E.M. (2012) Power-extraction circuits for piezoelectric energy harvesters in miniature and low-power applications. *IEEE Transactions on Power Electronics*, 27(11), 4514–4529.

[70] Brown, W. (1984). The history of power transmission by radio waves. *IEEE Transactions on Microwave Theory and Techniques*, MTT-32(9), 1230–1242.

[71] Brown, W. (1969). Experiments involving a microwave beam to power and position a helicopter. *IEEE Transactions on Aerospace and Electronic Systems*, AES-5(5), 692–702.

[72] Glaser, P. (1968). Power from the sun: It's future. *Science*, 162, 957–961.

[73] Nansen, R. (1996). Wireless power transmission: the key to solar power satellites. *IEEE AES Systems Magazine*, 11(1), 33–39.

[74] US Department of Energy (1979). Satellite Power Systems (SPS), Concept Development and Evaluation Program, Preliminary Assessment, Report DOE/ER 0041.

[75] Glaser, P. (1995). Energy for the global village. In the *Proceedings Canadian Conference on Electrical and Computer Engineering*, pp. 1–12.

[76] McSpadden, J. and Mankins, J. (2002). Space solar power programs and microwave wireless power transmission technology. *IEEE Microwave Magazine*, 3(4), 46–57.

[77] Sood, A., Kullaqnthasamy, S. and Shahidehpour, M. (2005). Solar power transmission: from space to earth. In the Proceedings IEEE Power Engineering General Meeting, pp. 605–610.

[78] Visser, H. (2005). *Array and Phased Array Antenna Basics*, John Wiley & Sons Ltd, Chichester, UK.

[79] Visser, H., Theeuwes, J., van Beurden, M. and Doodeman, G. (2007). High-Efficiency Rectenna Design, *EDN* 52(14), 34.

[80] Visser, H. (2009). *Approximate Antenna Analysis for CAD*, John Wiley & Sons Ltd, Chichester, UK.

[81] Press, W.H., Flannery, B.P., Teukolsky, S.A. and Vetterling, W.T. (1998). *Numerical Recipes: The Art of Scientifc Computing*, Cambridge University Press, Cambridge, UK.

[82] Harrison, R. and Le Polozec, X. (1994). Nonsquarelaw behavior of diode detectors analyzed by the Ritz-Galérkin method. *IEEE Transactions on Microwave Theory and Techniques*, 42(5), 840–846.

[83] Green, M.A. (2004). *Third Generation Photovoltaics: Advanced Solar Energy Conversion*, Springer-Verlag .

[84] Randall, J.F. (2005). *Designing Indoor Solar Products*, John Wiley & Sons Ltd.

[85] Wang, W.S., O'Donnell, T., Ribetto, L., *et al.* (2009). Energy harvesting embedded wireless sensor system for building environment applications. International Conference on Wireless VITAE, pp. 36–41, May 2009.

[86] Shmilovitz, D. (2005). On the control of photovoltaic maximum power point tracker via output parameters. *IEE Proceedings-Electric Power Applications*, 152(2), 239–248.

[87] Qiu, Y., Van Liempd, C., Op het Veld, B., Blanken, P. and van Hoof, C. (2011) 5 μW-to-10 μW input power range inductive boost converter for indoor photovoltaic energy harvesting with integrated maximum power point tracking algorithm. ISSCC 2011, San Francisco, USA, pp. 24–26.

[88] D'Hulst, R. (2009). Power processing circuits for vibration based energy harvesters, Ph.D. Thesis, Katholieke Universiteit, Leuven.